KB091705

신뢰성공학

Reliability Engineering

김준홍 · 정원 지음

청문각

산업의 모든 분야에서 세계적인 수준의 제품들은 품질과 신뢰성의 지속적인 개선을 이루어 온 결과 그 목표를 달성할 수 있었다. 이들 성공 열쇠의 대부분은 제품설계, 시험, 제조, 물류 등 제품의 품질과 신뢰성에 영향을 미치는 전체 프로세스의 완전한 통합(complete integration)이었다. 또 다른 중요한 것은 생산성과 비용 및 신뢰성에 영향을 미칠 수 있는 산포를 여러 가지 방법으로 이해하고 관리하는 것으로, 이것은 품질의 선구자인 데밍(W. E. Deming)이나 다구치(G. Taguchi)가 현대산업의 생존 방향으로 강조하여 온 내용들이다.

저자는 이 책의 내용을 쓰는 데 있어서 설계 엔지니어나 신뢰성 엔지니어들에게 사용될 수 있는 신뢰성 기술의 기초적인 지식을 제공하려고 노력하였다. 기초적인 확률과 통계 지식을 갖추고 있다는 가정하에 설명하였고, 모델이나 방법을 전개하는 과정을 순서대로 쉽게 보여주도록 노력하였다. 가장 강조한 점은 제품의 설계와 시험에 있어서 신뢰도를 계량화하는 데 중점을 두었다. 또한 신뢰성 응용을 위한 어느 한 분야에 너무 집중하지 않고, 전 분야에 걸쳐 폭넓게 다루려고 하였다. 최근 수명과 반응시간 데이터에 대한 통계적 분석이 산업체에서 상당한 관심을 가지게 된 주제가 되어 그 응용 분야가 빠르게 확산되어 가고 있다. 이 책은 수명시간 분석뿐 아니라 중요한 모델과 기법들에 대하여 쉽게 해석하여 설명하려고 노력하였으며, 제품의 신뢰성에 관한 가장 중요한 주제들을 다루고 있다.

이 책은 모두 10장과 부록으로 구성되어 있다. 제1장에서는 서론으로써 신뢰성의 기초 및 필요성에 대해 언급하고, 제2장에서는 신뢰도와 신뢰성 척도를, 제3장에서는 시스템 신뢰성 해석을, 제4장에서는 고장률 함수의 모수 추정 및 검정을, 제5장에서는 시스템 고장분석을 다룬다. 제6장에서는 신뢰성 시험과 신뢰성 샘플링을, 제7장에서는 가속 수명시험을, 제8장에서는 신뢰성 설계, 배분, 예측을, 제9장에서는 기계계의 신뢰성 분석, 그리고 마지막 제10장에서는 보전도, 가용도에 대한 내용을 고찰한다. 부록에는 신뢰성 해석에 사용되는 몇 가지 분포의 값들을 수록하였다. 저자는 개정판에서 책 전체의 흐름에 따라 알기 쉬운 부호로 표현하려고 애썼으며 독자들이 좀 더 이해하기 쉽게 문장을 다듬었고, 가속수명 부분은 내용의 일관성을 유지하려고 노력하였다.

이 책의 집필에서 출판까지 격려해 주신 은사, 선후배, 동료 교수들에게 심심한 사의를 표하고, 신뢰성 분야의 지식과 경험을 제공하여 준 여러 기관들에 감사한다. 특히 수원대학교 신뢰성혁신센터, LG전자 신뢰성 추진팀, 아주대학교 신뢰성워킹그룹에서 이 책을 쓰는 데 귀한 자료와 경험들을 제공하였다. 저자는 또한 신뢰성 교육과정에 참석한 산업체에서 온 많은 학생들로부터 용기를 얻었다. 이 학생들은 경험이 많은 엔지니어들이고, 제품의 신뢰성 문제 해결을 위한 접근 방법을 개발하는 데 대단한 도움을 주었다. 이 학생들에게 매우 많은 감사의 빚을 지고 있고 끊임없는 노력을 통해 신뢰성 공학에 관련된 많은 지식들을 전달하려고 한다.

끝으로, 이 책의 출판을 맡아 주신 청문각 사장님, 그리고 어려운 편집을 맡아 준 편집부에게 깊은 사의를 표하는 바이다.

2017년 5월

著者

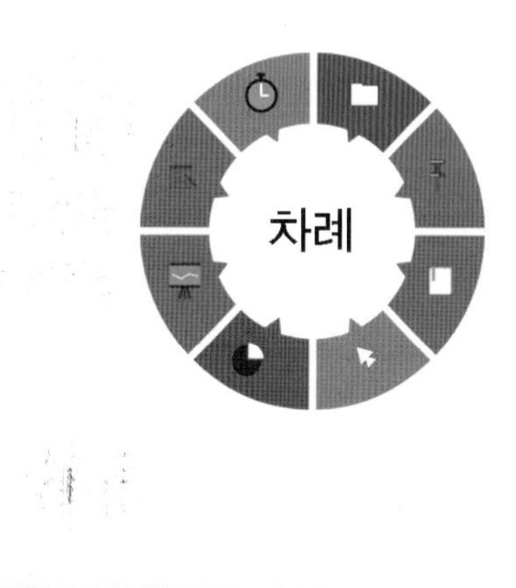
차례

4장 고장률 함수의 모수 추정 및 검정 89

5장 고장 분석 127

7장 가속 수명시험 209

부록

1장

서론

1.1 신뢰성 정의

우리의 일상생활에서 사용하는 제품이나 설비가 급작스레 고장이 나는 경우 당장 큰 불편을 겪을 때가 있다. 더구나 산업용 기계 및 국가 전산망, 발전설비, 교통신호 등의 고장은 기업 및 국가사회 시스템에 커다란 장해를 일으키고, 그로 인한 안정상의 문제로 발생하게 되는 인적, 물적 손실은 상당하다. 오늘날 기업에서 생산되는 제품은 복잡, 고도화가 되어가고, 그 사용조건이 다양화되고 있으며, 기업 간의 무한 경쟁시대에 돌입하면서 시스템의 수행 기능은 더욱 향상된 것을 요구하고 있다. 반면 원가 절감을 요구하는 소비자의 기대가 증가함에 따라 시스템 고장으로 인해 단순히 비용과 불편함을 증가시키거나, 대중의 안전을 위협하거나 또는 고장 확률 등을 최소화하는 추가적인 요구사항이 있게 되어, 제품의 신뢰성에 대한 사고는 모든 공학 분야에서도 그 역할이 날로 증대되고 있다. 학문을 통해 알고자 하는 본질적인 것은 그러한 고장의 확률적인 성질 분석과 그것이 발생하는 확률 최소화를 추구하려는 데 있다.

신뢰성(reliability)이란 성능, 시스템의 성공적인 임무 수행, 그리고 파손이나 고장의 부재를 말한다. 신뢰성을 정량적으로 표현하기 위해 공학적인 분석이 필요하며, 확률적 표현으로 신뢰도라 칭한다. 신뢰도는 ① 구성품, 장치, 설비, 아이템 또는 시스템이 ② 주어진 사용조건하에서 ③ 규정된 기간 동안 ④ 의도한 기능을 수행할 확률(The reliability of a system is the probability that the system will adequately perform its intended function under stated environmental conditions for a specified interval of time or number of cycles of operations, or number of kilometers, etc.)이라 정의하고 있다. 다음은 각 항목에 사용되는 용어를 명확히 규정하고, 그 의미를 살펴본다.

① 대상의 범위: 기기, 시스템, 부품, 재료 등의 H/W에서 컴퓨터 운용 S/W에 이르는 대상을 구체화해야 한다. 대상이 불명확하면 그 성과도 기대하기 어렵다.

② 주어진 사용조건: 시스템의 고장을 유발할 수 있는 조건으로써 환경조건(사용상태)뿐만 아니라 사용조건(사용방법)도 포함된다. 스트레스로,

- 환경조건 - 온도, 습도, 진동, 기압, 충격, 부하 등 사용 시 외적 조건
- 사용조건 - 설치장소, 사용시간, 사용횟수, 사용방법 등

이 있다. 사용조건을 규정해 놓은 것은 제품에 대해 제조자가 고유의 신뢰성을 확인하고, 실사용 시 신뢰성을 보증하기 위해서도 필요하다. 끊임없이 실사용 실태와 스트레스 정보를 수집, 대책을 세워 나가는 것이 제조자의 의무이다.

③ 규정된 기간: 시간의 규정은 신뢰성의 상징이다. 시간, 동작횟수, 반복횟수, 사이클 수, 거리 등이 있다. 대상에 가해지는 스트레스에 의해 고장발생의 형태를 보면 같은 시간이라도 연속동작, 간헐동작, 보관, 방치 등 질적으로 여러 가지 형태가 있다.

④ 의도한 기능: 기능 정의, 고장 정의를 통해 규정된 기능을 명시할 필요가 있다. LCD TV의 경우, 액정 디스플레이의 파손으로 명확한 고장을 인지할 수 있지만, 화면 흐림이나 찌그러짐, 흔들림 등과 같이 사용자에게 불편을 주는 제품 품질은 사용자가 참고 지나가기 쉽다. 시스템이 복잡해지면 일부분이 사정이 좋지 않더라도 기능에 큰 지장을 주지 않는 경우도 많다. 이러한 경우 고장의 정의를 확실히 해 놓지 않으면 고객불만이나 분쟁의 원인이 될 수 있다.

1.2 신뢰성 역사

신뢰성의 발달은 2차 세계대전에서부터 시작되었다고 해도 과언은 아니다. 1차 세계대전 이후 영·미의 항공산업에서 항공기 엔진의 고장으로 인한 문제해결을 위해 단발 엔진 항공기를 다발엔진 항공기로 개발하기 시작하였다. 이론적으로는 1930년대 말경부터 재생이론이 부품의 교체정책에 응용되었고, 1950년대 부품이나 시스템의 수명분포에 대한 연구가 시작되어 와이블(Weibull) 분포 등이 제안되었다. 이후 신뢰성 분야에 학문적인 이론이 정립되고 체계적인 연구가 기업 속에 자리하게 되었던 것은 2차 세계대전이 계기가 되었다. 다음에 신뢰성에 관한 역사를 크게 나누어 단계별로 살펴본다.

1.2.1 요람기(1942~1950)

1940년대 초 2차 대전에서 사용되던 군용장비에서 진공관의 부품 고장으로 인한 장비의 빈번한 고장으로 군 작전 수행에 막대한 지장을 받게 되어 신뢰성에 대한 조직적인 연구에 착수, 진공관 개발 위원회(VTDC, vacuum tube development committee)를 결성하여 고신뢰성을 갖는 진공관을 개발 연구(1943)하게 된 것이 신뢰성 이론 분야의 시초가 되었다. 그 후 항공무선회사(ARINC, aeronautical radio incorporated)를 설립(1946)하여 신뢰성에 대한 조직적인 연구를 하게 되었다. 그 결과 전자부품의 신뢰성 보증을 위한 고신뢰성 진공관 규격이 제정되었고, 이 규격은 전기적 특성, 온도, 충격, 진동 등의 환경조건이 포함되어 있다.

1.2.2 신뢰성 공학 기초 확립기(1950~1960)

1952년 미 국방성에서는 전자장비 신뢰성 자문단(AGREE, advisory group on reliability of electronic equipment)을 구성, 1957년에는 전자기기와 시스템의 신뢰성에 대한 연구를 하여 제품의 시작(試作), 생산 시 신뢰성 측정법과 시방서 작성방법 등 구체적으로 기술한 보고서를 발행하였고, 이것은 오늘날 신뢰성 공학 발전에 중요한 기여를 하게 된다.

엡스타인(B. Epstein)은 지수분포로 수명분포의 유용성을 증명하여(1955), 신뢰도 척도로서 평균고장시간(MTBF, mean time between failure)이나 고장률을 사용하였다. 와이블(B. Weibull)은 와이블 분포를 구상하여 그 실용적 의미에 대한 고찰을 진행하였으며, 1960년대 이후에는 이 분포에 대한 통계적인 연구가 많이 실시되었다.

1.2.3 육성기/계몽기(1960~1970)

1958년에는 미 항공우주국(NASA, national aeronautics and space administration)을 창설하여 구 소련과 우주개발을 위해 경쟁하게 된다. 우주선과 로켓의 신뢰성 분석, 신뢰성 예측, 고장모드 및 영향분석(FMEA, failure mode and effects analysis), 결함목 분석(FTA, fault tree analysis) 등 중요한 기법을 개발, 활용하는 등 신뢰성 공학의 발전에 기여를 하게 되었다. 1965년에는 국제전기 표준위원회(IEC, international electrotechnical commission) 내에 장치 및 부품의 신뢰성 기술위원회가 발족되어 국제 부품 품질의 승인 시스템 제도가 논의되기 시작하였다. 또 1966년에는 미국에서 자동차 리콜제도가 실시되면서 신뢰성은 일반 산업체에까지 그 중요성이 인정되었다.

1.2.4 성숙기(1970~)

체계적 방법으로 신뢰성 공학이 자리잡게 되었고, 인공위성 산업, 자동차 공업 및 전자공업에 응용되어 큰 성과를 보게 되었으며, 품질관리 수법과 더불어 각 공업 분야에 필수적인 기술로 발전하게 되었다. 그리고 군수용품에 필요한 신뢰성 기술과 기법을 각종 상용제품과 S/W에 적용, 발전시켜 오늘에 이르고 있다.

각국에서 시행되고 있는 제조물 책임(PL, product liability)법은 미국, 유럽, 일본을 거쳐서 마침내 2002년 7월 1일부터 우리나라에도 도입되었으며, 이 관련법규로 인해 연구개발 부서 및 생산기술 부서 등에서 신뢰성 관련 교육이 활발히 이루어지고 있다.

1.3 품질보증에서 신뢰성의 역할

KS A 3001에 의하면 품질보증이란, “소비자가 요구하는 품질이 충분히 갖추어졌다는 것을 보증하기 위해 생산자가 해야 하는 체계적인 활동”이라 정의하고 있다. 품질 제조순서에 따른 7단계 품질보증 활동에서 신뢰성의 역할을 살펴본다.

1) 시장정보 수집(marketing survey)

이 단계에서는 소비자의 요구사항을 파악하고, 그 제품의 사용환경 및 사용조건을 파악하여 제품기획에 반영하도록 한다.

2) 제품기획(product planning)

시장조사에서 파악한 소비자 요구를 기술용어로 변환시키는 일, 즉 필요 기술을 명시하는 일이다. 이들의 관계를 명확히 하기 위해 품질표 및 품질기능전개(QFD, quality function deployment)를 통해 문제점의 근원을 밝혀낸다. FMEA, FTA 또는 설계심사(DR, design review) 등을 이용하여 신제품에서 출현 가능한 품질상의 애로를 사전에 검토하여 문제해결의 대책을 조기에 강구한다.

3) 개발/설계(R&D, design, definition of specification)

소비자의 요구품질을 제품기획에 반영시킨 품질, 즉 기획품질을 실제의 품질로 실현시키기 위해 이것을 규격으로 변환하고 도면으로 옮기는 과정에서 설계심사, FMEA, FTA 등을 사용하여 사용자의 요구품질이나 회사의 품질방침이 충분히 반영되도록 하는 단계이다.

시작품 제작이나 경우에 따라 엔지니어링 모델을 제작하여 성능과 신뢰성을 확인하고, 경제성 높은 도면을 작성한다.

4) 생산준비(production engineering)

기획과 도면이 완성된 후 생산공정에서 구체적으로 어떻게 효율적으로 설계의 품질을 만들어 낼 것인가를 확립해 가는 단계이다. 소위 3M(man, machine, method)에 대한 표준이 고유 기술에 입각하여 확립되어야 하고, 실험계획법 등 통계적 수법을 활용하여 공정해석 등에 의해 품질상의 특성에 영향을 미치는 각종 제조상의 요인, 조건들이 구해진다.

이 단계에서는 설비(machine)의 보전에 의해 안정적인 생산활동을 구축해야 하므로 예방보전(PM, preventive maintenance) 측면에서 신뢰성 활동을 실행하여야 한다.

5) 제조(manufacturing)

목표품질이 충분히 갖추어진 제품을 생산하는 데 있어서 공정관리를 실시하고, 개선활동을 적극적으로 전개해 나간다. 또 공정 FMEA 등을 이용하여 중요한 공정들을 찾아내고, 작업순서 중에 중요한 항목을 중점적으로 관리하여 어느 누구나 다룰 수 있는 시스템을 구축하도록 노력해야 한다.

대량 생산되는 제품 중에서 하나씩 제품을 뽑아 내구성시험을 하고, 평시보다 가혹한 조건하에서 가혹시험을 실시하여 제조공정에서 개선의 여지를 찾아낸다.

6) 판매, A/S(sales, after sales services)

공장에서 만들어진 제품의 품질이 판매가 될 때까지 잘 유지되고, 고객에게 판매되어 사용되는 시점에 있어서도 기대한 대로 발휘될 수 있도록 서비스를 잘할 뿐 아니라 클레임이 제기되는 경우에도 이에 대한 처리를 충실히 하는 등 판매 및 서비스단계에 있어서의 품질보증 활동이 필요하다.

7) 외주, 구매(vendors relation)

외부로부터 구입되는 제품품질을 수입검사 등을 통해 결과로써 보증하기보다는 그 제품을 만들어 내는 납입자의 공정을 보증하도록 하는 것이 좀 더 중요하고, 이것이 외주, 구매단계의 품질보증 포인트이다.

외주와 구매단계에서 품질보증은 단지 좋은 품질의 제품을 보증하는 것뿐만 아니라 그 외주선의 경영상태, 경영 및 관리능력까지, 또 전문 메이커를 상대할 경우에는 그 메이커의 개발기술력에 이르기까지 보증의 대상을 넓혀 나가야 한다.

이상의 관계에서 품질보증과 신뢰성의 관계를 살펴보면 다음과 같다.

① 품질보증에서는 고객불만이 나지 않도록 미리 생산단계에서 결함방지 대책을 추진해야 한다. 그러나 설계나 개발단계에서 결함방지 대책이 충분히 고려되어 있는가를 점검하는 것이 중요하다. 즉, 원류관리를 중점적으로 해야 한다.

② 소비자의 다양한 요구에 만족되는 품질을 제공하기 위한 애로기술의 해결이 신뢰성의 역할이다.

③ 신뢰성과 품질비용 간의 보완적 관계를 유지하기 위해 부서 간의 노력이 필요하다.

품질관리 및 품질보증의 신뢰성은 그 특성으로 보아 각각 분리해서 추진하기보다는 하나로 묶어서 추진되어야 할 문제이다. 신뢰성은 품질보증의 중요한 한 부분이며 품질보증은 품질관리의 기본적인 목표이기 때문이다. 따라서 품질보증과 신뢰성 양자를 하나로 묶어서

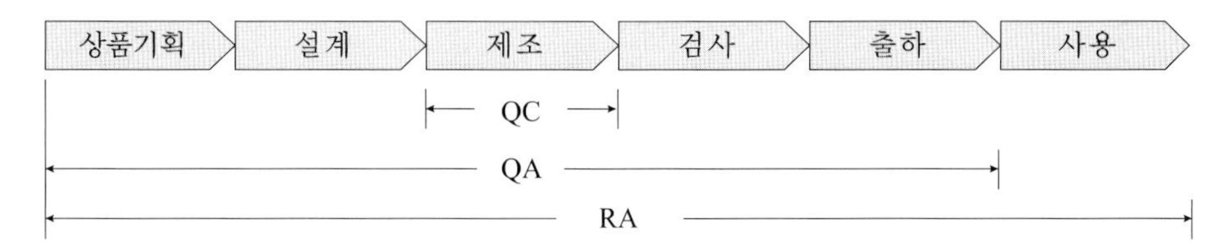

그림 1.1 제품 수명주기에서 신뢰성 보증의 범위

다룸으로써 그 연결을 더욱 밀접하게 할 수 있다고 생각한다.

신뢰성을 제고시키기 위해서는 제품의 기획 및 설계단계에서부터 폐기될 때까지 전 수명주기(life cycle)에 걸쳐 다각적인 노력이 필요하다. 제품의 수명주기를 살펴보면 그림 1.1과 같다.

이들의 분야별 구분인 QC(quality control), QA(quality assurance), RA(reliability assurance)는 관점에 따라 여러 가지 해석이 있을 수 있으나 QC는 1980년대 초까지 특히 제조품질이 문제가 되었을 때 QC 분임조 활동이 중심이 된 시기의 품질개선 활동으로, 주로 제조부분에서의 활동이 중심을 이루고 있고, QA는 1980년대부터 설계품질이 특히 문제로 대두되었을 때 설계를 중심으로 공장 내에서의 전사적인 품질보증 활동으로, 제품의 수명주기 중 상품기획에서 출하까지의 활동을 그 대상으로 하고 있다. 또 신뢰성 보증(RA) 활동은 공장 내에서 아무리 품질보증이 잘 된다고 하더라도 그것이 사용되는 과정에서 기능, 동작의 특성이 변화하면 클레임이 되고, 고객불만의 요소가 되므로 사용환경과 사용방법을 중시한 총체적 활동으로, 제품출하 후에도 계속적으로 분석의 대상이 되는 활동으로 해석할 수 있다.

1.4 고유 신뢰성과 사용 신뢰성

제품의 신뢰성을 생각할 때 제조사 측과 사용자 측의 입장을 분리해서 생각하여 고유 신뢰성과 사용 신뢰성으로 나누어 정의한다.

1.4.1 고유 신뢰성

고유 신뢰성(inherent reliability)이란 '제조사 측에서 보증하는 제품 본래의 신뢰성'으로, 제품 기획단계에서 목표품질을 설정하고 규격(specification)을 결정하여 부품재료의 선택, 구입, 설계, 시작(試作), 시험, 검사, 제조 등을 거쳐 제품생산 전체 공정에 관계한다.

표 1.1 고유 신뢰성 및 사용 신뢰성의 중요성 비율

구분	관련요소	중요성 비율
고유 신뢰성	1. 부품 및 재료(외주관리, 수입검사, 선별(screening) 등)	30%
	2. 설계(derating 및 redundancy 방식, 신뢰성 예측, DR)	40%
	3. 제조(제조방식, 작업자 기능, QC, 공정에서의 선별)	10%
사용 신뢰성	4. 사용(포장, 수송방식, 사용환경, 조작, 취급, 보전방법 및 기술, 인간공학, 서비스 등)	20%

고유 신뢰성에서 특히 중시되는 것은 설계기술이다. 과거 경험을 토대로 사용조건을 고려한 설계는 물론, 사용의 신뢰성, 사용방식, 가해지는 스트레스, 보전성, 안전성 등을 고려하여 제품이 설계, 제조되어야 한다.

1.4.2 사용 신뢰성

사용 신뢰성(use reliability)이란 '포장, 수송, 보관, 설치환경, 취급조작, 보전기술, 보전방식 등 사용과정에서 나타나는 신뢰성'으로 인간의 요소가 신뢰성에 밀접하게 관계한다.

이들 구분에 대한 관련요소별 중요성 비율은 표 1.1과 같다.

1.5 품질관리와 신뢰성 활동과의 관계

품질관리는 모수(parameter)의 영역에서 불량의 분포를 통제하고, 주로 공정을 중심으로 품질을 유지하려 하지만, 신뢰성 활동은 부품 및 제품이 출하되어 고객이 사용하는 시간(time)의 영역에서 고장의 분포를 관리한다고 볼 수 있다. 따라서 품질관리의 전제 없이는 신뢰성의 요구를 실현시킬 수 없고, 새로운 품질관리의 요구영역인 시간적 품질보증은 신뢰성 활동에 의해서 실현될 수 있는 장기간의 축적된 고유기술, 예를 들면, 설계기술, 수명시험, 고장해석, 보전기술 등이 전제되어야 한다. 표 1.2에서 품질관리와 신뢰성 활동과의 관계를 구분하여 보았다.

새로운 품질경영의 사고는 다음과 같다.

① 설계품질을 중요시한다.

적절한 설계와 훌륭한 제조활동이 조화를 이룰 때 비로소 좋은 품질이 생길 수 있다. 설계품질에 의해 시장불량률이 좌우된다.

표 1.2 품질관리와 신뢰성 활동

구분	품질관리	신뢰성 활동
발생 근원	왜 산포가 발생하는가	고장이 왜 일어나는가
중심 사항	공정	설계
관찰 시점	시점 t=0의 품질	요구된 시간 t까지의 품질유지
가장 중요한 품질	제조품질(출하시점에서의 품질)	사용품질(미래의 품질)
중점 시점	현재	미래(예측, 보증)
중점 조직	품질보증 부분	엔지니어링 부문(고장 분석, 신뢰성 시험)
개선방법	산포를 좁힌다.	기술을 향상시킨다.
관련 깊은 부문	제조, 검사	설계, 신뢰성 보증 및 서비스 부문
잘 쓰이는 분포	정규분포	지수분포, 와이블 분포
불량/고장의 빈도	불량률 p	고장률 λ
특징	기본사상에 철저히 하는 것이 중요하며, 비교적 빠른 시일에 체제구축이 가능하다.	전문적 요소를 많이 포함하고, 체제, 기능 충실에 시간을 요한다.

② 제품의 수명을 중요시한다.

양품의 고장률 또는 내구수명을 중요시한다.

③ 고장 및 결함의 성질을 중요시한다.

고장 물리가 신뢰성의 강력한 무기로 대두되고 있다.

④ 제품의 사용과 밀접한 관계가 있다.

사용환경과 기능적 편리성을 잘 고려한 설계와 소비자가 느끼는 품질을 보증하는 것이 신뢰성의 특징이다.

1.6 제품 신뢰성 보증의 필요성 대두

오늘날 급격한 시장환경 변화에 따른 제품의 신뢰성 보증의 중요성이 더욱 증대되고 있다. 시장개방으로 소비자에 있어서 제품 선택의 기회가 확대됨에 따라 요구품질 수준이 향상되고 있고, 품질기준도 제조사에서 고객으로 변화되고 있어 고객의 요구조건이 고객만족으로 변화되고 있다.

기업에서 고객만족(customer satisfaction)을 위한 여러 가지 측면 중 품질은 중요한 요소이다. 제품에 대해 다양한 고객이 공통적으로 인지하는 품질 요소로써 가빈(David A. Garvin)

은 다음 8가지를 들고 있다.

① 성능(performance)
② 특성(feature)
③ 적합도(conformance)
④ 신뢰도(reliability)
⑤ 내구도(durability)
⑥ 서비스도(serviceability)
⑦ 기호(aesthetics)
⑧ 인지품질(perceived quality)

이들 중 신뢰성에 직접적으로 관련되는 요소만 보더라도 신뢰도, 내구도, 서비스도 등이 있다. 이로써 적게는 제품, 크게는 기업의 성패에 신뢰성의 개념이 얼마나 중요한 역할을 하고 있는가를 알 수 있다.

최근 들어 신뢰성 기술이 중요시되고 있는 여러 가지 이유들을 들어 보면, 기업 간의 경쟁적 상황하에서 제품 개발기간의 단축이라는 시간적 제약을 갖고 있고, 기술개발 속도의 증가로 재료, 부품기술 등에 대한 평가가 제대로 이루어지지 않아 시장에서 제품 고장에 의한 손실이 증대하고 있으며, 매출액 대비 5% 이상으로 그 A/S 처리비용은 지속적으로 상승하고 있다. 또한 제품의 사용조건이 다양화되면서 극단적인 환경조건하에서도 사용될 수 있는 제품 개발의 필요성이 더욱 증대되고 있으며, 근간에 PL법이 시행됨에 따라 우리 시장에서도 소비자 권리, 보호가 더욱 강화되고 있는 등 신뢰성 기술의 필요성에 대한 요구가 더욱 높아져 가고 있다.

2장

신뢰성 척도

2.1 신뢰도

신뢰성이라는 개념은 추상적인 의미이므로 실제로는 시스템이나 제품의 신뢰성을 정량적으로 평가하기 위해 신뢰도라는 용어를 사용한다. 신뢰도란 시스템이나 제품의 성능이 지닌 시간적 만족도로써, 아이템이 주어진 조건하에 규정된 기간 중 요구되는 기능을 수행하는 확률이라 정의된다. 따라서 신뢰도란 시간의 함수로써 표시된 품질의 문제이며, 설계품질, 제조 품질뿐만 아니라 제품의 전체 라이프 사이클에 이르는 품질을 그 대상으로 하는 것이다.

시스템 또는 기기의 수명은 사전에 그 값을 확정할 수 없기 때문에 확률적으로 생각하게 된다. 아이템, 부품 또는 시스템이 규정된 기간 동안 요구된 기능을 수행한 시간, 즉 고장까지의 시간(time to failure)을 확률변수 T라 하자. 신뢰도 $R(t)$는 임의 시점 t 이후에 아이템이 생존하는 확률로

$$R(t) = P\{T > t\} \tag{2.1}$$

이다.

식 (2.1)에서 신뢰도는 다시 말하면 임의 시점 t에서 시스템이 고장 나지 않고 있는 생존확률이라 할 수 있다. 이를 통해 제품의 신뢰도를 나타내는 몇 가지 중요한 개념들을 설명한다.

2.1.1 신뢰도 함수

신뢰도 함수 $R(t) = P\{T > t\}$는 시점 t 이후 아이템이 여전히 기능을 수행하고 있는 확률을 나타내는 함수이다. 신뢰도 함수 $R(t)$는 그림 2.1과 같이 시간 t가 증가함에 따라 그 신뢰도가 감소하는 단조 감소함수가 된다.

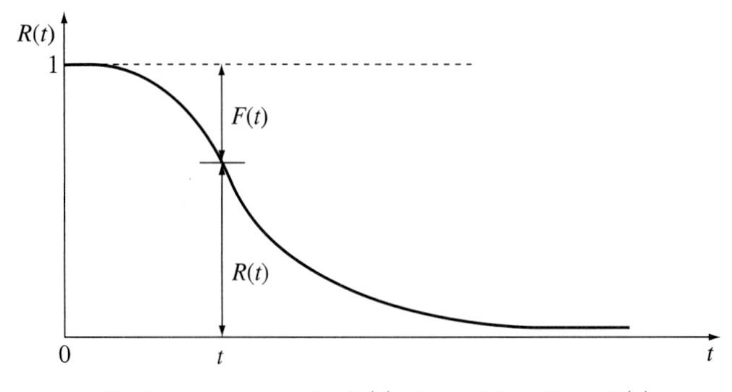

그림 2.1 신뢰도 함수 $R(t)$와 불신뢰도 함수 $F(t)$

2.1.2 불신뢰도 함수

불신뢰도 함수 $F(t)$는 아이템이 시점 t 이전에 고장이 나는 확률이라 하고,

$$F(t) = P\{T \le t\} = 1 - R(t) = 1 - P\{T > t\} \tag{2.2}$$

로 표현된다.

상기 식 (2.1), (2.2)에 대한 설명을 위해 다음을 생각한다.

동종 아이템 N개가 신뢰성 시험에 따라 동일 작동조건하에 시점 $t=0$에서 동시에 작동하기 시작하여 시점 t, 즉 [0, t] 동안 고장 아이템들의 수를 $n(t)$라 하자.

시점 t에서 아이템의 신뢰도 $R(t)$는

$$R(t) = \frac{N - n(t)}{N} \tag{2.3}$$

또 불신뢰도 $F(t)$는

$$F(t) = \frac{n(t)}{N} = 1 - R(t) \tag{2.4}$$

로 표현된다.

2.1.3 고장밀도함수

고장밀도함수(failure density function)는 단위 시간당 고장 발생비율을 나타내는 함수이다. 따라서

$$f(t) = \frac{d}{dt}F(t) = -\frac{d}{dt}R(t) \tag{2.5}$$

로 표시된다.

신뢰도 함수 $R(t)$ 및 불신뢰도 함수 $F(t)$를 확률변수 T의 고장밀도함수 $f(t)$로 표현하면,

$$R(t) = 1 - \int_0^t f(t)dt = \int_t^\infty f(t)dt \tag{2.6}$$

$$F(t) = P\{T \le t\} = \int_0^t f(t)dt \tag{2.7}$$

인 관계가 성립한다.

식 (2.3), (2.4)에 이어 식 (2.5)의 관계를 계수적인 관점에서 생각해 본다.
고장 개수의 식으로 임의의 작은 시간구간 dt에 대한 고장밀도함수 $f(t)$를 구한다.

$$f(t) = \frac{F(t+dt) - F(t)}{dt} = \frac{n(t+dt) - n(t)}{N}\frac{1}{dt} \tag{2.8}$$

따라서 식 (2.8)의 오른쪽 변은 $\left\{ \frac{(t,\ t+dt)\ \text{동안 고장 부품 수}}{\text{총 샘플 수}} \frac{1}{dt} \right\}$로 나타낼 수 있다.

2.1.4 순간 고장률

수명분포의 형태와 함께 단위 시간당 고장 개수의 시간적 변화에도 주목한다. 가동 중인 제품에 대한 단위 시간당 고장수를 순간 고장률(instantaneous failure rate) 또는 간단히 고장률(failure rate)이라 한다. 순간 고장률은 사용 개시 후 경과시간 t에 의해 변하기 때문에 t의 함수가 되고 고장률 함수(failure rate function)로 $h(t)$라 표시한다.

고장률 함수 $h(t)$는 현 시점 t에서 가동 중인 아이템에 대해 몇 개가 순간적으로 고장이 날 것인가를 나타내는 척도로써 다음과 같이 표현된다.

시점 t 이후 가동 중인 아이템에 대해 시간구간 $[t, t+dt]$ 사이에 고장이 나는 확률은

$$P\{t < T \le t+dt \mid T > t\} = \frac{P\{t < T \le t+dt\}}{P\{T > t\}} = \frac{F(t+dt) - F(t)}{R(t)}$$

로 조건부 확률이고, 시간구간을 $dt \to 0$이라 두면, 이 시간구간 동안의 변화율은

$$\lim_{dt \to 0} \frac{P\{t < T < t+dt \mid T > t\}}{dt} = \frac{1}{R(t)}\frac{d}{dt}F(t) = \frac{f(t)}{R(t)} = h(t) \tag{2.9}$$

로 표시된다.

식 (2.9)를 계수적인 관점에서 살펴보면, 아이템의 순간 고장률은

$$h(t) = \frac{f(t)}{R(t)} = \frac{n(t+dt) - n(t)}{N - n(t)}\frac{1}{dt} \tag{2.10}$$

이 되고, 이 식은

$$h(t) = \frac{(t,\ t+dt)\ \text{동안 고장 아이템 수}}{\text{시점}\ t\ \text{에서 여전히 가동 아이템 수}}\frac{1}{dt}$$

이 된다.

식 (2.9)에서 고장밀도함수 $f(t)$는

$$f(t)=R(t)h(t) \tag{2.11}$$

이며, 여기서 $0 \le R(t) \le 1$이므로 $f(t) \le h(t)$가 된다.

결과적으로, 고장밀도함수 $f(t)$는 전체 부품에 대한 일정 구간의 고장률을 의미하는 반면, 순간 고장률 $h(t)$는 가동하고 있는 제품들에 대한 일정 구간의 고장률을 나타내고 그 관계는 항상 $f(t) \le h(t)$이다.

아이템의 고장률 함수 $h(t)$와 신뢰도 함수 $R(t)$의 관계를 살펴본다.

$$h(t)=\frac{f(t)}{R(t)}=\frac{1}{R(t)}\frac{-dR(t)}{dt}=-\frac{R'(t)}{R(t)}$$

양변에 적분을 취하면

$$\int_0^t h(t)dt=-\int_0^t \frac{R'(t)}{R(t)}dt=-\ln R(t)$$

따라서

$$R(t)=e^{-\int_0^t h(t)dt} \tag{2.12}$$

가 된다.

아이템의 고장률이 일정 $h(t)=\lambda$인 경우, 이 아이템의 신뢰도 함수는

$$R(t)=e^{-\int_0^t h(t)dt}=e^{-\lambda t} \tag{2.13}$$

가 된다.

예제 1

100개의 콘덴서에 대해 10,000시간 동안 고장 개수가 40개라 하자. 이때 고장률 함수 $h(t)$를 구하라.

풀이

$$R(t)=1-\frac{n(t)}{N}=1-\frac{40}{100}=0.6$$

$$F(t)=1-R(t)=1-0.6=0.4$$

$$f(t)=\frac{d}{dt}F(t)=\frac{1}{10{,}000}0.4=0.4\times10^{-4}/\text{시간}$$

$$h(t)=\frac{f(t)}{R(t)}=\frac{0.4}{0.6}\times10^{-4}=0.67\times10^{-4}/\text{시간}$$

예제 2

다음 데이터는 전자부품 70개의 수명 데이터이다. 이 데이터를 이용하여 고장률 $h(t)$를 구하라.

(단위 : 100시간)

86.0	136.3	106.9	147.2	107.9	62.1	147.4	52.0	122.9	83.3
104.9	68.8	87.0	117.0	69.5	185.0	125.2	105.8	108.8	60.9
83.2	47.5	166.4	136.3	95.8	112.1	32.8	37.1	94.1	78.1
20.6	135.2	80.8	119.1	55.8	76.3	58.3	98.9	146.4	135.0
160.4	99.1	114.2	66.9	64.5	87.4	56.1	90.3	59.5	118.2
50.4	87.6	164.6	87.1	78.0	47.1	81.5	36.9	114.6	152.4
95.7	128.6	86.1	63.1	149.5	110.0	89.2	47.2	90.0	93.1

풀이 급구간 $h = \dfrac{t_{\max} - t_{\min}}{k}$, 여기서 $k \approx \sqrt{n} = \sqrt{70} = 8.4 \fallingdotseq 8$에서

$$h = \frac{185.0 - 20.6}{8} = 20.55 \fallingdotseq 20$$

$$\text{계급하한 경계치} = t_{\min} - \frac{\text{측정단위}}{2} = 20.6 - 0.05 = 20.55$$

급번호 i	급구간 $t_{i-1} - t_i$	고장수	시점 시작 시 잔존수	불신뢰확률 $F(t)$	고장률 $h(t)$
1	20.55~40.55	4	70	0.057	0.0029
2	40.55~60.55	9	66	0.128	0.0068
3	60.55~80.55	10	57	0.175	0.0088
4	80.55~100.55	19	47	0.404	0.0202
5	100.55~120.55	12	28	0.429	0.0214
6	120.55~140.55	7	16	0.438	0.0219
7	140.55~160.55	5	9	0.556	0.0278
8	160.55~180.55	3	4	0.750	0.0375
9	180.55~200.55	1	1	1.000	0.0500

예제 3

172개의 부품에 대해 각 시점에서 조사한 수명시험 결과는 다음 표와 같다. 고장밀도함수 $f(t)$와 고장률 함수 $h(t)$를 구하라.

시점(시간)	고장수	시점 시작 시 잔존수	잔존율(%)
0	0	172	100
1000	59	113	66
2000	24	89	52
3000	29	60	35
4000	30	30	17
5000	17	13	8
6000	13	0	0

풀이

시간 간격	고장수	시점 시작 시 잔존수	$f(t)(10^{-4})$	$h(t)(10^{-4})$
0~1000	59	172	3.43	3.43
1001~2000	24	113	1.40	2.12
2001~3000	29	89	1.70	3.26
3001~4000	30	60	1.75	5.00
4001~5000	17	30	0.99	5.67
5001~6000	13	13	0.76	10.00

예제 4

어떤 전자부품 제조회사는 세라믹 콘덴서에 대한 작동 수명시험(OLT, operational life test)을 수행한 결과 이들은 3×10^{-8}개/시간의 고장으로 일정 고장률을 보여주고 있다. 1년(약 10^4시간) 후 콘덴서의 신뢰도는 얼마인가?

이들 콘덴서의 대량 물량을 합격시키기 위해 사용자는 2,000개의 콘덴서 표본에 대해 5,000시간 동안 시험하기로 하였다. 그 시험 동안 얼마나 많은 콘덴서가 고장이 날까?

풀이 $h(t) = 3\times 10^{-8}$개/시간

$$R(t=10^4) = e^{-\int_0^t h(t)dt} = e^{-\int_0^t 3(10^{-8})dt} = e^{-3(10^{-8})t} = e^{-3(10^{-4})} = 0.9997$$

작동 $t=5{,}000$ 중 고장 난 컨덴서의 기대치 $= 2000\left(1-e^{-3\times10^{-8}\times5000}\right) = 1$개

예제 5

LED 회사는 제조된 LED 전구의 평균수명을 추정하고자 한다. 200개의 전구가 시험에 사용되며, 1,000시간 간격으로 고장 전구 수는 다음과 같다.

시간 간격(시간)	구간의 고장 개수
0~1000	100
1000~2000	40
2000~3000	20
3000~4000	15
4000~5000	10
5000~6000	8
6000~7000	7

데이터로부터 추정된 고장밀도함수 $f(t)$, 불신뢰도 함수 $F(t)$, 신뢰도 함수 $R(t)$, 고장률 함수 $h(t)$를 구하라.

풀이

시간 간격	고장수	시작 시 잔존수	$f(t)(10^{-4})$	$F(t)$	$R(t)$	$h(t)(10^{-4})$
0~1000	100	200	5.00	0.500	0.500	5.000
1001~2000	40	100	2.00	0.700	0.300	4.000
2001~3000	20	60	1.00	0.800	0.200	3.330
3001~4000	15	40	0.75	0.875	0.125	3.750
4001~5000	10	25	0.50	0.925	0.075	4.000
5001~6000	8	15	0.40	0.965	0.035	5.300
6001~7000	7	7	0.35	1.000	0.000	10.000
합계	N=200					

2.2 신뢰성 척도

2.2.1 신뢰성 척도의 두 가지 견해

신뢰성의 정량적 평가에는 다음 두 가지 견해가 있다.

(1) 고장 발생까지 시간 길이의 길고 짧음

고장 발생까지의 시간 길이에 착안해서 그 시간이 길면 제품의 신뢰성이 높다고 생각하는 것이다. 이 경우 신뢰성 척도로써 고장까지의 시간을 확률변수 T로 표시한다면 신뢰도, 평균고장시간(mean time to failure, MTTF), B_{10} 수명 등은 아래와 같이 정의된다.

(a) 신뢰도

시점 t에서의 신뢰도 $R(t)$는 시점 t 이후에 요구된 기능을 수행하고 있을 확률, 즉

$$R(t) = P\{T > t\} \tag{2.14}$$

이다.

확률변수 T의 고장밀도함수 $f(t)$를 이용하면 $R(t)$는

$$R(t) = \int_t^{\infty} f(t)dt \tag{2.15}$$

로 쓸 수 있다. 식 (2.15)를 그림으로 나타내면 그림 2.2와 같이 시점 t 이후의 밀도함수와 시간축에 미치는 면적이 된다.

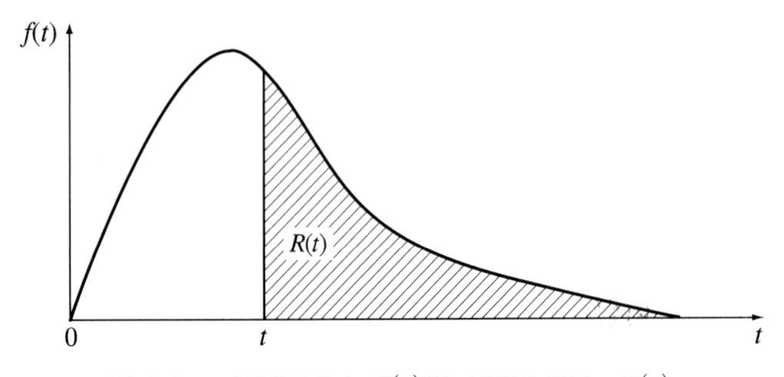

그림 2.2 고장밀도함수 $f(t)$와 신뢰도 함수 $R(t)$

(b) 평균고장시간

고장까지의 시간(time to failure)의 평균을 평균고장시간(MTTF)이라 하고, 이것은 고장밀도함수를 이용하여

$$E[T] = \int_0^{\infty} t\, f(t)dt \tag{2.16}$$

로 구할 수 있다. 식 (2.16)은 시점 t와 작은 시간구간 $(t,\ t+dt)$ 사이에 고장 나는 확률 $f(t)dt$와의 곱에 대한 합이 된다.

계수적인 관점에서 살펴본다. 총 N개의 아이템에 대해 고장이 관측된 시점을 각각 t_1,

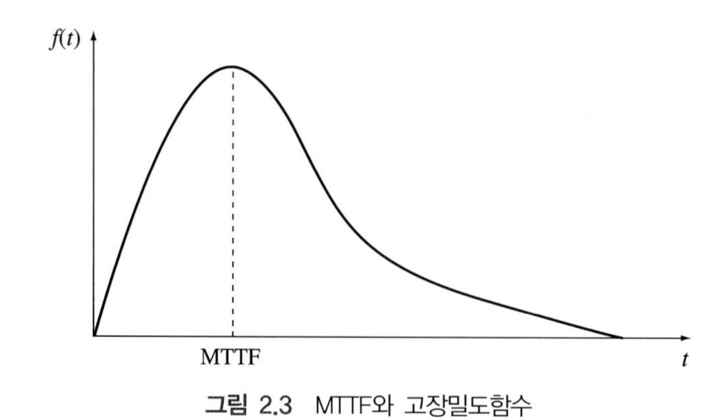

그림 2.3 MTTF와 고장밀도함수

t_2, $\cdots$, t_N이라 하자.

이들 구성품의 평균고장시간

$$\text{MTTF} = \frac{\sum_{i=1}^{N} t_i}{N}$$

이다.

MTTF와 신뢰도와의 관계를 살펴본다. T가 확률변수라 하면,

$$E[T] = \text{MTTF} = \int_0^{\infty} t f(t) dt = -\int_o^{\infty} t \frac{dR(t)}{dt} dt$$
$$= -tR(t)]_0^{\infty} + \int_0^{\infty} R(t) dt = \int_0^{\infty} R(t) dt$$

로 나타낼 수 있다. 그러나 아이템의 작동구간이 [0, t]일 때 $-tR(t)]_0^t \neq 0$이므로 이 관계는 주의를 요한다.

(c) B_{10} 수명

신뢰성의 평가는 고객에 대한 제품의 보증을 중요하게 생각하는 입장에서 보면 평균에 대한 개념보다는 제품을 언제까지 안심하고 사용할 수 있는가와 같이 제품 하나하나에 대해 수명을 보증하는 한계 보증치가 중요하다.

B_{10} 수명(bearing 10% life)은 산포의 크기를 고려한 한계치 보증의 입장에서 고려되고 있는 척도로, 전체의 10%가 고장 날 때까지의 시간을 나타낸다. 즉,

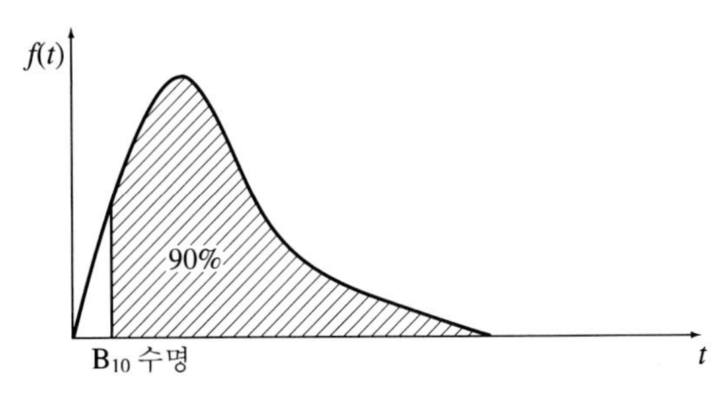

그림 2.4 B_{10} 수명과 고장밀도함수

$$\int_0^{B_{10}} f(t)dt = 0.10 \tag{2.17}$$

이 된다. 신뢰도와 B_{10} 수명의 관계는

$$R(t=B_{10}) = \int_{B_{10}}^{\infty} f(t)dt = 0.90$$

이 된다.

예제 6

어떤 아이템의 고장밀도함수는

$$f(t) = 0.5\,e^{-0.5t} \quad (\text{단위: 1,000시간})$$

으로 표현되고 있다. 이 아이템에 대해 다음을 구하라.

(1) 규정시간 t=300에서 신뢰도 $R(t)$

(2) MTTF

(3) B_{10} 수명

풀이 (1) $R(t{=}300) = \int_{0.3}^{\infty} 0.5e^{-0.5t}dt = e^{-0.5t}]_{0.3}^{\infty} = e^{-0.15} = 0.86$

(2) $\text{MTTF} = \int_0^{\infty} tf(t) = \int_0^{\infty} t\ 0.5e^{-0.5t}dt = 200\text{시간}$

(3) $F(B_{10}) = \int_0^{B_{10}} 0.5e^{-0.5t}dt = 1 - e^{-0.5B_{10}} = 0.10$

$\therefore\ B_{10} = 210\text{시간}$

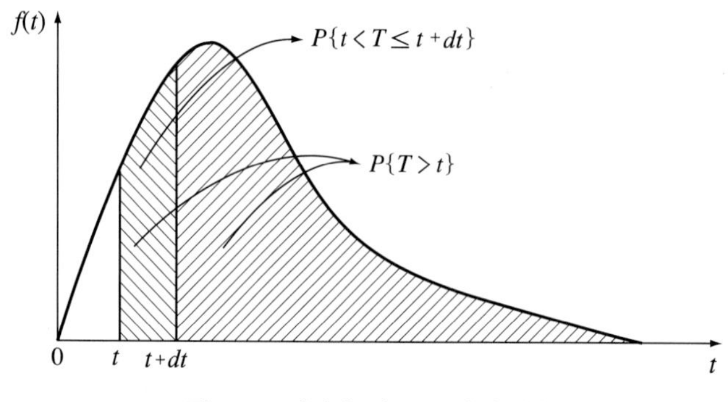

그림 2.5 시간에 따른 고장밀도함수

(2) 일정 시간 내 고장 발생 수의 많고 적음

고장수의 많고 적음에 착안하여 고장이 적을수록 신뢰성이 높다고 하는 견해가 된다. 이에 대한 대표적인 신뢰성 척도로써 고장률에 대해 고장 난 경우 수리를 생각하는 수리계(repairable system)와 수리를 생각하지 않는 비수리계(non-repairable system)로 그 정의가 조금 다르므로 나누어 생각할 필요가 있다.

(a) 비수리계의 경우 고장률

비수리계, 즉 고장이 났을 때 수리를 생각하지 않는 경우의 고장률이란 임의의 시점 t까지 동작을 계속해 온 시스템 또는 기기가 그 시점에서 계속해서 단위 시간당 고장이 나는 확률을 고장률이라 한다.

확률변수 T의 조건부 확률을 이용해서 표시하면

$$P\ \{t < T \leq t + dt \mid T > t\} \tag{2.18}$$

가 된다. 이것은 시점 t에서 고장 나지 않은 아이템이 다음 작은 시간 $(t,\ t+dt)$ 사이에서 고장 나는 확률을 의미한다.

단위 시간당 고장확률로 변환하면,

$$P\left\{\frac{t < T \leq t + dt \mid T > t}{dt}\right\} \tag{2.19}$$

가 된다. 이것을 작은 시간 $(t,\ t+dt)$에 있어서 평균고장률이라 한다.

(b) 수리계의 경우 고장률

수리계, 즉 아이템의 고장 시 수리에 의해 그 기능을 회복하는 아이템에 대해 시간 $(0, t)$의 고장수를 $n(t)$(수리시간은 무시해서 생각한다)라 두면, 이것은 확률변수가 된다. 정확히는 시간 t를 파라미터로 하는 확률변수이므로 확률과정(random process)이 된다. 이 확률변

수에 대해서 단위 시간당 고장발생확률

$$h(t) = \lim_{dt \to 0} \frac{1}{dt} P \left[\{ n(t+dt) - n(t) \} \geq 1 \right] \tag{2.20}$$

을 생각할 수 있다.

식 (2.20)의 의미의 고장률은

$$\text{고장률} = \frac{\text{일정 시간 내의 고장수}}{\text{일정 시간}}$$

로 이해할 수 있다.

예제 7

어떤 시스템은 연평균 1.5회 고장이 난다고 한다. 이 경우 고장률을 구하라.

풀이 고장률=1.5/년=0.125/월=12.5%/월

(c) 평균고장간격

식 (2.20)의 의미, 즉 수리계의 고장률이 일정한 경우 $h(t) = \lambda$이다.

그 역수를 생각해서 이것을 평균고장간격(MTBF, mean time between failure)이라 한다. 즉,

$$\text{MTBF} = \frac{1}{\lambda} = \frac{1}{\text{고장률}} \tag{2.21}$$

이다. 이 MTBF는 $\dfrac{\text{일정 시간}}{\text{일정 시간 내의 고장수}}$의 의미로 해석될 수 있는 것이므로 수리 후 다음 고장이 발생할 때까지의 시간(고장간격)의 평균을 표시하는 것이 된다. 시스템이 비수리계인 경우의 평균수명을 MTTF, 시스템이 수리계인 경우의 평균수명을 MTBF로 표시한다. 양자 간의 혼용은 일반적이므로 용어의 개념만 확실히 알아두면 된다. 위의 예에서 $\text{MTBF} = \dfrac{1}{\lambda} = 0.67$년(= 8개월)이 된다.

예제 8

고장률이 시간당 λ개라 한다. 이 장비의 평균수명을 구하라.

풀이 $\mathrm{MTTF} = E[T] = \int_0^{\infty} R(t)dt = \int_0^{\infty} e^{-\lambda t}dt = \frac{e^{-\lambda t}}{-\lambda}\Big]_0^{\infty} = \frac{1}{\lambda}$시간

예제 9

고장률이 일정한 전자제품의 MTTF가 15,000시간이라 한다.

(1) 전체의 10%가 고장 나는 시간, 즉 B_{10} 수명은 얼마인가?

(2) 작동 15,000시간 동안 고장이 나는 아이템은 전체의 몇 %인가?

(3) 1,000시간 또 10,000시간 사용해서 여전히 정상 작동하고 있는 제품이 있다. 이들 제품이 계속해서 1,000시간 사이에 고장 나는 확률은 각각 얼마인가?

풀이 (1) $R(t = B_{10}) = \int_{B_{10}}^{\infty} f(t)dt = e^{-\lambda t} = 0.9$

여기서, $\lambda = \frac{1}{\mathrm{MTTF}} = \frac{1}{15{,}000} = 0.67 \times 10^{-6}$/시간

따라서 $t = 15{,}725$(시간)

대략 MTTF의 $\frac{1}{10}$의 시간에 10개 중 1개가 고장이 난다.

(2) $R(t = 15{,}000) = e^{-1} = 0.3679,\ F(t) = 1 - 0.3679 = 0.6321$

MTTF 시간까지 아이템의 약 $\frac{2}{3}$가 고장이 난다.

(3) $p(t) = \frac{R(t) - R(t + 1{,}000)}{R(t)}$을 구한다.

1,000시간인 경우 $R(1{,}000) = 0.9934,\ R(2{,}000) = 0.9868,$

따라서 $p(1{,}000) = 0.0066$

10,000시간인 경우 $R(10{,}000) = 0.9355,\ R(11{,}000) = 0.9293,$

따라서 $p(10{,}000) = 0.0066$

이것은 고장률 $\lambda = 0.67 \times 10^{-6}$/시간과 경과시간 1,000시간과의 곱과 같다.

(d) 평균고장률

구간 $[0, t]$의 누적 고장률을 $H(t)$라 하면, $R(t) = e^{-\int_0^t h(t)dt}$에서

$$H(t) = \int_0^t h(t)dt = -\ln R(t)$$

구간 $[t_1, t_2]$의 구간 고장률 $\mathrm{FR}(t_1, t_2)$는

$$\text{FR}(t_1,t_2)=H(t_2)-H(t_1)=\ln R(t_1)-\ln R(t_2)$$

구간 $[t_1, t_2]$의 구간 평균고장률(AFR, average failure rate) AFR(t_1, t_2)는

$$\text{AFR}(t_1,\ t_2)=\frac{\ln R(t_1)-\ln R(t_2)}{t_2-t_1} \tag{2.22}$$

구간 $[0,\ t]$의 평균고장률 AFR(t)는

$$\text{AFR}(t)=-\frac{\ln R(t)}{t}$$

2.3 고장률 함수의 형태

앞 절에서 언급한 바와 같이 고장률(failure rate, hazard rate, instantaneous failure rate) 함수 $h(t)$는 시점 t에서 가동인 제품에 대해 구간 t와 $t+dt$ 사이에 고장이 나는 확률을 말한다. 즉,

$$h(t)=\frac{f(t)}{R(t)}.$$

이 고장률에 대해 작동개시에서부터 일정 시점 t까지의 누적 고장률 함수 $H(t)$는

$$H(t)=\int_0^t h(t)\,dt \tag{2.23}$$

라 쓸 수 있다.

제품의 고장은 인간의 사망률과 유사한 발생형태를 갖고 있는 것으로, 그림 2.6과 같이 보통 제품의 가동초기에 비교적 높은 고장률이 나타나고, 그 후 긴 기간 동안 고장률은 일

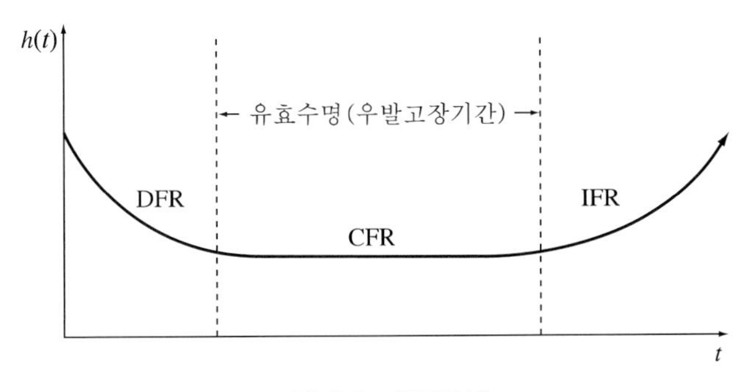

그림 2.6 욕조곡선

정하게 되며, 나중에 마모 노화로 인해 고장률이 증가하게 된다. 이러한 곡선을 제품 고장률에 대한 욕조곡선(bathtub curve)이라 한다. 제품수명주기에 걸친 고장단계는 다음과 같이 분류한다.

(1) 초기고장 기간

설계나 공정에서 설계결함에 의해 제품사용 초기에 보통 나타난다.

원인: ① 재료선정의 잘못으로 인한 설계상의 오류
② 제조결함, 열처리 오류, 용접결함 등에 의한 제조상의 오류
③ 운송 중 파손
④ 불충분한 디버깅(debugging)
⑤ 사용방법 오류

(2) 우발고장 기간

사용조건, 환경조건에 의해 외부로부터 가해지는 부하로부터 발생하는 것으로, 정상 사용기간 중에 발생한다. 따라서 높은 신뢰성 부품 및 재료를 채용하고, 적정한 사용을 통해 우발고장을 방지한다.

원인: ① 과중한 부하
② 과중한 조작
③ 안전계수$\left(=\dfrac{\text{강도}}{\text{부하}}\right)$가 낮음
④ 디버깅 중에도 발견되지 않은 고장

(3) 마모고장 기간

마모, 노화, 부식 등으로 발생한다. 따라서 보전 가능한 경우 예방보전과 사후보전을 통해 고장률을 줄인다.

원인: 재료, 부품의 기계적 마모, 피로, 노화, 부식 환경

2.3.1 일정 고장률

많은 전자부품, 예를 들면 반도체, 저항, 집적회로, 콘덴서 등은 그 수명기간 동안 일정 고장률(constant hazard rate)을 보여준다. 물론 이것은 초기고장 기간 마지막에 생긴다. 이들 제품들은 초기고장 기간에 번인(burn-in)을 수행하여 감소시킨다. 일정 고장률 $h(t)=\lambda$인 경우 확률분포는 지수분포에 따르고 그 $f(t)$, $F(t)$ 및 $R(t)$ 함수는 다음과 같다.

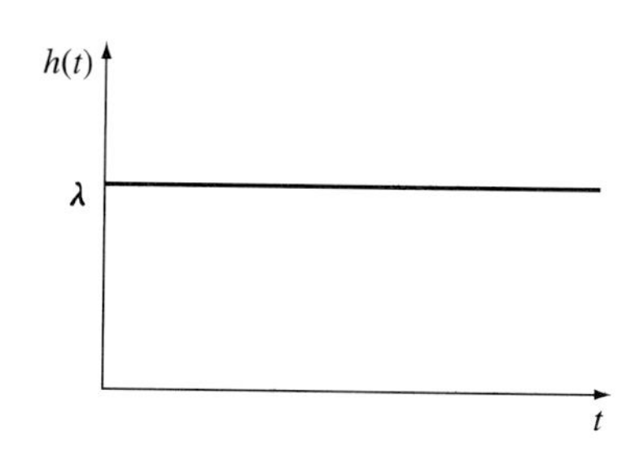

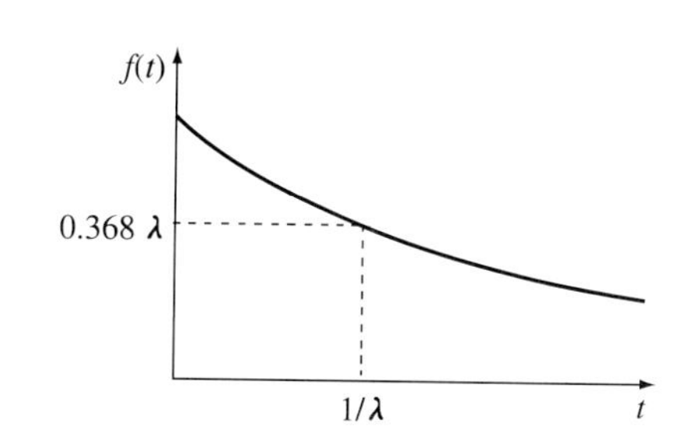

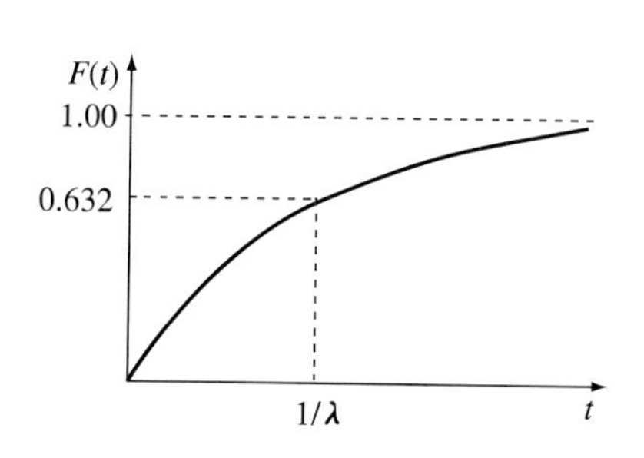

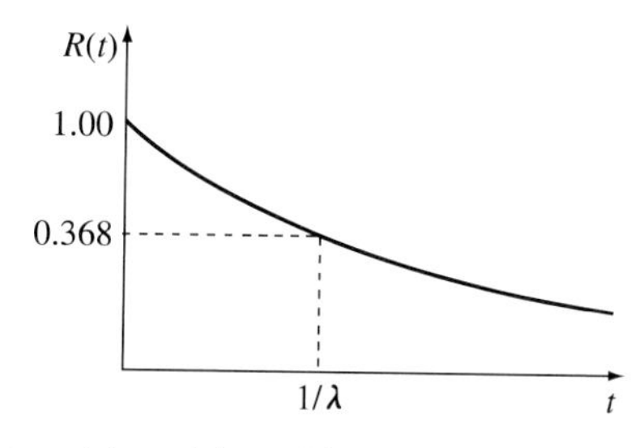

그림 2.7 일정 고장률의 $h(t)$, $f(t)$, $F(t)$, $R(t)$

$$f(t) = \lambda e^{-\lambda t} \tag{2.24}$$

$$F(t) = \int_0^t \lambda e^{-\lambda t} dt = 1 - e^{-\lambda t} \tag{2.25}$$

$$R(t) = e^{-\lambda t} \tag{2.26}$$

평균수명(=MTTF) $E[T] = \dfrac{1}{\lambda}$

분산 $V[T] = \dfrac{1}{\lambda^2}$

2.3.2 증가 또는 감소하는 고장률(increasing or decreasing hazard rate)

(1) 선형으로 증가하는 고장률

열화조건에 따르거나 마모상태에 있을 때 시간에 따라 아이템의 고장률은 증가한다.

예로써 회전 샤프트, 밸브, 캠 또는 전기릴레이 등은 선형증가 고장률 함수를 갖는다. 선형으로 증가하는 고장률 함수는

$$h(t) = kt, \text{ 여기서 } k\text{는 상수.}$$

확률밀도함수 $f(t)$는 레일리(Rayleigh) 분포를 갖고, 그 $f(t)$, $F(t)$, $R(t)$는 다음과 같다.

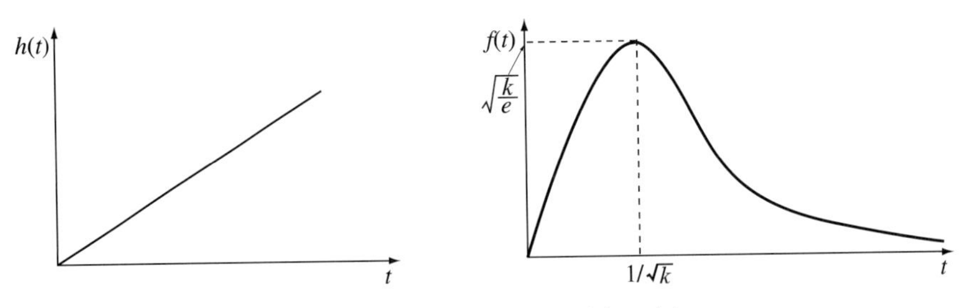

그림 2.8 레일리 분포의 $h(t)$, $f(t)$

$$f(t) = kte^{-\frac{kt^2}{2}} \tag{2.27}$$

$$F(t) = 1 - e^{-\frac{kt^2}{2}} \tag{2.28}$$

$$R(t) = e^{-\frac{kt^2}{2}} \tag{2.29}$$

그리고 이 분포의 평균 및 분산은 다음과 같다.

$$\text{MTTF} \quad E[T] = \sqrt{\frac{\pi}{2k}} \tag{2.30}$$

$$\text{분산} \quad V[T] = \frac{2}{k}\left(1 - \frac{\pi}{4}\right) \tag{2.31}$$

예제 10

새 타이어의 고장률은 시간에 따라 선형으로 증가하고 고장률 함수는 $h(t) = 0.5 \times 10^{-8} t$ 이다. 1년 사용 후 타이어의 신뢰도를 구하라. 이 타이어를 교체하기 위한 평균시간 및 표준편차를 구하라(1년= 8,760시간 ≒ 10^4시간으로 계산).

풀이

$$R(t = 10^4) = e^{-\left(\frac{0.5 \cdot 10^{-8} \cdot 10^8}{2}\right)} = e^{-\frac{1}{4}} = 0.7788$$

$$E[T] = \sqrt{\frac{\pi}{2k}} = \sqrt{\frac{\pi}{2 \times 0.5 \times 10^{-8}}} = 17{,}724\text{시간}$$

$$V[T] = \frac{2}{k}\left(1 - \frac{\pi}{4}\right) = 8.6 \cdot 10^7$$

(2) 비선형으로 증가 및 감소하는 고장률

고장률에 대한 비선형 표현은 시간에 대해 고장률 함수 $h(t)$가 선형으로 분명히 표시될 수 없을 때 사용된다. 이러한 경우의 고장률 함수의 전형적인 표현은 다음과 같다.

$$h(t) = \frac{m}{\eta^m} t^{m-1} \tag{2.32}$$

이 모델은 와이블 분포형이 된다. 와이블 분포의 $f(t)$, $F(t)$, $R(t)$는 다음과 같다.

$$f(t) = \frac{m}{\eta^m} t^{m-1} e^{-\left(\frac{t}{\eta}\right)^m} \tag{2.33}$$

$$F(t) = 1 - e^{-\left(\frac{t}{\eta}\right)^m} \tag{2.34}$$

$$R(t) = e^{-\left(\frac{t}{\eta}\right)^m} \tag{2.35}$$

여기서, m 및 η는 각각 분포의 형상모수(shape parameter) 및 척도모수(scale parameter)라 한다. $m=1$인 경우 $R(t=\eta) = e^{-1} = 0.368$, $F(t=\eta) = 1 - e^{-1} = 0.632$가 되는 η를 척도모수 또는 특성수명(characteristic life)이라 한다.

이 분포의 평균과 분산은 다음과 같다.

$$E[T] = \int_0^\infty t f(t) dt = \eta \Gamma\left(1 + \frac{1}{m}\right) \tag{2.36}$$

$$V[T] = \int_0^\infty t^2 f(t) dt - \mu^2 \tag{2.37}$$

$$= \eta^2 \left[\Gamma\left(1 + \frac{2}{m}\right) - \Gamma^2\left(1 + \frac{1}{m}\right)\right]$$

여기서, $\Gamma(n+1) = n!$, $(n = 0, 1, 2, \cdots)$

$m=1$인 경우 $h(t) = \frac{1}{\eta}$로 지수분포가 된다.

$m=2$인 경우 $h(t) = \frac{2t}{\eta^2} = kt$가 되는 레일리 분포가 된다.

일반적으로, $m < 1$인 경우 감소하는 고장률(DFR, decreasing failure rate)

$m = 1$인 경우 일정 고장률(CFR, constant failure rate)

$m > 1$인 경우 증가하는 고장률(IFR, increasing failure rate)

을 나타낸다. $m = 3.5$일 때 고장밀도분포는 정규분포(normal distribution)에 근사한다. 따라서 와이블 분포는 공학적인 제품의 넓은 범위의 수명분포들을 모델링하는 데 사용된다.

지금까지 두 개의 모수를 갖는 와이블 분포를 언급하였다. 그러나 고장이 $t=0$에서 시작하지 않고 일정시간 r이 경과 후에 시작된다면, 와이블 분포의 신뢰도 함수는

$$R(t) = e^{-\left(\frac{t-r}{\eta}\right)^m}$$

모양을 취한다. 즉, 세 개의 모수를 갖는 와이블 분포이다. 여기서, r은 위치모수(location parameter, failure free time 또는 minimum life)라 한다.

예제 11

어떤 구성품의 고장시간은 $\eta = 10,000$시간, $m = 0.5$의 와이블 분포에 따른다.
(1) 구성품이 1년 후 여전히 작동할 확률을 구하라.
(2) 구성품이 1년을 생존하였다고 하자. 작동 2년 내에 고장이 날 확률을 구하라.

풀이 (1) $P\{1년\ 후\ 여전히\ 작동할\ 확률\} = P\{T > 1\} = \int_1^\infty f(t)\,dt$

$$= R(t = 8,760) = e^{-\left(\frac{8760}{10000}\right)^{0.5}} = e^{-0.9359} = 0.3922$$

(2) $P\{t < T < t + t_0 \mid T > t\} = 1 - e^{\frac{t^m - (t+t_0)^m}{\eta^m}}$

$$= 1 - e^{\frac{\sqrt{8670} - \sqrt{17520}}{\sqrt{10000}}} = 0.3214$$

예제 12

서로 다른 스트레스 조건으로 작동하고 있는 로봇 제어기(robot controller)에 대한 MTTF는 20,000시간이 보증되는 것으로 설계되었다. 일반적으로 제어기의 고장률 함수는 $\eta^m = 100,000$, 형상모수 $m = 1.5$의 와이블 분포에 근사되는 것으로 구해졌다. 그 제어기는 보증요구를 만족하는가? 만약 그렇지 않다면, 보증요구를 만족하기 위한 척도모수 η는 얼마인가?

풀이 $\eta^m = 100,000,\ m = 1.5$에서 $\text{MTTF} = 100,000^{\frac{1}{1.5}}\Gamma\left(1 + \frac{1}{1.5}\right) = 19,449$(시간)

MTTF는 19,449시간으로 보증시간에 만족되지 않는다. 그 조건을 만족하는 척도모수 η는

$20,000 = \eta^{\frac{1}{1.5}}\Gamma(1.666)$, 따라서 $\eta = 32,976$(시간)이다.

예제 13

$m = 4,\ \eta = 1,000$인 와이블 분포에 따르는 경우, $t = 1,500$시간에서 고장률 및 신뢰도를 구

하라.

풀이 $h(t=1{,}500) = \frac{4}{1{,}000}\left(\frac{1{,}500}{1{,}000}\right)^3 = 0.0135$

$R(t=1{,}500) = e^{-\left(\frac{1{,}500}{1{,}000}\right)^4} = 6.33 \cdot 10^{-3}$

예제 14

어떤 장치는 $m = 0.5$, $\eta = 180$년의 와이블 분포로 생각할 수 있는 고장률을 갖고 있다. 이 장치는 90%의 설계수명 신뢰도가 요구된다 하자.

(1) 설계수명을 구하라.

(2) 장치가 우선 1개월간의 번인 시험을 거친다고 한다. 설계수명을 구하라.

(3) 번인 기간 동안의 고장확률을 구하라.

풀이 (1) $R(t) = e^{-\left(\frac{t}{\eta}\right)^m} = 0.9$. 이를 풀면 $t \fallingdotseq 2$(년)

(2) $R(t+t_0 \mid t_0) = P(T > t+t_o \mid T > t_0) = \frac{P(T > t_0 + t \mid T > t_0)}{P(T > t_0)} = \frac{e^{-\left(\frac{t+t_0}{\eta}\right)^m}}{e^{-\left(\frac{t_0}{\eta}\right)^m}} = 0.9.$

따라서 $t = 2.847$(년). 1개월의 번인 시험에 의해 수명이 약 10개월 연장된다.

(3) $F\left(t = \frac{1}{12}\right) = 1 - e^{-\left(\frac{t}{\eta}\right)^m} = 0.0213$

3장

신뢰성 척도 계산

3.1 서론

대상이 되는 시스템 또는 구성품이 규정된 기능을 수행한다면, 간단히 "작동한다", "기능을 발휘한다" 또는 "가동한다"라고 하고, 작동하지 않는다면, "기능을 발휘하지 않는다" 또는 "고장이다"라고 말한다. 이렇게 모든 구성품은 두 가지 가능한 상태, '가동' 또는 '고장' 중 하나에 속한다. 우리는 시스템을 이루고 있는 구성품들 개개의 가동 여부를 안다면 그 시스템이 가동인지 또는 고장인지를 알 수 있다. 따라서 각 구성품에 대한 성능은 이 구성품들로 이루어진 시스템의 성능에 분명히 관계되며 전체 시스템은 개별 구성품의 가동확률로 파악될 수 있다.

시스템을 이루는 구성품들의 형태, 그들의 품질 및 그 배열된 설계 구조는 시스템 성능과 신뢰도에 직접 영향을 미친다. 예를 들면, 제품 설계담당자는 소량의 고품질 구성품을 사용하여 높은 신뢰도를 갖는 시스템을 설계하거나 다량의 저품질 구성품을 사용하여 동일 수준의 신뢰도를 갖는 시스템을 설계할 수 있다.

일단 시스템이 만들어지면, 그 신뢰도가 평가되고 합격신뢰도 수준과 비교되어서, 그것이 요구 수준에 미치지 않으면 시스템은 재설계되어야 하고 그 신뢰도는 재평가되어야 한다. 설계과정은 시스템이 요구 성능 및 신뢰도 수준을 만족될 때까지 계속된다. 이와 같이 시스템 신뢰도는 설계변경 때마다 평가되어야 한다.

이 장에서는 복잡한 형상(complex configurations)을 갖는 시스템의 신뢰성 척도들을 계산하고 평가하는 방법들을 살펴본다.

3.2 신뢰성 블록도

신뢰성 블록도(RBD, reliability block diagram)란 아이템에서 구성품 또는 서브시스템 간의 기능전달 표시, 각 구성품 간의 기능적 결합, 각 서브시스템 간의 기능적 결합에 의해 최종적으로 시스템의 임무달성 기능을 표시하는 것으로 시스템 구성품 간의 기능 접속상태를 나타내는 선도이다.

시스템 신뢰도를 평가하는 데 있어서 그 첫 단계는 시스템을 이루는 구성품들 그리고 이들 구성품들이 어떻게 연결되어 있는가 하는 도식적 표현인 신뢰성 블록도를 작성하는 것이다. 블록(block)은 세부적인 구성품 또는 서브시스템을 보여주지 않고 단지 구성품을 표시하는 부호 또는 숫자를 블록과 같은 □ 속에 써 넣어서 나타낸다.

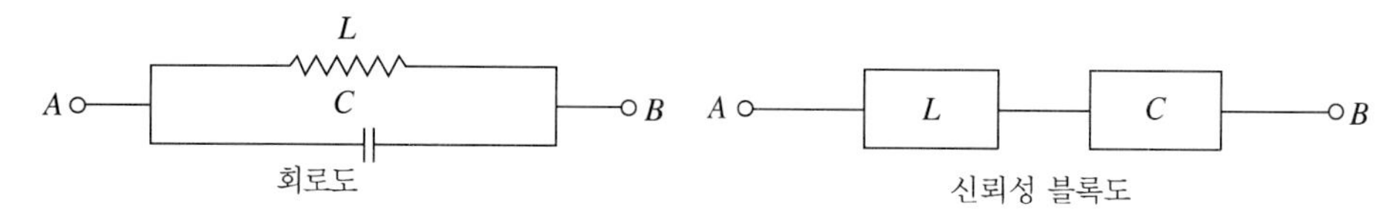

그림 3.1 *LC*-진동 회로

시스템을 이루는 구성품들은 전류가 통하거나 또는 통하지 않거나 하는 두 가지 상태를 가질 수 있다. 그 구성품에 전류가 통한다면 '가동', 그렇지 않으면 '고장'으로 본다. 각 블록은 물리적인 부품, 또는 기능적 개체와 일치한다. 그러한 구성품들로 이루어진 회로도는 시스템의 기능에 대한 가동상황을 나타낸다.

시스템의 시작점이 A이고 끝점이 B인 두 정점 사이에 전류가 흐른다면, 그 시스템은 '가동'이라 본다. 그러한 회로도를 신뢰성 블록도라 한다.

시스템의 신뢰성 블록도에서 동일하게 표시된 구성품은 같은 기능을 갖고 있고, 따라서 모두 가동이거나 모두 고장이 된다.

시스템의 신뢰성 블록도는 전기 공학적인 의미에 있어서 시스템의 회로도와 아주 다른 구조를 가질 수 있다. 전기 공학적인 의미에 있어서 병렬 스위치인 *LC*-진동 회로를 생각하자. 자기유도기 *L*과 축전기 *C*가 가동이라면, 진동 회로는 가동이다. 신뢰성 의미에 있어서 그것은 직렬 시스템을 나타낸다.

시스템 *S*가 신뢰성 블록도로 표시된다면, 시스템 *S*는 다음과 같은 성질을 갖는다.

"시스템 *S*가 가동인 상태에서 또 가동인 구성품이 추가된다면, *S*는 가동이다."

이러한 성질을 갖는 시스템을 단조(isoton 또는 monotone) 시스템이라 한다.

신뢰성 블록도는 다음과 같은 기준으로 작성한다.

① 구성품목을 블록으로 표시한다.

② 블록 간의 기능적 결합은 선분(edge) 또는 화살선(arrow)으로 나타낸다.

③ 블록 간의 결합은 설계상의 기능관계를 고려하여 직렬, 병렬 또는 다양한 결합관계로 표시한다.

④ 시스템은 원칙적으로 서브시스템을 표시하는 블록의 직렬 결합이다.

⑤ 시스템에 미치는 임무나 기능이 단순한 경우에는 구조가 복잡해도 보통 구성품으로 취급한다. 이 구성품은 필요한 경우에는 별도의 블록도를 작성한다.

전열기(heater)의 제품 구성도 및 신뢰성 블록도 예

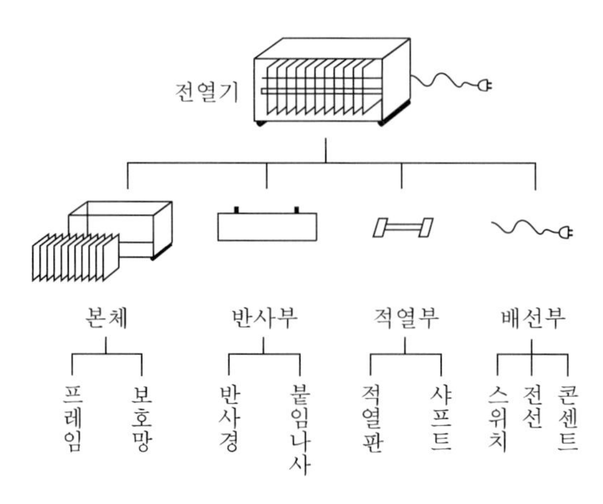

그림 3.2 제품 구성도

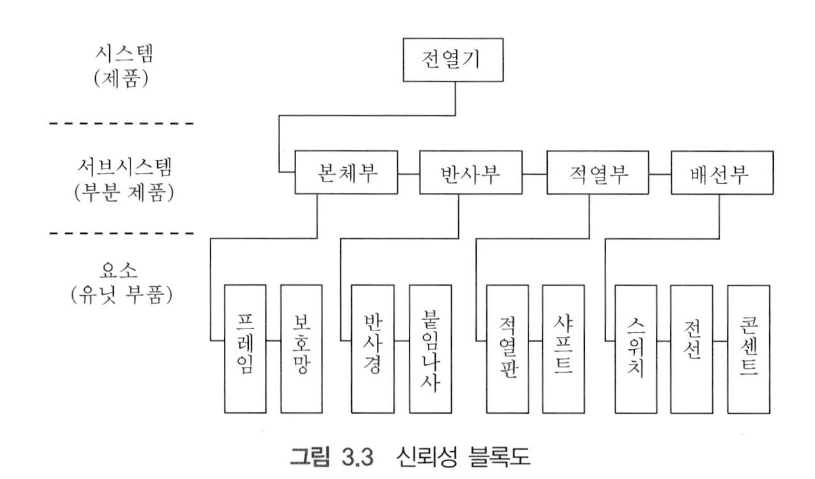

그림 3.3 신뢰성 블록도

예 1

(1) 구성품 C_1, C_2에 전류가 흐른다면, 시작정점 A에서 종료정점 B까지 전류가 흐른다. 따라서 그림 3.4에서 구성품 C_1, C_2가 모두 가동이라면, 시스템은 가동이다. 즉, 시스템은 구성품 C_1, C_2로 이루어진 직렬 시스템이라 한다.

그림 3.4 직렬 시스템

(2) 구성품 C_1, C_2에 전류가 흐른다면, 시작정점 A에서 종료정점 B로 전류가 흐른다. 그림 3.5에서 구성품 C_1과 C_2 중 적어도 하나가 가동이라면, 구성품 C_1, C_2로 이루어진 시스템은 가동이다. 이 시스템을 병렬 시스템이라 한다.

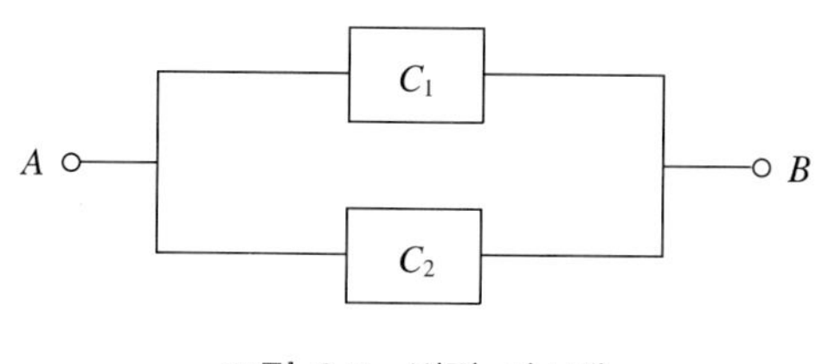

그림 3.5 병렬 시스템

(3) 구성품 C_1에 전류가 흐르거나 또는 구성품 C_2, C_3 모두 전류가 흐른다면, 시작정점 A에서 종료정점 B로 전류가 흐른다. 따라서 그림 3.6에서 C_1이 가동이거나 또는 C_2와 C_3가 가동이라면, 구성품 C_1, C_2, C_3로 이루어진 시스템은 가동임을 나타낸다.

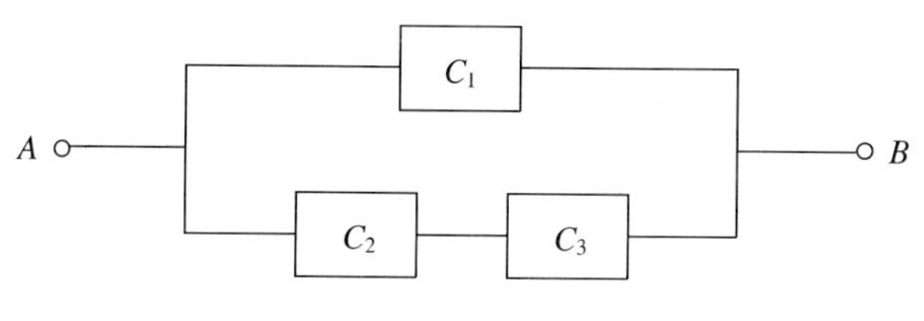

그림 3.6 직렬, 병렬 결합 시스템

(4) 그림 3.7은 세 구성품 C_1, C_2, C_3 중 적어도 두 개가 가동이면, 시스템이 가동인 세 종류의 구성품으로 이루어진 3중2-시스템을 나타낸다. 신뢰성 블록도에서 동일하게 표시한 구성품은 같은 기능을 갖고, 동일 구성품은 모두 가동이거나 고장이다.

이것은 하나의 예비품이 시스템 작동을 위해 두 구성품 중 하나의 필요한 기능을 넘겨받을 수 있는 시스템의 예로 생각될 수 있다.

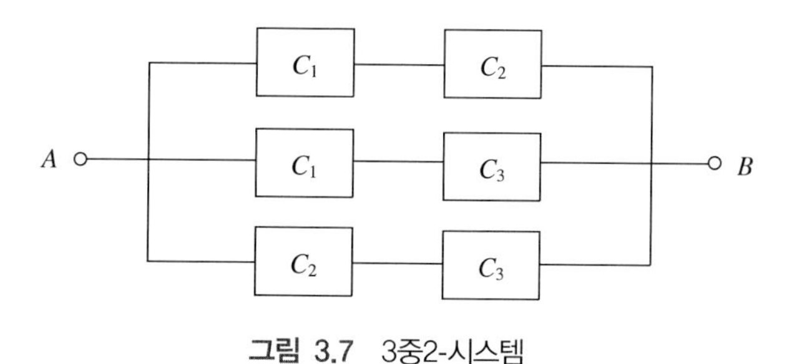

그림 3.7 3중2-시스템

3.3 여러 구성품들로 이루어진 시스템의 신뢰도 계산

n개의 구성품으로 이루어진 시스템에 대해 개별 구성품 모두가 가동이면, 시스템이 가동인 시스템을 '직렬 시스템(series system)', 또 n개의 구성품 중 적어도 하나가 가동이면, 시스템이 가동인 시스템을 '병렬 시스템(parallel system)'이라 정의한다.

고장을 가동의 논리적 배반사상으로 생각하자.

직렬 시스템은 시스템을 이루고 있는 구성품들 중 적어도 하나의 구성품이 고장이라면, 그 시스템은 '고장'이 되고, 또 병렬 시스템은 시스템을 이루고 있는 구성품 모두가 고장이라면, 시스템은 비로소 '고장'이라 말할 수 있다.

여러 개의 고리(ring)로 연결된 사슬(chain)의 경우를 생각해 보자.

이 사슬이 사용 가능하기 위해서는 사슬을 이루는 고리 모두가 사용 가능해야 하고, 이것은 직렬 시스템인 경우로 생각할 수 있다. 이에 비해, 병렬 시스템은 시스템 사슬을 이루는 개개의 고리 모두가 고장이어야 사슬이 비로소 고장이 됨을 의미한다.

시스템을 구성하고 있는 구성품 모두가 사용 가능이 아니더라도 두 개 이상의 구성품이 가동인 시스템을 중복시스템(redundant system)이라 한다. 따라서 병렬 시스템은 중복설계 시스템인 반면, 직렬 시스템은 중복설계 시스템이 아니다.

3.3.1 직렬 시스템과 병렬 시스템의 신뢰도 계산

(1) 직렬 시스템의 신뢰도

n개의 구성품으로 이루어진 그림 3.8과 같은 직렬 시스템을 생각하자.

i번째 구성품 C_i, $(i=1, \cdots, n)$의 신뢰도를 $p_i = P(C_i$ 가동)라 하자. 직렬 시스템이란 n개의 구성품 모두가 가동이면 시스템이 가동인 시스템이므로, 직렬 시스템의 신뢰도는 다음과 같다.

$$R_{ser} = P\{\text{직렬 시스템 가동}\} = P\{C_1,\ C_2,\ \cdots,\ C_n\text{으로 이루어진 직렬 시스템이 가동}\}$$
$$= P\{(C_1\ \text{가동})\text{이고}\ (C_2\ \text{가동})\text{이고}\ \cdots\ (C_n\ \text{가동})\}$$
$$= P\{(C_1\ \text{가동})\ \cap\ (C_2\ \text{가동}) \cap\ \cdots \cap\ (C_n\ \text{가동})\}$$

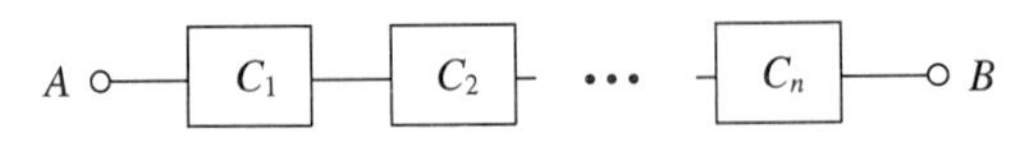

그림 3.8 n개의 구성품을 갖는 직렬 시스템

여기서, 사건 $\{C_i$ 가동$\}$, $(i=1, \cdots, n)$은 상호독립이다.

따라서

$$R_{ser} = P\{C_1 \text{ 가동}\} \; P\{C_2 \text{ 가동}\} \; \cdots \; P\{C_n \text{ 가동}\}. \tag{3.1}$$

이것은

$$R_{ser} = p_1 \, p_2 \cdots \; p_n \tag{3.2}$$

이 된다.

$0 < p_i < 1$이므로, 구성품 수 n이 증가함에 따라 직렬 시스템의 신뢰도 R_{ser}의 값은 항상 작아진다. 즉, 여러 개의 구성품으로 이루어진 직렬 시스템은 개별 구성품의 신뢰도가 비록 크다 하더라도 시스템의 신뢰도는 더 적게 된다.

예 2

n개의 상호독립인 구성품으로 이루어진 직렬 시스템이 있다. 각 구성품의 신뢰도는 $p_i = p$ $(i=1, \cdots, n)$로 동일하다고 하자. 그러면 식 (3.2)는

$$R_{ser} = p^n$$

이 된다. 수치 예로써, $n=250$, $p=0.997$이라면 $R_{ser} = 0.997^{250} = 0.471\cdots$이다. 구성품 개별 신뢰도는 0.997로 확률적으로는 구성품의 0.3%만 고장이지만, 상당히 많은 구성품으로 이루어진 직렬 시스템의 가동확률은 50% 정도이다.

(2) 병렬 시스템의 신뢰도

n개의 구성품으로 이루어진 그림 3.9와 같은 병렬 시스템을 생각하자.

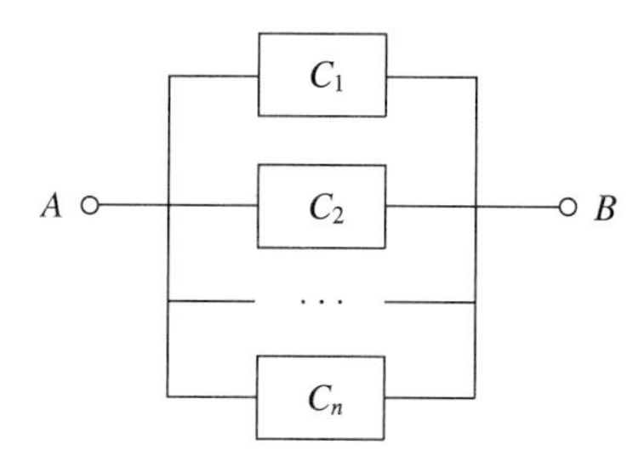

그림 3.9 n개의 구성품을 갖는 병렬 시스템

n개의 구성품으로 이루어진 병렬 시스템은 구성품 C_1, C_2, ⋯, C_n 모두가 고장이어야 비로소 그 시스템이 고장이므로, 병렬 시스템의 고장확률은

$$P\{\text{병렬 시스템 고장}\} = P\{(C_1 \text{ 고장}), (C_2 \text{ 고장}), \cdots, (C_n \text{ 고장})\}$$
$$= P\{C_1 \text{ 고장}\}\ P\{C_2 \text{ 고장}\} \cdots P\{C_n \text{ 고장}\} \quad (3.3)$$

여기서, $P\{C_i \text{ 고장}\} = 1 - P\{C_i \text{ 가동}\} = 1 - p_i$, $(i = 1, \cdots, n)$
$P\{\text{병렬 시스템 고장}\} = (1-p_1)(1-p_2)\cdots(1-p_n)$

$P\{\text{병렬 시스템 가동}\} = 1 - P\{\text{병렬 시스템 고장}\}$이므로 병렬 시스템의 신뢰도 R_{par}는

$$R_{par} = 1-(1-p_1)(1-p_2)\cdots(1-p_n). \quad (3.4)$$

식 (3.4)를 전개하면,

$$R_{par} = (p_1 + p_2 + \cdots + p_n) - (p_1p_2 + p_1p_3 + \cdots + p_{n-1}p_n) + (p_1p_2p_3 + \cdots) - \cdots$$

가 된다.

$n = 2$라면, $R_{par} = p_1 + p_2 - p_1p_2$.

$n = 3$이라면, $R_{par} = p_1 + p_2 + p_3 - p_1p_2 - p_1p_3 - p_2p_3 + p_1p_2p_3$.

이것은 확률의 기본법칙에서 사상 A, B 또는 C의 발생확률은

$$P(A \cup B \cup C) = P(A) + P(B) + P(C) - P(A \cap B) - P(A \cap C) - P(B \cap C) + P(A \cap B \cap C)$$

인 관계와 같다.

병렬 시스템의 각 아이템은 $0 < p_i < 1$이므로, 역시 $0 < 1 - p_i < 1$이다. 따라서 직렬 및 병렬 시스템의 신뢰확률 관계는

$$R_{ser} = p_1 p_2 \cdots p_n < p_i < 1-(1-p_1)(1-p_2)\cdots(1-p_n) = R_{par} \quad (3.5)$$

가 된다. 식 (3.5)로부터 "직렬 시스템은 개별 구성품보다 더 낮은 신뢰도를 가지며, 병렬 시스템은 개별 구성품보다 더 큰 신뢰도를 갖는다"고 할 수 있다.

예제 1

3개의 구성품 C_1, C_2, C_3으로 이루어진 병렬 시스템의 신뢰도를 구하라. 여기서 $p_i = P$ {구성품 C_i 가동}, $(i = 1, 2, 3)$이다.

풀이 식 (3.4)에서 $R_{par} = 1-(1-p_1)(1-p_2)(1-p_3) = p_1 + p_2 + p_3 - p_1p_2 - p_1p_3 - p_2p_3 + p_1p_2p_3$

또는 확률의 집합관계를 이용하면,

$$\begin{aligned} R_{par} &= P(C_1\text{가동} \cup C_2\text{가동} \cup C_3\text{가동}) \\ &= P(C_1\text{가동}) + P(C_2\text{가동}) + P(C_3\text{가동}) \\ &\quad - P(C_1\text{가동})P(C_2\text{가동}) - P(C_1\text{가동})P(C_3\text{가동}) - P(C_2\text{가동})P(C_3\text{가동}) \\ &\quad + P(C_1\text{가동})P(C_2\text{가동})P(C_3\text{가동}) \end{aligned}$$

따라서 $R_{par} = p_1 + p_2 + p_3 - p_1p_2 - p_1p_3 - p_2p_3 + p_1p_2p_3$.

3.3.2 병렬-직렬, 직렬-병렬 시스템의 신뢰도

앞 절에서 우리는 순수한 직렬 및 병렬 시스템에 대해 살펴보았다. 복잡하게 이루어진 시스템에 대해 직렬 및 병렬 회로로 해서 시스템을 서브시스템으로 분류해 나가면, 식 (3.2), (3.4)를 적용할 수 있고, 전체 시스템의 신뢰도를 단계적으로 구할 수 있다. 여기서 서브시스템들은 상호독립이라 전제된다. 이것은 전체 시스템에 속하는 구성품들 모두가 상호독립이고, 매 단계에서 어떠한 공동 구성품도 갖지 않는 서브시스템들만으로 회로를 구성하는 경우가 된다.

(1) 병렬-직렬 시스템

일반적인 병렬-직렬(parallel-series) 시스템이란 직렬 구성품들 이루어진 서브시스템들이 병렬로 구성되어 있는 그림 3.10과 같은 형태의 시스템이다.

표현의 단순화를 위해 $j=1, \cdots, n$은 직렬 구성품들의 인덱스(index)라 하고, $i=1, \cdots, m$을 병렬 서브시스템들의 인덱스라 하자.

구성품 $p_{ij} = P\{C_{ij}\text{는 가동}\}$, $(i=1, \cdots, m,\ j=1, \cdots, n)$이라 하면, n개의 직렬로 이루어진 서브시스템 i의 신뢰도는

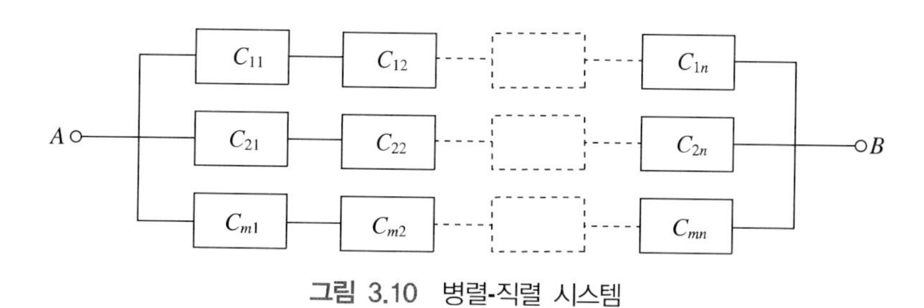

그림 3.10 병렬-직렬 시스템

$$p_i = \prod_{j=1}^{n} p_{ij}. \tag{3.6}$$

m개의 서브시스템들이 병렬로 이루어진 시스템의 신뢰도 R_p는

$$R_p = 1 - \prod_{i=1}^{m} (1 - p_i). \tag{3.7}$$

각 서브시스템에 구성되는 직렬 구성품 수는 서로 다른 값일 수 있다.

(2) **직렬-병렬 시스템**

일반적인 직렬-병렬 시스템이란 병렬로 이루어져 서브시스템들이 직렬로 구성된 그림 3.11과 같은 형태의 시스템을 말한다.

마찬가지로 $p_{ij} = P\{C_{ij}$는 가동$\}$, $(i = 1, \cdots, m, \ j = 1, \cdots, n)$이라 하자.

서브시스템 j의 신뢰도는

$$p_j = 1 - \prod_{i=1}^{m} (1 - p_{ij}). \tag{3.8}$$

따라서 시스템의 신뢰도 R_s는

$$R_s = \prod_{j=1}^{n} \left[1 - \prod_{i=1}^{m} (1 - p_i) \right] \tag{3.9}$$

가 된다.

(2, 2)-병렬-직렬 시스템의 신뢰도 R_p와 (2, 2)-직렬-병렬 시스템의 신뢰도 R_s를 비교하자. 구성품들의 신뢰도를 $p = p_{ij}$, $(i, \ j = 1, \ 2) > 0$라 하면,

$$R_s - R_p = (4p^2 - 4p^3 + p^4) - (2p^2 - p^4) = 2p(1-p)^2 > 0$$

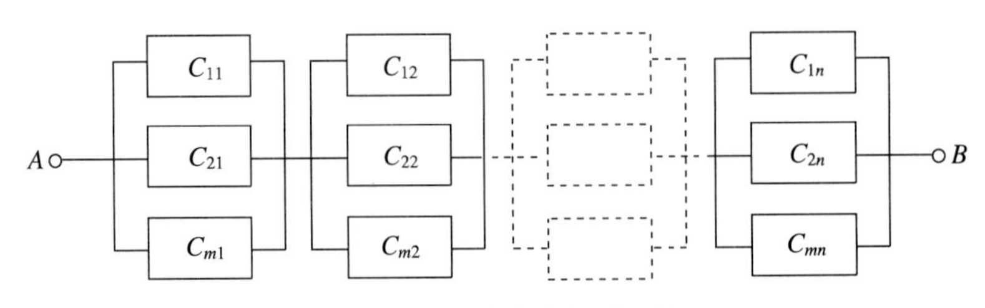

그림 3.11 직렬-병렬 시스템

인 관계를 갖는다. 따라서 구성품들이 상호독립이고 공통 구성품을 갖지 않는 경우, 직렬-병렬 시스템의 신뢰도는 병렬-직렬 시스템보다 더 크다.

(3) 혼합-병렬 시스템

그림 3.12에서 6개의 상호독립인 구성품 C_1, ⋯, C_6로 이루어진 시스템을 설명하자.

정점은 시스템 및 서브시스템들의 입력 또는 출력으로 표시하면, S_{AE}는 전체 시스템, S_{BC}는 구성품 C_4와 C_5의 직렬 회로이다.

$p_i = P\{C_i$는 가동$\}$이라 하자. 또 $p_{AE} = P\{S_{AE}$ 가동$\}$, $p_{AB} = P\{S_{AB}$ 가동$\}$이라 하자. 식 (3.2)에 따라

$$p_{AB} = p_1 p_2 p_3$$

$$p_{BC} = p_4 p_5$$

$$p_{BD} = p_6$$

가 된다.

S_{BE}는 S_{BC}와 S_{BD}의 병렬 회로이므로,

$$p_{BE} = 1 - (1 - p_{BC})(1 - p_{BD})$$

가 된다.

S_{AE}는 S_{AB}와 S_{BE}로 이루어진 직렬 회로이고, 식 (3.2)로 전체 시스템의 작동확률 R_{sys}는

$$R_{sys} = p_{AB}\, p_{BE}$$

가 된다. 앞에서 구한 값을 이 식에 대입하면, R_s의 가동확률은 p_i만 나타나는 식을 갖는다.

실제 응용에 있어서는 시스템의 신뢰성이 위에서 언급된 것과 같이 간단한 규칙으로 계산되지 않는 시스템도 나타난다. 이에 대한 예로써, 다음과 같은 n중k-시스템과 복잡 시스템들(complex systems)을 살펴본다.

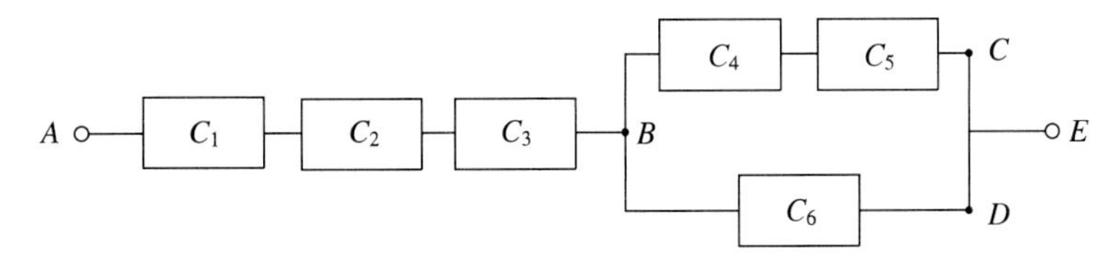

그림 3.12 혼합-병렬 시스템

3.3.3 n중k-시스템의 신뢰도 계산

n중k-시스템이란 n개의 구성품 C_1, $\cdots$, C_n으로 이루어진 시스템에서 적어도 k개의 구성품이 가동이면, 시스템이 가동인 시스템을 말한다.

구성품 i, $(i=1,2,\cdots,n)$에 대해 $p_i = P\{C_i \text{ 가동}\}$이라 하고, 구성품 C_i는 상호독립이라고 가정하자. 이들의 계산을 위해 다음과 같이 생각할 필요가 있다.

n개의 구성품 중 정확히 m개의 구성품이 가동인 확률을 계산하자.

이를 위해 구성품의 집합 C_1, C_2, $\cdots$, C_n을 각각 크기 m과 $n-m$인 두 개의 부분집합

$$M_m = \{C_{i_1},\ C_{i_2},\ \cdots,\ C_{i_m}\}\text{과 } \overline{M}_m = \{C_{i_{m+1}},\ \cdots,\ C_{i_n}\}$$

으로 나누고, M_m에 포함된 구성품들은 가동집합, $\overline{M}_m$의 구성품들은 고장집합이라 하자. 이 결과는 확률

$$p_{i_1} p_{i_2} \cdots p_{i_m} (1-p_{i_{m+1}}) \cdots (1-p_{i_n})$$

이 된다.

집합 $D(m,n)$은 m개의 가동인 구성품과 $n-m$개의 고장인 구성품의 집합이라 하자. 그러면 {구성품 n개 중 정확히 m개가 가동}인 사상이 된다.

$$P\{n\text{개 중 정확히 } m\text{개가 가동}\} = \sum_{D(m,n)} p_{i_1} p_{i_2} \cdots p_{i_m} (1-p_{i_{m+1}}) \cdots (1-p_{i_n}) \tag{3.10}$$

정확히 k개, $k+1$개, $\cdots$ 또는 정확히 n개의 구성품들이 가동이고 이들 결과가 중복되지 않는다면, 즉 배반적이라면, n중k-시스템은 가동이므로, 마지막 등식에서 합의 규칙에 따라 다음과 같다.

$$\begin{aligned} R_{n\text{중}k} &= P\{n\text{중}k\text{-시스템이 가동}\} \\ &= \sum_{m=k}^{n} P\{n\text{중 정확히 } m\text{개가 가동}\} \\ &= \sum_{m=k}^{n} \sum_{D(m,n)} p_{i_1} p_{i_2} \cdots p_{i_m} (1-p_{i_{m+1}}) \cdots (1-p_{i_n}) \end{aligned} \tag{3.11}$$

구성품 i의 신뢰도 $p_i = p$, $(i=1,\ \cdots,\ n)$라면, 식 (3.11)에서

$$R_{n중k} = P\{n중k\text{-시스템 가동}\} = \sum_{m=k}^{n} \sum_{D(m,n)} p^m (1-p)^{n-m}$$
$$= \sum_{m=k}^{n} \binom{n}{m} p^m (1-p)^{n-m} \qquad (3.12)$$

이 된다.

앞의 그림 3.7은 직렬 시스템들의 병렬회로, 즉 병렬-직렬 회로인 3중2-시스템을 보여준다. 여기서, 각 구성품은 모두 두 번 나타나는 3중2-시스템에서 세 개의 직렬회로, 즉 C_1과 C_2로 이루어진 $S_{1,2}$, C_1과 C_3로 이루어진 $S_{1,3}$, C_2와 C_3로 이루어진 $S_{2,3}$의 작동확률은 각각 식 (3.2)로 계산할 수 있다. 이들 세 서브시스템들은 모두 하나의 공통 구성품을 갖고 있으므로 상호독립이 아니다. 이것은 그림 3.7에서 분명히 알 수 있고, 따라서 다음과 같이 계산된다.

$$P\{S_{1,2}\text{가동}\} = p_1p_2,$$
$$P\{S_{2,3}\text{가동}\} = p_{23},$$
$$P\{(S_{1,2}\text{가동})\text{이고 } (S_{2,3}\text{가동})\} = p_{123} \neq (p_1p_2)(p_2p_3) = P\{S_{1,2}\text{가동}\}P\{S_{2,3}\text{가동}\}$$

세 가지 직렬 시스템의 병렬 회로에 대한 작동확률, 즉 신뢰도를 계산하기 위해 식 (3.7)은 사용할 수 없다.

예제 2

3중2-시스템의 신뢰도를 구하라. 여기서 $p_i = P\{\text{구성품 } C_i \text{ 가동}\}$, $(i = 1, 2, 3)$이다.

풀이 시스템이 가동될 수 있는 구성품의 분할을 제시하고, 각 행에는 그에 해당하는 확률을 계산한다. 이들 합은 구하고자 하는 작동확률이 된다.

표 3.1 3중2-시스템

가동	고장	확률
C_1, C_2	C_3	$p_1p_2(1-p_3)$
C_1, C_3	C_2	$p_1(1-p_2)p_3$
C_2, C_3	C_1	$(1-p_1)p_2p_3$
C_1, C_2, C_3	–	$p_1p_2p_3$

따라서

$$R_{3중2} = p_1p_2(1-p_3)+p_1(1-p_2)p_3+(1-p_1)p_2p_3+p_1p_2p_3$$
$$= p_1p_2+p_1p_3+p_2p_3-2p_1p_2p_3.$$
$$R_{3중2} = \binom{3}{2}p^2(1-p)^1+\binom{3}{3}p^3(1-p)^0 = 3p^2-2p^3.$$

$R_i(t) = p_i = e^{-\lambda t}$ $\forall i$라 하자.

$$R_{3중2} = 3e^{-2\lambda t}-2e^{-3\lambda t}$$

3.4 복잡한 시스템의 신뢰도

전자회로, 전기기기, 통신시스템, 컴퓨터 네트워크 등은 복잡한 구조를 갖는 시스템들이다. 이들 복잡한 시스템들은 전형적인 복잡한 네트워크(complex network)들에 해당한다. 네트워크에서 한 정점(node)에서 다른 정점으로 한방향의 흐름(flow)을 갖는다면, 방향이 있는 네트워크(directed network)라 하고, 양쪽 방향의 흐름을 갖는다면, 방향이 없는 네트워크(undirected network)라 한다.

앞에서 언급한 직렬, 병렬, n중k-시스템으로 표현되지 않는 시스템을 복잡한 시스템(complex system)이라 하고, 이들에 대한 신뢰도 계산을 위해 분할법, 경로추적법, 경로 최소 연결 및 최소절단법, 사건공간법 등이 사용된다.

3.4.1 분할법

그림 3.13과 같은 브리지 시스템(bridge system)의 신뢰도 계산을 위한 예로써 분할법(decomposition method)을 살펴본다.

시스템 S는 서브시스템 = $\{C_1, C_2\}$에 대해 예비 구성품들을 갖고 있는 시스템이라 생

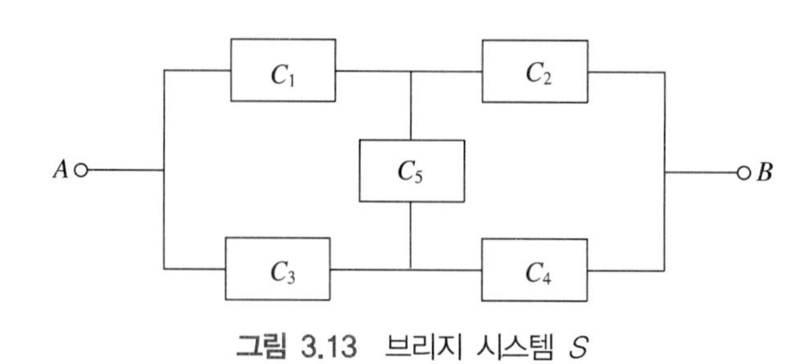

그림 3.13 브리지 시스템 S

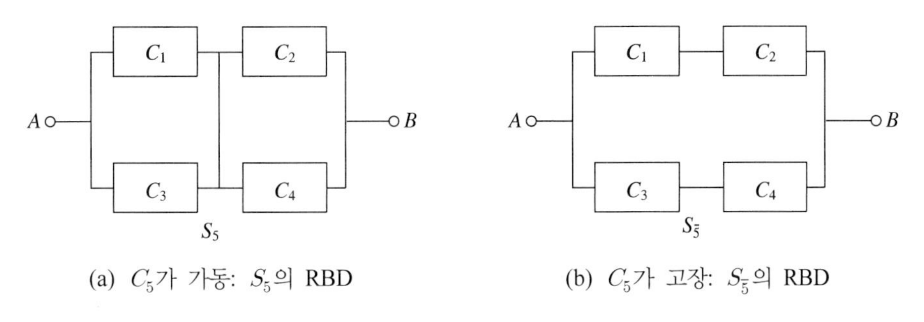

(a) C_5가 가동: S_5의 RBD (b) C_5가 고장: $S_{\bar{5}}$의 RBD

그림 3.14

각할 수 있다. 시스템 S에서 구성품 C_5는 C_1에서 C_4로, 또 C_3에서 C_2로 연결해 주는 다리역할을 하고 있어 시스템 S를 브리지 구조라 하고, C_5는 그 시스템에서 중요한 역할을 하므로 주 구성품(keystone component)이라 한다. 따라서 구성품 C_5의 가동, 고장으로 시스템 S를 살펴본다.

S_5를 C_5가 가동인 경우의 서브시스템,
$S_{\bar{5}}$를 C_5가 고장인 경우의 서브시스템

이라 하자. 서브시스템 S_5, $S_{\bar{5}}$는 그림 3.14와 같은 블록도로 표현된다.

그림 3.14(a)의 S_5에서 C_5는 가동으로 전류가 흐르는 회선으로 대체할 수 있는 반면, (b)의 $S_{\bar{5}}$에서 C_5는 고장으로 회선이 아주 없는 최선으로 나타낼 수 있다.

서브시스템 S_5의 신뢰확률은

$$P\{S_5\text{가동}\} = [1-(1-p_1)(1-p_3)][1-(1-p_2)(1-p_4)],$$

서브시스템 $S_{\bar{5}}$의 신뢰확률은

$$P\{S_{\bar{5}}\text{가동}\} = 1-(1-p_1p_2)(1-p_3p_4)$$

따라서 시스템 S의 신뢰확률은

$$\begin{aligned} R_S &= P\{\text{시스템 } S\text{가동}\} = p_5P\{S_5\text{가동}\} + (1-p_5)P\{S_{\bar{5}}\text{가동}\} \\ &= p_5[1-(1-p_1)(1-p_3)][1-(1-p_2)(1-p_4)] + (1-p_5)[1-(1-p_1p_2)(1-p_3p_4)] \end{aligned}$$

상기 브리지 구조의 예를 일반화하면 다음과 같다.

시스템 S는 상호독립인 n개의 구성품 C_1, C_2, $\cdots$, C_n으로 이루어져 있고, $p_i = P\{C_i$

가동}이라 하자. 이 시스템에서 주 구성품 C_j에 대해 주 구성품의 가동, 고장인 경우에 대한 서브시스템의 신뢰확률을 살펴본다. 그러면

$$P\{S\text{가동}\} = P\{C_j\text{가동}\}P\{S\text{가동} \mid C_j\text{가동}\} + P\{C_j\text{고장}\}P\{S\text{가동} \mid C_j\text{고장}\}$$

이 된다.

서브시스템 S_j를 구성품 C_j가 가동인 경우의 시스템 S, 서브시스템 $S_{\bar{j}}$를 구성품 C_j가 고장인 경우의 시스템 S라 하자. 이 경우 시스템 S_j와 $S_{\bar{j}}$는 주 구성품 C_j를 더 이상 고려하지 않는다. 이것은

$$P\{S\text{가동} \mid C_j\text{가동}\} = P\{S_j\text{가동} \mid C_j\text{가동}\},$$
$$P\{S\text{가동} \mid C_j\text{고장}\} = P\{S_{\bar{j}}\text{가동} \mid C_j\text{고장}\}$$

이다.

시스템 S의 구성품 모두는 상호독립이고, C_j는 시스템 S_j에도, $S_{\bar{j}}$에도 나타나지 않으므로 S_j와 $S_{\bar{j}}$는 C_j에 상호독립이다. 따라서

$$P\{S_j\text{가동} \mid C_j\text{가동}\} = P\{S_j\text{가동}\}, \ P\{S_{\bar{j}}\text{가동} \mid C_j\text{고장}\} = P\{S_j\text{가동}\} \tag{3.13}$$

이 된다. 이로써

$$P\{S\text{가동}\} = P\{C_j\text{가동}\}P\{S_j\text{가동}\} + P\{C_j\text{고장}\}P\{S_{\bar{j}}\text{가동}\}$$

이며, 여기서 $p_j = P(C_j\text{가동})$이라 하면,

$$P\{S\text{가동}\} = p_j P\{S_j\text{가동}\} + (1-p_j)P\{S_{\bar{j}}\text{가동}\}. \tag{3.14}$$

n개의 상호독립 구성품을 갖는 시스템의 작동확률을 결정하기 위한 문제는 식 (3.14)에 의해 $(n-1)$개의 구성품을 갖는 두 서브시스템을 생각하는 것으로 축소된다. 식 (3.14)를 반복해서 적용하면 결국 하나의 구성품을 포함하는 시스템으로 되고 확장할 수 있다. 따라서 상호독립인 구성품을 갖는 모든 시스템의 작동확률은 식 (3.14)를 반복적으로 적용해서 계산할 수 있다. 장애가 되는 구성품을 제거하기 위해 또는 작동확률을 이미 알고 있는 시스템에 대해 언급할 수 있다면, 식 (3.14)에 따라 분할법이 사용된다.

예제 3

다음 구조를 갖는 시스템에 대한 신뢰도를 구하라.

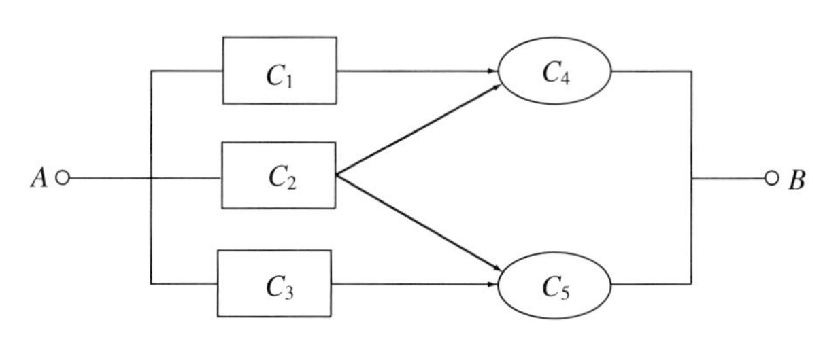

그림 3.15 시스템의 신뢰성 블록도

풀이 주 구성품 C_2가 가동인 경우, 그림 3.16(a)와 같이 C_1과 C_3는 우회되므로 시스템에 기여하지 않는다. 주 구성품 C_2가 고장인 경우, 그림 3.16(b)와 같은 직렬-병렬 형태의 블록도를 갖게 된다. 따라서

$$\begin{aligned} P\{S\text{가동}\} &= P\{C_2\text{가동}\}P\{S_2\text{가동}\} + P\{C_2\text{고장}\}P\{S_{\bar{2}}\text{가동}\} \\ &= p_2[1-(1-p_4)(1-p_5)] + (1-p_2)[1-(1-p_1p_4)(1-p_3p_5)] \end{aligned}$$

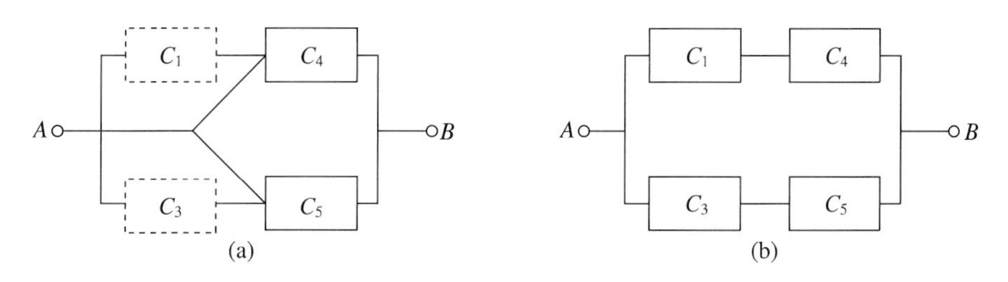

그림 3.16 주 구성품 C_2가 고장 및 가동일 경우의 신뢰성 블록도

3.4.2 경로 최소연결, 경로 최소절단법

복잡한 시스템은 신뢰성 그래프에서 경로연결(connected-set) 또는 경로절단(cut-set)법을 이용하여 시스템의 신뢰도를 분석할 수 있다.

(1) 경로 최소연결법(path minimal connected-set)

이 방법을 설명하기 위해 그림 3.17(a)의 브리지 시스템을 살펴본다.

RBD에서 시작정점 A와 종료정점 B 사이의 블록인 구성품을 선분 또는 화살선, 그리고 화살선들의 결합된 점을 정점으로 나타내면, 브리지 구조의 RBD는 그림 3.17(b)와 같은 신뢰성 그래프로 표시할 수 있다. 그래프 이론(graph theory)에서 경로(path)란 "한 정점(node)에서 다른 정점으로 서로 다른 정점으로 연결된 유한개의 선분(edge)들"이라 정의된다.

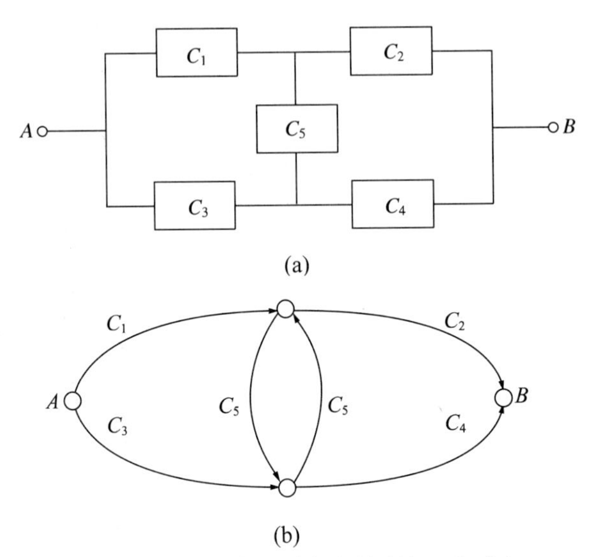

그림 3.17 브리지 구조(a)의 신뢰성 그래프(b)

신뢰성 그래프에서 시작정점 A에서 종료정점 B를 연결하는 경로들의 집합이란 정점 A와 B를 연결하는 모든 경로들의 집합이다. 이들 경로들은 구성품들의 직렬연결을 이루므로 구성품 중 하나가 고장나면 그 경로는 연결이 되지 않는 '연결 안된 경로(unconnected path)'가 된다. 한 연결집합 내에 다른 연결집합이 포함되지 않는 연결집합을 '최소 연결집합'이라 하고 시스템 신뢰도는 최소 연결집합 모두의 합집합, 즉 이들 서브시스템들의 병렬로 주어진다.

예로써 그림 3.17(b)에서 연결집합의 화살선들은

1) $\{C_1, C_2\}$, $\{C_1, C_2, C_3\}$, $\{C_1, C_2, C_4\}$, $\{C_1, C_2, C_3, C_4\}$ 등
2) $\{C_3, C_4\}$, $\{C_3, C_4, C_5\}$, $\{C_3, C_4, C_1\}$, $\{C_3, C_4, C_5, C_2\}$ 등
3) $\{C_3, C_5, C_2\}$, $\{C_3, C_5, C_2, C_4\}$ 등
4) $\{C_1, C_5, C_4\}$, $\{C_1, C_5, C_4, C_2\}$, $\{C_1, C_5, C_4, C_3, C_2\}$ 등

이며, 이들 중 최소 연결집합은 $\{C_1, C_2\}$, $\{C_3, C_4\}$, $\{C_3, C_5, C_2\}$, $\{C_1, C_5, C_4\}$이다.

지금 서브시스템 $S_1=\{C_1, C_2\}$, $S_2=\{C_3, C_4\}$, $S_3=\{C_3, C_5, C_2\}$, $S_4=\{C_1, C_5, C_4\}$라 하자. 시스템 S의 신뢰도 R_s는 이들 서브시스템들의 합집합, 즉 병렬연결이다. 따라서

$$R_T = P\{S\text{가동}\} = P\{S_1 \cup S_2 \cup S_3 \cup S_{4_5}\}$$

$$= P\{C_1,\ C_2 \text{가동}\} \cup P\{C_3,\ C_4 \text{가동}\} \cup P\{C_3,\ C_5,\ C_2 \text{가동}\} \cup P\{C_1,\ C_5,\ C_4 \text{가동}\}.$$

이들의 관계들을 일반화하면 연결집합에 따른 아이템의 신뢰도는

$$P\{S\text{가동}\} = R_T = \sum_{i=1}^{T} \prod_{j=1}^{n} P_j.$$

여기서 T는 연결집합 수, n은 각 연결집합에 있는 구성품 수, P_j은 구성품 j의 신뢰확률이다.

(2) **경로 최소절단법**(path minimal cut-set)

경로 절단집합(path cut-set)은 그림 3.17(b)의 신뢰성 그래프의 시작정점 A에서 종료정점 B로 연결(connected)되는 경로들 중에서 경로들의 절단 또는 불연결(unconnected)로 두 정점 A와 B의 연결이 끊어지는 경로들의 집합을 말한다. 절단집합 내에 다른 절단집합이 포함되지 않는 절단집합을 최소 절단집합이라 한다.

최소 절단집합을 이루는 구성품들이 모두 고장 나면, 시스템은 고장이므로 시스템 고장은 이들 서브시스템들의 합집합으로 이루게 된다. 시스템 신뢰도 = $1 - P$\{최소 절단집합\}으로 주어진다.

예로써 그림 3.17(b)에서 절단집합의 $\overline{C_i}$, $(i = 1,\ 2,\ \cdots,\ n)$를 구성품의 고장이라 하면,

1) $\{\overline{C_1}, \overline{C_3}\}$, $\{\overline{C_1}, \overline{C_3}, \overline{C_2}\}$, $\{\overline{C_1}, \overline{C_3}, \overline{C_5}\}$, $\{\overline{C_1}, \overline{C_3}, \overline{C_4}, \overline{C_5}\}$ 등
2) $\{\overline{C_2}, \overline{C_4}\}$, $\{\overline{C_2}, \overline{C_4}, \overline{C_5}\}$, $\{\overline{C_2}, \overline{C_4}, \overline{C_1}\}$, $\{\overline{C_2}, \overline{C_4}, \overline{C_5}, \overline{C_3}\}$ 등
3) $\{\overline{C_3}, \overline{C_5}, \overline{C_2}\}$, $\{\overline{C_3}, \overline{C_5}, \overline{C_2}, \overline{C_4}\}$ 등
4) $\{\overline{C_1}, \overline{C_5}, \overline{C_4}\}$, $\{\overline{C_1}, \overline{C_5}, \overline{C_4}, \overline{C_2}\}$, $\{\overline{C_1}, \overline{C_5}, \overline{C_4}, \overline{C_3}, \overline{C_2}\}$ 등

이들 중 최소 절단집합은 $\{\overline{C_1}, \overline{C_3}\}$, $\{\overline{C_2}, \overline{C_4}\}$, $\{\overline{C_3}, \overline{C_5}, \overline{C_2}\}$, $\{\overline{C_1}, \overline{C_5}, \overline{C_4}\}$이다.

지금 $S_1=\{\overline{C_1}, \overline{C_3}\}$, $S_2=\{\overline{C_2}, \overline{C_4}\}$, $S_3=\{\overline{C_3}, \overline{C_5}, \overline{C_2}\}$, $S_4=\{\overline{C_1}, \overline{C_5}, \overline{C_4}\}$라 하자. 시스템 S의 불신뢰도는 이들 서브시스템들의 합집합이다. 따라서

$$\begin{aligned} P\{S\text{불가동}\} &= P\{S_1 \cup S_2 \cup S_3 \cup S_4\} \\ &= P\{\overline{C_1}, \overline{C_3}\} + P\{\overline{C_2}, \overline{C_4}\} + P\{\overline{C_3}, \overline{C_5}, \overline{C_2}\} + P\{\overline{C_1}, \overline{C_5}, \overline{C_4}\} \\ &\quad - P\{\overline{C_1}, \overline{C_3}, \overline{C_2}, \overline{C_4}\} - P\{\overline{C_1}, \overline{C_3}, \overline{C_2}, \overline{C_5}\} - P\{\overline{C_1}, \overline{C_3}, \overline{C_4}, \overline{C_5}\} \\ &\quad - P\{\overline{C_3}, \overline{C_2}, \overline{C_4}, \overline{C_5}\} - P\{\overline{C_1}, \overline{C_2}, \overline{C_4}, \overline{C_5}\} + P\{\overline{C_1}, \overline{C_2}, \overline{C_3}, \overline{C_4}, \overline{C_5}\}. \end{aligned}$$

이들의 관계들을 일반화하면 최소 절단집합에 따른 아이템의 신뢰도는

$$R_C = P\{S\text{가동}\} = 1 - \sum_{i=1}^{N} \prod_{j=1}^{n} (1 - P_j).$$

여기서 N은 절단집합 수, n은 각 절단집합에 있는 구성품 수이다.

일반적으로 아이템의 신뢰도 R은 절단집합에 의해 하한의 신뢰도, 연결집합에 의해 상한의 신뢰로를 갖는

$$R_C < R < R_T$$

인 관계를 갖는다.

예제 4

그림 3.17(a)의 브리지 구조에서 $P(\overline{C_i}) = 0.1, \ \forall i$라 한다. 최소 절단법을 이용하여 시스템의 신뢰도를 구하라.

풀이 $P(\overline{C_i}) = (1-p) = q, \ \forall i$라 하면,

$$P\{S\text{불가동}\} = 2q^2 + 2q^3 - 5q^4 + q^5 = 0.0215$$

$$P\{S\text{가동}\} = 1 - 0.0215 = 0.9785$$

예제 5

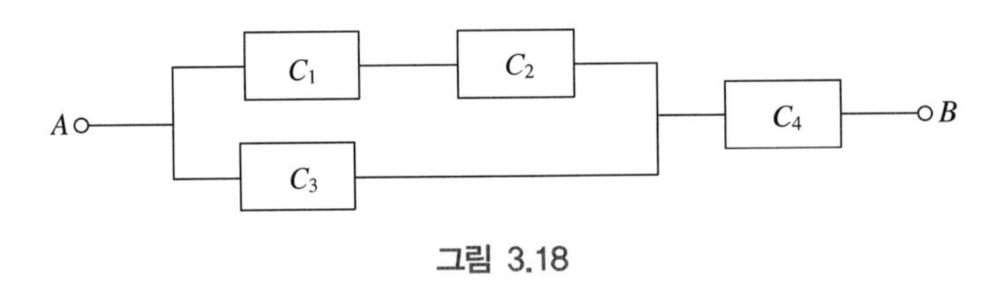

그림 3.18

각 구성품들의 신뢰도는 모두 0.9이다. 최소 연결집합법과 최소 절단집합법에 따라 시스템의 신뢰도 한계를 결정하라.

풀이 최소 연결집합: $\{C_1, C_2, C_3\}$, $\{C_3, C_4\}$

$$R_T = p^3 + p^2 - p^5 = 0.9495$$

최소 절단집합: $\{C_1, C_3\}$, $\{C_2, C_3\}$, $\{C_4\}$

$$R_C = 1 - (2q^2 + q - 3q^3 + q^4) = 0.8826$$

시스템의 신뢰도: $R = 0.883$

3.4.3 사건 공간법

사건 공간법(event space method)은 시스템의 모든 가능한 논리적 발생을 체계화하여, 첫째는 구성품 모두가 가동, 둘째는 그 중 하나가 고장, 셋째는 두 개가 고장 등으로 정리된 목록 바탕으로 한다. 이를 토대로 바람직한 사상과 바람직하지 않은 사상으로 구분한 다음, 가동이 되는 사상 모두를 합하여 시스템 신뢰도를 얻는다. 예를 들어 구성품이 5개이면 모두 $2^5 = 32$개의 사건 공간을 갖게 된다. 고장이 없는 경우는 $\binom{5}{1} = 1$개, 고장이 하나인 경우 $\binom{5}{1} = 5$ 등의 사건 공간을 갖는다.

예 3

그림 3.19와 같은 브리지 시스템을 생각한다.

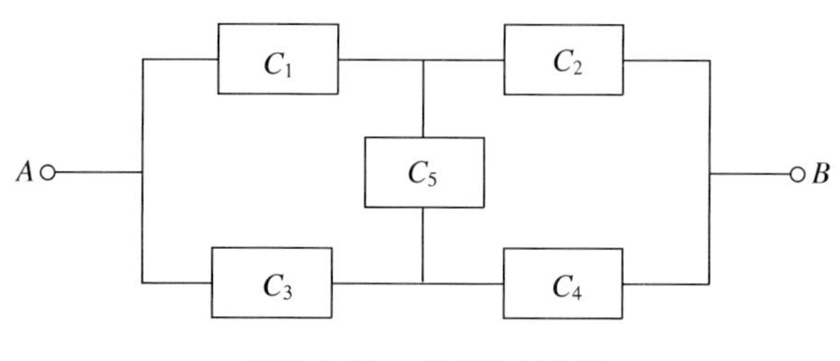

그림 3.19 브리지 시스템

RBD에 블록이 5개이므로 시스템 발생 수는 $2^5 = 32$가지이다. 이들 발생은 표 3.2와 같다. 시스템 신뢰도는 각 작동사건들의 합의 확률이다. 따라서

$$P(\text{시스템 가동}) = P(\sum_{i=1}^{32} S_i).$$

모든 구성품들은 상호독립이라 가정하면,

$$P(\text{시스템 가동}) = P(S_1) + \cdots + P(S_7) + P(S_9) + P(S_{10}) + P(S_{11}) + P(S_{13}) + P(S_{14}) + P(S_{15}) + P(S_{16}) + P(S_{19})$$

표 3.2 모든 가능한 논리적 사건 공간

그룹 0 (고장 없음)	$S_1 = C_1C_2C_3C_4C_5$
그룹 1 (1개 고장)	$S_2 = \overline{C_1}C_2C_3C_4C_5$, $S_3 = C_1\overline{C_2}C_3C_4C_5$, $S_4 = C_1C_2\overline{C_3}C_4C_5$, $S_5 = C_1C_2C_3\overline{C_4}C_5$, $S_6 = C_1C_2C_3C_4\overline{C_5}$
그룹 2 (2개 고장)	$S_7 = \overline{C_1}\,\overline{C_2}C_3C_4C_5$, $S_8 = \underline{\overline{C_1}C_2\overline{C_3}C_4C_5}$, $S_9 = \overline{C_1}C_2C_3\overline{C_4}C_5$, $S_{10} = \overline{C_1}C_2C_3C_4\overline{C_5}$, $S_{11} = C_1\overline{C_2}\,\overline{C_3}C_4C_5$, $S_{12} = \underline{C_1\overline{C_2}C_3\overline{C_4}C_5}$, $S_{13} = C_1\overline{C_2}C_3C_4\overline{C_5}$, $S_{14} = C_1C_2\overline{C_3}\,\overline{C_4}C_5$, $S_{15} = C_1C_2\overline{C_3}C_4\overline{C_5}$, $S_{16} = C_1C_2C_3\overline{C_4}\,\overline{C_5}$
그룹 3 (3개 고장)	$S_{17} = \underline{\overline{C_1}\,\overline{C_2}\,\overline{C_3}C_4C_5}$, $S_{18} = \underline{\overline{C_1}\,\overline{C_2}C_3\overline{C_4}C_5}$, $S_{19} = \overline{C_1}\,\overline{C_2}C_3C_4\overline{C_5}$ $S_{20} = \underline{\overline{C_1}C_2\overline{C_3}\,\overline{C_4}C_5}$, $S_{21} = \underline{\overline{C_1}C_2\overline{C_3}C_4\overline{C_5}}$, $S_{22} = \underline{\overline{C_1}C_2C_3\overline{C_4}\,\overline{C_5}}$ $S_{23} = \underline{C_1\overline{C_2}\,\overline{C_3}\,\overline{C_4}C_5}$, $S_{24} = \underline{C_1\overline{C_2}\,\overline{C_3}C_4\overline{C_5}}$, $S_{25} = \underline{C_1\overline{C_2}C_3\overline{C_4}\,\overline{C_5}}$ $S_{26} = C_1C_2\overline{C_3}\,\overline{C_4}\,\overline{C_5}$
그룹 4 (4개 고장)	$S_{27} = \underline{\overline{C_1}\,\overline{C_2}\,\overline{C_3}\,\overline{C_4}C_5}$, $S_{28} = \underline{\overline{C_1}\,\overline{C_2}\,\overline{C_3}C_4\overline{C_5}}$, $S_{29} = \underline{\overline{C_1}C_2\overline{C_3}\,\overline{C_4}\,\overline{C_5}}$ $S_{30} = \underline{\overline{C_1}C_2\overline{C_3}\,\overline{C_4}\,\overline{C_5}}$, $S_{31} = \underline{C_1\overline{C_2}\,\overline{C_3}\,\overline{C_4}\,\overline{C_5}}$
그룹 5 (5개 고장)	$S_{32} = \underline{\overline{C_1}\,\overline{C_2}\,\overline{C_3}\,\overline{C_4}\,\overline{C_5}}$

지금 $p = P(S_i)$, $(i = 1, \cdots, 32)$라 하면,

$$P(S_1) = p^5,$$
$$P(S_2) = \cdots = P(S_6) = (1-p)p^4, \quad 5\text{개}$$
$$P(S_7) = \cdots = P(S_{16}) = (1-p)^2p^3, \ 8\text{개}$$
$$P(S_{19}) = \cdots = P(S_{26}) = (1-p)^3p^2, \ 2\text{개}$$

따라서 $R = P(\text{시스템 가동}) = 2p^5 - 5p^4 + 2p^3 + 2p^2$.
만약 $p = 0.9$라 하면 $R = 0.9785$.

3.4.4 경로 추적법

경로 추적법(path tracing method)은 복잡한 구조를 갖는 시스템의 신뢰도를 계산하는 데 간단하고 효율적인 방법이다. 신뢰성 그래프에서 시작정점과 종료정점을 연결하는 경로가 처음에는 화살선이 모두 없는 것으로 시작한다. 그 다음 한 개의 화살선을 대체하고, 두 개의 화살선을 대체하고, 등등으로 하여 최소의 화살선을 사용하여 연결이 되는 경로를 이용

하여 시스템 신뢰도를 계산하는 데 사용한다. 따라서 시스템 신뢰도는

$$P(\text{시스템 가동}) = P(\text{연결이 되는 화살선들의 합집합})$$

예 4

그림 3.20과 같은 브리지 구조의 신뢰성 그래프를 생각한다.

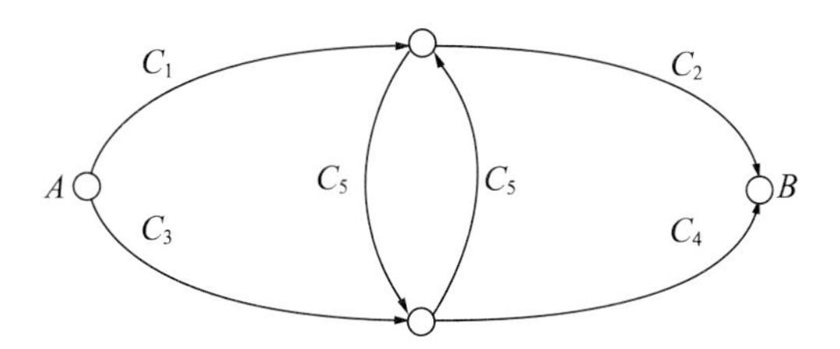

그림 3.20 브리지 구조의 신뢰성 그래프

첫 번째: 1개의 화살선으로 연결이 안됨

두 번째: 2개의 화살선 $S_1 = (C_1, C_2)$, $S_2 = (C_3, C_4)$로 연결

세 번째: 3개의 화살선 $S_3 = (C_1, C_5, C_2)$, $S_4 = (C_3, C_5, C_4)$로 연결

따라서 시스템 신뢰도

$$\begin{aligned} P(S\text{가동}) &= P(S_1 \cup S_2 \cup S_3 \cup S_4) \\ &= P(S_1) + P(S_2) + P(S_3) + P(S_4) \\ &\quad - P(S_1S_2) - P(S_1S_3) - P(S_1S_4) - P(S_2S_3) - P(S_2S_4) - P(S_3S_4) \\ &\quad + P(S_1S_2S_3) + P(S_1S_2S_4) + P(S_1S_3S_4) + P(S_2S_3S_4) \\ &\quad - P(S_1S_2S_3S_4) \end{aligned}$$

각 구성품을 대입하면,

$$\begin{aligned} P(S\text{가동}) = {} & P(C_1C_2) + P(C_3C_4) + P(C_1C_5C_4) + P(C_3C_5C_2) \\ & - P(C_1C_3C_5C_4) - P(C_2C_3C_5C_4) - P(C_1C_2C_3C_4C_5) \\ & + P(C_1C_2C_3C_4C_5) + P(C_1C_2C_3C_4C_5) + P(C_1C_2C_3C_4C_5) \\ & + P(C_1C_2C_3C_4C_5) - P(C_1C_2C_3C_4C_5) \end{aligned}$$

따라서

$$\begin{aligned} P(S\text{가동}) = {} & P(C_1C_2) + P(C_3C_4) + P(C_1C_5C_4) + P(C_3C_5C_2) \\ & - P(C_1C_5C_2C_4) - P(C_1C_3C_5C_2) - P(C_1C_3C_2C_4) \\ & - P(C_1C_3C_5C_4) - P(C_3C_5C_2C_4) + 2P(C_1C_2C_3C_4C_5) \end{aligned}$$

$p = P(C_i)$, $(i = 1,\ 2,\ 3,\ 4,\ 5)$라 두면,

따라서 $R = P(\text{시스템 가동}) = 2p^5 - 5p^4 + 2p^3 + 2p^2$으로 앞의 결과와 같다.

3.5 두 가지 형태의 고장을 갖는 아이템

지금까지 시스템의 두 가지 가능한 상태={가동, 고장}, 즉 한 가지 형태의 고장을 갖는 구성품에 대해서 생각하였다. 그러나 전기 부품, 특히 스위치, 반도체 다이오드(semiconductor diodes) 등은 두 가지의 고장모드, 즉 개회로(open circuit, 오픈)고장, 또는 쇼트(short circuit, 폐회로)고장으로 구성품은 고장이 된다. 따라서 이들 구성품들은 세 가지 가능한 상태={정상모드에서 작동, 오픈고장, 쇼트고장}을 갖는다.

다이오드는 전류를 전진 방향으로 흐르게 하고 역방향의 전류를 차단하는 반도체로써, 교류를 직류로 바꾸는 정류기, 고주파에서 신호를 꺼내는 검파용, on-off 신호제어의 스위칭 용도로 널리 쓰인다. 정상 작동할 때 전진 방향의 저항은 제로인 반면, 역방향의 저항은 무한대이다. 따라서 두 방향으로 무한 저항을 갖는 오픈고장, 즉 다이오드에 전류가 흐르지 않는 고장과 두 방향으로 제로 저항을 갖는 쇼트고장, 즉 다이오드에 항상 전류가 흐르는 고장을 갖는다.

두 가지 상태={작동, 고장}의 구성품들을 갖는 시스템의 경우 중복시스템 수의 증가는 시스템의 신뢰도를 증가시키지만, 세 가지 상태의 구성품들을 갖는 시스템인 경우 아이템 개수의 증가는 시스템의 신뢰도를 증가 또는 감소시킬 수 있다. 이것은 구성품 고장의 모드, 시스템 형상, 중복 구성품의 개수에 좌우된다.

다음에 세 가지 상태의 구성품을 갖는 단순한 형태의 시스템에 대한 신뢰도를 살펴보고 각 형태에서 최대 신뢰도를 달성하는 최적 구성품의 수를 결정하는 문제를 생각한다.

세 종류의 상태모드를 갖는 n개의 구성품들로 이루어진 시스템에서 각 구성품 C_1, C_2, $\cdots$, C_n은 오픈 또는 쇼트고장을 갖는 상호독립인 부품이라 하고,

$$p_{n_i} = P\{C_i\text{는 정상작동}\}$$

$$q_{o_i} = P\{C_i\text{는 오픈고장}\}$$

$$q_{s_i} = P\{C_i\text{는 쇼트고장}\}$$

이라 하자. 여기서, n은 정상상태, o는 오픈고장, s는 쇼트고장의 첨자를 나타낸다.

$p_{n_i} + q_{o_i} + q_{s_i} = 1$, $(i = 1, 2, \cdots, n)$이므로, 구성품 i의 신뢰도는 $p_{ni} = 1 - q_{o_i} - q_{si}$로 표현된다.

3.5.1 직렬 구조

그림 3.21과 같은 두 개의 동일한 아이템의 직렬 연결된 시스템을 생각한다.

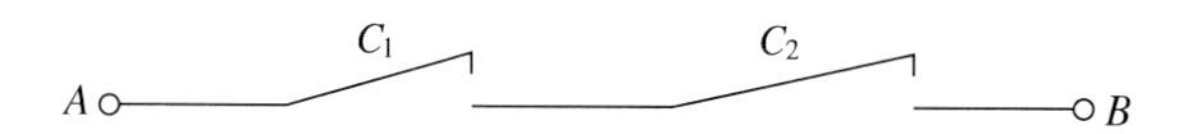

그림 3.21 두 가지 형태 고장을 갖는 직렬 시스템

이 경우 $3^2 = 9$가지의 상태 가능성이 있다.

$$(p_n + q_o + q_s)^2 = p_n p_n + q_o q_o + q_s q_s + 2p_n q_o + 2q_o q_s + 2q_s p_n$$

따라서 시스템의 가능한 상태$=\{ nn, oo, ss, no, os, sn \}$이다.

지금 계산의 단순화를 위해 $q_o = q_{oi}$, $q_s = q_{si}$, $(i = 1,\ 2)$로 고장확률은 동일이라 하자.

① 시스템이 가동인 상태$=\{ nn, sn \}$. 시스템 신뢰도는

$$R_s = p_n^2 + 2p_n q_s = (1 - q_o - q_s)^2 + 2q_s(1 - q_o - q_s) = (1 - q_o)^2 - q_s^2.$$

② 오픈 모드 고장 상태$=\{ oo, no, os \}$. 이 경우의 고장확률은

$$Q_o = q_o^2 + 2p_n q_o + 2q_o q_s = q_o^2 + 2(1 - q_o - q_s)q_o + 2q_o q_s = 1 - (1 - q_0)^2.$$

③ 쇼트 모드 고장 상태$=\{ ss \}$. 고장확률은

$$Q_s = q_s^2.$$

n개의 직렬로 이루어진 두 가지 고장상태의 신뢰도 $P = \{S_{ser}$는 가동$\}$에 대해

$$R_s = P\{S_{ser}\text{는 가동}\} = \prod_{i=1}^{n}(1 - q_{o_i}) + \prod_{i=1}^{n} q_{s_i} \tag{3.15}$$

$$Q_o = P\{S_{ser}\text{는 오픈 모드에 의한 고장}\} = 1 - \prod_{i=1}^{n}(1 - q_{o_i}) \tag{3.16}$$

$$Q_s = P\{S_{ser}\text{는 쇼트에 의한 고장}\} = \prod_{i=1}^{n} q_{s_i} \tag{3.17}$$

지금 $q_o = q_{oi}$, $q_s = q_{si}$, $(i = 1,\ \cdots,\ n)$라 하면, 식 (3.15)에서 $R_s = (1 - q_o)^n - q_s^n$.

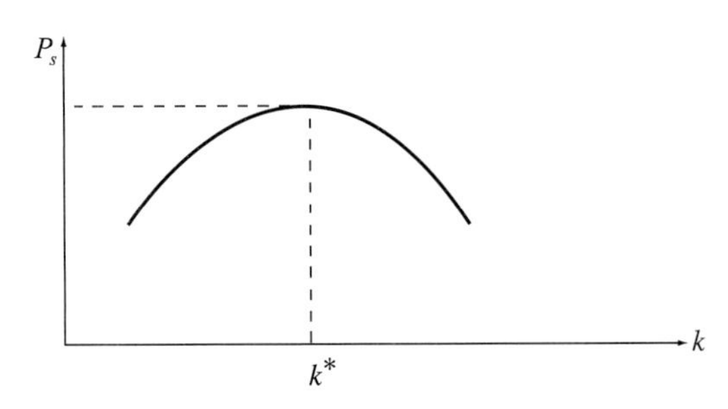

그림 3.22 구성품 수와 신뢰도와의 관계

신뢰도를 최대화하는 최적 구성품 수 n^*는 $\frac{dR_s}{dn}=0$이라 두면 다음과 같다.

$$\frac{\partial R_s}{\partial n}=(1-q_o)^n \ln(1-q_o)-q_s^n \ln q_s=0,$$

$$n^* = \frac{\ln\left\{\dfrac{\ln q_s}{\ln(1-q_o)}\right\}}{\ln\left(\dfrac{1-q_o}{q_s}\right)} \tag{3.18}$$

n^*가 정수가 아니라면, $\lfloor n^* \rfloor$ 또는 $\lfloor n^* \rfloor+1$은 최적해이다.

예제 6

세 가지 상태를 갖는 동일 구성품 6개는 직렬 시스템으로 이루어져 있다. 구성품의 오픈, 쇼트 고장확률은 각각 0.1, 0.2이다. 이 시스템의 신뢰도는 얼마인가? 시스템의 신뢰도를 최대화하는 구성품의 최적 개수를 구하라.

풀이

$q_0=0.1,\ q_s=0.2$

$R_s=(1-q_o)^6-q_s^6=(1-0.1)^6-0.2^6=0.5314$

$$n^*=\frac{\ln\dfrac{\ln 0.2}{\ln 0.9}}{\ln\dfrac{0.9}{0.2}}=1.8$$

따라서 n^*=2일 때 시스템 신뢰도 신뢰도는 0.77이다.

3.5.2 병렬 구조

두 가지 고장상태의 두 구성품이 병렬로 연결된 시스템인 경우,

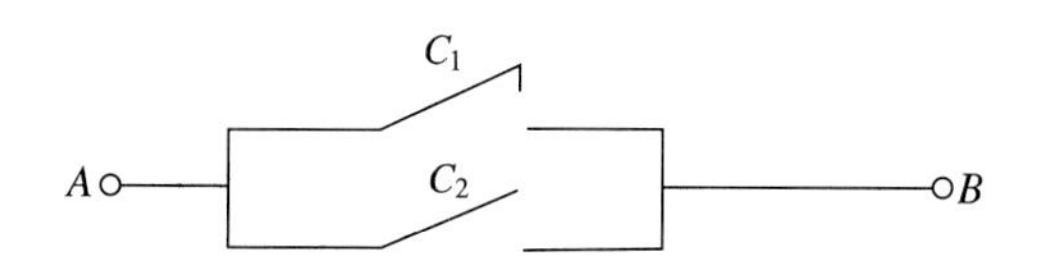

그림 3.23 두 가지 고장 형태를 갖는 병렬 시스템

① 시스템이 가동인 상태 $=\{nn, no\}$. 시스템 신뢰도는

$$R_s = p_n^2 + 2p_n q_o = (1-q_o-q_s)^2 + 2q_o(1-q_o-q_s) = (1-q_s)^2 - q_o^2.$$

② 오픈 모드 고장 $=\{oo\}$. 고장확률은

$$Q_o = q_o^2.$$

③ 쇼트 모드 고장 $=\{ss, so, ns\}$. 고장확률은

$$Q_s = q_s^2 + 2p_o q_s + 2q_s q_n = q_s^2 + 2(1-q_s-q_n)q_s + 2q_s q_n = 1-(1-q_s)^2.$$

n개의 서로 다른 구성품의 병렬 시스템 S_{par}에 대해

$$R_s = P\{S_{par}\text{는 가동}\} = \prod_{i=1}^{n}(1-q_{s_i}) + \prod_{i=1}^{n} q_{o_i} \tag{3.19}$$

$$Q_o = P\{S_{par}\text{는 오픈에 의한 고장}\} = \prod_{i=1}^{n} q_{o_i} \tag{3.20}$$

$$Q_s = P\{S_{par}\text{는 쇼트에 의한 고장}\} = 1 - \prod_{i=1}^{n}(1-q_{s_i}) \tag{3.21}$$

지금 $q_o = q_{oi},\ q_s = q_{si},\ (i=1,\ \cdots,\ n)$라 하면, 식 (3.19)에서

$$R_s = (1-q_s)^n - q_o^n.$$

신뢰도를 최대화하는 최적 구성품 수 n^*는

$$\frac{\partial R_s}{\partial n} = \frac{\partial[(1-q_s)^n - q_o^n]}{\partial n} = 0.$$

이것은 $(1-q_s)^n \ln(1-q_s) - q_o^n \ln q_o$이므로

$$\text{따라서 } n = \frac{\ln\left\{\dfrac{\ln q_o}{\ln(1-q_s)}\right\}}{\ln\dfrac{1-q_s}{q_o}}.$$

n^*이 정수가 아니라면 $\lfloor n^* \rfloor$ 또는 $\lfloor n^* \rfloor + 1$은 최적해이다.

예제 7

세 가지 상태의 동일 구성품 6개는 병렬 시스템으로 이루어져 있다. 구성품의 오픈 및 쇼트 고장확률은 각각 0.2, 0.1이다. 시스템의 신뢰도는 얼마인가? 시스템의 신뢰도를 최대화하는 구성품의 최적 개수를 구하라.

풀이 $q_0 = 0.2,\ q_s = 0.1$

$$R_s = (1-q_o)^6 - q_s^6 = (1-0.1)^6 - 0.2^6 = 0.5314$$

$$n^* = \frac{\ln\dfrac{\ln 0.2}{\ln 0.9}}{\ln\dfrac{0.9}{0.2}} = 1.8 \approx 2$$

따라서 시스템 신뢰도는 0.77이다.

3.5.3 직렬-병렬 구조

시스템은 k개의 서브시스템은 동일하고 상호독립으로 직렬로 구성되어 있고, 각 직렬 서브시스템은 m개의 비동일 부품이 상호독립으로 병렬을 이룬다고 한다. 그러면 각 서브시스템에 대해

$$Q_o = \prod_{i=1}^{m} q_{o_i}, \tag{3.22}$$

$$Q_s = 1 - \prod_{i=1}^{m} (1 - q_{s_i}). \tag{3.23}$$

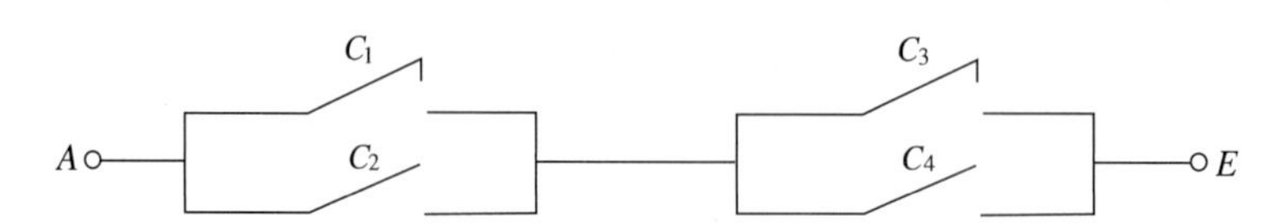

그림 3.24 두 가지 형태의 고장을 갖는 직렬-병렬 시스템

병렬 네트워크에 대해 시스템 신뢰도는 식 (3.15)와 같이

$$R_s = (1 - Q_o)^k - Q_s^k = \left(1 - \prod_{i=1}^{m} q_{o_i}\right)^k - \left\{1 - \prod_{i=1}^{m} (1 - q_{s_i})\right\}^k. \tag{3.24}$$

3.5.4 병렬-직렬 구조

시스템은 m개의 서브시스템은 동일하고 상호독립인 병렬로 이루어져 있고, 이들 서브시스템은 k개의 비동일 부품이 상호독립으로 직렬을 이룬다고 한다. 그러면 각 직렬 서브시스템에 대해

$$Q_s = \prod_{i=1}^{n} q_{s_i}, \tag{3.25}$$

$$Q_o = 1 - \prod_{i=1}^{n} (1 - q_{o_i}). \tag{3.26}$$

병렬-직렬 네트워크에 대해 시스템 신뢰도는 식 (3.19)와 같이

$$R_s = (1 - Q_s)^m - Q_o^m = \left(1 - \prod_{i=1}^{k} q_{s_i}\right)^m - \left\{1 - \prod_{i=1}^{k} (1 - q_{o_i})\right\}^m. \tag{3.27}$$

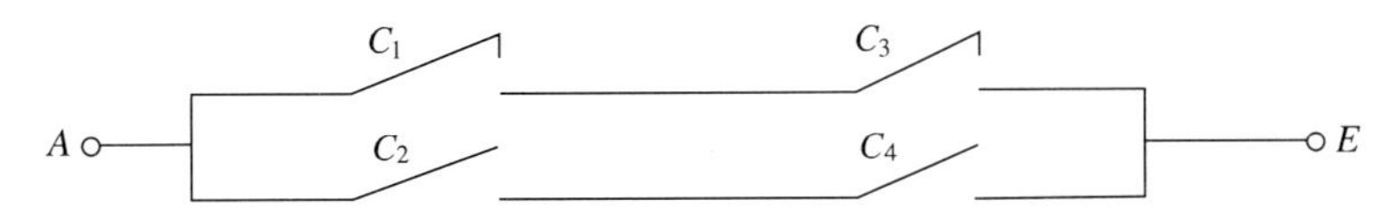

그림 3.25 두 가지 형태의 고장을 갖는 병렬-직렬 시스템

예제 8

그림 3.26에서 두 다이오드 회로 S_1, S_2 중의 어떤 것이 더 큰 신뢰도를 갖는가를 밝혀라. 여기서 부품들은 상호독립이고, 4개의 부품 모두에 대해 $q_{s_i} = 0.2$, $q_{o_i} = 0.1$, $(i = 1, 2, 3, 4)$이라 한다.

풀이 식 (3.24)에서 $P\{S_1\text{가동}\} = (1 - q_o^2)^2 - \{1 - (1 - q_s)^2\}^2 = 0.8505.$

식 (3.27)에서 $P\{S_2\text{가동}\} = (1 - q_s^2)^2 - \{1 - (1 - q_o)^2\}^2 = 0.8855.$

또 $q_{s_i} = 0.1$, $q_{o_i} = 0.2$라면, $P\{S_1\text{가동}\} = 0.8855$, $P\{S_2\text{가동}\} = 0.8855.$

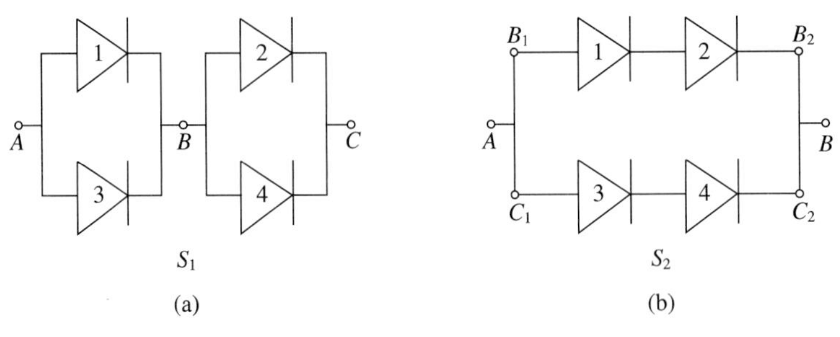

그림 3.26 다이오드의 직렬-병렬, 병렬-직렬 회로

$$q_o > q_s \text{라면 } P\{S_1\text{가동}\} > P\{S_2\text{가동}\}$$
$$q_o < q_s \text{라면 } P\{S_1\text{가동}\} > P\{S_2\text{가동}\}$$

인 관계를 보여준다.

3.6 시스템의 MTTF 계산

n개의 구성품 C_1, C_2, $\cdots$, C_n으로 이루어진 시스템 S에 대해 시스템 가동 시 구성품은 모두 새것이라 한다. 시스템의 가동시작 후 최초로 고장 나는 시점까지 가동시간을 시스템의 수명기간이라 하고, 수명기간 중 고장인 구성품은 수리되지 않는다고 한다. 그리고 각 구성품의 수명기간 T_1, $\cdots$, T_n은 상호독립이고, 그 고장분포함수는 F_1, $\cdots$, F_n이라 하자.

시스템 S의 신뢰도는 함수 $R_S(p_1,\ p_2,\ \cdots,\ p_n)$, T_S를 그 수명기간 확률변수라 하자.

구성품 C_i의 신뢰함수 $R_i(t)$, $(i=1,\ 2,\ \cdots,\ n)$는 시점 t에서 그 수명기간 T_i가 t보다 크다면 가동이다. 따라서 신뢰도

$$R_i(t) = P\{C_i\text{가 시점 } t\text{에서 가동}\} = P\{T_i > t\} = 1 - F_i(t), \tag{3.28}$$
$$1 - R_i(t) = F_i(t) = P\{T_i \le t\}$$

가 된다. 또 $p_i = P\{C_i\text{가동}\}$이라 하자.

시스템 S가 시점 t에서 가동은 $T_S > t$이므로,

$$R_S(t) = P\{S\text{가 시점 } t\text{에서 가동}\} = P\{T_S > t\} = R\{p_1(t),\ p_2(t),\ \cdots,\ p_n(t)\}.$$

시스템 S의 평균수명 $E[T_S]$는

$$E[T_S]= \int_0^{\infty} tf(t)dt =- tR_S(t)\Big|_0^{\infty} + \int_0^{\infty} R_S(t)dt = \int_0^{\infty} R_S(t)dt. \tag{3.29}$$

또 $\int_o^{\infty} R_S(t)\,dt= \int_0^{\infty} R\{p_1(t),\, p_2(t),\, \cdots,\, p_n(t)\}\,dt.$

3.6.1 직렬 시스템의 MTTF 계산

n개의 상호독립인 구성품으로 이루어진 직렬 시스템에 대하여 생각해 보자. 여기서, $p_i = P\{C_i$가동$\}$이라 하자. 직렬 시스템 S의 신뢰도는

$$R_{ser} = R(p_1,\ \cdots,\ p_n) = p_1 p_2 \cdots\ p_n$$

이다. 직렬 시스템의 신뢰확률은

$$R_S(t) = R_1(t) R_2(t) \cdots\ R_n(t). \tag{3.30}$$

직렬 시스템은 시스템의 구성품 하나가 고장 나면 즉시 시스템 고장이므로 시스템 수명기간 T_S는

$$T_S = \text{Min}\,\{T_1,\ T_2,\ \cdots,\ T_n\} \tag{3.31}$$

이 된다.

예 5

구성품의 수명기간이 지수분포에 따른다고 가정하자. 구성품 j의 신뢰도는

$$R_j(t) = P\{T_j > t\} = e^{-\lambda_j t}$$

이므로, 직렬 시스템의 신뢰도는

$$P\{T_S > t\} = e^{-(\lambda_1 + \lambda_2 + \cdots\ \lambda_n)t}.$$

직렬 시스템의 수명기간은 모수 $\lambda_1 + \lambda_2 + \cdots + \lambda_n$을 갖는 지수분포가 되고, 그 MTTF는

$$E[T_S] = \frac{1}{\lambda_1 + \lambda_2 + \cdots + \lambda_n}.$$

3.6.2 병렬 시스템의 MTTF 계산

시점 $t=0$에서 시스템의 작동 시 시스템에 있는 중복설계된 구성품들은 모두 동시에 작동된다. 이러한 구성품들을 능동적 예비 구성품(active spare parts) 또는 열 예비부품(hot spare parts)이라 한다. 병렬 시스템의 구성품들은 이에 해당한다.

시스템 S는 n개의 상호독립인 구성품 C_1, C_2, $\cdots$, C_n이 병렬로 이루어져 있고, 병렬 시스템에서 최종적으로 가동하고 있는 구성품의 고장시점은 병렬 시스템의 고장시점이 된다. 따라서 $T_S=\text{Max}\{T_1, T_2, \cdots, T_n\}$이다. 즉 병렬 시스템의 수명기간 T_S는 구성품의 최대 수명과 같다. 병렬 시스템의 MTTF는 구성품 개개의 MTTF보다 크거나 같음을 의미한다.

예 6

구성품의 수명기간이 지수분포에 따른다고 가정하자. 구성품 i의 신뢰도

$$R_i(t)=P\{T_i>t\}=e^{-\lambda_i t},\ (i=1,2,\cdots,n)$$

에서, 병렬 시스템의 MTTF를 구하자.

우선 시스템의 신뢰도는

$$\begin{aligned} R_S(t) &= P\{T_S>t\} \\ &= 1-F_1(t)F_2(t)\cdots F_n(t) \\ &= 1-\{1-R_1(t)\}\{1-R_2(t)\}\cdots\{1-R_n(t)\} \\ &= 1-(1-p_1)(1-p_2)\cdots(1-p_n). \end{aligned}$$

병렬 시스템 S의 MTTF는

$$\begin{aligned} E[T_S] &= \int_o^\infty R_S(t)dt = \int_0^\infty \{1-F_1(t)F_2(t)\cdots F_j(t)\cdots F_n(t)\}dt \\ &= \int_0^\infty \{(p_1+p_2\ \cdots+p_n)-(p_1p_2+\cdots+p_{n-1}p_n)+\cdots\pm\cdots\}dt \\ &= \int_0^\infty \Big\{(e^{-\lambda_1 t}+e^{-\lambda_2 t}+\cdots+e^{-\lambda_n t})-(e^{(\lambda_1+\lambda_2)t}+e^{(\lambda_2+\lambda_3)t}+\cdots)+\cdots \\ &\qquad \pm\cdots+e^{-(\lambda_1+\lambda_2+\cdots+\lambda_n)t}\Big\}dt \\ &= \frac{1}{\lambda_1}+\frac{1}{\lambda_2}+\cdots+\frac{1}{\lambda_n}-\left(\frac{1}{\lambda_1+\lambda_2}+\cdots+\frac{1}{\lambda_n+n_1}\right)+\cdots-\cdots \end{aligned}$$

$$+\frac{1}{\lambda_1+\lambda_2+\cdots+\lambda_n} \tag{3.32}$$

$$\geq \int_0^{\infty} R_j(t)\,dt = E[T_j].$$

$\lambda=\lambda_i$, $(i=1,\ \cdots,\ n)$라 하자.

$$E[T_S]=\frac{1}{\lambda}\left[\frac{\binom{n}{1}}{1}-\frac{\binom{n}{2}}{2}+\frac{\binom{n}{3}}{3}-\cdots+(-1)^{n+1}\frac{\binom{n}{n}}{n}\right]$$

$$=\frac{1}{\lambda}\left[\frac{n}{1}-\frac{n(n-1)}{2\cdot 2!}+\frac{n(n-1)(n-2)}{3\cdot 3!}-\cdots+(-1)^{n+1}\frac{1}{n}\right]$$

또는 수열관계식을 이용하여 정리하면, 상기 식은

$$E[T_S]=\frac{1}{\lambda}\left[1+\frac{1}{2}+\frac{1}{3}+\cdots+\frac{1}{n}\right].$$

$n=2$인 경우 MTTF $=\frac{1}{\lambda}\left(2-\frac{1}{2}\right)=\frac{3}{2\lambda}$

$n=3$인 경우 MTTF $=\frac{1}{\lambda}\left(3-\frac{3}{2}+\frac{2}{6}\right)=\frac{11}{6\lambda}$

$n=10$인 경우 MTTF $=\frac{2.93}{\lambda}$

따라서 중복 구성품의 증가는 MTTF에 큰 영향을 미치지 않는다. 구성품들의 병렬 중복을 통한 수명 증대 노력은 비효율적이라 할 수 있다.

지금 병렬 시스템 S의 고장률 $h_S(t)$를 살펴본다.

모든 구성품의 수명분포가 동일, 즉 $F_1(t)=F_2(t)=\cdots=F_n(t)=F(t)$라면,

$$h_S(t)=\frac{\frac{dF_S(t)}{dt}}{R_S(t)}=\frac{\frac{d}{dt}[\{F(t)\}^n]}{1-\{F(t)\}^n}=\frac{n\{F(t)\}^{n-1}f(t)}{1-\{F(t)\}^n}.$$

$x=F(t)$라 두면, 분모에서 $1-x^n=(1+x+x^2+\cdots+x^{n-1})(1-x)=\sum_{k=0}^{n-1}x^k(1-x)$인 관계를 사용하면,

$$h_S(t) = \frac{n\{F(t)\}^{n-1}}{\sum_{k=0}^{n-1}\{F(t)\}^k}\frac{f(t)}{\{1-F(t)\}} = \frac{n\{F(t)\}^{n-1}}{\sum_{k=0}^{n-1}\{F(t)\}^k}h(t)$$

$$= \frac{nx^{n-1}}{(1+x+x^2+\cdots+x^{n-1})}h(t)$$

가 된다. x가 0에서 1로 증가한다면, $h(t)$ 앞에 있는 인수도 0에서 1로 단조 증가한다.

만약 구성품들이 일정 고장률 $h(t)=\lambda$라면, 병렬 시스템의 고장률 $h_S(t)$는 0에서 λ로 단조 증가하는 함수이다. 병렬 시스템은 지수분포가 되는 수명기간을 갖지 않는다.

예제 9

그림 3.27과 같은 세 개의 구성품 C_1, C_2, C_3로 이루어진 시스템 S에 대해 각 구성품 C_i, $(i=1, 2, 3)$는 상호독립으로 지수분포를 따른다. 이 시스템 S의 MTTF를 구하라.

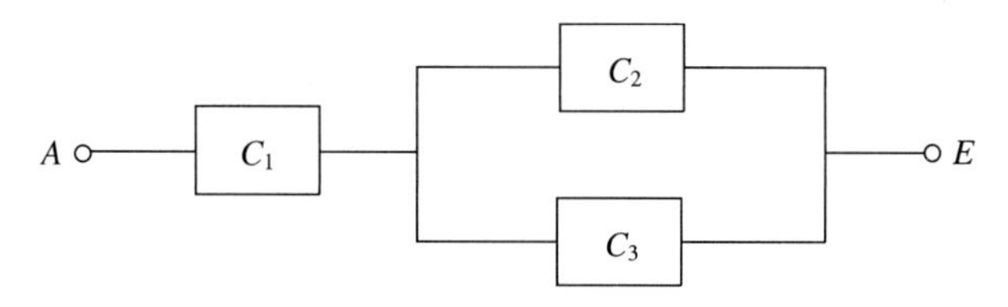

그림 3.27 시스템 S의 RBD

풀이 시스템 S의 신뢰도는

$$P(C_1, C_2, C_3) = p_1\{1-(1-p_2)(1-p_3)\} = p_1p_2 + p_1p_3 - p_1p_2p_3$$

를 갖는다. 이들의 관계는 식 (3.32)로부터

$$E[T_S] = \frac{1}{\lambda_1+\lambda_2} + \frac{1}{\lambda_1+\lambda_3} - \frac{1}{\lambda_1+\lambda_2+\lambda_3}.$$

3.7 대기시스템의 신뢰도 및 MTTF

지금까지 시스템의 모든 구성품들은 시스템이 가동될 때 동시에 가동되는 구성품에 대해 생각하였다. 그러나 일차 구성품(primary component) 또는 서브시스템이 고장 나면, 스위치(switch)가 작동하여 대기 구성품(standby component)에 연결되어 시스템이 가동되는 대기

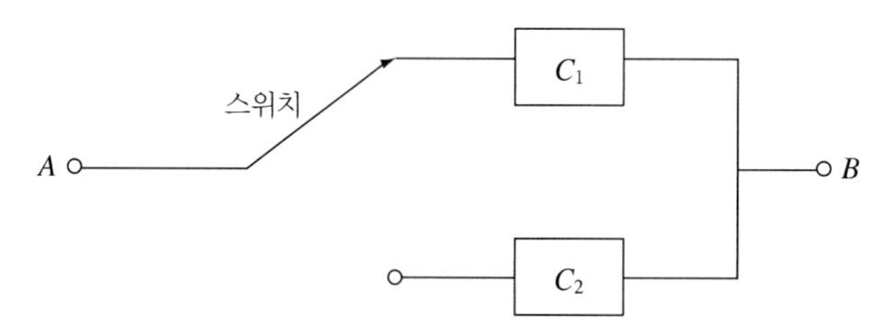

그림 3.28 1개의 대기 구성품을 갖는 대기시스템의 RBD

시스템(standby system)을 생각할 수 있다. 이것을 수동적 시스템(inactive system) 또는 냉예비구성품(cold spare components)이라 한다. 이 시스템에서 스위치는 고장이 없고, 스위치의 전환시간은 무시하며, 대기 부품은 대기 중에 성능의 열화가 없는 것으로 가정한다.

다음과 같이 일차 구성품과 하나의 대기 구성품으로 이루어진 가장 간단한 대기시스템을 고려한 후, 일반적인 $n-1$개의 대기 구성품으로 이루어진 시스템을 살펴본다.

시스템의 가동확률은

$$R_{stb} = 1 - P\{(C_1 \text{고장})\text{이고 } (C_2 \text{고장})\}.$$

이것은 병렬 시스템의 경우와 같은 신뢰도로 계산되는 것 같이 보이지만, C_2 고장은 C_1 고장을 전제로 하므로 구성품 C_1과 C_2는 상호종속적인 관계를 갖는다. 구성품들의 고장률은 기지라 하고 이들 신뢰도 계산은 다음과 같이 전개된다.

구성품 C_1, C_2의 수명시간 확률변수를 각각 T_1, T_2라 할 때, 이 시스템의 수명 T는

$$T = T_1 + T_2$$

이고, 시스템 가동확률은 다음과 같이 된다.

$$R(t) = P\{T_1 + T_2 > t\}$$

지금 구성품 C_1, C_2는 일정고장률 λ_1, λ_2를 갖는다고 하자. 대기시스템의 고장밀도함수 $f(t)$는 다음과 같이 구한다.

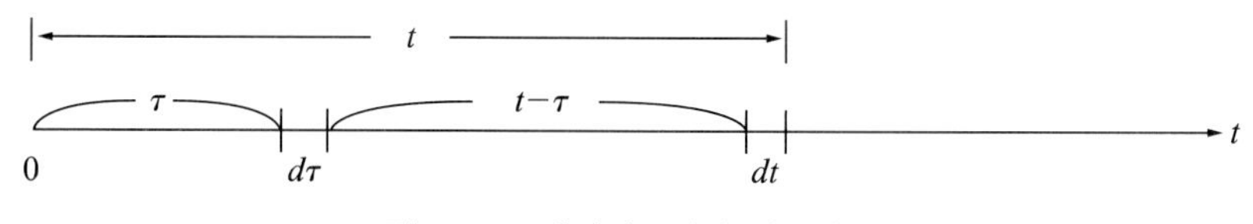

그림 3.29 대기시스템의 작동시간

구성품 C_2가 시각 t 후에 고장 나기 위해서는 일차 구성품 C_1이 시각 τ에서 고장 나고 구성품 C_2는 시각 $t-\tau$ 후에 고장 나야 한다. 일차 구성품 C_1이 고장 나는 시각 τ는 $[0, t]$ 사이의 임의 시각이 되므로 $f(t)$는 두 구성품의 고장밀도함수의 합성곱(convolution)[부록 A 참조]으로 다음과 같이 쓸 수 있다.

$$\begin{aligned} f(t) &= \int_0^t f_1(\tau) f_2(t-\tau) d\tau \\ &= \int_0^t \lambda_1 e^{-\lambda_1 \tau} \lambda_2 e^{-\lambda_2 (t-\tau)} d\tau \\ &= \lambda_1 \lambda_2 e^{-\lambda_2 t} \int_0^t e^{-(\lambda_1 - \lambda_2)\tau} d\tau \\ &= \frac{\lambda_1 \lambda_2}{\lambda_1 - \lambda_2} (e^{-\lambda_2 t} - e^{-\lambda_1 t}) \end{aligned} \tag{3.33}$$

시스템의 신뢰확률은

$$\begin{aligned} R(t) &= \int_t^\infty f(t) dt = \frac{\lambda_1 \lambda_2}{\lambda_1 - \lambda_2} \int_t^\infty (e^{-\lambda_2 t} - e^{-\lambda_1 t}) dt \\ &= \frac{\lambda_1}{\lambda_1 - \lambda_2} e^{-\lambda_2 t} - \frac{\lambda_2}{\lambda_1 - \lambda_2} e^{-\lambda_1 t} \\ &= e^{-\lambda_1 t} + \frac{\lambda_1}{\lambda_1 - \lambda_2} (e^{-\lambda_2 t} - e^{-\lambda_1 t}) \\ &= e^{-\lambda_1 t} + \frac{\lambda_1 e^{-\lambda_2 t}}{\lambda_1 - \lambda_2} (1 - e^{-(\lambda_1 - \lambda_2) t}) \end{aligned} \tag{3.34}$$

$$\text{시스템 MTTF} = E[T] = \int_0^\infty R(t) dt = \frac{\lambda_1}{\lambda_1 - \lambda_2} \frac{1}{\lambda_2} + \frac{\lambda_2}{\lambda_1 - \lambda_2} \frac{1}{\lambda_1} = \frac{1}{\lambda_1} + \frac{1}{\lambda_2}.$$

1개의 일차 구성품과 2개의 대기 구성품으로 이루어진 대기시스템에 대한 신뢰성 척도는 앞의 결과를 확장하면,

$$\begin{aligned} R(t) &= \int_t^\infty f(t) dt = \frac{\lambda_2 \lambda_3 e^{-\lambda_1 t}}{(\lambda_2 - \lambda_1)(\lambda_3 - \lambda_1)} + \frac{\lambda_1 \lambda_3 e^{-\lambda_2 t}}{(\lambda_1 - \lambda_2)(\lambda_3 - \lambda_2)} + \frac{\lambda_1 \lambda_2 e^{-\lambda_3 t}}{(\lambda_1 - \lambda_3)(\lambda_2 - \lambda_3)} \\ &= e^{-\lambda_1 t} + \lambda_1 \lambda_2 \left[\frac{e^{-\lambda_1 t}}{(\lambda_2 - \lambda_1)(\lambda_3 - \lambda_1)} + \frac{e^{-\lambda_2 t}}{(\lambda_1 - \lambda_2)(\lambda_3 - \lambda_2)} + \frac{e^{-\lambda_3 t}}{(\lambda_1 - \lambda_3)(\lambda_2 - \lambda_3)}) \right] \end{aligned}$$

$$\mathrm{MTTF} = E[T] = \int_0^\infty R(t)dt = \frac{1}{\lambda_1} + \frac{1}{\lambda_2} + \frac{1}{\lambda_3} \tag{3.35}$$

상기 결과들을 1개의 일차 구성품과 $(n-1)$개의 대기 구성품으로 이루어진 대기시스템으로 일반화하면,

$$R_s(t) = \sum_{i=1}^{n} e^{-\lambda_i t} \prod_{j=1, i \neq j}^{n} \frac{\lambda_j}{\lambda_j - \lambda_i} \tag{3.36}$$

$$\mathrm{MTTF} = E[T] = \int_0^\infty R(t)dt = \sum_{i=1}^{n} \frac{1}{\lambda_i} \tag{3.37}$$

식 (3.36)에서 $\lambda = \lambda_i (i = 1,\ 2,\ \cdots,\ n)$인 경우 다음을 얻는다.

$$R_s(t) = e^{-\lambda t}\left\{1 + \lambda t + \frac{(\lambda t)^2}{2!} + \cdots + \frac{(\lambda t)^{n-1}}{(n-1)!}\right\} \tag{3.38}$$

$$\mathrm{MTTF} = E[T] = \int_0^\infty R(t)dt = \frac{n}{\lambda} \tag{3.39}$$

이것은 모수 λ의 n 단계 얼랑(Erlang) 분포에 대한 신뢰성 척도와 같다.

다음에는 아이템의 고장확률분포가 미지인 경우 대기시스템의 신뢰성 척도를 계산하는 방법을 살펴본다. 이를 위해 정규분포의 덧셈정리를 도입하여 중심극한 정리를 사용할 수 있다.

$$\begin{aligned} F_k(t) &= P\{(T_1 + T_2 + \cdots + T_{k-1}) + T_k \le t\} = P\{X_{k-1} + T_k \le t\} \\ &= \int_0^t F_{k-1}(t-y)dF_k(y) \end{aligned} \tag{3.40}$$

고장밀도함수 f_k는 함수 F_k의 도함수이므로 $dF_k(y) = f_k(y)$의 관계를 생각하면

$$F_k(t) = \int_0^t F_{k-1}(t-y) f_k(y) dy \quad (t \ge 0),\ (k = 2,\ 3,\ \cdots). \tag{3.41}$$

$F_1(t)$로 시작하여 식 (3.41)에서 $F_2,\ \cdots,\ F_n$을 계산할 수 있고, $F_S(t) = F_n(t)$로 구하고자 하는 시스템 수명기간의 분포함수를 갖는다. 즉, 임의의 큰 n의 값에 대해 합 $T_s = T_1 + \cdots + T_n$은 정규분포에 근사한다.

예제 10

대기시스템 S의 일차 구성품 C_1과 대기 구성품 C_2의 수명기간 T_1, T_2는 각각 상호독립으로 정규분포 $N(100,\ 10^2)$시간에 따른다고 한다. 신뢰도 $p=99\%$를 보증하는 대기시스템 S의 수명기간 t를 구하라. 또 구성품 C_1의 수명기간이 수명기간 t를 넘어설 수 있는 확률은 얼마인가?

풀이 정규분포의 덧셈정리에 따라 대기시스템의 수명기간 $X_2 = T_1 + T_2$는 다시 정규분포된다. 그러면,

$$\text{기대수명 } E[T_S] = E[T_1] + E[T_2] = 100 + 100 = 200\text{시간}$$

$$\text{표준편차 } \sigma = \sqrt{V[T_S]} = \sqrt{V[T_1] + V[T_2]} = \sqrt{10^2 + 10^2} = \sqrt{200}\text{ 시간}$$

$$\text{표준화 정규분포 확률변수 } u = \frac{X - E(X)}{\sigma} = \frac{T_S - 200}{\sqrt{200}}$$

신뢰확률 99%를 보증하는 시스템의 수명기간 t는

$$P\{T_S > t\} = P\left\{\frac{T_S - 200}{\sqrt{200}} > \frac{t - 200}{\sqrt{200}}\right\} = P\left\{u > \frac{t - 200}{\sqrt{200}}\right\}$$

$$= 1 - P\left(u \le \frac{t - 200}{\sqrt{200}}\right) = 0.99,$$

$$\frac{t - 200}{\sqrt{200}} = -2.326\text{에서 } t = 200 - 2.326\sqrt{200} = 167.1(\text{시간}).$$

구성품 C_1의 수명기간 T_1이 수명 t=167.1을 넘어서는 확률은

$$P\{T_1 > t = 167.1\} = P\left\{\frac{T_1 - 100}{10} > \frac{167.1 - 100}{10}\right\} = P\{u > 6.71\} < 10^{-8}.$$

즉, 신뢰도 99%를 보증하는 대기시스템의 수명기간 167.1시간은 시스템 $S_1=\{C_1\}$에 의해 달성될 수 없다.

예제 11

구성품 C_1과 대기 구성품 C_2, C_3, ⋯, C_{16}의 수명기간 T_1, T_2, ⋯, T_{16}은 각각 상호독립적으로 $N(10,\ 5^2)$시간의 정규분포를 갖는다. 대기 구성품을 갖는 시스템 S의 수명기간 T_S가 100시간을 넘을 확률을 구하라. 단, 중심극한의 정리를 사용하라.

풀이 $T_S = T_1 + T_2 + \cdots + T_{16}$은 근사적으로

기대수명 $E[T_S] = E[T_1] + \cdots + E[T_{16}] = 10 + 10 + \cdots + 10 = 160$시간

표준편차 $\sigma = \sqrt{V[T_S]} = \sqrt{V[T_1] + \cdots + V[T_{16}]} = \sqrt{5^2 + \cdots + 5^2} = \sqrt{16 \cdot 25} = 20$시간

으로 정규분포된다. 구하고자 하는 확률은

$$P\{T_S > 100\} = P\left\{\frac{T_S - 160}{20} > \frac{100 - 160}{20}\right\} = P\left\{\frac{T_S - E[T_S]}{\sigma_S} > -3\right\}.$$

표준화 정규분포 확률변수 $u = \dfrac{T_S - E[E_S]}{\sigma_S}$.

근사적으로 $P\left\{\dfrac{T_S - E[T_S]}{\sigma_S} > -3\right\} \fallingdotseq P\{u > -3\} = 0.998\cdots$.

따라서 $P\{T_S > 100\} = 0.998 = 99.8\%$이다.

예제 12

n개의 구성품의 수명기간 T_1, T_2, $\cdots$, T_n은 각각 상호독립이고, 모두 모수 λ의 지수분포를 갖는다고 한다. $n-1$개의 대기 구성품을 갖는 대기시스템 S_C의 수명기간 T_C와 n개 구성품으로 이루어진 병렬 시스템 S_H의 수명기간 T_H를 비교하라.

풀이 대기시스템 S_C의 신뢰확률은

$$R_C(t) = P\{T_C > t\} = P\{T_1 + T_2 + \cdots + T_n > t\}$$
$$= e^{-\lambda t}\left\{1 + \frac{(\lambda t)^1}{1!} + \ldots + \frac{(\lambda t)^{n-1}}{(n-1)!}\right\}.$$

병렬 시스템 S_H의 신뢰확률은

$$R_H(t) = P\{T_H > t\} = 1 - (e^{-\lambda t})^n.$$

S_C의 MTTF: $E[T_C] = E[T_1] + E[T_2] + \cdots + E[T_n] = \dfrac{n}{\lambda}$

S_H의 MTTF: $E[T_H] = \displaystyle\int_0^{\infty} R_H(t)\,dt = \int_0^{\infty} \{1 - (1 - e^{-\lambda t})^n\}\,dt$

지금 $x = 1 - e^{-\lambda t}$라 하면, $1 - x^n = (1-x)(1 + x + \cdots + x^{n-1})$에서

$$E[T_H] = \int_0^{\infty} \frac{1}{\lambda}(1 + x + \cdots + x^{n-1})\,dx = \frac{1}{\lambda}\left(1 + \frac{1}{2} + \cdots + \frac{1}{n}\right)$$

n이 커짐에 따라 $E[T_H] \le E[T_C]$이다.

지수분포에 따르는 구성품에 대해서 뿐만 아니라 일반적으로

$$T_C(= T_1 + T_2 + \cdots + T_n) \ge T_H(= \text{Max}(T_1, T_2, \cdots, T_n))$$

이다. 이로부터 $T_H > t$에서 $T_C > t$가 되고, $\{T_C > t\} > \{T_H > t\}$이다. 따라서 확률의 단조성은 $P\{T_C > t\} \ge P\{T_H > t\}$가 된다. 두 가지 경우에서 구성품들이 동일 수명기간 분포를 갖고 있는 한, 대기시스템의 신뢰도는 적어도 병렬 시스템보다 크다. 이로써 평균수명은

$$E[T_C] = \int_0^\infty P\{T_C > t\}dt > \int_0^\infty P\{T_H > t\}dt = E[T_H]$$

가 된다.

예제 13

시스템 S는 수명기간 T_S를 갖는 하나의 구성품인 시스템, S_C는 $n-1$개의 구성품을 갖는 대기시스템, S_H는 n개의 구성품을 갖는 병렬 시스템이라 하자. 세 시스템 모두 동일한 기대 수명기간 $E[T_S] = E[T_C] = E[T_H]$를 갖는다는 이들 시스템의 신뢰도를 비교하라.

풀이 각 시스템에 대한 수명기간은 시스템에 대한 고장률 λ_S, λ_C, λ_H에 대해 지수분포라는 가정으로부터 다음과 같다.

$$\frac{1}{\lambda_S} = \frac{1}{\lambda_C}n = \frac{1}{\lambda_H}\left(1 + \frac{1}{2} + \cdots + \frac{1}{n}\right)$$

이들 고장률에 대해 예제 12에서 결정된 R_C와 R_H를 갖는 단일 구성품의 시스템 S의 신뢰도 $R_S(t) = e^{-\lambda t}$를 비교한다.

예로써, $n=4$에 대해

$$\lambda_C = 4\lambda_S,$$
$$\lambda_H = \left(1 + \frac{1}{2} + \frac{1}{2} + \frac{1}{4}\right)\lambda_S = 2.08\lambda_S.$$

따라서 $\lambda_C \approx 2\lambda_H$

시스템의 동일 평균수명기간을 기준으로 대기시스템은 단일 아이템 및 병렬 시스템의 각 구성품보다 몇 배 높은 고장률을 가져도 된다. 병렬 구성품은 대기 구성품에 비해 약 두 배 정도 높은 고장률을 제시해야 한다. 시스템에 대해 평균 시스템 수명기간보다 더 적은 가동

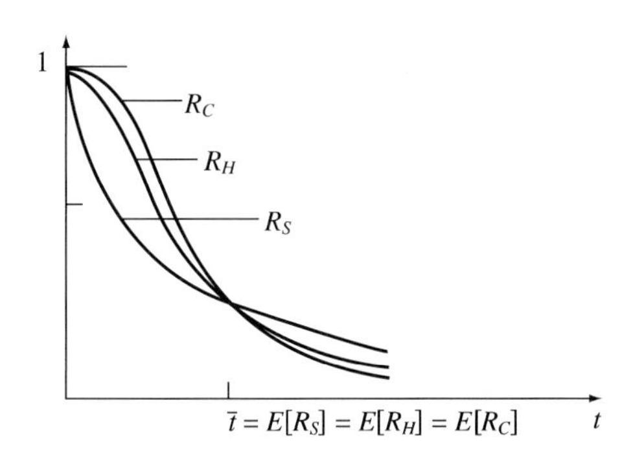

그림 3.30 동일 평균수명기간 t를 갖는 세 시스템의 신뢰도 비교

시간을 생각한다면, 대기 구성품은 병렬 구성품보다 더 낫고, 이것은 단일 구성품을 갖는 시스템 S보다 훨씬 더 낫다는 것을 그림 3.30에서와 같이 보여준다. 이러한 상황은 큰 작동 시간에 대해 반대로 된다.

3.8 n중k-시스템의 MTTF

n개의 구성품으로 이루어진 n중k-시스템의 MTTF는 구성품들 모두가 시작시점에서 작동이 되는 active 시스템과 k개의 직렬 구성품 중 고장 날 때 비로소 $(n-k)$개의 대기 구성품 중 하나가 작동하는 대기 구성품으로 살펴본다.

3.8.1 *n*중*k*-active 시스템

n중k-active 시스템은 n개의 구성품이 모두 시점 0에서 동시에 작동되어 n개의 구성품 중 적어도 k개가 가동되어야 가동인 시스템을 말한다.

단순화를 위해 시간 t에서 구성품의 신뢰도 $R(t)$는 상호독립이고 동일이라 하면, *n*중*k*-active 시스템의 신뢰함수는

$$R_{n중k}(t) = \sum_{m=k}^{n} \binom{n}{m} [R(t)]^m [1-R(t)]^{n-m}.$$

$R(t) = e^{-\lambda t}$라 하면, 이 시스템의 MTTF는

$$\text{MTTF} = \int_0^\infty R_{n중k}(t) = \sum_{m=k}^{n} \binom{n}{m} (e^{-\lambda t})^m (1-e^{-\lambda t})^{n-m} dt.$$

예제 14

구성품 모두가 일정고장률 λ를 갖는 4중2-active 시스템의 MTTF를 구하라.

풀이

$$R_{4중2}(t) = \sum_{m=2}^{4} \binom{n}{m} (e^{-\lambda t})^m (1-e^{-\lambda t})^{4-m}$$

$$= \binom{4}{2}(e^{-\lambda t})^2(1-e^{-\lambda t})^2 + \binom{4}{3}(e^{-\lambda t})^3(1-e^{-\lambda t})^1 + \binom{4}{4}(e^{-\lambda t})^4(1-e^{-\lambda t})^0$$

$$= 6e^{-2\lambda t} - 8e^{-3\lambda t} + 3e^{-4\lambda t}$$

$$\text{MTTF} = \int_0^\infty R_{4중2}(t) = \frac{6}{2\lambda} - \frac{8}{3\lambda} + \frac{3}{4\lambda} = \frac{13}{12\lambda}$$

3.8.2 *n*중*k*-standby 시스템

n중k-standby 시스템은 $(n-k)$개는 예비 구성품으로 이용할 수 있고, k개의 구성품은 직렬로 연결된 시스템을 생각한다. 직렬회로에 있는 k개 구성품 중 하나가 고장 나면 예비구성품 $(n-k)$개 중 하나는 그 위치에 들어가서 새로이 작동을 시작한다.

예비구성품들은 직렬회로에 있는 k개의 구성품들에 대체될 수 있다. k개의 구성품으로 이루어진 직렬회로가 고장 나고 예비구성품들이 더 이상 없게 되면, n중k-대기시스템은 비로소 고장이 난다.

구성품들의 수명기간 확률변수 $T_1, T_2, \cdots, T_n$은 상호독립이라 하고, 수명기간 T_i, $(i=1, \cdots, n)$ 모두 동일한 모수 λ의 지수분포인 경우로 생각하자. 구성품 i의 신뢰도 함수는

$$R_i(t) = P\{T_i \ge t\} = e^{-\lambda t}, \ (i = 1, 2, \cdots, n).$$

대기 구성품을 갖는 n중k-대기시스템의 수명기간을 $T_{k,n}$이라 하자.

시점 $t=0$에서 작동하는 k개의 구성품으로 이루어진 직렬 시스템의 수명기간의 신뢰도 함수는 $R(t) = e^{-k\lambda t}$를 갖는다.

직렬회로가 시점 X_1에서 고장 나면, 고장 구성품은 모수 λ의 지수분포를 갖는 새로운 예비품으로 교체된다. X_1은 고장분포함수 $F(t)$를 갖는다.

여러 개의 구성품이 동시에 고장 날 확률은 0이고, 직렬회로의 고장은 구성품 중 꼭 하나

의 구성품 고장으로 발생한다.

시점 X_1에서 고장 난 구성품의 교체 후 직렬 시스템은 다시 새것으로 된다. 그것의 수명기간 X_2의 분포함수 $F(t)$는 다시 지수분포된다. 시점 X_1과 X_2는 상호독립이다. n중k-대기시스템이 시작 시 갖고 있는 $(n-k)$개의 예비구성품 중 시점 X_1에서 그 하나가 사용되었다. 다음 예비구성품은 시점 X_1+X_2에서 사용된다.

$(n-k)$개의 예비구성품을 갖는 n중k-대기시스템의 수명기간 $T_{n,k}$는

$$T_{n,k}=X_1+X_2+\cdots+X_{(n-k)+1} \tag{3.42}$$

이 된다. 여기서, X_j는 분포함수 $F(t)$를 갖는 상호독립인 모수 $k\lambda$를 갖는 지수분포 확률변수이다. $T_{k,n}$은 단계수 $(n-k)+1$과 모수 $k\lambda$의 얼랑 분포를 갖는다. 이로부터 n개의 구성품이 상호독립이고, 모수 λ의 지수분포된 수명기간을 갖는 대기 구성품을 갖는 n중k-대기시스템의 수명기간 $T_{n,k}$은 분포함수

$$R_{n,k}(t)=P\{T_{n,k}\geq t\}=e^{-k\lambda t}\left\{1+\frac{(k\lambda t)^1}{1!}+\cdots+\frac{(k\lambda t)^{n-k}}{(n-k)!}\right\} \tag{3.43}$$

를 갖는다. 시스템 수명기간 $T_{n,k}$의 기대치는

$$E[T_{n,k}]=\frac{n-k+1}{k\lambda} \tag{3.44}$$

이 된다. 이 시스템은 k개의 구성품으로 이루어진 직렬 시스템의 기대수명 $\frac{1}{k\lambda}$을 $(n-k)+1$배 연장시킨다. 지수분포의 고장률은 일정하므로 예비구성품의 투입으로 다시 새것인 직렬 시스템이 되는 작용을 한다.

구성품들이 고장률이 시간에 따라 증가되는 경우라면, 다른 평가가 제시되어야 한다.

4장

고장률 함수의 모수 추정 및 검정

4.1 서론

구성품 또는 시스템의 신뢰도를 예측하거나 기대수명을 추정하기 위해 신뢰성 시험으로부터 얻은 표본에서 모집단의 고장시간을 나타내는 확률분포의 특성치, 즉 모수를 추정할 필요가 있다. 모수 추정치의 정확도는 모수를 추정하기 위해 사용된 방법과 표본의 크기에 좌우된다.

신뢰성 추정은 표본에서 신뢰성 수명 특성치를 구하는 것으로, 여기에는 점추정과 구간추정이 있다. 점추정을 하는 경우 모수의 추정값으로써 하나의 수치를 주어진 자료로부터 계산하여 구하고, 오차의 한계를 제공함으로써 정확성에 대한 정보를 제공한다. 여기서 오차의 한계 개념을 이용하여 모수가 속하게 될 범위를 추정하는 것을 구간추정이라 한다.

점추정은 모집단의 분포형을 알고 있을 때 그 분포의 확률밀도함수 $f(x;\theta_1,\theta_1,\cdots,\theta_n)$에 대해 그 값을 지정하면 분포가 확정되는 변수 θ_1, θ_2, $\cdots$, θ_n을 모수(population parameter)라 한다. 모집단의 모수를 추정하기 위해 사용되는 통계량 θ를 θ에 따른 점추정(point estimator)이라 하고 $\hat{\theta}$라고 쓴다.

모집단의 모수를 추정하기 위해 사용되고 있는 샘플로부터 계산된 통계량을 추정치(estimator)라 한다. 예로써, 지수분포는 모수 λ에 의해 분포가 결정되고, 와이블 분포는 형상모수 m, 척도모수 η의 두 가지로 결정된다.

일반적으로 좋은 추정치는 통계학에 따르면 다음과 같은 성질을 갖는 추정치이다.

① 불편성(unbiasedness): 모수 θ의 모든 참값에 대해 $E[\hat{\theta}]=\theta$ 이면 $\hat{\theta}$를 θ의 불편추정량이라 하고, "불편성을 갖는다"라 한다.

② 일치성(consistency): 표본 크기와 관계되는 성질로써 표본 크기가 증가함에 따라 일치 추정량은 모수의 참값에 더욱 가까워지며, $\lim_{n\to\infty} P\left\{|\hat{\theta}_n-\theta|<\epsilon\right\}=1$이 성립하면 $\hat{\theta}_n$은 "일치성을 갖는다"라 한다.

③ 유효성(efficiency): $V[\hat{\theta}]=E\left[(\hat{\theta}-\theta)^2\right]$의 값이 최소로 되는 불편추정량 $\hat{\theta}$로써 표준오차가 적은 추정량일수록 추정의 정도가 높은 유효한 추정량이라 할 수 있다.

④ 충분성(sufficiency): $\prod_{i=1}^{n} f(x_i:\theta)=g(\hat{\theta},\theta)\ h(x_1,\ x_2,\ \cdots,\ x_n)$, 즉 $f(x_i,\ \theta)$의 결합밀도함수가 $\hat{\theta}$, θ의 함수 g와 x_1, x_2, $\cdots$, x_n의 함수 h로 인수분해될 수 있는 경우로, 표본이 갖고 있는 모수에 대한 정보 모두를 이용하는 추정치를 말한다.

⑤ 계산 용이성: 추정치 계산의 용이함 정도를 말한다.

상기 항의 조건 ①~④가 같다면, 계산이 편한 쪽이 더 바람직하고, 보편적으로 사용할 수 있는 방법이 바람직하다. 따라서 신뢰도 추정에서는 컴퓨터 프로그램 또는 확률지를 이용한 계산이 용이한 방법이 주로 사용되고 있다.

모집단의 파라미터를 추정하기 위해 널리 사용되는 방법은 ① 최우법, ② 모멘트법, ③ 최소제곱법 또는 ④ 확률지에 의한 방법 등이 있다.

4.2 수명분포형에 따르는 모델

4.2.1 지수분포를 따르는 경우

지수분포는 일정 고장률을 갖는 아이템을 대상으로 실제로 가장 널리 사용된다. 지수분포는 1950년대의 엡스타인(B. Epstein)과 소벨(M. Sobel)의 연구에 따라 지수분포 모수의 추정, 검정에 대해 언급되었다. 초기고장이 현저하게 나타나지 않고 노화기간에 도달되지 않는 총 작동시간, 즉 유효수명에 관심이 있다면, 수명분포는 상수, 즉 작동시간 t와는 독립인 일정 고장률 $h(t)=\lambda$를 사용하는 것으로 된다. 여기서 λ는 양의 실수이다. 고장시간 모델로써 지수분포를 사용하는 타당성에 어떻게 접근하는가를 생각해 보기로 한다.

지수분포된 수명기간을 갖는 구성품은 작동시간과는 무관한 일정고장률 λ를 갖고 있으므로 노화되지 않는다고 말할 수 있고, 이것은 더 젊어지는 것도 없다는 것을 의미한다. 지수분포는 이러한 의미에 있어서 노화되지 않는 유일한 분포이다.

(1) 완전데이터인 경우

그림 4.1과 같이 신뢰성 시험 표본 n개 모두 고장시간 데이터 t_i, $(i=1, \cdots, n)$를 갖는 경우를 완전데이터(complete data)라 한다.

(a) 점추정

n개의 고장 데이터에 대한 총 시험시간 T는

$$T=\sum_{i=1}^{n} t_i. \tag{4.1}$$

$$\text{MTTF} \quad \hat{\theta}=\frac{T}{n}$$

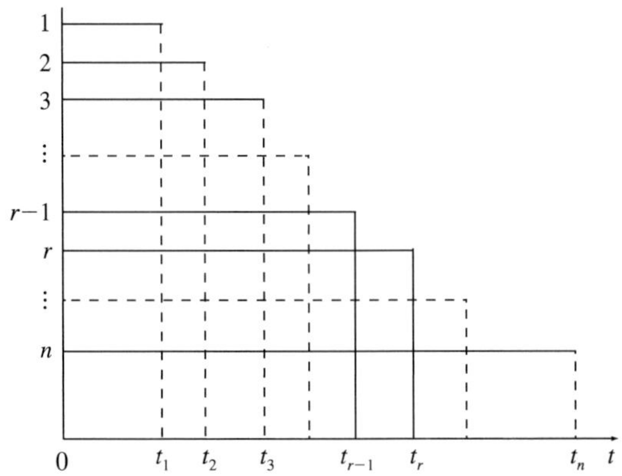

그림 4.1 완전데이터

$$\text{고장률 } \hat{\lambda} = \frac{1}{\hat{\theta}}$$

증명

지수분포의 고장밀도함수 $f(t) = \lambda e^{-\lambda t}$.

함수 $f(t)$의 우도함수(likelihood function)

$$L(t\,;\lambda) = \prod_{i=1}^{n} \lambda e^{-\lambda t}$$

양변에 대수를 취하면, $\ln L(t\,;\lambda) = \sum_{i=1}^{n} (\ln\lambda - \lambda t)$

이들의 미분에 0을 취하면, $\frac{\partial}{\partial \lambda} \ln L(t;\lambda) = \sum_{i=1}^{n} \left(\frac{1}{\lambda} - t_i \right) = 0,\ \ \frac{n}{\lambda} = \sum_{i=1}^{n} t_i = T.$

$$\therefore \hat{\lambda} = \frac{n}{T}$$

(b) 구간 추정

모수 $\hat{\lambda}$의 신뢰수준 $(1-\alpha)$%의 양측구간 추정을 살펴본다.

총 시험시간

$$\begin{aligned} T = t_1 + t_2 + \cdots + t_n &= \sum_{i=1}^{n} (n-i+1)(t_i - t_{i-1}) \\ &= nt_1 + (n-1)(t_2 - t_1) + \cdots + (t_n - t_{n-1}) \\ &= w_1 + w_2 + \cdots + w_n \end{aligned}$$

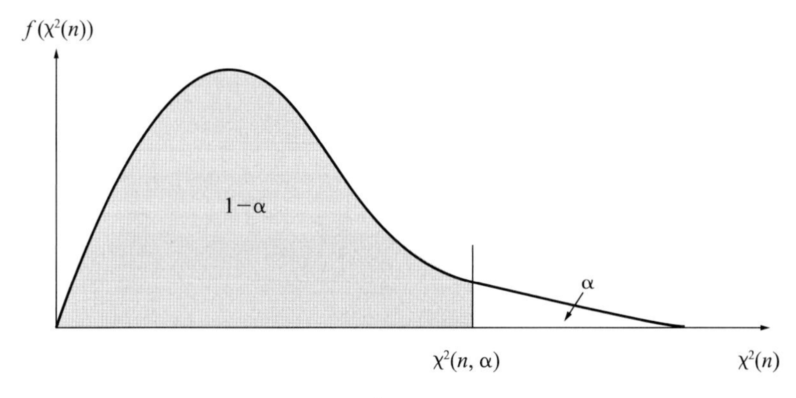

그림 4.2 χ^2 분포에 따른 확률

여기서 $w_i = t_i - t_{i-1}$이라 두면, w_i는 고장률 λ의 지수분포에 따른다. 따라서 T는 지수분포의 합의 분포로 모수 λ, 단계 n의 감마(Gamma)분포에 따른다고 할 수 있다.

$2\lambda T\left(=\frac{2T}{\theta}\right)$는 모수 $(2\lambda,\ n)$의 감마분포에 따르고, 이것은 모수 $2n$의 카이제곱(Chi-squrare)분포, $\chi^2(2n)$으로 치환할 수 있다. 이들 관계로부터, MTTF $\hat{\theta}$에 대한 신뢰수준 $(1-\alpha)$의 양측구간 추정:

$$P\left\{\chi^2\left(2n,\ 1-\frac{\alpha}{2}\right) < \frac{2T}{\hat{\theta}} < \chi^2\left(2n,\ \frac{\alpha}{2}\right)\right\} = 1-\alpha.$$

따라서

$$P\left\{\frac{2T}{\chi^2\left(2n,\ \frac{\alpha}{2}\right)} < \hat{\theta} < \frac{2T}{\chi^2\left(2n,\ 1-\frac{\alpha}{2}\right)}\right\} = 1-\alpha. \quad (4.2)$$

χ^2분포는 일반적으로 자유도 n과 확률 α%에 따라 $P\{\chi^2(n,\ \alpha) \le \chi^2(n)\} = 1-\alpha$로 정의되는 값을 갖는다. 예로써 $n=20,\ \alpha=5\%$인 경우, $\chi^2(2n,\ \frac{\alpha}{2}) = \chi^2(40,\ 0.025) = 59.34,\ \chi^2(2n,\ 1-\frac{\alpha}{2}) = \chi^2(40,\ 0.975) = 24.43$이다.

예제 1

8개의 스프링에 대한 신뢰성 수명 결과, 스프링 고장의 발생 사이클 수는 다음과 같다. 스프링의 평균수명을 95% 신뢰수준에서 양측구간 추정하라.

8,712　21,915　39,400　54,613　79,000　110,200　151,208　204,312 (사이클)

풀이 (1) $\hat{\theta}=\dfrac{T}{n}=\dfrac{669{,}360}{8}=83{,}670$(사이클),

$\chi^2(16,\ 0.975)=6.91,\ \chi^2(16,\ 0.025)=28.84$

$\theta_L=46{,}419,\ \theta_U=193{,}737$(사이클)

(2) 중단 데이터

신뢰성 시험을 통해 아이템의 고장률 함수를 추정하기 위해 실제로 완전데이터를 얻기는 어렵다. 따라서 시험 샘플 중에서 임의의 개수가 고장 나거나 또는 임의 정한 시간에 고장나는 경우 시험을 중단시켜 아이템의 고장률 함수를 추정하는 방법을 일반적으로 많이 사용하고 있다.

(a) 정수중단시험(type II censored test)에 따른 데이터의 추정

정수중단시험이란 신뢰성 시험 표본 n개 중 일정 고장수 r에서 중단하는 시험을 말한다.

① 점추정

n개 중 중단개수 r개의 고장이 시점 t_r에서 발생한다 하자. 총 시험시간 T는

$$T=\sum_{i=1}^{r}t_i+(n-r)t_r=\sum_{i=1}^{r}(n-i+1)(t_i-t_{i-1}). \tag{4.3}$$

평균고장시간 $\hat{\theta}=\dfrac{T}{r}$

고장률 $\hat{\lambda}=\dfrac{1}{\hat{\theta}}$

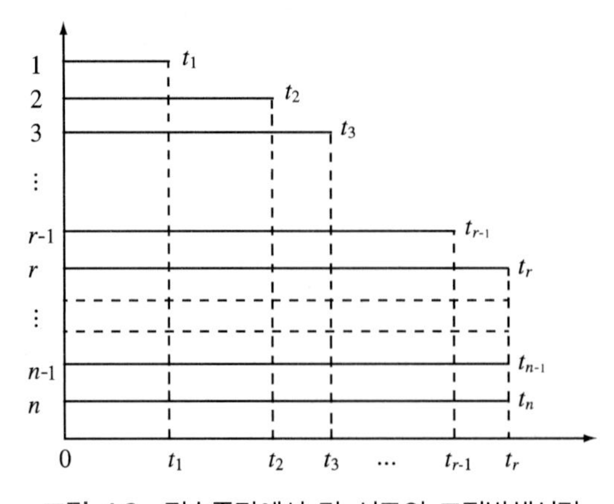

그림 4.3 정수중단에서 각 시료의 고장발생시각

② 구간 추정

식 (4.3)에서 $w_i = t_i - t_{i-1}$, $(i = 1,\ 2,\ \cdots,\ r)$으로 두면, 총 시험시간 T는 모수 $(r,\ \lambda)$의 감마분포에 따른다.

$2\lambda T \approx$ 모수 $(r,\ 2\lambda)$의 감마분포 $\approx \chi^2(2r)$의 관계로부터, MTTF $\hat{\theta}$에 대한 신뢰수준 $(1-\alpha)$의 양측구간 추정:

$$P\left\{\chi^2\left(2r,\ 1-\frac{\alpha}{2}\right) < \frac{2T}{\hat{\theta}} < \chi^2\left(2r,\ \frac{\alpha}{2}\right)\right\} = 1-\alpha.$$

따라서

$$P\left\{\frac{2T}{\chi^2\left(2r,\ \frac{\alpha}{2}\right)} < \hat{\theta} < \frac{2T}{\chi^2\left(2r,\ 1-\frac{\alpha}{2}\right)}\right\} = 1-\alpha. \tag{4.4}$$

예제 2

열센서 10개를 수명시험하여 고장수 $r = 7$의 고장에서 정수중단한 결과는 일정고장률로 다음 데이터와 같다.

3, 8, 12, 18, 25, 32, 43 (시간)

(1) 이 장치의 MTTF 및 고장률 λ를 점추정하라.

(2) $t = 5$시간에서 신뢰도를 점추정하라.

(3) 평균수명을 신뢰수준 90%의 양측구간으로 추정하라.

(4) $t = 5$에서 신뢰도를 신뢰수준 90%의 양측구간으로 추정하라.

풀이 $T = (3+8+\cdots+43)+43\times 3 = 270,\quad r = 7$

(1) $\hat{\theta} = \dfrac{T}{r} = \dfrac{270}{7} = 38.6$시간, $\hat{\lambda} = \dfrac{1}{\hat{\theta}} = 0.0259$

(2) $\hat{R}(t=5) = e^{-\lambda t} = e^{-0.259\cdot 5} = 0.879$

(3) $n = 10,\ r = 7,\ T = 270$

$$\hat{\theta}_L = \frac{2T}{\chi^2\left(2r,\ \frac{\alpha}{2}\right)} = \frac{2\cdot 270}{\chi^2\left(14,\ \frac{0.10}{2}\right)} = \frac{540}{23.7} = 22.8$$

$$\hat{\theta}_U = \frac{2T}{\chi^2\left(2r,\ 1-\frac{\alpha}{2}\right)} = \frac{540}{\chi^2(14,\ 0.95)} = \frac{540}{6.57} = 82.2$$

$\lambda = (0.0122,\ 0.0439)$

(4) $R(t)=e^{-\lambda t}$에서 $e^{-\frac{t}{\theta_L}} < R(t) < e^{-\frac{t}{\theta_U}}$

$t=5$에서 양측구간은 (0.803, 0.941)

(b) 정시중단시험(type I censored test)에 따른 데이터의 추정

정시중단이란 신뢰성 시험을 위한 표본이 계획된 시점 t_0에서 중단하는 시험을 말한다.

① 점추정

중단시험시간을 t_0라 하면, 총 시험시간

$$T=\sum_{i=1}^{r} t_i+(n-r)t_0.$$

따라서 평균수명은

$$\hat{\theta}=\frac{T}{r}. \tag{4.5}$$

② 구간 추정

MTTF $\hat{\theta}$에 대한 신뢰수준 $(1-\alpha)$의 양측구간 추정:

정시중단시험인 경우, 총 시험시간 T가 기지의 값이고, 고장 개수 r은 확률변수로 고려하면, 고장시간 간격이 모수 λ의 지수분포에 따를 때 $(0, T)$ 간에 발생하는 고장수 $\lambda T(T \to \infty,\ \lambda \to 0)$의 분포는 포아송(Poisson)분포를 따른다.

$$P\{\lambda T \le r\}=1-\sum_{k=0}^{r}\frac{e^{-\lambda T}(\lambda T)^k}{k!}=P_d,\ (k=0,\ 1,\ 2,\ \cdots,\ \lambda T)$$

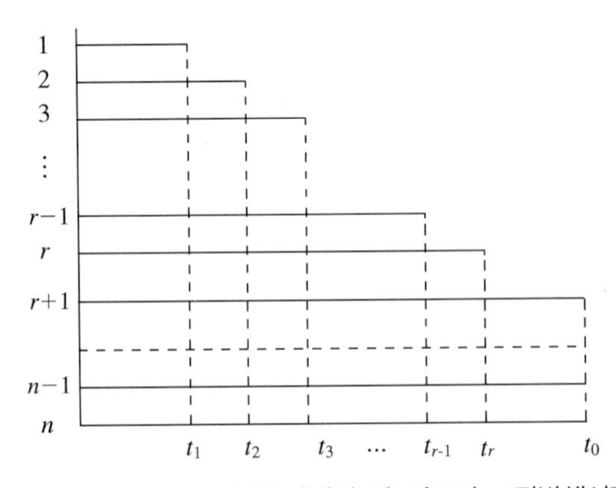

그림 4.4 정시중단에서 각 시료의 고장발생시각

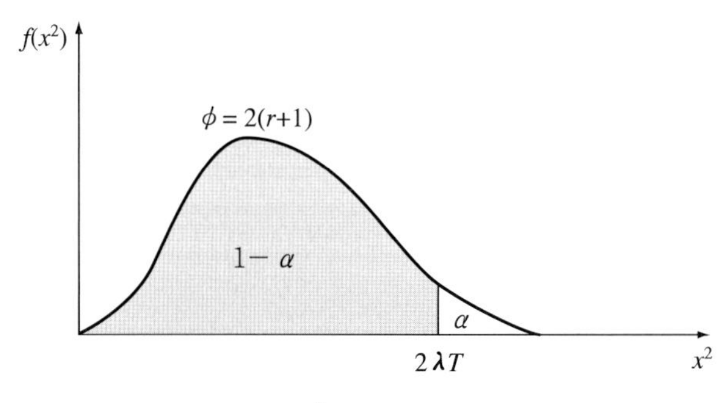

그림 4.5 χ^2분포의 확률밀도함수

라 하면, 자유도 ϕ라 할 때 위쪽 확률 P_d를 부여하는 χ^2값 $\chi^2(\phi,\ P_d) = 2\lambda T,\ \phi = 2(r+1)$과 같다.

$2\lambda T$는 자유도 $\phi = 2(r+1)$과 유의수준 $\dfrac{\alpha}{2}$로 하는 $\chi^2(\phi,\ \dfrac{\alpha}{2}) \le 2\lambda T$임을 의미한다.

따라서

$$P\left\{\chi^2\left(2r,\ 1-\frac{\alpha}{2}\right) < \frac{2T}{\hat{\theta}} < \chi^2\left(2(r+1),\ \frac{\alpha}{2}\right)\right\} = 1-\alpha.$$

이로부터

$$P\left\{\frac{2T}{\chi^2\left(2(r+1),\ \frac{\alpha}{2}\right)} < \hat{\theta} < \frac{2T}{\chi^2\left(2r,\ 1-\frac{\alpha}{2}\right)}\right\} = 1-\alpha. \tag{4.6}$$

예제 3

n=10개의 반도체에 대해 중단시간 t_0=50시간에서 시험을 중단하였다. 시험기간 동안 시점 3, 8, 12, 18, 25, 32, 43(시간)에서 고장이 발생하였다.

(1) MTTF 및 고장률을 추정하라.

(2) t=5시간에서 아이템의 신뢰도를 추정하라.

(3) MTTF를 신뢰수준 90%의 양측구간 추정하라.

풀이 $T = (3+8+12+\cdots+43)+50\times 3 = 291$(시간)

(1) MTTF$(=\hat{\theta}) = \dfrac{T}{r} = \dfrac{291}{7} = 41.6$(시간), $\hat{\lambda} = \dfrac{1}{\hat{\theta}} = \dfrac{1}{41.6} = 0.024$개/시간

(2) $\hat{R}(t) = e^{-\lambda t} = e^{-0.024\cdot 5} = 0.887$

(3) $\chi^2(2(7+1),\ 0.05)=26.3,\ \chi^2(14,\ 0.95)=6.57$
따라서 $\theta_L=22.1, \theta_U=88.6$(시간).

(3) 최소제곱법에 의한 고장률 추정

(a) 고장분포함수의 간이 계산

최소제곱법을 이용한 고장률 계산에서 고장분포함수 $F(t)$가 이용된다. $F(t)$ 계산을 위해 데이터는 순서열로 나열되어 누적확률이 계산되어야 한다. 일반적으로 이용되는 방법은 데이터 누적(data cumulative)법, 평균순위(mean rank)법, 중간순위(median rank)법이다.

n을 총 고장수, i를 i번째 고장순위라 하면,

데이터 누적법 $F(t_i)=\dfrac{i}{n}$,

평균순위법 $F(t_i)=\dfrac{i}{n+1}$,

중간순위법 $F(t_i)=\dfrac{i-0.3}{n+0.4}$

으로 이용된다.

순위	고장시간(h)	데이터 누적법	평균순위법	중간순위법
1	12.2	0.083	0.077	0.056
2	13.1	0.167	0.154	0.136
3	14.0	0.250	0.231	0.217
4	14.1	0.333	0.308	0.298
5	14.6	0.417	0.385	0.379
6	14.7	0.500	0.462	0.459
7	14.7	0.583	0.538	0.540
8	15.1	0.667	0.615	0.621
9	15.7	0.750	0.692	0.702
10	15.8	0.833	0.769	0.783
11	16.3	0.917	0.846	0.864
12	16.9	1.000	0.923	0.944

데이터 누적법을 기준으로 할 때 평균순위법이나 중간순위법은 좀 더 편기(bias)된 분포를 보여주고 있다. 일반적으로 평균순위법은 대칭성을 갖는 데이터에 적합하고, 중간순위법

은 좀 더 편기된 데이터에 적합한 누적분포를 나타낸다.

(b) 누적 고장률법

$$H(t) = \int_0^t h(t)\,dt = \int_0^t \frac{f(t)}{R(t)}dt = -\ln R(t)$$

로부터 지수분포에 따르는 경우 $R(t) = e^{-\lambda t}$.

따라서 $H(t) = \lambda t$.

회귀직선의 기울기 λ는 평균고장률의 추정치가 된다.

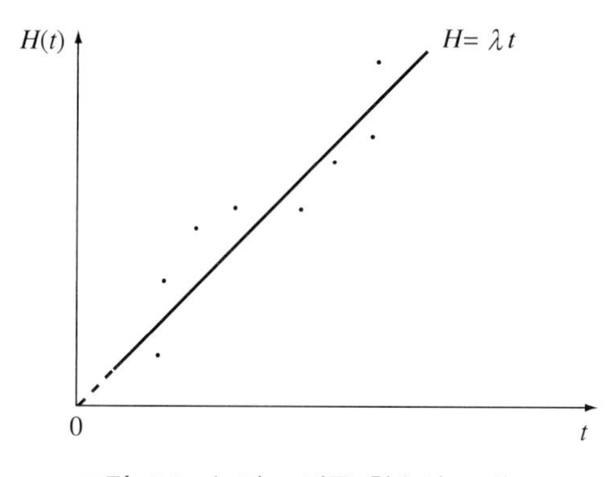

그림 4.6 누적 고장률 함수의 그래프

예제 4

신뢰도가 지수분포에 따르는 20개 부품에 대한 고장시간은 다음과 같다. 고장률과 평균수명을 추정하라.

3.04, 4.45, 6.25, 37.1, 42.1, 76.6, 76.7, 103.9, 107.7, 110.8, 114.8, 121.2, 130.2, 220.0, 236.8, 245.6, 314.8, 407.9, 499.2, 627.4 (시간)

풀이 $H(t) = -\ln R(t)$의 중앙순위법을 이용한 계산은 다음 표와 같다.

t	3.04	4.45	6.25	37.1	42.1	76.6	76.7	103.9	110.8	114.8
$H(t)$	0.03	0.09	0.14	0.20	0.26	0.33	0.40	0.47	0.65	0.74

t	121.2	130.2	220.0	236.8	245.6	314.8	407.9	499.2	627.4
$H(t)$	0.85	0.97	1.11	1.28	1.47	1.71	2.02	2.48	3.37

$H(t) = -\ln R(t) = \lambda t\, H(t) = \lambda t$를 이용한 최소제곱법의 직선의 방정식은 $H(t) = 0.0053t$.

따라서 $\lambda = 0.0053$/시간.

다른 방법으로 고장률 $h(t)$에서 누적 고장률 $H(t)$의 계산은 다음 표와 같다.

고장순위	1	2	3	4	5	6	7	8	9	10	11	12
$h(t) \cdot 10^{-2}$	5.00	5.26	5.56	5.88	6.25	6.67	7.14	7.69	8.33	9.09	10.00	11.1
$H(t) \cdot 10^{-2}$	5.00	10.3	15.8	21.7	28.0	34.6	41.8	49.5	57.8	66.9	76.9	88.0

고장순위	13	14	15	16	17	18	19	20
$h(t) \cdot 10^{-2}$	12.5	14.3	16.7	20.0	25.0	33.3	50.0	100
$H(t) \cdot 10^{-2}$	100.5	114.8	131.4	151.4	176.4	210.0	260.0	360.0

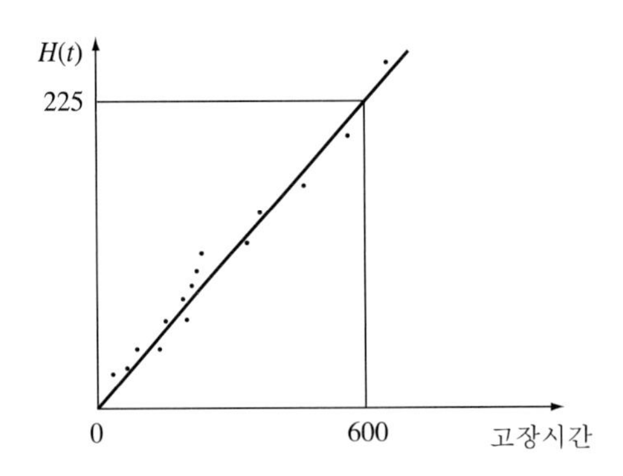

기울기 $\lambda = \frac{325}{600} \cdot 10^{-2} = 0.5417 \cdot 10^{-2}$개/시간

평균수명$= \frac{1}{\lambda} = 184.6$시간

(c) 고장분포 함수법

지수분포의 고장분포함수 $F(t) = 1 - e^{-\lambda t}$를 이용하여 고장률을 추정한다.

이들 양변에 자연대수를 취하여 정리하면,

$$\ln \frac{1}{1 - F(t)} = \lambda t. \tag{4.7}$$

식 (4.7)에서 $y(t) = \ln \frac{1}{1 - F(t)}$이라 두면, 위 식은 $y(t) = \lambda t$로, 시간 t에 대한 선형회귀식으로 나타낼 수 있고, 이 식의 기울기 λ로 고장률 모수 λ를 추정한다.

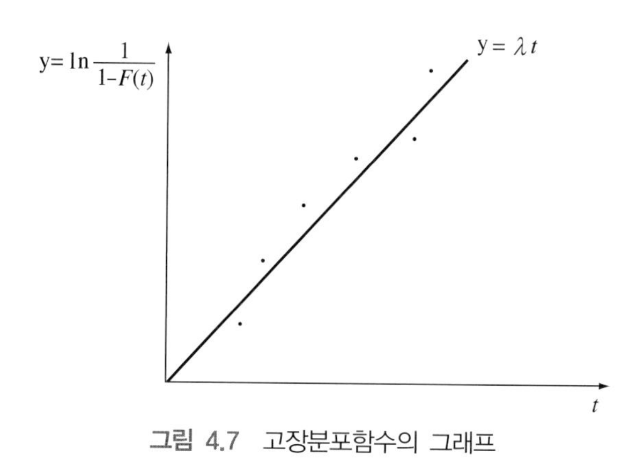

그림 4.7 고장분포함수의 그래프

예제 5

예제 4의 고장시간 데이터를 사용하여 고장분포함수법에 의해 고장률과 평균수명을 추정하라.

풀이 $\hat{\lambda} = 0.005$, $\hat{\theta} = 200$(시간)

(4) 지수분포의 검정

고장 데이터들이 지수분포에 따르는지를 검정하기 위해 그 통계량이 다음을 갖는 Bartlett 검정을 사용한다.

$$B(r) = \frac{2r\left\{\ln\left(\frac{T}{r}\right) - \frac{1}{r}\left(\sum_{i=1}^{r} \ln t_i\right)\right\}}{1 + \frac{r+1}{6r}} \tag{4.8}$$

여기서, t_i: $i-1$번째와 i번째 고장시간 간격 또는 고장 i까지의 시간

r: 시험 동안 총 고장수

T: 고장시간들의 합, $T = \sum_{i=1}^{r} t_i$

$B(r)$: 자유도 $\phi = r-1$의 χ^2분포 통계량

Bartlett 검정은 통계량 $B(r)$가 $100(1-\alpha)\%$ 신뢰수준으로 양쪽 χ^2 검정의 한계 내에 있다면, 즉 $\chi^2\left(r-1,\ 1-\frac{\alpha}{2}\right) \le B(r) \le \chi^2\left(r-1,\ \frac{\alpha}{2}\right)$라면, 지수분포가 고장 데이터에 대

해 주어진 시간의 모델로 사용할 수 있다는 가설을 받아들인다.

예제 6

전압 5 V, 온도 100℃에서 20개의 반도체를 신뢰성 시험한다. 고장 부품은 고장시간이 기록되고 새것으로 교체된다. 부품 고장시간은 다음 표와 같다. 반도체는 일정고장률을 갖는다고 할 수 있는가? 신뢰수준 90%에서 검정하라.

반도체 고장시간 (시간)	
200	32,000
400	34,000
2,000	36,000
6,000	39,000
9,000	42,000
13,000	43,000
20,000	48,000
24,000	50,000
26,000	54,000
29,000	60,000

풀이 완전데이터에 대해 Bartlett 검정을 실시한다.

$$\sum_{i=1}^{20} t_i = 567{,}000, \ \sum_{i=1}^{20} \ln t_i = 193.28$$

$$B(20) = \frac{2 \cdot 20 \cdot \left[\ln\left(\frac{567,\ 600}{20}\right) - \frac{193.28}{20}\right]}{1 + \frac{21}{6 \cdot 20}} = 20.07$$

유의수준 $\alpha = 10\%$의 양측 검증에 대한 한계치는

$$\chi^2(19,\ 0.95) = 10.1,\ \chi^2(19,\ 0.05) = 30.1$$

따라서 고장시간은 지수분포에 따른다고 할 수 있다.

예제 7

예제 6에서와 같은 시험조건에서 또 다른 시료군에 대해 10번째 고장이 발생하였을 때 시험이 중단되었다. 고장 데이터는 아래와 같다. 지수분포를 하는지 신뢰수준 90%에서 검정하라.

고장시간 간격

600, 700, 1000, 2000, 2500, 2800, 3000, 3100, 3300, 3600 (시간)

풀이 $\sum_{i=1}^{10} \ln t_i = 75{,}554$

$$T = \sum_{i=1}^{10} t_i = 22{,}600$$

$$B_r = \frac{2 \times 10 \left\{ \ln\left(\frac{22{,}600}{10} \right) - \frac{75.554}{10} \right\}}{1 + \frac{(10+1)}{6 \times 10}} = 2{,}834$$

$\alpha = 10\%$로부터 $\chi^2(9,\ 0.95) = 3{,}325$, $\chi^2(9,\ 0.05) = 16{,}919$.

따라서 이 시료군은 지수분포를 한다고 할 수 없다.

4.2.2 와이블 분포에 따르는 경우

와이블 분포의 고장밀도함수는 다음과 같다.

$$f(t) = \frac{m}{\eta^m} t^{m-1} e^{-\left(\frac{t}{\eta}\right)^m},\ t \geq 0,\ m \geq 0,\ \eta \geq 0$$

여기서, m은 형상모수, η는 척도모수이다.

고장 데이터가 와이블 분포에 따른다고 가정할 때, 최우추정법(MLE, maximum likelihood estimator)을 이용하여 두 모수 $\hat{m}$, $\hat{\eta}$는 임의 중단이 없는 경우, 중단이 있는 경우에 대해 다음과 같이 추정할 수 있다.

(1) 완전 데이터의 경우

(a) 점추정

n개의 시료에 대한 고장시간이 t_1, t_2, ⋯, t_n으로 기록되었다. 고장 데이터가 와이블 분포에 따른다고 한다면, 우도함수는

$$L(m, \eta; t) = \left(\frac{m}{\eta^m} \right)^n \prod_{i=1}^{n} t_i^{m-1} e^{-\left(\frac{t_i}{\eta}\right)^m} \tag{4.9}$$

식 (4.9)에 자연대수를 취하고 m과 η에 대해 도함수를 취하면, 다음 연립방정식을 얻는다.

$$\frac{n}{\hat{m}} + \sum_{i=1}^{n} \ln t_i - \frac{1}{\hat{\eta}^m} \sum_{i=1}^{n} t_i^{\hat{m}} \ln t_i = 0 \tag{4.10}$$

$$-\frac{n}{\hat{\eta}^m} + \frac{1}{\hat{\eta}^{2m}} \sum_{i=1}^{n} t_i^{\hat{m}} = 0 \tag{4.11}$$

식 (4.11)에서 η^m을 식 (4.10)에 대입하여 정리하면,

$$\frac{\sum_{i=1}^{n} t^{\hat{m}} \ln t_i}{\sum_{i=1}^{n} t_i^{\hat{m}}} - \frac{1}{\hat{m}} - \frac{1}{n} \sum_{i=1}^{n} \ln t_i = 0 \tag{4.12}$$

$$\hat{\eta}^m = \sum_{i=1}^{n} \frac{t_i^{\hat{m}}}{n} \tag{4.13}$$

식 (4.12)에서 초기치 $\hat{m}$=1을 대입하여 반복연산을 이용하여 식 (4.12)를 만족하는 $\hat{m}$을 구한다. 반복단계 k에서 얻어진 $\hat{m}_k$와 단계 $k-1$의 $\hat{m}_{k-1}$과의 오차, 즉 $\epsilon = |\hat{m}_{k-1} - \hat{m}_k| \leq 0.001$이면 $\hat{m}$을 식 (4.12)를 만족하는 추정치로 결정한다. 식 (4.12)에서 얻어진 $\hat{m}$을 이용하여 식 (4.13)에서 $\hat{\eta}$를 구한다.

예제 8

10개의 다이오드 샘플에 대한 신뢰성 시험결과 고장 데이터는 아래와 같다. 고장시간은 와이블 분포에 따른다고 한다. $\hat{m}$과 $\hat{\eta}$를 추정하라. 그리고 t=100시간에서 신뢰도를 구하라.

16 34 53 75 93 120 150 191 240 339 (시간)

풀이 초기치 $\hat{m}$=1로 계산, 식 (4.12)의 반복연산을 통해 $\epsilon = |\hat{m}_{8-1} - \hat{m}_8| \leq 0.001$을 만족하는 $\hat{m}$을 추정한다. 다음은 반복연산결과 표이다.

반복수	1	2	3	4	5	6	7	8	9
$\hat{m}$	1.0	1.686	1.222	1.474	1.316	1.408	1.352	1.385	1.365

반복 k=14에서 $\hat{m}$=1.373을 추정한다. 이를 이용하여 $\hat{\eta}$ = 143.25(시간).

$$R(t=100) = e^{-\left(\frac{t}{\eta}\right)^m} = 0.5427$$

(b) 구간추정

m과 η^m에 대한 신뢰수준 $(1-\alpha)$%의 양측 구간[Cochen(8)]은

$$\hat{m} - \Phi\left(\frac{\alpha}{2}\right)\sqrt{V(\hat{m})} < m < \hat{m} + \Phi\left(\frac{\alpha}{2}\right)\sqrt{V(\hat{m})}$$

$$\hat{\eta}^m - \Phi\left(\frac{\alpha}{2}\right)\sqrt{V(\hat{\eta}^m)} < \hat{\eta}^m < \hat{\eta}^m + \Phi\left(\frac{\alpha}{2}\right)\sqrt{V(\hat{\eta}^m)}$$

여기서 $V(\hat{m})$과 $V(\hat{\eta}^m)$는 임의의 큰 n에 대해

$$S_0 = \sum_{i=1}^{n} t_i^{\hat{m}},\ S_1 = \sum_{i=1}^{n} t_i^{\hat{m}}(\ln t_i),\ S_2 = \sum_{i=1}^{n} t_i^{\hat{m}}(\ln t_i)^2$$

이라 두면,

$$V[\hat{m}] \cong \frac{\hat{m}^2 S_0}{n(S_0 + \hat{m}^2 S_0 S_2 - \hat{m}^2 S_1^2)},$$

$$V[\hat{\eta}^m] \cong \frac{S_0}{n_2}\left(\frac{S_0}{\hat{m}^2} + S_2\right) V[\hat{m}].$$

(2) 중단이 있는 고장 데이터

정시 또는 정수중단이 있는 경우, 고장 데이터는

$$t_1 \le t_2 \le \cdots \le t_r = t_{r+1}^{+} = \cdots = t_n^{+}$$

로 표시될 수 있다. 고장 데이터는 와이블 분포에 따른다 하였으므로, 식 (4.10), (4.11)에 따라 다음을 얻는다.

$$\frac{r}{\hat{m}} + \sum_{i=1}^{r}\ln t_i - \frac{1}{\hat{\eta}^m}\left\{\sum_{i=1}^{r} t_i^{\hat{m}} \ln t_i + (n-r)t_r^{\hat{m}} \ln t_r\right\} \tag{4.14}$$

$$-\frac{r}{\hat{\eta}^m} + \frac{1}{\hat{\eta}^{2m}}\left\{\sum_{i=1}^{r} t_i^{\hat{m}} + (n-r)t_r^{\hat{m}}\right\} = 0 \tag{4.15}$$

식 (4.15)에서 $\hat{\eta}^m$을 식 (4.14)에 대입하여 정리하여 다음 식을 얻는다.

$$\frac{\sum_{i=1}^{r} t^{\hat{m}} \ln t_i + (n-r)t_r^{\hat{m}} \ln t_r}{\sum_{i=1}^{r} t_i^{\hat{m}} + (n-r)t_r^{\hat{m}}} - \frac{1}{r}\sum_{i=1}^{r}\ln t_i = \frac{1}{\hat{m}} \tag{4.16}$$

$$\hat{\eta}^{m} = \frac{1}{r}\left\{\sum_{i=1}^{n} t_i^{\hat{m}} + (n-r)t_r^{\hat{m}}\right\} \tag{4.17}$$

식 (4.16)에서 반복연산법을 이용하여 $\hat{m}$을 구하여, 식 (4.17)로부터 $\hat{\eta}$를 구한다.

(3) 최소제곱법에 의한 모수 추정

와이블 분포의 신뢰도 함수는

$$R(t) = e^{-\left(\frac{t}{\eta}\right)^m}.$$

이로부터 $\alpha = \frac{1}{\eta^m}$이라 두면, $R(t) = e^{-\alpha t^m}$.

이 식의 양변에 자연대수를 취하면, $\ln\frac{1}{R(t)} = \alpha t^m$. 이들 관계에서 일차식으로 유도하기 위해 재차 양변에 자연대수를 취하면,

$$\ln\ln\frac{1}{R(t)} = \ln\alpha + m\ln t \text{ 또는 } \ln\ln\frac{1}{1-F(t)} = \ln\alpha + m\ln t. \tag{4.18}$$

식 (4.18)에서 $y(t) = \ln\ln\frac{1}{1-F(t)}$, $x(t) = \ln t$, $b = \ln\alpha$라 두면, 선형회귀식 $y = mx + b$로 변환된다. 가로 좌표축에 $x = \ln t_i$, 세로 좌표축에 $y = \ln\ln\frac{1}{1-F(t_i)}$의 값을 타점한 후 선형회귀방정식을 구한다. 선형회귀식의 기울기는 척도모수 $\hat{m}$, 세로축 $b = \ln\frac{1}{\eta^m}$에서 척도모수 $\hat{\eta}$를 추정한다.

예제 9

15개의 샘플에 대하여 10개가 고장 날 때까지 수명시험을 한 결과 다음과 같은 고장 데이터를 얻었다. 와이블 분포에 따르는 모수, 그리고 평균수명 및 표준편차를 추정하라.

1.9 3.6 6.1 8.0 8.5 11.0 13.4 15.7 17.9 22.4 (단위: 100시간)

풀이

(단위 : 100시간)

i	1	2	3	4	5	6	7	8	9	10
t	1.9	3.6	6.1	8.0	8.5	11.0	13.4	15.7	17.9	22.4
$F(t)$ %	6.3	12.5	18.8	25.0	31.3	37.5	43.8	50.0	56.3	62.5

여기서, $F(t)$는 평균순위법을 이용하여 구한 값

회귀직선 $y = 1.1935x - 5.9507$

$\hat{m}$=1.19, $\ln\alpha = -5.9507$에서 $\hat{\eta} = 148.5$

$\mathrm{MTTF} = \eta\Gamma\left(1+\frac{1}{m}\right) = 133.92$ 시간

---

(4) 세 모수를 갖는 와이블 분포에서 위치모수의 추정

지금까지 와이블 분포에서 위치모수는 $r = 0$으로 주어졌다. 즉, 사용시점을 0으로 가정하였다. 와이블 분포에 따르는 고장 데이터가 최소제곱법에 따라 타점한 결과, 그림 4.8(a)와 같이 위로 볼록한 곡선으로 적합된다면, 양(陽)의 위치모수 값 $r > 0$을 갖는 고장 데이터라 할 수 있다. 이러한 경우는 $[0,\ r]$ 사이에 고장이 전혀 발생하지 않는 경우로, 일정 시점 r이 지나야 작동하는 아이템의 예를 생각할 수 있다.

그림 4.18(b)는 그와 상대되는 경우로, $r \le t < 0$인 경우는 시점 0 이전에 고장이 발생하는 경우로 판매 전 보관 중에 고장이 발생하는 사례로 볼 수 있다.

위치모수 $r \neq 0$인 경우, 최소제곱 회귀곡선은 와이블 분포의 모수 추정을 위해 직선으로 변환 후 형상모수 $\hat{m}$, 척도모수 $\hat{\eta}$를 추정한다.

위치모수 $\hat{r}$의 추정은 다음 방법으로 진행된다.

그림 4.19와 같은 회귀곡선에서 $\frac{h}{2}$가 되는 세 x축의 값 t_1, t_2, t_3을 읽어 낸다.

$\ln\ln\frac{1}{R(t)} = m\ln(t-r) - m\ln\eta$로부터 그림 4.9에서 $y_2 - y_1 = y_3 - y_2$인 관계이므로

$$\begin{aligned}&\{m\ln(t_2 - r) - m\ln\eta\} - \{m\ln(t_1 - r) - m\ln\eta\}\\ =\ &\{m\ln(t_3 - r) - m\ln\eta\} - \{m\ln(t_2 - r) - m\ln\eta\}\end{aligned}$$

라 쓸 수 있다. 이 식을 정리하면 $\ln\frac{t_2 - r}{t_1 - r} = \ln\frac{t_3 - r}{t_2 - r}$. 이것은 $(t_2 - r)^2 = (t_1 - r)(t_2 - r)$.

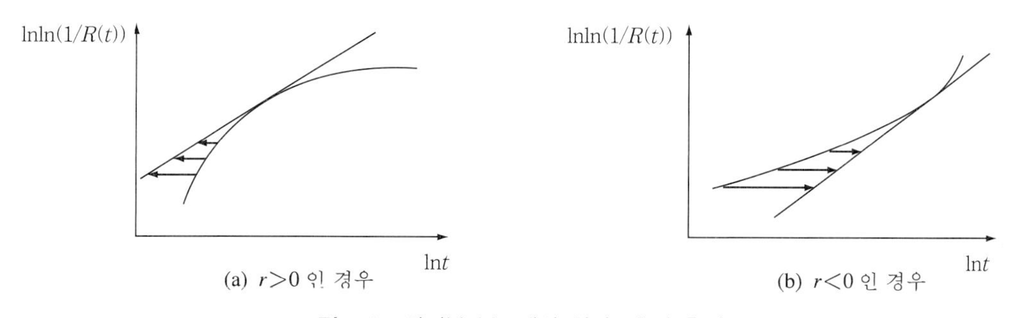

그림 4.8 와이블 분포에서 위치모수의 추정

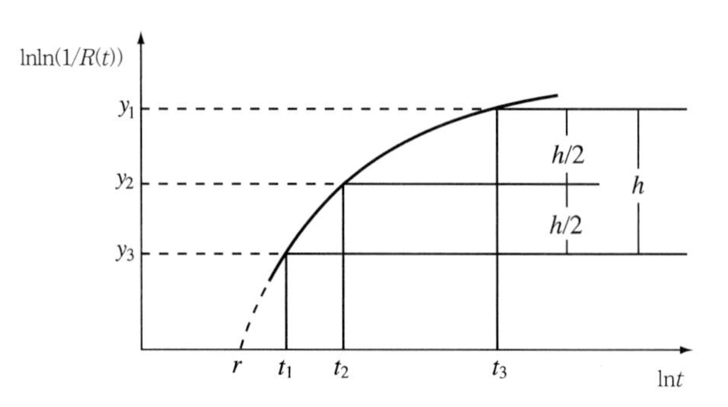

그림 4.9 r≠0인 경우 와이블 분포의 변환

따라서 $r=\dfrac{t_1 t_3 - t_2^2}{t_1 + t_3 - 2t_2}$ 또는

$$r = t_2 - \frac{(t_3 - t_2)(t_2 - t_1)}{(t_3 - t_2) - (t_2 - t_1)}. \tag{4.19}$$

원 고장 데이터에서 위치모수 r의 값을 뺀 데이터에 대해 최소제곱 관계식을 적용하여 적합시킨 후, 얻어진 회귀직선에 대해 모수 $\hat{m}$, $\hat{\eta}$를 추정한다.

일반적으로, 샘플수가 적을 경우에는 와이블 분포에서 직선으로 적합되지 않는 경우가 많다.

예제 10

어떤 광원용(光源用) 램프 15개의 수명시험 결과 다음을 얻었다. 와이블 분포에 따른 최소제곱법을 이용하여 회귀곡선에 적합시키고 m, η 및 r의 값을 추정하라.

1,208	1,430	1,689	1,901	2,046	2,302	2,600	2,673
2,945	3,238	3,521	3,928	4,204	4,625	5,789	

풀이 $r_1 = 7.097$, $r_2 = 7.550$, $r_3 = 8.664$

이를 이용한 $r = 6.786$.

위치모수 $\exp(r) = 885.85$. 원 데이터에서 위치모수의 값을 뺀 후 얻어진 데이터에서 구한 회귀직선 $y = 1.53x - 11.863$.

따라서 $\hat{m} = 1.53$, $\hat{\eta} = 2330$.

4.2.3 정규분포에 따르는 경우

정규분포는 평균 μ, 표준편차 σ를 모수로 갖는 좌우대칭 분포이며 고장률 함수 $h(t)$는 증가하는 고장률 형태이다. 마모, 피로, 부식 등의 원인으로 고장시간이 평균 μ 주변에 집중적으로 발생하는 경우에 적합하며, 강도나 스트레스의 분포인 경우에도 흔히 사용된다.

정규분포에 따른 고장시간 확률변수 T의 고장밀도함수 $f(t)$, 분포함수 $F(t)$는 다음과 같다.

$$f(t) = \frac{1}{\sqrt{2\pi}\ \sigma} e^{-\frac{(x-\mu)^2}{2\sigma^2}}, \ -\infty < t < \infty$$

$$F(t) = \int_{-\infty}^{t} f(t)\,dt$$

평균 $E[T] = \mu$, 분산 $V[T] = \sigma^2$.

확률변수 $T \sim N(\mu,\ \sigma^2)$에 따르는 경우, 표준화 변수 $u = \dfrac{t-\mu}{\sigma}$를 이용하면, $u \sim N(0,\ 1)$인 표준정규분포에 따른다. 표준화 변수 u의 밀도함수와 분포함수는

$$f(u) = \frac{1}{\sqrt{2\pi}} e^{-\frac{u^2}{2}}$$

$$F(u) = \frac{1}{\sqrt{2\pi}} \int_{-\infty}^{u} e^{-\frac{u^2}{2}}\,du$$

이고, 변수 t와 u 간의 관계를 나타낸 확률밀도함수 $f(t)$의 그래프와 그 표준편차가 갖는 확률의 범위는 그림 4.10과 같다.

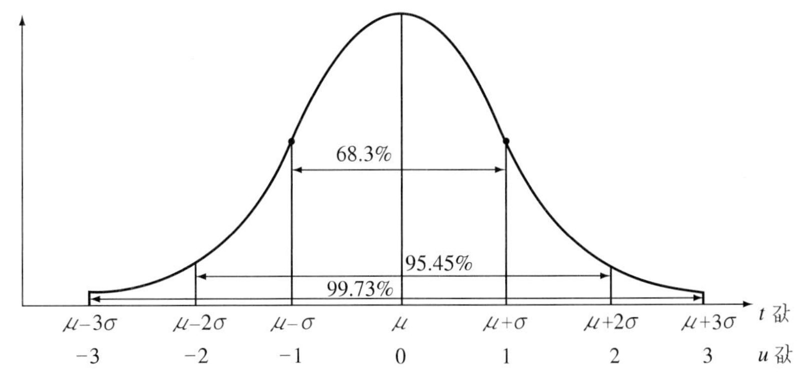

그림 4.10 $t \sim N(\mu,\ \sigma^2)$과 $u \sim N(0,\ 1)$의 비교

(1) 최우법에 의한 추정

(a) 점추정

고장시간 t_1, t_2, $\cdots$, t_n은 시험에 따른 n개의 고장시간이라 하자. 고장시간의 평균과 분산은

$$\text{평균 } \hat{\mu} = \bar{t} = \frac{\sum_{i=1}^{n} t_i}{n} = \frac{T}{n}$$

$$\text{분산 } \hat{\sigma}^2 = \frac{\sum_{i=1}^{n} (t_i - \bar{t})^2}{n-1}$$

m_i를 i번째 고장시간 간격에서 발생한 고장수라 하면

$$\hat{\mu} = \frac{\sum m_i t_i}{\sum m_i}$$

$$\hat{\sigma}^2 = \frac{\sum m_i (\sum m_i t_i^2) - (\sum m_i t_i)^2}{\sum m_i (\sum m_i - 1)}$$

예제 11

100개 샘플에 대한 수명시험 자료는 다음과 같다. 평균수명과 산포를 구하라.

i	t_i(시간)	m_i	$f(t_i)$	$m_i t_i$	$m_i t_i^2$
1	0~100	5	$\frac{5}{100} \times 10^{-2}$	500	50,000
2	100~200	25	$\frac{25}{100} \times 10^{-2}$	5,000	1,000,000
3	200~300	40	$\frac{40}{100} \times 10^{-2}$	12,000	3,600,000
4	300~400	25	$\frac{25}{100} \times 10^{-2}$	10,000	4,000,000
5	400~500	5	$\frac{5}{100} \times 10^{-2}$	2,500	1,250,000
		100		30,000	990×10^4

풀이 $\hat{\mu}=\dfrac{30{,}000}{100}=300(\text{시간})$

$$\hat{\sigma}=\sqrt{\frac{100\times 900\times 10^4-900\times 10^6}{100\times 99}}=95(\text{시간})$$

(b) 구간추정

① 모평균의 구간추정 및 검정

	σ 기지	σ 미지
	$u=\dfrac{(\bar{t}-\mu)}{\sqrt{\dfrac{\sigma^2}{n}}}$ $\Phi(\alpha)$: 표준정규분포의 편측 α 점의 값	$t_0=\dfrac{\bar{t}-\mu}{\sqrt{\dfrac{V}{n}}}$ $t(\phi,\ \alpha)$: t 분포의 양측 α 점의 값
편측 검정	$\lvert u_0\rvert \geq \Phi(\alpha)$	$\lvert t_0\rvert \geq t(\phi,\ 2\alpha)$
양측 검정	$\lvert u_0\rvert \geq \Phi\left(\dfrac{\alpha}{2}\right)$	$\lvert t_0\rvert \geq t(\phi,\ \alpha)$
구간 추정	$\bar{t}\pm\Phi\left(\dfrac{\alpha}{2}\right)\cdot\sqrt{\dfrac{\sigma^2}{n}}$	$\bar{t}\pm t(\phi,\ \alpha)\sqrt{\dfrac{V}{n}}$

② 모분산의 구간추정 및 검정

모분산 $\hat{\sigma}^2$의 신뢰수준 $1-\alpha$의 구간추정에서 신뢰구간은

$$\left(\frac{S}{\chi^2(n-1,\ \frac{\alpha}{2})},\ \frac{S}{\chi^2(n-1,\ 1-\frac{\alpha}{2})}\right). \tag{4.20}$$

여기서 $S=\sum_{i=1}^{n}(t_i-\bar{t})^2$.

미지분산과 기지분산 σ^2의 차의 검정에 대해서는

$$\chi_0^2=\frac{S}{\sigma^2},\quad \phi=n-1$$

을 계산하여 편측 검정할 경우, $\chi_0^2 \geq \chi^2(\phi,\ \alpha)$라면 위험률 α로 기준값보다 크다고 할 수 있다.

양측 검정일 경우, $\chi^2 \geq \chi^2\left(\phi,\ \dfrac{\alpha}{2}\right)$ 또는 $\chi^2 \geq \chi^2\left(\phi,\ 1-\dfrac{\alpha}{2}\right)$라면 차이가 있다고 할 수 있다.

(2) 최소제곱법에 의한 추정

표준화 변수 $u_i = \dfrac{t_i - \mu}{\sigma}$에서 $t_i = \mu + \sigma u_i$.

또, $F(t_i) = \Phi(u_i)$에서 $u_i = \Phi^{-1}\{F(t_i)\}$. 따라서

$$t_i = \mu + \sigma \Phi^{-1}\{F(t_i)\}. \tag{4.21}$$

가로축 $\Phi^{-1}\{F(t_i)\}$, 세로축 t_i로부터 회귀직선으로부터 기울기 $\hat{\sigma}$, 세로축의 절편에서 $\hat{\mu}$를 얻는다.

예제 12

$n = 20$개에 대한 고장시간 데이터가 다음과 같이 얻어졌다. 회귀직선에 의해 $\hat{\mu}$, $\hat{\sigma}$를 추정하라.

31, 35, 36, 41, 42, 44, 45, 46, 47, 48,
48, 48, 51, 52, 54, 54, 55, 56, 57, 59 (시간)

풀이 이들 자료들로부터 회귀직선 $y = 8.0x + 47.4$를 얻는다. 따라서 $\mu = 47.4$, $\sigma = 8.0$.

4.2.4 대수정규분포에 따르는 경우

대수정규분포(lognormal distribution)의 고장밀도함수의 특성은 그림 4.11에서와 같이 봉우리가 왼쪽으로 이동되어 있는 형태로, 주로 초기에 증가하는 고장을 다루는 모형에 적합한 경우가 많다. 갑작스런 최댓값에 도달한 후 빨리 감소하는 형태를 갖는다. 반도체의 번인 후 수명시간 분포, 설비의 수리시간(repair time) 분포, 또는 전기 절연체의 고장시간에 대수정규분포의 예가 이용되고 있다.

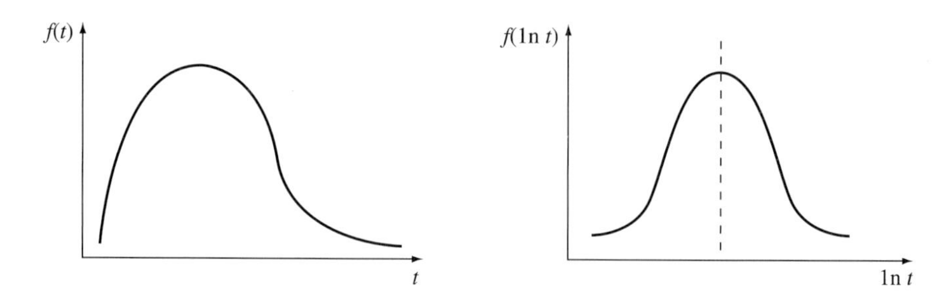

그림 4.11 대수정규분포의 $f(t)$와 $F(t)$ 그래프

대수정규분포의 확률밀도함수는

$$f(t) = \frac{1}{\sqrt{2\pi}\,\sigma t} e^{-\frac{(\ln t - \mu)^2}{2\sigma^2}}, \quad (t \geq 0) \tag{4.22}$$

이다. 여기서 $x = \ln t$ 라 두면, 확률변수 X는 평균 μ와 표준편차 σ의 정규분포에 따른다. 즉, $E[X] = E[\ln T] = \mu$, $V[X] = V[\ln T] = \sigma^2$.

확률변수 $T(= e^x)$에 대한 MTTF 및 분산은

$$E[T] = E[e^X] = \int_{-\infty}^{\infty} \frac{1}{\sqrt{2\pi}\,\sigma} e^{x - \frac{(x-\mu)^2}{2\sigma^2}} dx = e^{\mu + \frac{\sigma^2}{2}} \int_{-\infty}^{\infty} \frac{1}{\sqrt{2\pi}\,\sigma} e^{-\frac{\{x - (\mu + \sigma^2)\}^2}{2\sigma^2}} dx.$$

따라서 $E[T] = e^{\mu + \frac{\sigma^2}{2}}$ (4.23)

$$V[T] = e^{2\mu + \sigma^2}(e^{\sigma^2} - 1). \tag{4.24}$$

분포함수 $F(t) = \int_0^t \frac{1}{\sqrt{2\pi}\,\sigma t} e^{-\frac{(\ln t - \mu)^2}{2\sigma^2}} dt$

또는 $F(t) = P\{T \leq t\} = P\left\{u \leq \frac{\ln t - \mu}{\sigma}\right\} = \Phi\left(\frac{\ln t - \mu}{\sigma}\right)$

고장률 함수 $h(t) = \frac{f(t)}{R(t)} = \frac{d\Phi\left(\frac{\ln t - \mu}{\sigma}\right)/\sigma t}{R(t)} = \frac{\Phi\left(\frac{\ln t - \mu}{\sigma}\right)}{\sigma t\, R(t)}$ (4.25)

(1) 중단이 없는 고장 데이터

(a) 점추정

고장시간 t의 고장밀도함수 $f(t)$가 대수정규분포에 따를 때 확률변수 T의 $E[T]$와 $V[T]$는 식 (4.23), 식 (4.24)와 같다. 그러나 T의 μ와 σ^2을 얻기 위한 가장 간단한 방법 중 하나는 $x = \ln t$의 분포를 생각하는 것이다.

고장시간 $t_1, t_2, \cdots, t_n$을 신뢰성 시험에 따른 n개 아이템의 고장시간이라 하자. $\ln t$의 μ와 σ^2의 최우추정치(MLE)는

$$\hat{\mu} = \frac{1}{n}\sum_{i=1}^{n} \ln t_i \tag{4.26}$$

$$\hat{\sigma}^2 = \frac{1}{n}\left\{\sum_{i=1}^{n}(\ln t_i)^2 - \frac{\left(\sum_{i=1}^{n}\ln t_i\right)^2}{n}\right\} \tag{4.27}$$

(b) 구간추정

① 평균 $\hat{\mu}$의 $(1-\alpha)$ 신뢰구간:

$$\hat{\mu} - \Phi\left(\frac{\alpha}{2}\right)\frac{\sigma}{\sqrt{n}} < \mu < \hat{\mu} + \Phi\left(\frac{\alpha}{2}\right)\frac{\sigma}{\sqrt{n}} \tag{4.28}$$

σ가 미지, 또는 표본 크기가 작을 때($n < 25$), Student t-분포를 사용한다. 즉,

$$\hat{\mu} - t\left(n-1,\ \frac{\alpha}{2}\right)\frac{s}{\sqrt{n}} < \mu < \hat{\mu} + t\left(n-1,\ \frac{\alpha}{2}\right)\frac{s}{\sqrt{n}}.$$

② 분산 $\hat{\sigma}^2$의 $(1-\alpha)$ 신뢰구간:

$\frac{n\hat{\sigma}^2}{\sigma^2}$은 자유도 $\phi = (n-1)$의 χ^2분포를 갖는다. 따라서

$$\frac{n\hat{\sigma}^2}{\chi^2\left(n-1,\ \frac{\alpha}{2}\right)} < \sigma^2 < \frac{n\hat{\sigma}^2}{\chi^2\left(n-1,\ 1-\frac{\alpha}{2}\right)}. \tag{4.29}$$

③ MTTF의 $(1-\alpha)$ 신뢰구간:

$$\tau = \mu + \frac{\sigma^2}{2}\text{이라 두면, 추정치 } \hat{\tau} = \hat{\mu} + \frac{n}{(n-1)}\frac{\hat{\sigma}^2}{2}.$$

Shapiro and Gross[16]에 따라

$$\hat{\sigma}^2_{\hat{\tau}} = \frac{\hat{\sigma}^2}{n-1} + \frac{n^2\hat{\sigma}^4}{4(n-1)^3}$$

$$e^{\hat{\tau} - \Phi(1-\frac{\alpha}{2})\hat{\sigma}_\tau} < \text{MTTF} < e^{\hat{\tau} + \Phi(1-\frac{\alpha}{2})\hat{\sigma}_\tau} \tag{4.30}$$

예제 13

다음은 VDT 8대에 대한 번인시험 시행에 따른 아이템의 고장시간에 대한 기록이다.

20, 28, 35, 39, 42, 44, 46, 47 (시간)

고장시간은 대수정규분포에 따른다 한다. 평균고장시간 및 표준편차를 구하라. μ, σ^2 또 MTTF에 대해 95% 신뢰구간을 구하라.

풀이 $\hat{\mu}=\dfrac{\sum \ln t_i}{n}=\dfrac{28.747}{8}=3.593$

$$\hat{\sigma}^2=\frac{1}{8}\left\{103.917-\frac{24.747^2}{8}\right\}=0.0766$$

평균고장시간 $E[T]=e^{(\hat{\mu}+\frac{\hat{\sigma}^2}{2})}=e^{3.6313}=37.76$(시간)

고장시간의 분산 $V[T]=(e^{\hat{\sigma}^2}-1)(e^{2\hat{\mu}+\hat{\sigma}^2})=113.5077$(시간)

μ에 대한 95% 신뢰구간은 작은 표본($n<25$)이므로 분산 $V[t]$의 추정치로 s^2을 이용하면,

$$s^2=\frac{n\hat{\sigma}^2}{n-1}=0.0876,$$

$$\hat{\mu}-t\left(n-1,\ \frac{\alpha}{2}\right)\frac{s}{\sqrt{n}}<\mu<\hat{\mu}+t\left(n-1,\ \frac{\alpha}{2}\right)\frac{s}{\sqrt{n}} \text{에서}$$

$$3.593-2.365\sqrt{8}<\mu<3.593+2.365\sqrt{8}$$

따라서 $2.893<\mu<4.293$

σ^2에 대한 95% 신뢰구간은

$$\frac{n\hat{\sigma}^2}{\chi^2\left(n-1,\ \frac{\alpha}{2}\right)}<\sigma^2<\frac{n\hat{\sigma}^2}{\chi^2\left(n-1,\ 1-\frac{\alpha}{2}\right)}=\frac{8\cdot 0.00766}{16.013}<\sigma^2<\frac{8\cdot 0.0766}{1.689}$$

따라서 $0.0382<\sigma<0.5628$

MTTF에 대한 95% 신뢰구간은

$$\hat{\tau}=3.593+\frac{8}{7}\times\frac{0.0766}{2}=3.63677$$

$$\hat{\sigma}^2_{\hat{\tau}}=\frac{0.0766}{7}+\frac{8^2+0.00766^2}{4(8-1)^3}=0.0112165$$

$$e^{(3.63677-1.96\cdot 0.0112164)}<\hat{\theta}<e^{(3.63677+1.96\cdot 0.0112165)}$$

따라서 $37.1434<\text{MTTF}<38.8130$

---

(2) 중단이 있는 고장 데이터

시험 중에 있는 n개의 샘플에 대해 r개의 고장시간은 $t_1\le t_2\le\cdots\le t_r$이라 하자. 시험은 r번째 고장에서 정수중단 또는 시각 t_0에서 정시중단 된다.

샘플이 큰 경우($n>20$) Cohen[8]에 따르면, $\hat{\mu}$와 $\hat{\sigma}^2$의 최우추정치는 다음과 같다.

$$\hat{\mu} = \bar{y} - k(\bar{y} - \ln t_r) \tag{4.31}$$

$$\hat{\sigma}^2 = s^2 + k(\bar{y} - \ln t_r)^2 \tag{4.32}$$

여기서 $\bar{y} = \dfrac{\sum_{i=1}^{r} \ln t_i}{r}$, $s^2 = \dfrac{1}{r}\left\{ \sum_{i=1}^{r} (\ln t_i)^2 - \dfrac{\left(\sum_{i=1}^{r} \ln t_i\right)^2}{r} \right\}$.

또, $k = \{1.136\alpha^3 - \ln(1-\alpha)\}\{1 + 0.437\beta - 0.250\alpha\beta^{1.3}\} + 0.08\alpha(1-\alpha)$.

여기서 $\alpha = \dfrac{s^2}{(\bar{y} - \ln t_r)^2}$, $\beta = \dfrac{n-r}{n}$.

예제 14

20개의 제품에 대해 피로시험을 하였다. 시험 중 제품 15개가 고장일 때 시험은 종료되었고, 그 고장시간은

62.5 91.9 100.3 117.3 141.1 146.8 172.7 192.5 201.6 235.8
249.2 297.5 318.3 410.6 464.2 (시간)

이었다. 고장시간은 대수정규분포에 따른다고 한다. $\hat{\mu}$와 $\hat{\sigma}$를 결정하라.

풀이 $n = 20,\ r = 15,\ n - r = 5$

$\bar{y} = 5.218,\ s^2 = 0.302,\ \alpha = 0.36,\ \beta = 0.25,\ \lambda = 0.01$

$\hat{\mu} = 5.23,\ \hat{\sigma}^2 = 0.31$

평균고장시간 $E[T] = e^{\hat{\mu} + \frac{\hat{\sigma}^2}{2}} = 217.78$(시간)

표준편차 $\sqrt{V[T]} = \left\{(e^{\hat{\sigma}^2} - 1)(e^{2\hat{\mu}} + \hat{\sigma}^2)\right\}^{\frac{1}{2}} = 112.59$(시간)

---

(3) 최소제곱법에 의한 방법

대수정규 확률밀도함수 $f(t)$에서 $x = \ln t$라 두면, $x \sim N(\mu, \sigma^2)$인 정규분포에 따른다. 변수 $u_i = \dfrac{\ln t_i - \mu}{\sigma}$라 두면, $\ln t_i = \mu + \sigma u_i$. 또 $P(T \le t) = F(t) = \Phi(u = \dfrac{\ln t - \mu}{\sigma})$에서

$$\ln t_i = \mu + \sigma \Phi^{-1}\{F(t_i)\} \tag{4.33}$$

임의 고장시간 t_i에 대해 $y = \ln t_i$, $x = \Phi^{-1}\{F(t_i)\}$, $b = \mu$라 두면, 선형회귀식 $y =$

$\sigma x+b$를 얻는다. 따라서 회귀식에서 $\hat{\mu}$, $\hat{\sigma}$를 추정한다.

예제 15

전기부품의 수명시간은 $\mu=5,000$시간, $\sigma=0.7$시간인 대수정규분포에 따른다. 이 부품이 2,000시간에서 고장 날 확률을 구하라.

풀이

$$F(2,000)=P\left\{u\le\frac{\ln t-\mu}{\sigma}\right\}=P\left\{u\le\frac{\ln\left(\frac{2,000}{5,000}\right)}{0.7}\right\}=\Phi(-1.309)=9.5\%$$

예제 16

전자부품으로 구성된 통신장치의 고장시간의 데이터를 수집하였더니, 다음과 같은 값을 얻었다. 이 데이터에서 통신장치의 수리시간의 분포, 특성, 평균, 분산을 구하라.

80 100 130 190 32 150 90 540 60 45
240 53 180 120 160 70 260 360 110 300 (시간)

풀이

순위 i	관측값 t_i(시간)	도수 f_i	누적도수 C_i	누적확률 $\hat{F}(t_i)$
1	32	1	1	3.4
2	45	1	2	8.3
3	53	1	3	13.1
4	60	1	4	18.1
5	70	1	5	23.1
6	80	1	6	27.9
7	90	1	7	32.8
8	100	1	8	37.7
9	110	1	9	42.6
10	120	1	10	47.5
11	130	1	11	52.5
12	150	1	12	57.4
13	160	1	13	62.3
14	180	1	14	67.3
15	190	1	15	72.1
16	240	1	16	77.0
17	260	1	17	81.9
18	300	1	18	86.9
19	360	1	19	91.7
20	540	1	20	96.6

중앙순위법을 사용한 누적확률 $\hat{F}(t_i)$. 이 자료를 이용하여 최우추정법을 적용한 추정치 다음과 같다.

$$\hat{\mu}= 4.87,\ \hat{\sigma}= 0.774,$$

$$E[T] = e^{4.87+\frac{0.77^2}{2}} = e^{5.166} \approx 175.8(\text{분}),$$

$$V[T] = (e^{2\times 4.87} + e^{0.774^2})(e^{0.774^2} - 1) = 25,365.8$$

또 최소제곱법을 이용한 결과의 회귀분석을 이용한 결과의 선형회귀식은

$$y = 0.7759x + 4.8437\,.$$

따라서 수리시간의 $E[T] = 171.5\,(\text{분})$, $\sqrt{V[T]} = 4.8439(\text{분})$이다.

4.3 분포의 적합도 검정

수집된 고장 데이터에 대해 어떤 확률분포를 가정하고 그 분포에 대응하는 모집단의 확률분포가 어떤 특정 분포라고 보아도 좋은가 어떤가를 조사하고 싶을 때 적합도 검정(test for goodness-of-fit)을 이용한다. 이러한 목적을 위해 가장 보편적으로 사용되는 검정법은 χ^2 검정법과 Kolmogorov-Smirnov 검정법이다.

4.3.1 χ^2 검정법

χ^2 검정법은 관찰된 표본의 분포가 어느 특정 이론분포와 적절히 부합되는가를 검정하려 할 때 적용되는 방법이다. 피어슨(Karl Pearson)에 의해 제시된 것으로 그 대상은 적합성 여부, 관찰도수와 이론분포와의 적합성 여부, 분할표에 의한 사상 간의 독립성 여부가 있다.

도수분포의 변량이 연속변수일 경우 변량을 급간격으로 표시하여 기대도수를 구한다. 만약 이산변수인 경우 이산치를 대상으로 기대도수를 구한다.

검정을 위한 검정 통계량 χ_0^2은

$$\chi_0^2 = \sum_{i=1}^{k} \frac{(f_i - e_i)^2}{e_i} \tag{4.34}$$

여기서, k: 계급수

f_i: 변량 X_i에 따른 관측도수

e_i: 기대도수

자유도 $\phi = k-1-$(추정모수의 개수), 유의수준 α인 경우, $\chi_0^2 \le \chi^2(k-1-$(추정모수의 개수), $\alpha)$라면, 분포는 위험률 α로 이론분포에 적합하다고 할 수 있다(예: 정규분포의 적합도 검정에서 추정모수의 개수는 μ, σ^2으로 두 개이므로 $\chi^2(n-3,\ \alpha)$분포의 값).

예제 17

주사위 60회 시행에 대한 각 변의 출현횟수는 다음과 같다.

$$X_1 = 13,\ X_2 = 19,\ X_3 = 11,\ X_4 = 8,\ X_5 = 5,\ X_6 = 4$$

유의수준 α=5%로 이 주사위가 이론에 적합한지를 검정하라.

풀이 $k=6,\ e_i = n f(x) = 60 \times \frac{1}{6} = 10$

$$\chi_0^2 = \frac{(13-10)^2}{10} + \frac{(19-10)^2}{10} + \frac{(11-10)^2}{10} + \frac{(8-10)^2}{10} + \frac{(5-10)^2}{10} + \frac{(4-10)^2}{10} = 15.6$$

$\chi^2(4,\ 0.05) = 9.488$

$\chi_0^2 > \chi^2(4,\ 0.05)$이므로 상정한 이론분포에 적합하다고 할 수 없다.

예제 18

100개의 샘플에 대해 신뢰성 시험한 결과의 자료는 다음 표와 같다. 지수분포에 적합하다고 할 수 있겠는가? 유의수준 5%에 대해 χ^2 검정을 하라.

i	시험시간(시간)	고장 개수	$f(t)$		$\chi_o^2 i$
			관측값	이론값	
1	0~100	32	0.0032	0.0026	0.000138
2	100~200	22	0.0022	0.0018	0.000089
3	200~300	16	0.0016	0.0012	0.000133
4	300~400	12	0.0012	0.0008	0.000200
5	400~500	10	0.0010	0.0006	0.000267
6	500~600	8	0.0008	0.0004	0.000400

풀이 (1) $f(t)$의 계산

관측값 계산: $f(t)=\dfrac{32}{100 \cdot 100}=0.0032$(개/시간)

이론값 계산:

총 시험시간 $T=32\times100+22\times200+16\times300+12\times400+10\times500+8\times600=27{,}000$ (시간)

고장률 $\hat{\lambda} = \dfrac{100}{27{,}000}=0.0037$(개/시간)

$f(t)=\lambda e^{-\lambda t}$에서, $f(100)=0.0037\cdot e^{-0.0037\cdot 100}=0.0026$

$f(200)=0.0037\cdot e^{-0.0037\cdot 200}=0.0018$

(2) χ_0^2의 계산

$$\chi_0^2=\sum_{i=1}^{k}\frac{[(\text{관측값})_i-(\text{이론값})_i]^2}{(\text{이론값})_i}$$

$i=1$ $\chi_0^2=\dfrac{(0.0032-0.0026)^2}{0.0026}=0.000138$

$i=2$ $\chi_0^2=\dfrac{(0.0022-0.0018)^2}{0.0018}=0.000089$

$\cdots$

$\chi_0^2=\sum_{i=1}^{6}\chi_{0i}^2=0.001227$, $\chi^2(6-1-1, 0.05)=9.49$

따라서 $\chi_0^2 < \chi^2(4,\ 0.05)$이므로 유의수준 5%에 적합하다고 할 수 있다.

4.3.2 K-S 검정

K-S (Kolmogorov-Smirnov) 검정은 연속분포에 적합하고, 검정의 대상은 밀도함수 $f(t)$가 아니라 분포함수 $F(t)$이다. 순서표본(ordered sample)을 이용하여 다음과 같은 계단함수 $\tilde{F}(t)$를 만들어 검정한다.

$$\tilde{F}(t)=\begin{cases}0, & t\le x_1\\ \dfrac{k}{n}, & t_k\le t<t_{k+1}\\ 1, & t\ge t_n\end{cases}$$

t'_1, t'_2, $\cdots$, t'_n을 분포함수 $F(t)$인 모집단 분포로부터 임의 표본 t_1, t_2, $\cdots$, t_n을 순서로 나열한 표본이라고 하자. 이 순서표본은 모집단 분포함수 $F(t)$라는 가설을 검정하고자 한다.

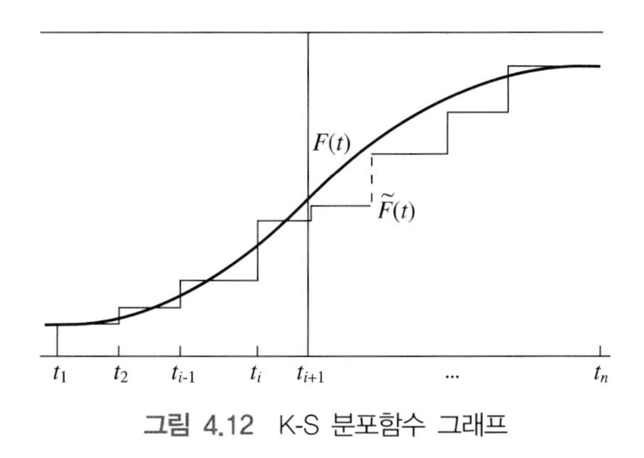

그림 4.12 K-S 분포함수 그래프

■ **검정순서**

1. 표본 t_1, t_2, …, t_n의 분포함수의 값 $\tilde{F}(t)$를 계산한다.
2. 최대편차를 계산한다.

$$a = \max|\tilde{F}(t) - F(t)|$$

3. 유의수준 α는 5%, 1%를 선택한다.
4. K-S 검정표에서 표본수 n에 해당하는 $P(a \le c) = 1 - \alpha$의 값 c를 구한다.
5. $a \le c$라면, 가설을 채택
   $a > c$라면, 가설을 기각

■ **값 a에 대한 고찰**

① $\tilde{F}(t)$는 계단함수이고, 따라서 a는 도약지점 중 하나를 가져야 한다. 그림 4.13과 같이 도약지점에 대해 두 값 a_1과 a_2를 결정한다. a의 값에 대한 계산착오를 방지하기 위해 도표로 계산하는 것이 좋다.

② K-S는 a의 분포가 $F(t)$의 특별한 형태에 좌우하는 것이 아니라 모든 연속함수 $F(t)$에 대해 동일하다는 것을 증명하였다. 즉, 최대거리의 분포는 $F(t)$에 무관하다.

③ $\tilde{F}(t)$가 표본에 따라 달라지므로 a는 분명 확률변수이다.

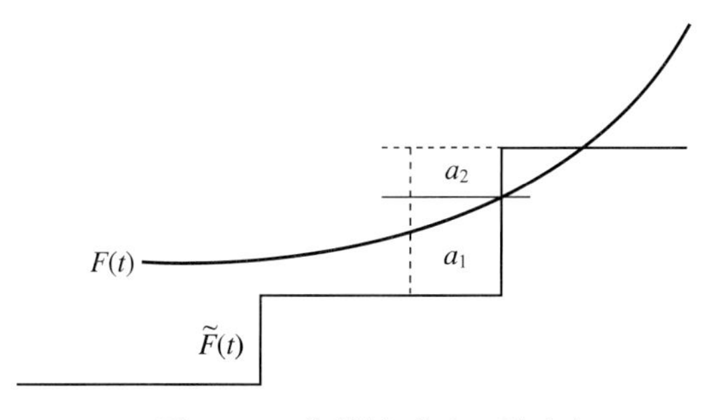

그림 4.13 계단함수에서 도약지점

예제 19

다음 표의 데이터는 평균 165.05 cm, 분산 σ^2=34.31인 정규분포에서 추출하였다고 할 수 있는가?

길이 x (cm)	절대빈도	상대빈도 $h(x)$
153	1	0.01
154	1	0.01
155	2	0.02
156	3	0.03
157	3	0.03
158	5	0.05
159	6	0.06
160	4	0.04
161	5	0.05
162	7	0.07
163	5	0.05
164	5	0.05
165	6	0.06
166	7	0.07
167	5	0.05
168	4	0.04
169	5	0.05
170	5	0.05
171	6	0.06
172	4	0.04
173	3	0.03
174	2	0.02
175	3	0.03
176	1	0.01
177	1	0.01
178	1	0.01
계	100	1

풀이 1단계: 이 표의 분포함수 $\widetilde{F}(t)$값은 앞의 표의 상대빈도의 누적확률과 같다.

2단계: 모집단 분포함수 $F(t)=\Phi\left(\frac{t-165.05}{5.858}\right)$를 갖는지를 검정한다.

첫째 행 : $a_1 = F_1(153) - \widetilde{F}_0(=0) = 0.02 - 0 = 0.02$

$a_2 = F_1(153) - \widetilde{F}_1(153) = 0.02 - 0.01 = 0.01$

둘째 행 : $a_1 = F_2(154) - \widetilde{F}_1(153) = 0.03 - 0.01 = 0.02$

$a_2 = F_2(154) - \widetilde{F}_2(154) = 0.03 - 0.02 = 0.01$

⋮

아래 표에서 가장 큰 값은 $a = 0.07$이다.

t	$\widetilde{F}(t)$	$t-165.05$	$\frac{t-165.05}{5.858}$	$\Phi\left(\frac{t-165.05}{5.858}\right)$	a_1	a_2
153	0.01	-12.05	-2.06	0.02	0.02	0.01
154	0.02	-11.05	-1.89	0.03	0.02	0.01
155	0.04	-10.05	-1.72	0.04	0.02	0.00
156	0.07	-9.05	-1.55	0.06	0.02	0.01
157	0.10	-8.05	-1.37	0.09	0.02	0.01
158	0.15	-7.05	-1.20	0.12	0.02	0.03
159	0.21	-6.05	-1.03	0.15	0.00	0.06
160	0.25	-5.05	-0.86	0.19	0.02	0.06
161	0.30	-4.05	-0.69	0.25	0.00	0.05
162	0.37	-3.05	-0.52	0.30	0.00	0.07
163	0.42	-2.05	-0.35	0.36	0.01	0.06
164	0.47	-1.05	-0.18	0.43	0.01	0.04
165	0.53	-0.05	-0.01	0.50	0.03	0.03
166	0.60	0.95	0.16	0.56	0.03	0.04
167	0.65	1.95	0.33	0.63	0.03	0.02
168	0.69	2.95	0.50	0.69	0.04	0.00
169	0.74	3.95	0.67	0.75	0.06	0.01
170	0.79	4.95	0.85	0.80	0.06	0.01
171	0.85	5.95	1.02	0.85	0.06	0.00
172	0.89	6.95	1.19	0.88	0.03	0.01
173	0.92	7.95	1.36	0.91	0.02	0.01
174	0.94	8.95	1.53	0.94	0.02	0.00
175	0.97	9.95	1.70	0.96	0.02	0.01
176	0.98	10.95	1.87	0.97	0.00	0.01
177	0.99	11.95	2.04	0.98	0.00	0.01
178	1.00	12.95	2.21	0.99	0.00	0.01

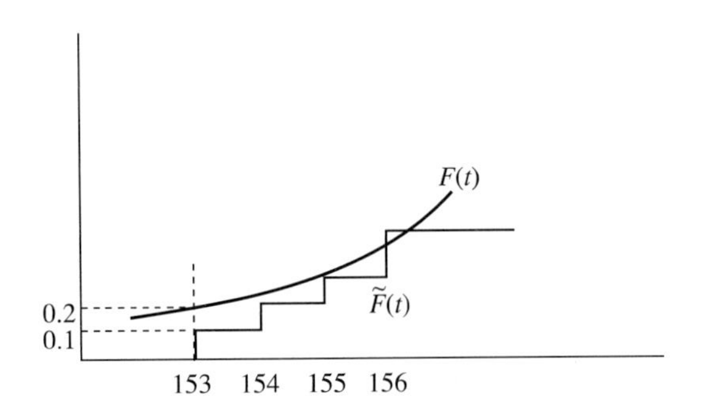

3단계: 유의수준 5% 선택, $n > 40$일 때 근삿값 $\alpha = 0.05$인 경우 $\dfrac{1.22}{\sqrt{n}} = 0.122$이다.

4단계: 표본 $n = 100$

K-S 검정표(부록 D)에서 $P(a \leq c) = 1 - \alpha = 0.95$의 값은 $c = 0.134$이다.

$a < c$이므로 가설을 채택할 수 있다.

예제 20

평균수명이 170시간인 기계에 대해 샘플 60개를 취하여 20개가 고장 날 때까지 수명시험한 고장 데이터는 아래와 같다. 이 기기의 고장시간은 지수분포에 따른다고 할 수 있는지 K-S 적합도를 검정하라.

1, 9, 18, 21, 23, 29, 34, 43, 48, 48,

50, 60, 62, 63, 67, 67, 84, 100, 102, 111 (시간)

풀이 순서

i	t_i	$\tilde{F}(t_i)$	$F_0(t_i)$	$\lvert\tilde{F}(t_i) - F_0(t_i)\rvert$
1	1	0.016	0.006	0.010
2	9	0.033	0.052	0.019
3	18	0.049	0.101	0.052
4	21	0.066	0.117	0.051
5	23	0.082	0.127	0.045
6	29	0.098	0.157	0.059
7	34	0.115	0.181	0.066
8	43	0.131	0.223	0.092
9	48	0.148	0.246	0.098
10	48	0.164	0.246	0.082

(계속)

i	t_i	$\tilde{F}(t_i)$	$F_0(t_i)$	$\lvert\tilde{F}(t_i)-F_0(t_i)\rvert$
11	50	0.180	0.255	0.075
12	60	0.197	0.297	0.100
13	62	0.213	0.306	0.093
14	63	0.230	0.310	0.080
15	67	0.246	0.326	0.080
16	67	0.262	0.326	0.064
17	84	0.279	0.390	0.111
18	100	0.295	0.445	0.150
19	102	0.311	0.451	0.140
20	111	0.327	0.479	0.152*

① $\tilde{F}(t_i)$ 평균순위법 $\tilde{F}(t)=\dfrac{i}{n+1}$에 의한 계산하면 $n=60$이다.

② $F(t_i)$는 지수분포에 따른 계산을 하면 $F(t_i)=1-e^{-\lambda t_i}$이고, 여기서 $\lambda=\dfrac{1}{170}=0.0059$이다.

③ $a=\text{Max}\lvert\tilde{F}(t_i)-F(t_i)\rvert=0.152$를 구한다.

④ 부록 D의 $D(n,\ \alpha)$ 표에서 $n>4$인 경우 $\alpha=0.1$에 대해 $\dfrac{1.22}{\sqrt{n}}$를 사용한다.

따라서 $n=60,\ \alpha=0.1,\ D(60,\ 0.1)=\dfrac{1.22}{\sqrt{60}}=0.1575$로 계산한다.

⑤ $a=0.152<D(60,\ 0.1)=0.1575$이므로 위험확률 10%로 지수분포에 적합하다고 할 수 있다.

5장

고장 분석

5.1 서론

시스템 고장분석 또는 신뢰성 분석은 아이템의 소요기능 및 성능을 설계 목표와 비교하고, 이것을 신뢰성 입장에서 평가하며, 요구와 합치 여부, 취약부분의 확인 등의 검토에 더불어 실시 결과를 설계에 피드백함으로써 설계 개선, 시험, 검사에 반영하여 신뢰성 및 보전성 설계 등의 활용에 이용된다.

고장모드 및 영향 분석(FMEA, failure mode and effect analysis) 및 결함목 분석(FTA, fault tree analysis)은 대표적인 신뢰성 분석수법으로써 제품의 구성을 계층적 구조로써 파악하고, 계층 간 또는 병존하는 구성요소 간의 기능적인 관계를 중시하며, 부분의 고장과 전체의 고장의 관계를 추구한다. 그림 5.1은 FMEA와 FTA의 분석상의 요점을 보여준다. 이 그림에서 구성의 구분과 동시에 기능의 분담도 이루어지고 있음을 알 수 있다.

FMEA는 요소의 고장을 먼저 가정해서 계층 상위, 특히 시스템의 임무에 영향을 추구하는 상향(bottom up)식 분석이라면, FTA는 고장이 발생되는 결과사상을 먼저 취급하고, 가능성이 있는 원인을 단계적으로 상세히 해석하는 하향(top down)식 분석이라 할 수 있다.

FMEA의 역사적 배경은 1950년대 초 프로펠러 추진 항공기가 제트엔진 항공기 전환 시 유압장치나 전기장치로 구성되는 복잡한 조종시스템을 가진 제트기의 신뢰성 설계를 위해 그루먼(Grumman)항공사에서 FMEA가 개발되었고, 그 후 1960년대에 NASA에서 Appolo 인공위성 개발계획에 FMEA를 활용, 인공위성의 신뢰성 보증과 고장예방에 성과를 거두었다. 최근에는 ISO 9000 규격을 비롯한 많은 문헌에서 그 중요성을 강조하고 있고 많은 기업에서 이를 신뢰성 확보의 필수요건으로 채택하고 있다.

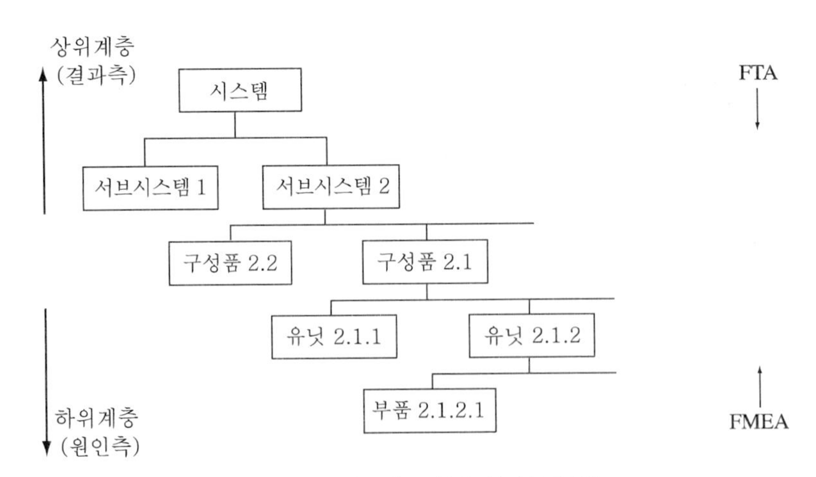

그림 5.1 시스템 구성과 신뢰성 분석

국제 전기기술 표준회의(IEC)에서는 신뢰성 분석의 기준 문서작성법을 심의하고 있지만, 이미 FMEA, FTA에 대해서는 심의를 종료하고 각각 IEC Pub 812(1985), Pub 1025(1990)로 해서 제정되고 있다. FMEA에 대해 MIL-STD-1629A가 만들어져 있다.

FMEA, FTA는 모두 안전성 분석에도 적합하고, 안전성 분야에서도 널리 사용되고 있으며, 고장분석 등의 명칭으로 안전성에 대해 깊이 검토하는 수법들도 있다. 또 FMEA는 공정설계 단계에서 공정상 잠재적 불량모드를 가정한 제품의 임무, 기능에의 영향을 검토하고 사전에 개선을 예측하는 공정 FMEA 수법도 개발되어 현장에서 사용되고 있다. 다음 표 5.1에 대표적인 신뢰성 분석 수법으로 FMEA, FTA, ETA(event tree analysis) 등에 대한 목적, 특징 등이 요약되어 있다.

표 5.1 대표적인 시스템 고장분석 수법의 개요

분석 수법		목적 하위계층 (원인층)	수법의 특징	제약조건	적용시기: 설계 개념	적용시기: 설계 기본	적용시기: 설계 상세	적용시기: 제조 시험	적용시기: 사용	적용대상 기타
FMEA	시스템 FMEA, 설계 FMEA	제품 구성요소의 고장이 시스템 및 임무에 미치는 영향을 평가하고 치명도가 높은 아이템의 개선을 검토한다.	논리사고의 흐름에 맞는 표의 형태로 분석하는 정성적 수법이다.	하나의 아이템에 하나의 고장 모드를 가정한다.	◎	◎	◎	◇		다양한 제품 모두에 널리 사용, 용도에 따라 많은 양식이 제시되고 있다.
	공정 FMEA	제조공정상 작업 불량 등이 제품의 기능, 임무에 미치는 영향을 평가하고 개선을 예측한다.	설계 FMEA와 다른 결함 및 환경요소도 다룬다.	하나의 공정에 하나의 불량모드를 가정한다.			○	◎		특히 신제품의 새로운 공정설계에 대해서 적용한다.
FTA		바람직하지 않은 결함사상을 일으키는 요인을 논리기호를 사용하여 전개하고 동시에 그 발생확률 등을 구하고 기여도가 높은 발생경로의 개선을 예측한다.	결함사상에 관심을 두기 때문에 전체를 파악하기 쉽고, 정성적 동시에 정량적 수법이다. 다종의 결함을 다룬다.	문제 삼은 결과사상마다 해석이 필요하다. 정량적 해석으로는 원인사상의 독립성 등을 가정한다.	◎	◎	◎	○	○	당초 안전성 분석에 많이 사용되었지만, 다양한 제품 규모에도 보급되고 있다. 결함분석에 많이 사용된다.

(계속)

표 5.1 (계속)

분석 수법	목적 하위계층 (원인층)	수법의 특징	제약조건	적용시기						적용대상 기타
				설계			제조	사용		
				개념	기본	상세	시험			
ETA	사고 등 바람직하지 않은 사상이 미치는 과정을 원인에서 시계열로 따라서 검토하고 채택된 사상의 발생확률을 구한다.	시간적 경과를 고려한 분석이고, 시각적으로 다루기 쉽고 정성적 및 정량적 방법이다.	원인이 되는 하나의 기본사상을 가정한다.		◎	◎	○	○		복잡한 경로를 거쳐 발생하는 화재 분석 등과 같이 사후해석으로 많이 사용된다.

주 : ◎ 바람직한 적용시기
○ 적용가능 시기
◇ 전 단계의 개정, 유지

5.2 고장의 인과관계

5.2.1 기능

고장(failure)이란 “아이템에 미치는 스트레스로 인해 아이템의 성능이 규격을 벗어나 요구된 기능을 발휘할 수 없는 상태, 또는 고객이 불편을 느끼는 모든 상태”를 말하는 것으로 “요구된 기능을 수행하기 위한 아이템 능력의 종료”로 정의된다.

우선 아이템의 기능에 대한 의미를 살펴볼 필요가 있다. 기능(function)이란 “아이템의 정상적인 작동”을 의미하는 것으로 아이템이 수행해야 하는 역할과 그 역할을 달성하기 위해 아이템이 지녀야 하는 특성 기능을 말한다. 복잡한 아이템인 경우 많은 기능이 요구될 수 있다. 아이템에 따라 기능의 중요성은 동일하지 않으므로 기능을 분류하면 다음과 같다.

① 필수 기능(essential function): 아이템의 의도 및 목적을 완수하는 데 필요한 기능으로, 보통 필수 기능은 아이템의 기능에 반영된다. 예로써, 펌프의 필수 기능은 유체의 펌프가 된다.

② 보조 기능(auxiliary function): 필수 기능을 지원하는 기능으로, 예로써, 펌프의 보조 기능은 유체의 밀봉이 된다.

③ 보호 기능(protection function): 사람, 장비, 환경을 손상, 상해로부터 보호하는 기능으로, 안전기능, 환경기능, 위생기능 등이 있다.

④ 정보전달 기능(information transfer function): 모니터링, 각종 계측기 및 경고 기능
⑤ 연결 기능(interface function): 다른 아이템과의 연결 기능
⑥ 잉여 기능(superfluous function): 불필요하게 중복되어 있는 여분의 기능

아이템의 기능은 될 수 있는 한 단순하게 묘사되어야 그 특성의 전달이 왜곡되지 않을 수 있다. '흐름을 차단한다', '신호를 전달한다' 등과 같이 일반적으로 명사와 동사를 사용하여 단순하게 표시하고 숫자를 사용하여 좀 더 정확한 성능까지도 표시할 수 있다.

5.2.2 고장과 고장모드

"아이템이 기능을 상실하는 사상(事象)"을 고장(failure), "고장이 나서 기능을 잃고 있는 상태"를 결함(fault)이라 정의한다. 시스템 중에서 부품의 고장으로 결함이 발생해도 꼭 시스템이 고장 나지 않고 잠재해 있는 것이 있다. 그러나 사용 중에 어떤 조건에서 시스템 중의 결함은 최종적으로 시스템의 고장을 일으킨다.

아이템의 고장은 "규정의 기능을 잃어버리는 것"이라 정의하므로 고장인지 아닌지를 구별하는 경계를 나타내는 고장(failure), 고장편차(error), 결함(fault)을 구분할 필요가 있다.

FMEA를 실시하는 데 있어서 고장을 분석하기 위해 고장모드(failure mode)에 대한 정의를 정확히 할 필요가 있다. 고장모드란 결함의 묘사, 즉 고장 상태의 형식에 의한 분류로, 단선(斷線), 단락(短絡), 마모(磨耗), 특성의 열화 등 외부에서 볼 수 있는 고장의 증거를 말한다. 예를 들면, 밸브의 경우 내부 누유는 고장모드이다. 밸브의 기능은 유체를 차단하는 역할이므로, 밸브의 내부 누유는 밸브의 기능 상실에 따른 증거이다. 그 고장모드에 대한 원인은 밸브 실(seal) 마모가 될 수 있다. 이렇게 고장모드와 고장원인을 분명히 구분하여야 한다. 고장모드를 파악하기 위해서는 각종 아이템의 기능이 갖는 결과(output)와 그 허용차(tolerance)를 잘 알아야 한다. 고장모드는 아이템의 기능과 관련하여 다음 세 가지 주요 그

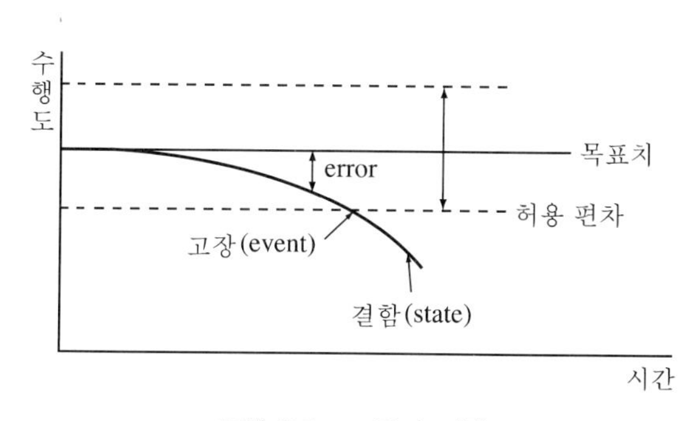

그림 5.2 고장과 결함

룹으로 분류할 수 있다.

① 완전한 기능상실: 기능이 전혀 수행되지 않거나, 기능이 요구수준에 거의 미치지 않는다.
② 기능의 부분적 상실: 이 그룹은 매우 광범위하여 거의 영향이 없는 범주부터 기능의 거의 완전한 상실까지 범위를 갖는다.
③ 오작동: 의도하지 않는 작동으로 통상 의도된 것과는 반대로 작동한다.

예 게이트 밸브(gate valve)의 경우

① 전혀 열리지 않는다. 전혀 닫히지 않는다: 기능의 완전한 상실
② 밸브가 너무 늦게 열린다. 갑작스레 닫힌다: 기능의 부분적 상실
③ 내부 누유: 작동에 미치는 영향에 따라 기능의 완전한 상실이 될 수도 있고, 부분적 상실이 될 수도 있다. 만약 누유가 엄격히 금지되어 있다면 소량의 누유라도 고장모드는 기능의 완전한 상실을 의미한다.

5.2.3 고장모드의 일반적 분류 체계

(1) 간헐적 고장(intermittent failure)

매우 짧은 시간 동안 일부 기능이 상실되는 고장으로 즉시 완전한 작동상태로 동작 환원된다.

(2) 지속적 고장(extended failure)

일부분을 수리하거나 교체할 때까지 지속되는 고장이다.

① 완전고장(complete failure): 시스템의 기능을 완전히 잃는 고장
- 돌발고장(sudden failure): 돌연 발생하고, 사전에 검사 또는 감시에 의해서 예지할 수 없는 고장으로 파국고장(catastrophic failure)이라고도 함
- 열화고장(gradual failure): 특성이 점차 열화하고, 사전에 검사 또는 감시에 의해 예지할 수 있는 고장

② 부분고장(partial failure): 시스템의 기능이 완전히 잃지 않는 부분적인 고장
- 돌발고장(sudden failure): 사전의 시험이나 감시에 의해 예견될 수 없는 고장
- 열화고장(degradation failure): 점진적 고장(gradual failure)이라고도 함

5.2.4 고장원인

고장원인(failure cause)이란 고장을 유발하는 설계, 제조 또는 사용상의 환경을 말한다. 고장예방이나 재발방지를 위해 고장원인은 꼭 필요한 정보이다. 고장원인은 제품수명주기와 관련하여 다음과 같이 구분한다.

(a) 설계상 고장

① 설계고장: 아이템의 부적절한 설계에 따른 고장
② 취약고장: 아이템의 규정된 능력 이내의 스트레스에 따르는 경우, 아이템 그 자체에 있는 취약에 따른 고장

(b) 제조상 고장

① 제조고장: 아이템의 설계 또는 규정된 제조공정에 대해 제조과정에서 불일치에 의거한 고장

(c) 사용상 고장

① 노화고장: 아이템의 고유한 결과로, 발생확률이 시간의 경과와 함께 증가하는 고장
② 오용고장: 사용상 아이템의 규정된 능력을 초과하는 스트레스의 작용에 따른 고장
③ 취급 부주의에 의한 고장: 아이템의 부정확한 취급 또는 주의 결핍에 따른 고장

다음에 고장에 관한 여러 가지 용어를 구분하여 표시한다.

① 고장(failure): 시스템이 규정의 기능을 잃는 것
② 고장모드(failure mode): 고장상태의 형식에 의한 분류로, 예를 들면 단선(斷線), 단락(短絡), 마모(磨耗), 특성의 열화 등
③ 고장분석(failure analysis): 시스템의 잠재적 또는 현재적인 고장의 메커니즘, 발생률 및 영향을 검토하여 시정조치를 결정하기 위한 계통적 조사 연구
④ 1차 고장(primary failure): 다른 아이템의 고장 또는 결함에 의해 직접 또는 간접적으로 원인이 되지 않는 아이템의 고장
⑤ 2차 고장(secondary failure): 다른 아이템의 고장 또는 결함에 의해 직접 또는 간접적으로 원인이 되는 아이템의 고장으로, 다른 아이템의 고장원인이 되어 생기는 고장, 파급고장
⑥ 단일고장(single failure): 한 가지 종류의 고장에 따른 시스템의 고장
⑦ 복합고장(combined failure): 두 가지 이상의 종류의 고장에 따른 시스템의 고장
⑧ 치명고장(critical failure): 인체 부상, 물적 손상 또는 다른 받아들일 수 없는 결과를

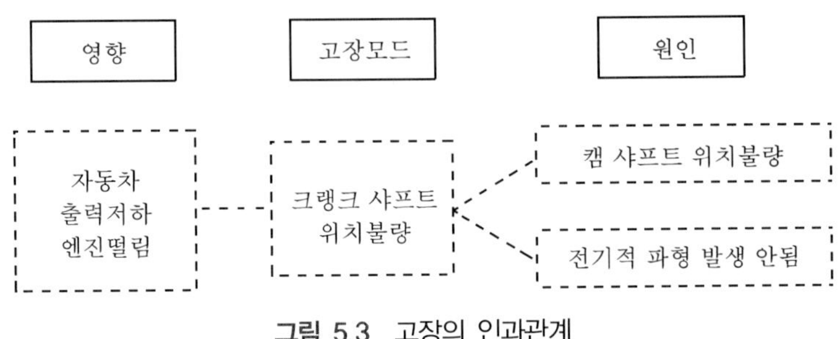

그림 5.3 고장의 인과관계

초래할 것으로 평가되는 고장

⑨ 중고장(major failure): 중요하다고 여겨지는 기능에 영향을 주는 고장

⑩ 경고장(minor failure): 중요하다고 여겨지는 어떤 기능에도 영향을 주지 않는 고장

경우에 따라서는 고장모드와 고장원인을 혼동하여 FMEA 양식에 기입하는 경우가 많으므로, 이들의 인과관계를 확실히 구별할 필요가 있다. 그림 5.3의 예로 간단히 살펴본다.

5.2.5 고장 메커니즘

물리적, 화학적, 기계적, 전기적, 인간적 원인 등으로 아이템의 고장이 초래되는 모든 과정을 고장 메커니즘(failure mechanism)이라 한다. 마모, 부식, 경화, 산화 등은 고장의 직접 요인으로 최하위 단계의 고장의 시작이라 할 수 있다.

이 수준의 고장원인 서술만으로는 고장대책을 수립하기에 불충분하다. 예를 들어 설계 불충분으로 인한 잘못된 자재 규격, 규격한계를 벗어난 오사용, 정비 및 윤활 부주의와 같은 취급 부주의 등과 같은 원인에 의해 파손고장이 발생될 수 있다. 이러한 근본적 원인들을 기초로 고장대책을 수립할 수 있다. 고장 메커니즘을 분류하는 데는 기계, 전기, 전자, 건축, 토목 등 각 분야에 대한 전문적인 지식을 요한다. 그림 5.4는 고장원인, 고장모드, 고장영향 관계를 보여준다.

5.3 FMEA

5.3.1 목적 및 기본사항

좋은 품질의 제품을 얻기 위해서는 제품 설계 초기단계에 체계적인 품질시스템 구축이

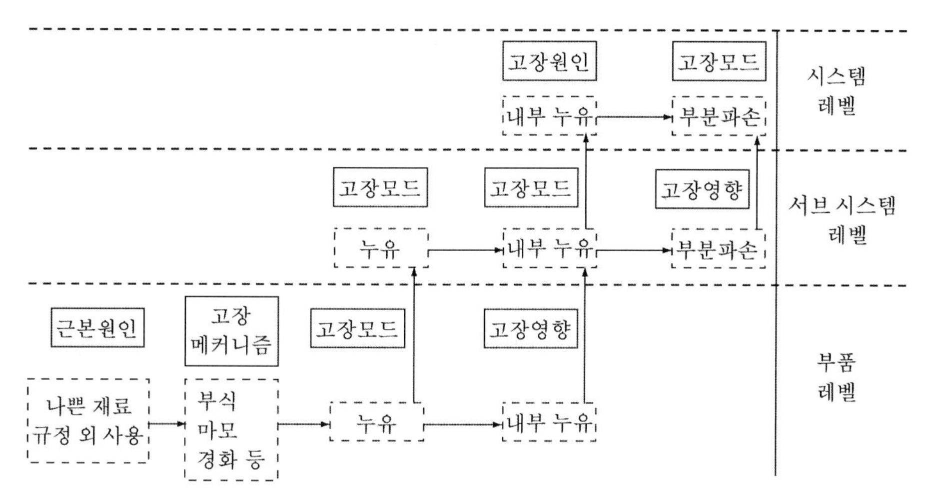

그림 5.4 고장원인, 고장모드, 고장영향의 관계

무엇보다 필요하다. FMEA는 제품 설계의 적합성을 검토하고, 부품 자체에 고장 발생원인이 개입되는 것을 피하며, 제조공정상의 문제를 파악하기 위해 널리 사용되는 수법이다.

FMEA란 설계에서 구상된 구성품들에 대해 사용 중에 있을 수 있는 잠재적 고장모드를 확인하고, 이 고장모드들이 시스템의 임무달성에 미치는 영향의 정도를 해석하며, 그에 대한 설계변경 여부를 검토하여 신뢰성상의 약점을 미연에 방지하기 위하여 행하는 정량적, 정성적 신뢰성 고장분석기법이라 할 수 있다. 따라서 FMEA는 제품 개발단계에서 새로운 재료, 부품, 공정을 적용했을 때 일어날 수 있는 잠재적 고장모드, 그에 대한 고장영향, 고장발생 가능성을 파악하여 이들을 제거, 감소시키기 위해 사전에 대책을 수립하는 개선기법이다.

FMEA는 시스템을 구성하는 요소 하나하나를 생각하고, 그 요소에 잠재하는 고장모드에 의한 고장이 그 상위계층의 부품, 더 나아가서는 전체 시스템의 기능에 어떤 영향을 미치는가를 해석하는 것을 목적으로 한다. 이것에 의해 어떤 요소의 어떤 고장이 잠재적으로 높은 치명도, 즉 영향력이 높은가를 판별하고, 치명도가 높은 것에 대해서는 설계 개선을 수행하기도 하며, 그 발생 가능성을 줄이는 수단을 강구하는 것을 목표로 하고 있다. FMEA을 추진하는 목적 및 기대효과는 다음과 같이 요약할 수 있다.

(1) FMEA 추진 목적

① 고장모드에 대한 근본원인 도출

② 잠재적 설계, 공정상 결함의 근본원인 규명

③ 중점관리 항목의 확인

(2) FMEA 기대효과

① 제품에 대한 고객평가 격상으로 재구매 창출, 서비스품질 향상으로 경쟁력 개선
② 시험 재작업 감소로 제품 개발기간 단축, 효율적인 신뢰성 시험 기획
③ 사용자 불만(field claim) 감소로 품질비용 절감
④ 시장 점유율의 향상으로 경영이익 증대

(3) FMEA의 사용 용도별 분류

FMEA는 그 사용 용도에 따라 다음과 같이 분류할 수 있고, 그 적용범위에 대해 간략히 언급한다.

(a) 시스템(system) FMEA

개발 초기 상품기획 단계에서는 설계 대상물이 갖는 기능을 중심으로 FMEA를 실시한다. 따라서 기능 FMEA라고도 한다. 설계하고자 하는 대상물이 갖는 기능은 설계에 들어가기 전 단계에서 정해지는 것이 보통이며, 설계단계에서는 그 기능을 실현하기 위한 수단을 모색하게 된다.

시스템 FMEA에서는 구성 아이템들이 해야 할 기능을 대상으로 FMEA를 실시하는 것이 효과적이다. 주된 목적은 시스템 및 구성품 기능의 잠재적 고장모드의 예측과 시험항목의 판단이며, 최종적으로는 설계개선으로 결부시켜 가는 것이다.

표 5.2 FMEA 사용 용도별 분류표

구분	단계	적용범위	중점
System FMEA	개발 초기 제품 구상 및 기능 분석 단계	개념 및 설계단계에서 시스템/서브시스템 분석에 사용. 시스템 기능에 대한 잠재적 고장모드에 중점	시스템에 대한 고장영향을 최소화. 시스템 품질, 신뢰도, 비용, 보전성을 최대화
Design FMEA	설계단계, 생산단계 이전	생산단계 이전 제품을 분석하기 위해 사용. 설계 출력 이전 설계결함 예방 활동	설계에 대한 고장영향을 최소화. 설계품질 최대화
Process FMEA	생산단계	생산라인 이전에 완성. 제조, 조립공정 분석에 이용	전체 공정에 대한 공정 고장영향을 최소화. 전체 공정 품질 최대화
Service FMEA	제품 출하, 고객의 사용 단계	고객에 도달 전 서비스를 분석하기 위해 사용	전체 조직에 대한 서비스 고장영향을 최소화. 서비스를 통한 고객만족 최대화

(b) 설계(design) FMEA

개발이나 설계단계를 원인으로 하는 고장모드를 해석하여 문제점 발생을 예지함으로써 설계에 대책을 취하기 위한 분석방법이다.

구성품, 서브시스템이 설계될 때 기술자가 경험이나 과거 검토로부터 문제점이 있을지도 모르는 부품의 해석을 포함하는 고유기술에 의해 기술자가 설계공정에서 통상 실시하는 상상력으로 관찰 검토하고 그 결과를 정형화하여 문서화하는 것이다.

(c) 공정(process) FMEA

제조공정에서 발생하는 잠재적인 고장에 대한 분석을 실시하여 문제점을 예지하고 사전에 개발이나 설계내용에 대책을 반영시키고, 공정설비나 작업 절차서를 변경하여 고장원인에 대한 대책을 취하기 위한 분석방법이다.

제조 담당 기술자 또는 팀은 잠재되어 있는 고장모드 및 이들과 관련된 원인 메커니즘을 가능한 고려하면서 문제 해결을 추진해 가는 수단으로써 이 기법이 이용된다.

(d) 서비스(service) FMEA

실제 서비스 전 잠재 또는 기지 고장모드를 확인하고 수정행위를 제시하는 분석 방법이다. 시스템 및 프로세스의 결함에 의한 서비스 수행상의 잘못, 실수 등과 같은 고장모드에 초점을 두고, 작업 결함을 분석, 임무결함을 확인, 개선행위에 대한 우선순위를 설정하여 수행해 간다.

수행 시 중점사항은 사무공정 흐름도를 통해 서비스 프로세스를 충분히 파악하여야 한다. 이것은 서비스의 상호작용, 관련성을 전반적으로 파악하는 방안을 제시하여 준다. 서비스 항목에 대한 고객의 희망 및 요구사항에 대한 서비스 규격을 규정해 둘 필요가 있다.

5.3.2 FMEA의 실시

FMEA를 실시하는 데 있어서 분석의 대상으로 하는 제품에 대해서 올바로 이해하는 것이 가장 중요하다. 이를 위해서는 제품에 정해진 규정에 대해 그 제품에 어떠한 임무와 기능이 요구되는가, 성능은 어떤가, 특히 신뢰성에 관한 요구를 살펴두고 설계도, 기능 블록도, 설계 문서 등에 의해 그 요구들이 어떻게 대응하고 있는가를 알아두어야 한다.

FMEA에서는 분석을 위해서 표 형식의 양식을 이용하지만 일반적으로 설계는 개념 설계, 기본 설계, 상세 설계 등의 단계를 밟아서 진행되고, 설계도 및 문서에서 파악하는 정보도 나중이 되면 될수록 많아지므로 FMEA에서 사용하는 양식도 각 설계 단계마다 다른 것이 보통이다. 개념 설계단계에 있다면 제품에 포함된 복수의 기능이라든가, 그 서브시스템들의 개요들에 대해서만 알고 있으므로, 이때는 각 서브시스템에서 발생 가능한 여러 가지 고장을 상정하고 그 시스템과 임무의 영향을 평가해 간다. 또한 상세 설계까지 진행한 단계에서는 각각의 부품에 대해 부품의 고장모드를 여러 가지 가정해서 구성품, 서브시스템, 시스템 등에의 영향을 평가할 수 있다. 이와 같이 고장분석을 시작할 때 그 시점에서의 아이템의 계층구성에서의 위치를 분석 레벨의 FMEA라고 한다.

FMEA의 양식에 포함된 항목은 자유로 선택하기 때문에, 예를 들면 사람에 대한 영향 항목을 설정하여 안전성을 평가할 수 있다. 이와 같이 원하는 목적 및 용도에 따라서 FMEA를 변형해서 사용하는 것이 가능하다. 공정 FMEA도 그 한 가지 예이다. FMEA는 본래는 H/W 설계용으로 제시된 수법이지만, 휴먼 에러(human error)를 취급하기도 하는 등 대상을 S/W로 넓히는 것도 시도되고 있고 서비스 분야에서 서비스 FMEA로 이용되고 있다.

FMEA의 실시 시 기본사항은, 첫째 좋은 결과를 얻기 위해서는 여러 전문분야가 협력하고, 깊은 이해와 경험을 얻기 위해 여러 명의 관련자가 실시하는 것이 적당하다. 예를 들면, 시스템 담당의 설계부분의 기술자를 주축으로 품질, 신뢰성 보증 부문 및 전문기술을 갖는 경험자를 다수 넣은 팀으로 실시한다. 둘째, 대상으로 하는 아이템을 빠짐없이 분석해 둔다. 셋째, 신뢰성 블록도는 FMEA 수행 절차에서 필수 도구이므로, 신뢰성 블록도의 작성이 포함된다. 신뢰성 블록도의 각 블록에 번호를 붙여두고, 분석의 경우에 그 번호순으로 취해 두는 것이 바람직하다.

FMEA를 실시한 후 시제품 시험 등에서 예기하지 않은 고장이 생기는 경우도 있다. 그것은 다음 FMEA를 실시할 경우 반영하고 시정해 둔다. 또 제품의 개발단계마다 설계심사가 수행되는 것이 일반적이므로, FMEA 결과는 표 5.3의 치명적 품목표와 같은 형태로 완성품 설계심사에 함께 제시한다.

원자로 또는 우주항공장비와 같이 높은 위험도를 갖는 제품에 대해서는 치명도(criticality)를 상세히 평가하는 방법으로 FMECA(Failure Mode, Effect and Criticality Analysis)를 적용한다. FMEA에서도 치명도 평가를 하지만, 소비재, 제조 및 프로세스 기업을 대상으로 위험도가 그다지 높지 않은 제품에 대한 분석에 일반적으로 사용된다.

5.3.3 FMEA 실행순서

FMEA를 실행하는 순서는 다음과 같다.

순서 1 분석의 대상이 되는 제품 전체시스템 및 서브시스템의 임무, 각 구성품의 기능, 신뢰성에 관한 요구사항 등을 알아낸다.

순서 2 분석 수준을 정한다.

순서 3 시방서(spec.), 기능 블록도, 설계도 등으로부터 기능별 블록을 정한다.

순서 4 기능별 블록으로부터 신뢰성 블록도를 작성한다.

복잡한 시스템의 신뢰성을 검토하기 위해 설계도면 원안을 참조하여 신뢰성 블록도(RBD)를 작성한다. 블록은 분석하는 수준까지 분해하고, 각 블록에 소정의 번호를 붙여둔다. 블록도에는 두 가지 작성법이 있으며 그림 5.5와 같다. 그림 5.5(a)는 신뢰도 예측에 잘 사용되는 방법으로 레벨마다 그린다. 그림 5.5(b)는 너무 세분화하면 보기 어렵게 된다.

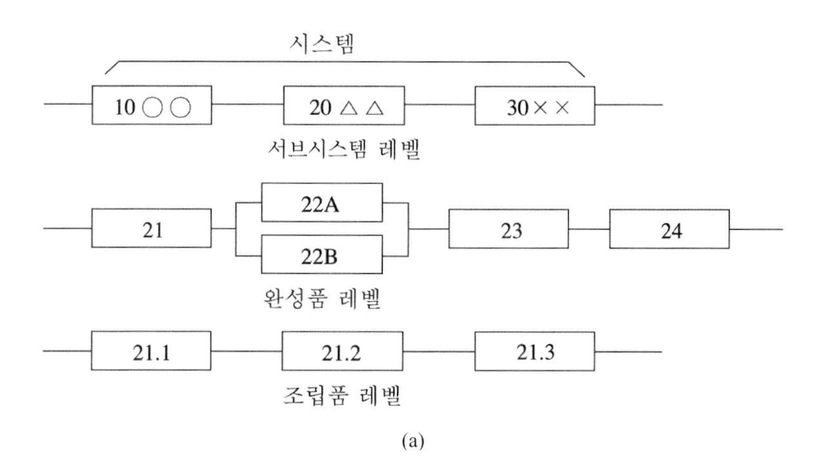

(a)

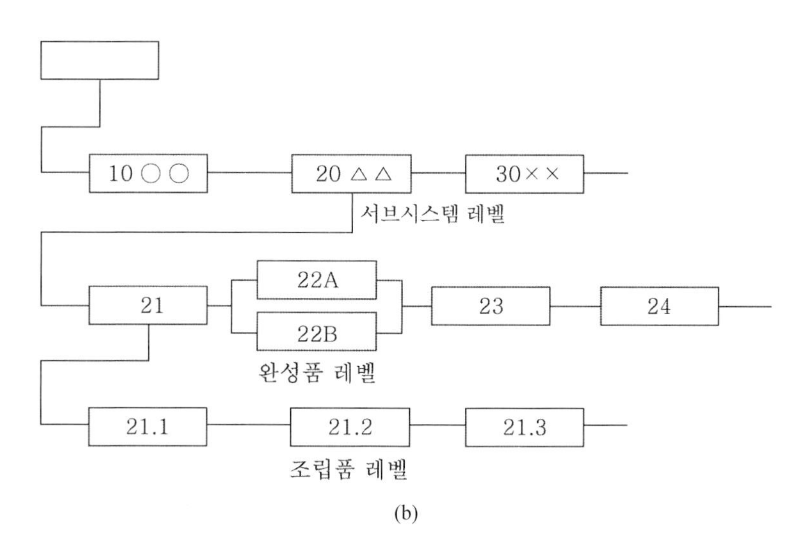

(b)

그림 5.5 신뢰성 블록도

순서 5 고장모드의 열거 및 선정

기능별 블록 또는 서브블록마다 고장모드를 열거한다. 유사제품의 고장사례를 활용하고, 시험 중의 고장사례나 사용자 사용 시 고장사례를 수집하여 정리해 두면 도움이 된다. 작성 시 관련부문의 기술자가 팀을 구성하여 브레인 스토밍(brainstorming)을 실시하여 작성하는 것이 효과가 있다.

열거한 고장모드 중에서 FMEA 실시대상이 되는 고장모드를 신중하게 선정한다. 고장모드로 선정되지 않는 고장모드에 의해 고장이 발생하는 경우 관련 담당자와 과거사례를 조사, 숙고하여 효과 있는 고장모드를 선정하는 것이 바람직하다.

순서 6 각 고장모드마다 추정원인을 열거한다.

선정된 고장모드별로 추정원인을 열거하고 이 중에서 중요한 항목을 FMEA 양식에 기입한다. 각 고장모드에 대해 생각할 수 있는 모든 고장원인과 고장 메커니즘을 가능한 범위까지 나열한다. 관련원인을 찾아 개선하기 위해 고장원인, 고장 메커니즘은 가능한 한 간결하고 완전하게 나열되어야 한다.

이 작업도 설계기술자, 시험담당자, 품질관리 담당자가 공동으로 실시하는 것이 바람직하다. 유사한 시스템이나 기기의 시험보고서, 사용자 불만 등을 참조하면서 중요한 추정원인을 열거한다. 추정원인에 따라 고장등급이 다르고, 대응책이 다르므로 신중하게 검토할 필요가 있다.

순서 7 고장등급 또는 위험 우선순위(RPN, risk priority number)의 결정

FMEA의 가장 중요한 작업이며 신뢰성 보증을 위한 대책을 정하는 중요한 절차이므로, 설계 부문 외에 신뢰성 시험실, QA 부서의 의견을 충분히 듣고 고장등급을 정하는 것이 바람직하다. 고장등급 및 위험 우선순위의 결정에 대해서는 5.3.4절에서 후술한다.

순서 8 종료

FMEA 양식은 등급까지 기입하면 끝난다. 너무 세세하고, 복잡한 제품에서는 기입용지가 막대한 양이 되므로 정리해 두는 것이 좋다. FMEA는 결국 고장이 발생했을 때 영향이 큰 요소에 대해 그 영향을 조금이라도 작게 하고, 그 발생확률을 낮추는 것을 강구하기 때문에 보통은 표 5.3과 같은 치명적 품목표(CIL, Critical Item List)로 정리한다. 즉, 고장등급 I 또는 이것에 등급 II의 것을 넣어

표 5.3 치명적 품목표 양식

번호	고장모드	영향	FMEA	고장등급	고장방지 대책

치명도를 높이는 아이템 품목만을 이 표에 표기하고, 설계심사회의 심사에 제시한다. 하나의 아이템의 고장에서 시스템 전체에 치명적 영향이 나오는 단일 고장점(SFP, Single Failure Point)을 추출해서 SFP 일람표로 작성한다.

치명적 품목표에서는 고장모드에 대해서 발생방지만의 방책을 제안하고, 설계변경, 검사의 확실성, 추가 등의 대책이 고려된다.

5.3.4 고장등급 및 위험 우선순위의 결정

(1) 고장 등급법

고장등급은 아이템 또는 구성품의 고장이 상위계층에 어떤 영향을 미치는가를 객관적으로 평가하여 등급을 매기는 것으로, 카테고리 구분법, 고장 평점법, 치명도 평점법에 의한 구분 등이 있다.

(a) 카테고리 구분법

시스템에 주는 영향의 중대성과 고장의 발생확률을 평가하는 두 가지 척도에 대해 표 5.4 및 표 5.5와 같은 I~IV의 네 등급으로 구분하는 방법이 있다. 양쪽을 조합하면 16가지의 조합 평가가 가능하다. 그림 5.6과 같이 종합 치명도가 대각선에 따라 올라간다고 할 수 있고, 치명도 매트릭스의 사선에 속하는 고장모드는 특히 치명도를 낮추는 대응책을 강구해야 한다. MIL-STD-1629에는 이 방법을 사용하고 있다.

표 5.4 치명도 구분

등급		기준
IV	파국적 (catastrophic)	• 임무능력의 현저한 저하 • 아이템의 기능출력의 완전한 상실
III	치명적(critical)	• 임무능력의 약간 저하 • 아이템의 기능출력의 상당한 저하
II	중대(major)	• 임무능력에 무시할 수 있는 영향 • 아이템의 기능출력에 열화
I	경미(minor)	• 임무능력에 영향이 없음 • 기능출력에 무시할 수 있을 정도의 영향

표 5.5 발생확률 구분

등급	기준	발생확률
IV	• 높음, 운용기간 중 높음	0.2 이상
III	• 보통 정도, 운용기간 중 랜덤하게 발생	0.1~0.2
II	• 낮음, 운용기간 중 조금 발생	0.11~0.1
I	• 상당히 낮음, 운용기간 중 발생이 무시할 수 있을 정도	0.01 미만

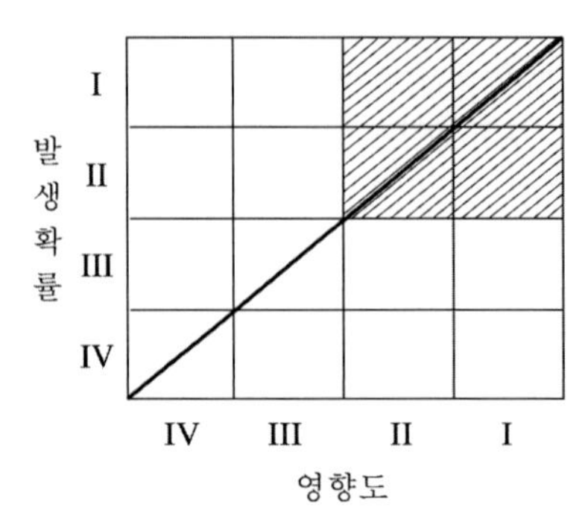

그림 5.6 치명도 매트릭스

(b) 고장 평점법

표 5.6에 제시한 최대 5개의 평점요소 모두 또는 그 중 2~3개의 평가요소를 사용한다. 각 평가요소마다 높은 영향에 대해서는 1~10 중 높은 평가점을, 낮은 영향에 대해서는 낮은 평가점을 기술적 판단에 의해서 계수 C_i에 부여하고, 다음 식에 의해서 평점 C_s를 구한다.

$$C_s = (C_1 \cdot C_2 \cdot \cdots \cdot C_i)^{\frac{1}{i}}$$

표 5.6 평가요소와 계수의 관계

평가요소 i	계수 C_i
1. 기능적인 고장영향의 중요성	$C_i = 1 \sim 10$ $(1 \leq i \leq 5)$
2. 영향을 미치는 시스템의 범위	
3. 고장발생의 빈도	
4. 고장방지의 가능성	
5. 신규설계의 정도	

C_s는 표 5.7에 의해 고장등급을 정한다. 사용한 평점요소가 2개라면 제곱근을 사용하여 구하면 되고, 그와 같은 평점의 실시 예도 많다. 각 항목에 대한 평가점수는 계수 1~10 사이의 평점을 설정하여 높은 값일수록 치명도가 높음을 적용하여 사용한다. 다음은 간단한 사용 예이다.

C_1 평가 점수		C_2 평가 점수	
10	임무달성 불가	10	실외사망사고
⋮	⋮	⋮	⋮
4	임무에 경미	4	인접설비 피해
⋮	⋮	⋮	⋮
1	임무에 영향 없음	1	전혀 피해 없음

표 5.7 C_s와 고장등급 간의 관계

고장등급	C_s	고장구분	대책 내용
IV	7 ~ 10	치명고장	설계변경이 필요
III	4 ~ 7	중대고장	설계의 재검토가 필요
II	2 ~ 4	경미고장	설계변경은 거의 불필요
I	2 미만	미소고장	설계변경은 불필요

이들 값들을 종합하여 계산한 결과의 평점 C_s에 대한 고장대책은 표 5.7과 같다.

(c) 치명도 평점법

치명도 평점의 기준에서 항목에 따라 평점을 구하고, 이것을 이용하여 평점 C_E를 계산한 후 이 점수에 대응하여 고장등급을 구하는 방법이다.

$$C_E = F_1 \cdot F_2 \cdot F_3 \cdot F_4 \cdot F_5$$

치명도 등급에 의한 고장등급을 결정한다.

표 5.8 평가항목과 계수와의 관계

항목	내용	계수
F_1 (고장의 영향 크기)	치명적인 손실을 주는 고장	5
	약간의 손실을 주는 고장	3
	기능이 상실되는 고장	1
	기능이 상실되지 않는 고장	0.5
F_2 (시스템에 미치는 영향 정도)	시스템에서 두 가지 이상의 중대한 영향을 준다.	2
	시스템에서 한 가지 이상의 중대한 영향을 준다.	1
	시스템에 미치는 영향이 그리 크지 않다.	0.5
F_3 (발생빈도)	발생빈도가 높다.	1.5
	발생 가능성이 있다.	2
	발생 가능성이 적다.	0.7
F_4 (방지의 가능성)	불능	1.3
	방지 가능	1
	간단히 방지된다.	0.7
F_5 (신규설계 여부)	약간 변경된 설계	1.2
	유사한 설계	1
	동일한 설계	0.8

표 5.9 치명도 등급표

고장등급	C_E	대책 내용
I	3 이상	설계변경이 필요
II	1~3	설계의 재검토가 필요
III	1	설계변경은 거의 불필요
IV	1 미만	설계변경은 불필요

(2) 위험 우선순위법

이 방법은 QS 9000에서도 도입하여 널리 사용되고 있고, 상용품 제조업에서도 주로 사용하고 있는 방법이다. 위험 우선순위(RPN, risk priority number)는 설계를 할 때 고려해야 할 우선순위 결정에 사용되는 척도로써 영향의 치명도(severity), 발생도(occurrence), 감지도(detectability)의 곱으로 구해진다.

$$\text{RPN} = S \times O \times D$$

고장모드가 RPN에 의해 순위가 결정되었을 때 시정조치는 가장 높은 순위의 우려되는 사항과 치명적인 항목에 집중한다. 대책수립의 목적은 영향의 치명도, 발생도, 감지도 등급 중의 하나 또는 모두를 감소시키는 것이다.

치명도 등급은 잠재적 고장모드의 발생으로 인한 다른 부품, 서브시스템, 시스템 또는 소비자에 대한 영향을 평가하는 것으로 1 ~ 10 사이의 값으로 등급을 선정한다. 등급이 높은 값은 고장모드에 따른 상위 레벨에 대한 영향이 높은 정도를 나타내고 낮은 값은 영향이 적은 것을 나타낸다. 시스템 및 서브시스템과 같이 분석 레벨이 높은 경우, 안전상의 이유로 필히 오퍼레이터 및 구조물에의 영향을 검토하는 것이 바람직하고, 구성품 또는 아이템인 경우 인접 또는 접속되어 있는 동일 레벨의 다른 구성품 또는 아이템에의 영향도 평가해 둔다. 중요도 등급의 감소는 설계변경에 의해서만 영향을 받는다. 표 5.10은 국내 모 전기제품 회사의 치명도 등급표에 대한 규정 예를 보여준다.

고장의 발생도 등급은 추정 고장원인 때문에 나타날 수 있는 불량형태의 발생빈도를 나타낸다. 발생도란 특정한 고장원인, 고장 메커니즘이 발생할 가능성을 의미하는 것으로 서비스 이력, 현장의 경험을 고려하여 발생빈도는 1 ~ 10 사이의 값으로 등급을 추정한다. 발생빈도는 설계변경을 통한 고장모드의 원인 및 고장 메커니즘의 제거 또는 통제만이 발생빈도를 줄일 수 있는 유일한 방법으로 일관성 있는 빈도 등급체계가 사용되어야 한다. 표 5.11은 국내 모 전기제품 회사의 발생도 등급표에 대한 규정 예를 보여준다.

고장의 감지도 등급은 현재 어느 설계안 중에서 구체적으로 경보 및 카운터 등을 통해서

표 5.10 치명도 등급표(냉장고의 예)

영향		영향의 심각성	등급
아주 높음	(hazardous without warning)	• 잠재적 불량형태가 사람의 안전에 영향을 주거나 정부법규와 불일치할 정도로 치명도가 높음	10
	(hazardous with warning)		9
높음	(very high)	• 안전이나 정부법규와는 관련이 없거나, 냉장고 동작불능이나 서브시스템(냉각불량, 제빙불량 등)의 작동불량으로 고객의 큰 불만을 초래함	8
	(high)		7
보통	(moderate)	• 고객이 어떤 서브시스템이나 냉장고의 성능저하를 느낌 • 고객을 불편하게 하거나 성가시게 하는 정도 • 일부 고객의 불만을 유발할만한 고장 정도	6
	(low)		5
낮음	(very low)	• 고객이 냉장고나 서브시스템에 대해 약간의 기능저하를 인지함 • 고객이 약간의 불편을 느끼는 정도의 불량	4
	(minor)		3
아주 낮음	(very minor)	• 시스템 실행에 실제적 영향이 거의 없음 • 대부분의 고객들은 인식하지 못하는 정도	2
	(none)		1

감시할 수 있는지의 여부를 고유기술로 고려하여 기입한다. 또는 현재의 관리방법으로 고장원인 및 고장 메커니즘을 감지하거나 고장모드를 감지할 능력을 나타내는 것으로 1 ~ 10까지의 값으로 표시한다. 일반적으로 낮은 등급을 얻기 위해서는 예방, 유효성 확인, 검증활동과 같은 계획된 설계관리가 개선되어야 한다. 표 5.12는 국내 모 전기제품 회사의 감지도 등급표에 대한 규정 예를 보여준다.

표 5.11 발생도 등급표

발생도	기준	등급	수명기간의 예상 불량수
아주 높음	불량을 거의 피할 수 없음	10	1 이상 in 2
		9	1 in 3
높음	반복되는 불량이 나타남	8	1 in 8
		7	1 in 20
보통	때때로 불량이 나타남	6	1 in 80
		5	1 in 400
		4	1 in 2,000
낮음	상대적으로 적은 불량이 있음	3	1 in 15,000
		2	1 in 1,500,000
아주 낮음	거의 불량이 없음	1	1 이내 in 1,500,000

표 5.12 감지도 등급표

감지도	설계 검증 프로그램에 의한 감지 가능성	등급
절대적으로 감지 불가	DV 프로그램으로 설계의 잠재적 취약성을 발견할 수 없거나 DV 프로그램이 없음	10
아주 낮음	DV 프로그램으로 설계의 잠재적 취약성을 대체적으로 발견 못함	9
낮음	DV 프로그램으로 설계의 잠재적 취약성을 발견할 수 없을 것 같음	8 7
보통	DV 프로그램으로 설계의 잠재적 취약성을 발견할 수도 있음	6 5
높음	DV 프로그램으로 설계의 잠재적 취약성을 충분히 발견할 수 있음	4 3
아주 높음	DV 프로그램으로 설계의 잠재적 취약성을 거의 확실하게 발견할 수 있음	2 1

*DV: design verification

5.3.5 치명도 분석

치명도 분석(CA, criticality analysis)은 부품 고장률 등 정량적 데이터가 있는 경우에 FMEA를 행한 후 등급의 높은 아이템에 대해서만 치명도 지수 C_r을 다음 식에 의해서 구하는 방법이다. 분석은 소정의 양식(그림 5.7)을 이용해서 실시한다.

$$C_r = \sum_{j=1}^{n} (\alpha \cdot \beta \cdot K_A \cdot K_E \cdot \lambda_G \cdot t10^6)_j$$

여기서, α: 기준 고장률 중 해당 고장모드의 비율

β: 해당 고장이 발생하는 경우 치명적 결과의 발생확률

K_A: 시험 시와 다른 부하가 걸린 것에 의한 고장률 수정계수

K_E: 시험 시와 다른 환경에서 사용하는 것에 의한 수정계수

λ_G: 부품 고장률(시간 또는 사이클당: 통상 100만 시간당 고장수 사용)

t: 임무 시간(또는 횟수)

한 개의 아이템에서 두 가지 이상의 치명적 고장이 나오는 것도 있으므로, 고장모드 j마다 상기 식을 이용해 기여율을 구하고, 하나의 아이템 전체에서 가산한다. 결국 10^6은 행수의 조정만을 의미한다. 위의 치명도 평가방법에 있어서 현실적으로 그 수치를 평가하기에는 어려움이 많다. 치명도를 계산하기 위해 고장률, α, β값에 대한 정보가 필요하고 이들에 대

한 정보는 MIL-HDBK-217, MIL-HDBK-338을 이용한다.

시스템 : 서브시스템 :		**치명도 분석**							일 자 : 작성자 : 검사자 :		
대상 품목 번호	치명적 고장		치명도 계산								
	모드	영향	데이터원	모드 비율 α	영향 비율 β	운용 계수 K_A	환경 계수 K_E	기준 고장률 λ_G	운용 시간 t	기여율	$C_r = \Sigma$ (기여율)

그림 5.7 치명도 분석 양식

5.3.6 FMEA 양식 및 사용 예

(1) 양식

① 시스템명 :	FMEA(Design)	⑥ FMEA 번호 : page :
② 부품명 :	⑤ 실시목적 :	⑦ 설계책임자 : ⑨ 기안자 :
③ 모델명(적용연도) :		⑧ FMEA 작성일(원본) : (개정일) :
④ 참석자 :		

No.	구성품 및 기능 ⑩	잠재적 고장모드 ⑪	잠재적 고장영향 ⑫	치명도 ⑬	추정 고장 원인 ⑭	발생도 ⑮	설계 검정 방법 ⑯	감지도 ⑰	RPN ⑱	대책 및 조치사항 ⑲	담당일정	실행결과				
												취해진 조치사항	치명도	발생도	감지도	RPN

그림 5.8 Design FMEA 양식

표 5.13 Design FMEA 작성법

No.	용어	기재 상세내용	비고
1	시스템, 서브시스템	분석될 시스템이나 구성품의 이름을 기입한다. (예) EVAPORATOR ASSY, COND ASSY	
2	부품명	FMEA를 수행할 부품명을 기입한다.	
3	모델명	어떤 제품의 어떤 모델, 제작연도, 어떤 PJT의 FMEA를 수행하는지 기입한다. (예) 냉장고 R-BOO, 1998년 출시	
4	참석자	FMEA의 참가자의 이름, 부서명을 기입한다. (예) 관련기술의 전문 엔지니어들이 참석하는 것이 중요함 참석자의 명단만 보고도 FMEA의 정도 평가가 가능함	각 부서의 공동 작업이 중요함
5	실시목적	FMEA를 실시하는 배경 및 이유를 기입한다.	
6	FMEA 번호	FMEA 문서 관리번호를 기입한다. (예) 냉장고 연구실 CYCLE팀의 경우: REF CYCLE-9801	
7	설계 책임자	부품, 시스템의 설계 책임자(또는 팀장) 이름을 기입한다.	
8	작성일	원안 작성일은 FMEA를 최초로 시작한 날짜를 기입, 개정일은 원안을 중심으로 보완적인 측면에서 작성한 날짜를 기입한다.	도면시방관리의 동일한 개념
9	기안자	FMEA를 준비하는 엔지니어의 이름, 부서명을 기입한다.	
10	구성품 및 기능	분석될 구성품의 이름과 기능을 기입한다. FMEA의 실시내용의 상세를 기입하고(변경 전, 변경 후) 그림을 추가시키면 더욱 좋다.	
11	잠재적 고장모드	구성요소가 설계의 의도와 일치되지 못할 가능성이 있는 잠재적 결함을 기입한다. 어떠한 환경조건(덥다, 춥다, 건조, 다습, 먼지 등)이나 사용조건(가정, 음식점 등)에서의 잠재적 불량형태를 고려하여, 기술적 용어로 기술한다(주의: 증상을 서술하는 것이 아니라 기술적 용어를 기입). 특히 반드시 일어나지는 않을지라도 일어날 가능성이 있다고 가정한다. (예) 단선, 균열, 단락, 쇼트, 부식, 산화, 누설 등	
12	잠재적 고장영향	고객이 알아차리거나 경험할 수 있는 고장모드의 영향을 기입한다(고객이 사용 중에 느낄 수 있는 기능상의 영향). (예) 소음, 거칠음, 이상동작, 작동불능, 악취, 조작이 힘듦 등	
13	치명도 (severity)	다른 구성요소, 시스템 전체 및 고객에게 미칠 수 있는 영향의 심각성을 평가한다(치명도 등급지수의 감소는 설계변경을 통해서만 가능하며 1~10의 등급을 추정한다).	치명도 등급표 참조
14	추정고장원인	잠재적 고장을 일으킬 수 있는 예상원인을 기재함 (예) 잘못된 자재규격, 과다한 부하, 재질 선정미스, 부품의 위치선정 잘못, 불충분한 윤활능력 등	

(계속)

표 5.13 (계속)

No.	용어	기재 상세내용	비고
15	발생도 (occurrence)	추정 고장원인 때문에 나타날 수 있는 불량형태의 가능성을 나타낸다(발생확률 등급표를 이용하여 1~10등급으로 나누어 평가). (주의: 발생도 등급번호는 수치값이라기보다는 의미를 나타냄)	발생도 등급표 참조
16	설계검증 방법 (DV)	잠재적 고장의 발생방지를 위해 이용되는 관리 사항이나, 합성적 불량형태 혹은 잠재적 고장의 설계원인을 검지하기 위한 현재의 설계 검증 항목. 검증 방법이 현재까지 없으면 '없음' 또는 'NONE'이라고 표기 (예) 설계도면주기, 설계기준서, 부품규격 등	
17	감지도 (detectability)	부품이나 조립품이 생산을 위해 투입되기 전에 잠재적으로 설계의 취약성을 밝히기 위해 제시된 DV 프로그램 능력의 등급(감지도표를 이용하여 1~10등급으로 나누어 평가함)	감지도 등급표 참조
18	위험 우선순위 (RPN)	잠재적 고장의 상대적 평가 척도로써 관리 및 시정조치의 우선순위 RPN은 CTQ와 동일 의미이다. RPN이 100 이상이면 즉각적인 조치가 취해져야 하며, 꼭 RPN이 100 이상이 아니더라도 치명적인 불량을 유발할 소지가 있는 부분에 대해서는 즉각적인 개선 조치가 이루어져야 한다.	
19	대책 및 검증방법	RPN을 낮추기 위해 고려되는 조치 사항이다. - 수정된 TEST 계획 - 수정된 설계 - 수정된 자재사용 - 개정된 재료 허용공차 기재사항이 없을 경우 '없음' 또는 'NONE'으로 표기	
20	담당, 일정	대책에 대하여 누가, 언제까지 마무리한다는 내용을 기입한다.	
21	실행결과	개선결과와 완료날짜를 기입한다. 조치사항을 기입한다. RPN을 재선정한다(얼마나 개선되었는가 하는 정보를 알 수 있다).	

(2) FMEA 실시 예

FMEA(DESIGN)

① subsystem / name : 냉기 순환 system
② part name : fan motor ass'y(non-molding bobbin)
③ model name : R-B51
④ other area involed : (R&D 신뢰성팀 : 전장 / 규격팀:)
⑤ needs(경쟁력 아이디어)
fan motor의 bobbin부의 molding 삭제(CI 추진)
보호 CASE 무
⑥ FMEA 번호 :
⑦ design responsibility :
⑧ FMEA date(ORIG) : (REV) :
⑨ prepared by :

No.	부품명 및 기능	잠재적 고장 모드	고장의 잠재적 영향	Sev.	고장의 잠재적 원인	Occu'	DV(design verification)	Dete'	RPN	대책 및 조치	담당 및 완료일정	조치 결과				
												취해진 조치	S	O	D	RPN
	변경 전 bobbin部 molding (재질: epoxy 241 A,B) ◈ epoxy molding 역할 (1) 수분침투 방지 (2) coil 보호	motor 기능 정지	fan 정지로 인한 냉각 불량	8	수분침투로 인한 절연파괴 (단기적) 수분침투로 인한 coil부 부식 발생 (장기적) (피복 벗겨짐) crevice corrosion 발생	3	고내의 습도분포시험(F실/fan motor 주위) 실시 후 – on/off, 제상 전후 – door open 조건가변하여 신뢰성 시험실시 후 검증 내습성 시험 (LG(61)-E-8033)	8	192	– 신뢰성 시험법 개발 – coil coating – coil grade 변경 – taping	(12.20)					
		저항 감소 저항 증가	수명 단축	6	취급 시 외부충격 전이로 인한 coil부 scratch (피복 벗겨짐)	3	대전압시험 절연저항시험 충격파시험 저항 측정(DCR)	6	108	– taping – bobbin cover (사출물)	(12.20) (12.20)					
	변경 후	motor 기능 정지	냉각 불량	6	취급 시 외부충격 전이로 인한 단선	3	tape 접착제와 coil과의 부식관계 검증	7	126	– 공인기관 data 확인	(11.15)					
							냉열 cycle 시험 (tape 접착도 저하)	7	126	– 냉열 cycle 시험 기획 시험실시 후 검증	(11.15)					
							제상수(除霜水) 분석	7	126	– 제상수 분석	(완료)	EVA' 락카 코팅 삭제 보고서 참조(제상수 분석결과)	6	3	3	54

그림 5.9 Design FMEA 양식(사용 예)

(3) FMEA 실습 예

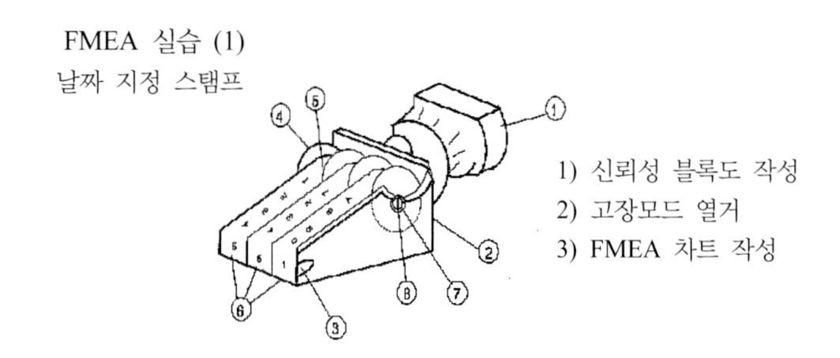

번호	품 명	고장모드	번호	품 명	고장모드
①	손잡이		⑤	칸막이판	
②	프레임		⑥	고무인벨트	
③	선단부핀		⑦	와샤	
④	톱니바퀴		⑧	나사	

그림 5.10 날짜 지정 스탬프

표 5.14 Design FMEA

No	부품명 및 부품 기능	잠재적 고장 모드	잠재적 고장영향	치명도	잠재적 고장원인	발생도	설계 검정방법 (DV)	감지도	R* P N	대책 및 조치사항	담당 및 일정	조치 결과				
												취해진 조치사항	치명도	발생도	감지도	RPN
1	손잡이 -손가락으로 지지한다.	파손 갈라짐	지지에 지장을 초래하고 불편함	5 5	재료불량 취급 부주의	3 3	눈으로 외관검사 실시함 미세 crack 검사	2 8	30 120	none 전자현미경으로 재료 관찰방법을 신규제정	김○○S (12.20)	전자현미경 관찰실시 기준규격제작	5	3	2	30
		변형	잡기 힘듦	5	취급 부주의	3	눈으로 외관검사를 실시함	2	30	none						
2	프레임 -전체를 바르게 유지	변형	회전부, 핀 등을 휘게 할 우려. 인자불량	5	취급 부주의	3	눈으로 외관검사를 실시함 강도 check	3	45	none						
		녹	외관불량	5	보관, 취급 불량	3	염수 분무시험	8	120	염수 분무시험 실시 후 수명과의 관계규명 (신뢰성 시험방법 개발 필요함)	유××S	신규시험법 개발완료 시험결과:OK	5	3	4	60
3	핀 -선단부를 바르게 유지	변형 탈락	동작불능	7	취급 부주의 (낙하) 접속부 헐거움	3	낙하시험	8	126	낙하시험 규격 재정립	유××S	시험결과:NG 재질변경(강도 보강된 재질)	7	2	2	28
4	톱니바퀴 -회전하여 벨트를 구동시킨다.	변 형	회전이 어려워짐 밸트손상	5	재료불량	3 3	눈으로 외관검사 실시함 회전시험 실시	2 2	30 30	none none						
		녹	회전이 어려워짐	5	도장불량	3	염수 분무시험	2	30	none						
5	칸막이원판 -2개의 벨트를 분리, 원활한 구름	변형	회전이 어려워짐	5	재료불량	3	휨시험 실시	3	45	none						
		녹	외관불량	5	보관, 취급 불량	3	염수 분무시험	8	120	염수 분무시험 실시 후 수명과의 관계규명 (신뢰성 시험방법 개발 필요함)	유××S	신규시험 개발완료 시험결과:OK	5	3	4	50

(계속)

표 5.14 (계속)

No.	부품명 및 부품 기능	잠재적 고장 모드	잠재적 고장영향	치명도	잠재적 고장원인	발생도	설계 검정방법 (DV)	감지도	R* P N	대책 및 조치사항	담당 및 일정	조치 결과				
												취해진 조치사항	치명도	발생도	감지도	RPN
6	고무인벨트 -글자를 찍는다.	절단	기능불능	7	재료불량	3	눈으로 외관검사 실시함	2	30	none	이□□D (12/30)					
			불완전한 글자 각인		과다한 외력	3		7	147	글자각인 시험실시(신뢰성 시험기획)입력별 글자 각인시험						
		글자 뭉개짐	불완전한 글자 각인	5	마모, 재료 불량	3	재료 마모시험	2	30	none						
		글자 사이 막힘	글자 불명료 해짐	5	보수불량	3	휨시험 실시 회전시험	3	45	none						
		재질 열화	글자 불명료 해짐	5	재료불량	3	재료 열화시험	8	120	열화시험법 개발	유××S	신규시험 개발완료 시험결과:OK	5	3	4	60
		늘어남	글자 불명료 해짐	5	재료불량	3	재료 인장시험	2	30	none	박△△					
7	와샤 -나사체결 보조	녹	장력 조절에 지장초래	5	보관, 취급불량 재질선정 오류	3	염수 분무시험	5	75	none						
8	나사 -벨트장력 조절 -벨트고정	탈락	조작 불편 벨트 늘어남	3	충력, 외력	3	낙하 충격시험	2	18	none						
		헐거워 짐	조작 불편	3	충력, 외력	3	낙하 충격시험	2	18	none						
		녹	장력 조정에 지장초래	5	보관, 취급불량 재질선정 오류	3	염수 분무시험	5	75	none						

*RPN=치명도×발생도×감지도

5.4 공정 FMEA

5.4.1 공정 설계 및 공정 분석에 FMEA 응용

FMEA 수법의 유연성을 효과적으로 활용한다면, 첫째 신공장 건설이나 새로운 생산라인을 전개할 경우 공정설계의 약점 개선을 위해, 둘째 불량품의 발생률이 높은 공정의 개선, 특히 신제품 생산이 완성될 때 불량품 발생을 미연에 방지하기 위해 활용하는 공정(process) FMEA가 있다. 이것은 새로운 공정계획에 있어서 설계에서 의도한 제품이 양산공정에서 가능한가, 잠재적 불량에 의해서 불량품을 생산하고 장래 고장에 이르는 위험이 없는가를 검토하고 공정설계 개선에 도움을 주는 것이다. 일반적으로 공정 FMEA라 함은 둘째 경우를 두고 말한다.

공정 FMEA의 실시 경우에는 설계 FMEA와 기본적으로 변함이 없다. 설계 FMEA는 시스템의 구성, 시스템 및 구성품의 기능을 충분히 파악하여 분석레벨을 정해 실시해야 하지만, 공정 FMEA는 공정 시방서, 공사 시방서 등의 문서에 의해서 공정에의 요구, 각 공정의 기능, 공정흐름 등을 사전에 잘 이해해 두어야 하고, 공정의 흐름에 따라서 공정분석을 진행하여 개선을 요하는 사항에 대한 대책을 수립한다.

5.4.2 공정 FMEA 양식

대표적인 양식은 그림 5.11(a)와 같고, 표준적인 실시 순서는 다음에 언급하는 공정 FMEA 실시 순서와 같다. 분석양식에 대한 상세한 설명은 설계 FMEA를 참고하고, 여기서는 약간의 보충설명을 언급한다.

고장모드는 공정에서 생산되는 아이템 또는 구성품이 공정의 요구사항을 만족시키지 못하여 생기는 상태를 말한다. 여기에는 환경요인, 인간의 작업도 고려 대상이 된다.

고장의 영향은 후공정, 전체 작업장, 사용자 등이 인지, 경험할 수 있는 고장모드의 영향을 기술한다.

고장원인은 재료, 이전 공정, 부품 설계 등에 이상이 없다고 가정하고 공정에서 발생하는 가공상의 관점, 예를 들어 부정확한 측정, 높은 온도 등에 의한 가능한 고장원인을 기록한다.

발생도는 고장원인의 발생 가능성을 나타내는 것으로 공정능력지수(C_{PK}), 누적 고장 데이터 등 가능한 한 객관적인 자료를 근거로 발생도 등급을 기록한다.

이들 고장영향의 치명도, 고장의 발생확률, 그리고 공정관리를 통해 고장을 감지할 수 있는 어려움의 정도, 즉 감지도를 고려하여, 이들 세 요소에 대한 평점(1~10)의 곱을 위험 우선순위(RPN)로 결정하고, 높은 RPN에 대해 권고조치사항을 마련해 둔다. 따라서 각 평가요소마다 평점 선택에 대한 가이드 라인을 정해 두는 것이 중요하다.

번호	공정 명칭	공정의 기능	고장 모드	고장의 영향	S	고장원인	O	감지 프로그램	D	RPN	권고 조치사항	비고

그림 5.11(a) 공정 FMEA 양식

5.4.3 공정 FMEA의 실시순서

순서 1 가공 공정의 흐름을 확인하고, 합격, 불합격의 규격을 확인한다(공정의 임무 혹은 개선점을 명확히 한다).

순서 2 각 공정의 기능 분석의 레벨을 결정한다.

순서 3 분석하는 공정의 레벨에 대응한 가공 공정을 명확히 하고, 가공 공정의 블록도 (block diagram)를 작성한다.

순서 4 각 공정마다 발생하는 고장 또는 불량모드를 열거하고, 불량품이 발생하는 요인이 되는 불량모드를 정리하고, 검토대상으로 하는 불량모드를 선정한다.

순서 5 불량품 발생 추정원인을 열거한다.

순서 6 공정 FMEA 양식에 평점 및 위험 우선순위를 결정, 기입한다.

① 고장모드의 치명도, 발생률, 감지도

② RPN 산출

등 양식에 필요한 항목을 기록한다.

순서 7 후공정에 큰 영향을 미치는 불량모드, 불량품 발생의 직접원인이 되는 불량모드를 공정 시방서 및 제조도면을 참조하면서 등급별로 분류한다(공정 개선을 목적으로 해서 공정 FMEA를 실시하는 경우는 불량 발생률에 중점을 두기도 한다).

순서 8 설비개선 및 공정변경이 필요한가를 검토한다.

공정설계에 대해서는 설계심사(DR, design review)와 같은 평가 및 관리 수법은 아니지만 제조의 좋고, 나쁨이 직접 제조의 신뢰성, 품질에 관계하는 것이 많으므로, 공식적이고 심사에도 사용하는 형태로 결정해 두는 것이 바람직하다.

결국 제품의 특히 중요한 특성에 대해서는 이것에 영향이 있는 설비에 대한 FMEA를 실시하는 경우도 있다. 신규의 설비에 대해서 특히 유효하다.

5.4.4 등급평가 및 위험 우선순위의 결정

공정 FMEA는 공정의 전개나 새로운 공정 설정 시 실시되지만 일반적으로 설계의 평가와 무관하지 않다. 고장등급의 결정을 위해 설계 FMEA에서 실시한 방법과 유사하게 고장등급 평가법 또는 위험 우선순위법을 사용한다.

(1) 고장등급 평가법

설계 FMEA를 실시하여 고장등급이 높은 고장모드가 나타나면, 제조공정에서는 그 고장모드에 관계있는 고장모드를 모두 제거하는 것과 검사 공정에서는 그 고장모드에 관계있는 불량을 검출하여 불량품을 선별하는 것이 중요하다. 공정 FMEA의 등급 평가기준은

① 설계 FMEA의 결과

② 불량의 영향 정도
③ 불량의 발생빈도
④ 불량발견의 난이도
⑤ 설비 및 기계장치에 대한 숙지도

등에 의해 결정된다.

즉, 다음 식에 의해 평가기준을 구한다.

$$C_M = (C_1 \times C_2 \times C_3 \times C_4 \times C_5)^{\frac{1}{5}}$$

여기서 C_1: 설계 FMEA에 나타난 고장등급

C_2: 불량의 영향 정도, 즉 불량이 발생하면 제품에 어떤 영향을 주는지, 후공정에 어떠한 영향을 미치는지 하는 정도

C_3: 불량의 발생빈도

C_4: 불량발견의 용이성, 불량 검출의 용이성

C_5: 처음 사용하는 장치, 설비인지 아닌지의 여부

불량모드의 평가기준은 다음과 같다.

C_M 값	불량모드의 평가
7 ~ 10	I
4 ~ 7 미만	II
2 ~ 4 미만	III
2 미만	IV

(2) 위험 우선순위법

위험 우선순위는 표 5.15, 표 5.16, 표 5.17에 제시된 기준에 따라 각각 고장모드에 대한 영향의 치명도(severity), 발생도(occurrence), 감지도(detectability)의 곱으로 구해진다.

$$\mathrm{RPN} = \mathrm{S} \times \mathrm{O} \times \mathrm{D}$$

(a) 치명도 등급표

표 5.15 치명도 등급표

영향	영향의 심각성	등급
아주 높음	– 불량이 발생하는 부품을 감지할 수 없음 – 중대한 대체비용이 발생	10 9
높음	– 연속공정에 심각한 장애 초래, 비효율성이 높고 중대한 재작업을 해야 함(고객의 불평이 상당히 심함) – 50~70%가 생산조건이 안 됨(심각한 불평)	8 7
보통	– 중간 정도의 비효율성을 보임 – 생산성이 감소함(약간의 고객이 불평) – 예정되지 않는 재작업, 수리(고객들이 불평하기 시작함)	6 5 4
낮음	– 점진적인 비율성을 보임(약간의 불평을 줌) – 연속공정이 불편함(경미한 결함을 느낌), 약간의 재작업 조치를 취함	3 2
아주 낮음	– 시스템 성능이나 연속공정에 영향이 없음 또는 대부분의 고객들은 인식하지 못하는 정도	1

(b) 발생도 등급표

표 5.16 발생도 등급표

발생도	기준	등급	C_{pk}	CNF/1000
아주 확실함	– 불량발생이 거의 확실하며 비슷한 공정에서 많은 불량이 발생한 적이 있음	10	0.33 이상	316 이상 (>1 in 3)
아주 높음	– 아주 많은 수의 불량이 예상됨	9	≥0.33	316 (1 in 3)
높음	– 많은 수의 불량이 예상됨	8	≥0.51	134 (1 in8)
약간 높음	– 불량들이 자주 발생할 것 같음	7	≥0.67	46 (1 in 20)
보통	– 보통 수준의 불량발생이 예상됨	6	≥0.83	12.4 (1 in 80)
낮음	– 때때로 불량이 발생할 것 같음	5	≥1.00	2.7 (1 in 400)
조금 낮음	– 적은 수의 불량발생이 예상됨	4	≥1.17	0.46 (1 in 2,000)
아주 낮음	– 아주 적은 수의 불량이 예상됨	3	≥1.33	0.063 (1 in 15,000)
관계가 적음	– 만의 하나 정도의 불량발생이 예상됨	2	≥1.50	0.0068 (1 in 150,000)
거의 없음	– 불량발생 확률이 거의 없으며 비슷한 공정에서 불량이 나온 적이 없음	1	≥1.67	0.00058 (1 in 1,500,000)

(c) 공정 FMEA에서 감지도 등급표

표 5.17 감지도 등급표

감지도	결함이 발견될 가능성	등급
절대적으로 감지불가	– 감지 프로그램으로 공정의 잠재적 취약성을 발견할 수 없거나 감지 프로그램(관리사항)이 없음	10
아주 낮음	– 감지 프로그램으로 공정의 잠재적 취약성을 대체적으로 발견 못함	9
낮음	– 감지 프로그램으로 공정의 잠재적 취약성을 대체적으로 발견할 수 없을 것 같음	8 7
보통	– 감지 프로그램으로 공정의 잠재적 취약성을 발견할 수도 있음	6 5
높음	– 감지 프로그램으로 공정의 잠재적 취약성을 충분히 발견할 수 있음	4 3
아주 높음	– 감지 프로그램으로 공정의 잠재적 취약성을 거의 확실하게 발견할 수 있음(자동화된 관리 조치)	2 1

5.4.5 양식 및 사용 예

FMEA(PROCESS)

① (부분)시스템명 : ⑤ 실시목적 : ⑥ FMEA 번호 : Page :
② 공정명 : ⑦ 공정 책임자 : ⑨ 기안자 :
③ 모델명(적용연도) : ⑧ FMEA 작성일(원본) : (개정일) :
④ 참석자 :

No.	공정명 및 목적 ⑩	잠재적 고장모드 ⑪	잠재적 고장영향 ⑫	치명도 ⑬	추정 고장원인 ⑭	발생도 ⑮	공정 검증방법 ⑯	감지도 ⑰	RPN ⑱	대책 및 조치사항 ⑲	담당 일정 ⑳	실행결과				
												취해진 조치사항	치명도	발생도	감지도	RPN

그림 5.11(b) 공정 FMEA 양식

표 5.18 공정 FMEA 작성법

No.	용어	기재 상세내용	비고
1	시스템, 서브시스템	분석될 시스템이나 구성품의 이름을 기입한다. (예) EVAPORATOR ASSY, COND'ASSY	
2	공정명	FMEA를 수행할 공정명을 입력한다.	
3	모델명	어떤 제품의 어떤 모델, 제작연도, 어떤 PJT의 FMEA를 수행하는지 기입한다. (예) 냉장고 R-BOO, 1998년 출시	
4	참석자	FMEA의 참가자의 이름, 부서명을 기입한다. (예) – 관련기술의 전문 엔지니어들이 참석하는 것이 중요함 – 참석자의 명단만 보고도 FMEA의 정도 평가가 가능함	각부서의 공동 작업이 중요함
5	실시배경	FMEA를 실시하는 배경 및 이유를 기입한다.	
6	FMEA 번호	FMEA 문서 관리번호를 기입한다. (예) 냉장고 연구실 CYCLE팀의 경우: REF CYCLE-9801	
7	공정책임자	부품, 시스템의 공정 책임자(또는 팀장) 이름을 기입한다.	
8	작성일	– 원안 작성일은 FMEA를 최초로 시작한 날짜를 기입 – 개정일은 원안을 중심으로 보완적인 측면에서 작성한 날짜를 기입한다.	도면 시방관리의 동일한 개념
9	기안자	FMEA를 준비하는 엔지니어의 이름, 부서명을 기입한다.	
10	공정명 및 목적	– 분석되는 공정의 이름과 목적을 기입한다 – FMEA의 실시내용을 상세히 기입하고(변경 전, 변경 후) 그림은 필히 추가시키고, 유사 샘플이 있으면 더욱 좋다.	
11	잠재적 고장모드	부품(재료)가 이상이 없다는 가정하에, 각 공정에서 공정 요구사항을 만족시키는 데 실패할 가능성이 있는 잠재적인 특성상의 결함을 기입한다(주의: 증상을 기입하는 것이 아니라 엔지니어적 용어를 기입). 특히 반드시 일어나지는 않을지라도 일어날 가능성이 있다고 가정한다. (예) 뒤틀림, 균열, 흔들림, 변형, 휨, 단락, 오염	
12	잠재적 고장영향	후공정 작업자나 고객이 작업 중 또는 사용 중에 느낄 수 있는 사항 (예) 후공정: 고정할 수 없음, 맞지 않음, 연결이 안됨, 구멍을 뚫을 수 없음, 작업자를 위험하게 함 사용자: 소음, 거칠음, 이상작동, 오동작, 작동 불능, 기능부전, 악취, 조잡한 외형, 조작이 힘듦	
13	치명도 (severity)	다른 구성요소, 시스템 전체 및 고객에게 미칠 수 있는 영향의 심각성을 평가한다(치명도 등급지수의 감소는 설계변경을 통해서만 가능하며 1~10까지의 등급을 추정한다).	치명도 등급표 참조
14	추정고장 원인	잠재적 고장을 일으킬 수 있는 예상원인을 기재한다. (예) 잘못된 자재규격, 과다한 부하, 재질 선정미스, 부품의 위치선정 잘못, 불충분한 윤활능력, 부정확한 측정, 보전불량	

(계속)

표 5.18 (계속)

No.	용어	기재 상세 내용	비고
15	발생도 (occurrence)	현재의 관리사항에서 잠재적 불량이 발생할 수 있는 확률등급 (1) 공정능력 지수 $C_{pk} > 1.33$ 공정능력 충분 $1.33 > C_{pk} > 1$ 공정능력은 있으나 불충분 $C_{pk} < 1$ 공정능력 부족 (2) 불량률(CNF/1000) 1000개 생산 시 누적된 불량수 (예) 불량률이 0.1%라면 CNF/1000 = 1(5등급)	발생도 등급표 참조
16	공정검증 방법	잠재적 고장의 발생방지를 위해 이용되는 관리사항이나, 합성적 불량형태 혹은 잠재적 고장의 원인을 검지하기 위한 현재의 공정상의 관리사항이나 공정 후 검사, 테스트 방법으로, 검증방법이 현재까지 없으면 '없음'이라고 표기한다. (예) 공정서, 작업지도서, …	
17	감지도 (detectability)	현재의 공정관리에서 제안된 공정제어가 고장모드를 검출해낼 확률 (1) 관리사항의 능력을 모르거나 평가할 수 없을 때는 10등급 (2) 특정불량에 대해 여러 가지 관리사항이 있으면 가장 낮은 것 (3) 100% 자동계측 검사방법 사용 시 유의점 *계측기의 조건, 교정, 측정 시스템의 변동, 결함 가능성 (4) 100% 목시로 할 경우의 유의점 *시각검사는 지역적 조건에 따라 80% 효과 *개개인의 능력차 및 인원수	감지도 등급표 참조
18	위험 우선순위 (RPN)	− 잠재적 고장의 상대적 평가 척도로써 관리 및 시정조치의 우선 순위 RPN은 CTQ와 동일 의미로 사용한다. − RPN이 100 이상이면 즉각적인 조치가 취해져야 하며 꼭 RPN이 100 이상이 아니더라도 치명적인 불량을 유발할 소지가 있는 부분에 대해서는 즉각적인 개선조치가 이루어져야 한다.	
19	대책 및 조치사항	RPN을 낮추기 위해 고려되는 조치 사항이다. (1) 작업자에게 위험을 줄 수 있는 경우는 방지 및 보호를 위한 원인 제거 방법을 명시 (2) 치명도는 개선 설계 변경에 의해서만 가능 (3) 발생도와 감지도는 개선 공정상의 관리사항을 개정 (4) 치명도 등급이 9 이상이거나, 발생률이 높아 위험 우선순위가 높은 경우 개선 대책이 고려되어야 함 (5) 감지하기 위한 조치보다는 예방할 수 있는 조치를 취함 (6) 기재사항이 없을 경우 '없음'으로 기입	
20	담당, 일정	대책에 대하여 누가, 언제까지 마무리한다는 내용을 기입한다.	
21	결과	개선결과와 완료날짜를 기입한다.	

5.5 결함목 분석

5.5.1 서론

결함목 분석(FTA, fault tree analysis)은 벨연구소의 H. A. Watson에 의해 고안되었고, 1965년 Boeing 항공회사의 D. F. Haasl에 의해 보완 실용화되었다. ICBM 개발 시 미사일 발사 관제시스템의 안전성 평가에 처음 사용되었다. 1974년에는 원자로의 안전성 관련 라스무센(Rasmussen) 보고서 이후 안전성 평가에 널리 활용되었으며, 1970년대와 1980년대에는 사업 전반에 걸친 신뢰성 분야의 관심이 고조됨에 따라 이용분야가 급속히 확대되기 시작하였고 근래에는 자동차, 가전 등 산업 전반에 걸쳐 확대 보급되어 활용되고 있으며, 시스템의 고도화, 복잡화에 따른 신뢰성의 고장해석 및 시스템의 안정화를 위해 FMEA, ETA(사건목 분석) 등과의 유기적인 보완관계로 널리 활용되고 있다.

FTA란 시스템의 고장원인을 논리기호로 연결하여 표현하는 계량적 신뢰성 평가방법이다. 형상이 정상사상(top event)에서 나무가지가 분기하는 것처럼 되므로 결함목(FT, Fault tree)이라 하고, 이 FT를 이용한 신뢰성 고장분석 수법이다.

FTA에서는 다루는 사상들(events) 중에 휴먼 에러(human error), S/W 에러, 절차의 잘못 등에 유의해서 취급할 수 있고, 특히 원인이 복잡한 사상의 동시 발생적인 경우도 해석할 수 있는 특징을 갖고 있다.

FTA에서는 고유의 기호를 이용하여 FT 그림이라고 하는 트리 형태의 그림으로 나타내고 있다. FT 그림의 출발점은 우선 일어나는 것이 바람직하지 않은 시스템 레벨의 결함사상(fault event)에서 시작한다. 이들을 정상사상이라 한다. 예를 들면 '온라인 시스템의 정지', '엔진이 정지하지 않음'과 같은 결함사상이다. 따라서 이 사상이 발생한다면, 어떠한 사건이 그 전에 일어나야만 하는가를 차례로 원인의 방향으로 따라 가고, 계속해서 이 이상은 생각하지 않아도 된다고 하는 기본사상(basic event)까지 찾아내어 FT 그림이 완성된다. 이와 같은 원인으로 향해서 발생경로를 나무 가지 형태로 넓혀서 전개해 나간다.

5.5.2 목적 및 실시효과

FTA 추진 목적은 시스템에 잠재되어 있는 결함, 고장 또는 재해 등을 해석하여 신뢰성을 보증하고, 안전성을 평가한다. FT를 통해 고장 발생경로를 명확히 하여 치명적인 불량원인을 식별할 수 있으며, FT 그림의 구조적 관계를 이용하여 기본대상의 구도상 중요도를 평가할 수 있다. 그리고 기본사상의 고장발생확률을 알면 정상사상의 고장발생확률을 계산할 수 있으며, 시스템의 잠재 불안전 요소를 찾아내어 시스템의 안전성 향상이 가능하다.

FTA 실현에 의한 효과로는 다음을 들 수 있다.

① 중점관리 부분의 파악에 유용하다.
 - 품질관리, 시험계획, 안전성 관리에 대한 품질관련 관리 부분을 파악하는 데 유용하다.
 - 유효한 교육, 훈련의 실시에 도움이 된다.

② 설계의 최적화 및 단순화
 - 안전성에 위배되는 결함을 찾을 수 있다.
 - 설계의 최적화 또는 단순화에 효과적이다.
 - 신뢰도를 만족시키기 위한 적절한 방법 설정이 가능하다.

③ 시스템의 고신뢰성 및 안전성 향상
 - 고신뢰성 부품 사용
 - 안전상의 지원시스템 추가
 - 품질보증(시험)계획에 활용
 - 사고재해 방지 관리기준에 활용

④ 고장 및 재해원인 해석
 - 추가해야 할 시험 및 점검의 필요성을 나타낼 수 있다.
 - 보전상의 문제를 검토하는 데에도 중요한 자료를 제공한다.
 - 고장분석, 재해원인분석에 활용된다.

5.5.3 FTA에 사용되는 기호

FTA의 특징은 도식적 표현에 의해 전체에 가시성을 주고 있는 점이다. 이것이 공통적으로 이해되도록, 또 정량적 해석이 편리하도록 일정의 기호를 정하여 사용되고 있다. 기호는 크게 나누어 사상기호(event symbol)와 논리기호(logic symbol)가 있다. 또 용도에 의해서 많은 특수기호를 사용하고 있지만, 표 5.19와 같은 기호가 대표적으로 이용되고 있다. 사상기호는 각 사상, FT에 있어서 위치, 성격을 나타내고, 사상의 내용은 기호 안에 간단히 적어 둔다. 논리기호는 그 기호를 입력 측과 출력 측의 사상의 관계를 표시하는 것이다.

FT는 보통 정상사상을 문자로 최상위에 두고 기본사상을 아래에 두지만, 필요에 따라 좌측에 정상사상을 두는 경우도 있다. 또 OR, AND와 같은 논리기호에서 한 개의 입력사상은 한 개의 선으로 넣는 것이 원칙이지만 간략화한 표현도 사용된다.

표 5.19 FTA 사용기호

구분	기호	명칭	설명
사상 기호		사상 (event)	정상사상 및 기본사상 등의 조합으로 얻어지는 개개의 사상
		기본결함 사상 (basic fault event)	이것 이상은 전개될 수 없는 기본적인 사상 또는 발생확률이 단독으로 얻어지는 최하위 수준에서의 사상
		비전개 사상 (undeveloped event)	정보부족, 기술적 내용 불명 때문에 그 이상 전개할 수 없는 사상 또는 원인을 찾을 수 없어 중지된 사상 표시. 단, 작업의 진행에 의해 해석이 가능하게 되었을 때 재전개를 속행한다.
		일반적 사상 (normal event)	결함사상이 아니라 통상 발생하는 사상을 나타낸다. 예를 들면, 화재에 대한 해석에서 공기의 존재가 이에 해당한다.
	(IN)	전달기호	FT 그림에서 관련하는 부분에의 전달 또는 연결을 나타낸다. 삼각형의 꼭대기에서 선이 들어가고 있는 것은 거기서 전달하고 있는 것을 나타낸다.
	(OUT)		위와 같다. 삼각형 옆에서 선이 나가고 있는 것은 거기서 전달하고 있는 것을 나타낸다.
논리 기호	출력 입력	AND gate	입력사상이 모두 발생하였을 때만 출력사상이 발생한다. 논리곱
	출력 입력	OR gate	입력사상 중 적어도 하나의 사상이 발생하면 출력사상이 일어남을 나타낸다. 논리합
	출력 조건 입력	제약(INHIBIT) gate	입력사상이 존재하고, 조건사상이 만족되어야만 출력사상이 발생한다는 조건부 확률

5.5.4 부울(Boole)대수와 정상사상의 발생확률

FT는 주로 AND, OR gate의 논리기호에 의해 각 사상이 관련되어 있다. 그런데 만약 기본사상의 발생확률을 전부 알고 있거나 추정할 수 있다면 게이트(gate)가 나타내는 확률계산법을 이용하여 정상사상의 발생확률, 즉 결함확률을 구할 수 있다. FT에 있어서 AND, OR gate는 집합에서 각각 교집합, 합집합에 대응한다.

부울대수는 집합론을 기초로 성립되어 있다. 우선 기본적으로 이용되고 있는 두 가지 집

표 5.20 FT 계산에 사용하는 부울대수의 기본규칙

	부울함수	집합기호
교환법칙	$A+B=B+A$ $A\cdot B=B\cdot A$	$A\cup B=B\cup A$ $A\cap B=B\cap A$
흡수법칙	$A+A\cdot B=A$ $A\cdot(A+B)=A$	$A\cup(A\cap B)=A$ $A\cap(A\cup B)=A$
멱승법칙	$A+A=A$ $A\cdot A=A$	$A\cup A=A$ $A\cap A=A$
분배법칙	$A+B\cdot C=(A+B)\cdot(A+C)$ $A\cdot(B+C)=A\cdot B+A\cdot C$	$A\cup(B\cap C)=(A\cup B)\cap(A\cup C)$ $A\cap(B\cup C)=(A\cap B)\cup(A\cap C)$

합인 합집합과 교집합이 정의된다.

두 집합 A, B에 대해 그 합집합 $A\cup B$는 부울대수로 $A+B$, 교집합 $A\cap B$는 $A\cdot B$로 나타낸다. FT에서 중복이 되어 있는 사상이 있는 경우 표 5.20의 부울대수의 기본규칙을 이용하여 시스템의 고장확률을 구하는 데 적용된다.

예제 1

다음 FT에 기본사상 a는 중간사상 A, B에 각각 중복되어 있다. 기본사상 a, b, c의 결함확률을 모두 0.1이라 할 때 정상사상 T의 결함확률을 구하라.

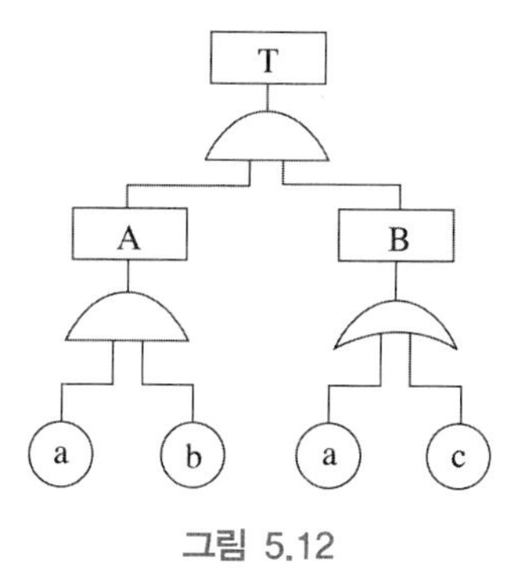

그림 5.12

풀이 $T=A\cdot B$, 여기서 $A=a\cdot b$, $B=a+c$.

$T=(a\cdot b)(a+c)=a(a\cdot b)+c(a\cdot b)=a\cdot b+a\cdot b\cdot c=a(b+b\cdot c)=a\cdot b$

따라서 $F(T)=F(a)F(b)=0.1\cdot 0.1=0.01$.

중복사상 a에 의해 이 시스템은 기본사상 a와 b가 AND gate로 연결되어 있는 고장목으로 단순화된다.

5.5.5 분석의 실시

설계 평가에 FTA를 이용하는 경우의 준비사항은 FMEA의 경우와 거의 같지만, 특히 제품이 운용, 사용에 들어갔을 때 운용순서, 사고 및 장해의 기준 등의 확인, 또 정량적 해석에서는 기본사상의 발생확률을 필요로 한다. 실시에 있어서는 FMEA에서와 같은 팀을 편성해서 수행하는 것이 바람직하다. 실시 순서는 다음과 같다.

순서 1 분석 대상이 되는 제품의 전체시스템, 서브시스템의 임무, 구성품의 기능 등을 확인한다. 또 운용방법을 확인한다.

순서 2 정상사상을 선정한다.
선정 기준으로는 명확히 정의할 수 있고, 측정 가능한 것, 하위 수준의 사상을 포함하는 것이 바람직하다. 철도, 통신 등과 같은 사고 기준이 명확한 것은 이 것을 이용하는 것도 좋다. 정상사상은 하나의 제품에 여러 개 있는 것도 간혹 있다.

순서 3 정상사상을 일으키는 첫 번째 요인으로 서브시스템 레벨의 중간사상을 생각하고, 이것과 관련되는 외부요인도 검토한다.
이 경우, 될 수 있는 한 중간사상만으로 생각할 필요가 있다. 이들 정상사상과의 인과관계를 파악하고 올바른 논리기호로 연결한다.

순서 4 계속해서 세부적인 레벨로까지 전개한다.
제품이라면 구성품 또는 부품 레벨까지, 또 인간계를 생각한 경우라면 휴먼 에러까지 검토하여 더 이상 전개할 수 없는 부분까지 추구한다. 설계 초기에는 정보가 부족한 경우도 많으므로, 비전개사상에서 중지하는 곳도 나온다. 이렇게 해서 FT를 완성시킨다.

순서 5 FT 그림을 재점검하고, 필요한 수정이 있다면 수정하고 정리한다. 정량적 해석을 하지 않는 경우는 순서 8에서 계속한다.

순서 6 계속해서 정량적인 해석을 하는 경우 기본사상에 고장확률을 부여한다.

순서 7 논리기호를 이용하고, 부울대수 규칙에 따라 계산을 진행하고, 정상사상의 발생확률을 구한다.

순서 8 각 기본사상의 상위, 특히 정상사상에의 기여도를 음미하고, 확률이 높은 경로에 대해서는 개선책을 검토한다. 정량적 분석이 가능하다면 더 정확한 값으로 비교하고, 수치가 높은 경로를 찾아낸다.

순서 9 마지막으로, FMEA의 치명도 품목표와 같은 정형적인 것은 아니지만 정상사상의 발생에 관계된 기본사상에 대해서는, 예를 들면 표의 형태로 하여 개발의 어떤 단계에서 어떤 확인 혹은 보증 수단을 취하는가를 정리해 두는 것도 필요하다.

5.5.6 결과의 활용

설계단계에서는 FMEA와 마찬가지로 설계개선에 도움을 줄 수 있고, 그 외의 활용에도 다음과 같이 여러 가지를 열거할 수 있다.

① 운용단계에서 만일 정상사상이 일어나는 경우를 생각하고, 고장진단 및 처치를 위한 매뉴얼 작성에 이용한다.

② 각 기본사상 중 정상사상에의 기여도가 높은 것에 대해서는 고장예방을 위한 개선책 또는 설계, 운용상 체크 리스트에 반영한다.

③ 시험 중 고장발생 시 진단에 참고한다.

④ 재해를 대상으로 한 FTA라면 안전상의 설계개선은 물론 방지를 위한 운용, 점검 등의 순서에 반영한다.

예제 2

다음 그림과 같이 신뢰성 회로도로 표현되는 시스템의 FT를 작성하고, 시스템의 결함확률을 구하라(숫자는 각 구성품의 결함확률).

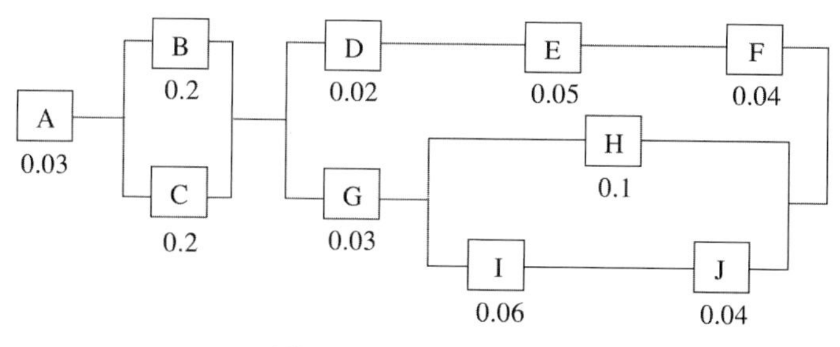

그림 5.13 신뢰성 회로도

그림 5.13에서 신뢰확률 $R_T = 0.9256$, 불신뢰확률 $F_T = 0.0744$. F_T의 결함확률 = 0.076이다.

풀이

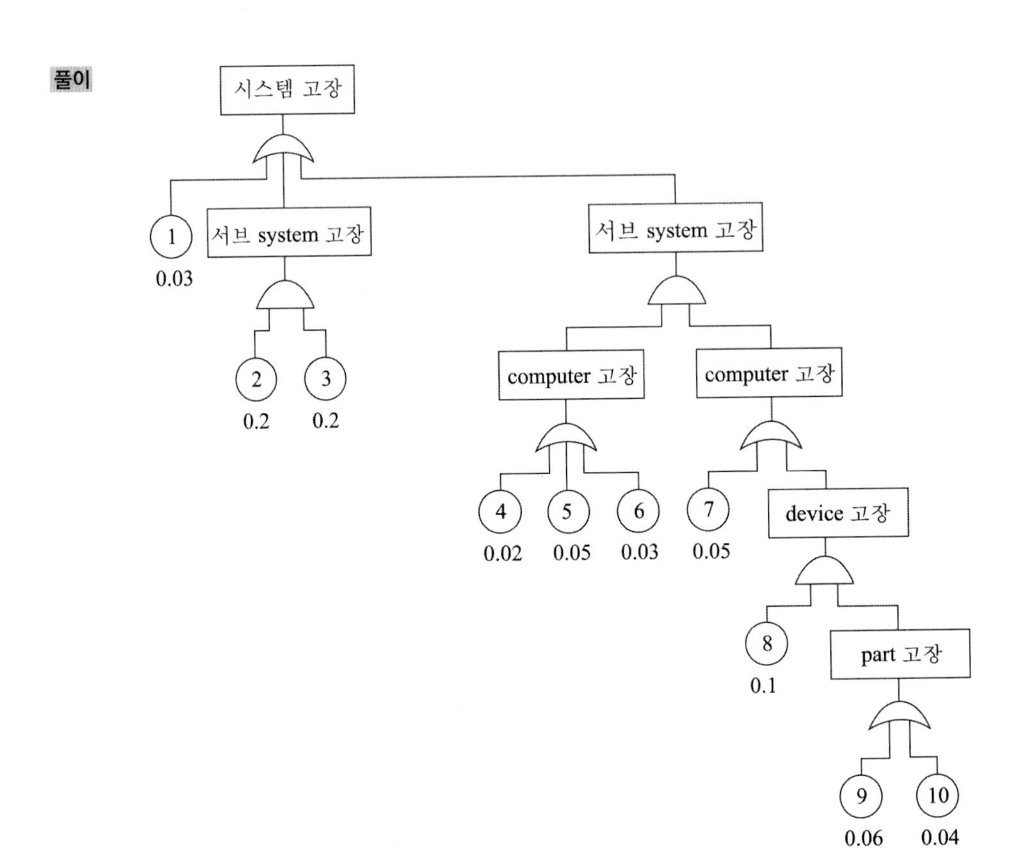

그림 5.14 FT 그래프

예제 3

다음과 같은 회로도에 대해 신뢰성 블록도를 작성하고, 신뢰성 블록도로 표시되는 시스템에 대해 "모터가 시동이 안 됨"을 정상사상으로 하는 FTA를 실시하라.

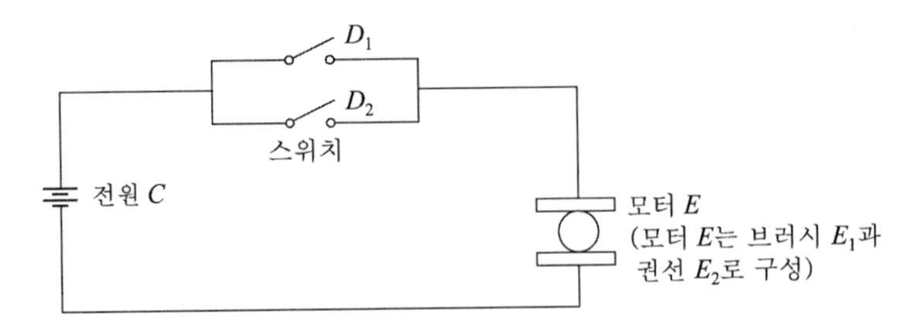

그림 5.15 전기회로도

풀이

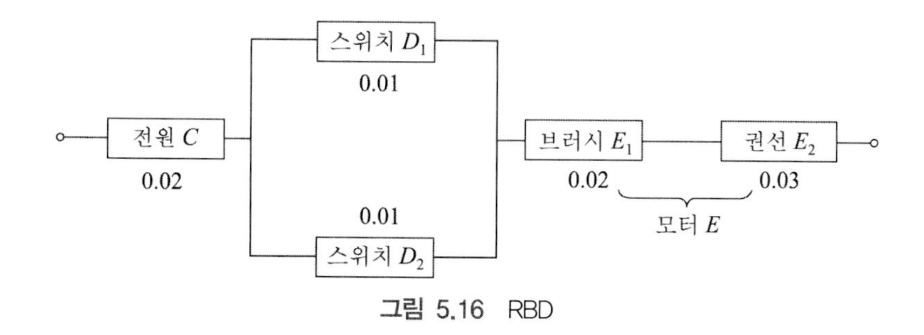

그림 5.16 RBD

그림 5.16에 대한 FT를 작성하면 그림 5.17과 같다.

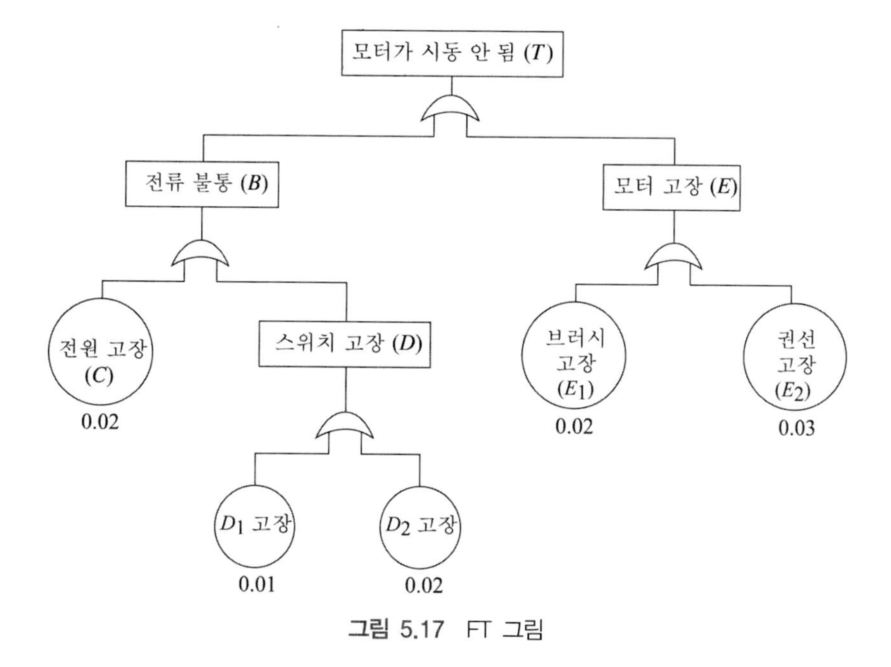

그림 5.17 FT 그림

FT의 부울대수를 이용한 정상사상의 발생확률 F_T

$$F_D = F_{D_1} \cap F_{D_2} = F_{D_1} \cdot F_{D_2} = (0.01)(0.01) = 0.0001$$

$$F_B = F_c \cup F_D = F_c + F_D = 0.02 + 0.0001 = 0.0201$$

$$F_E = F_{E_1} \cup F_{E_2} = F_{E_1} + F_{E_2} = 0.02 + 0.03 = 0.05$$

$$F_T = F_B \cup F_E = 0.0201 + 0.05 = 0.0701$$

RBD에서 불신뢰확률 $F_T = 1 - 0.9309 = 0.0691$

따라서 두 값은 근사적으로 같다고 할 수 있다.

예제 4

다음과 같은 정상사상 T의 결함확률을 구하라. 기본사상은 상호독립이고, 결함확률은 모두 0.25이다.

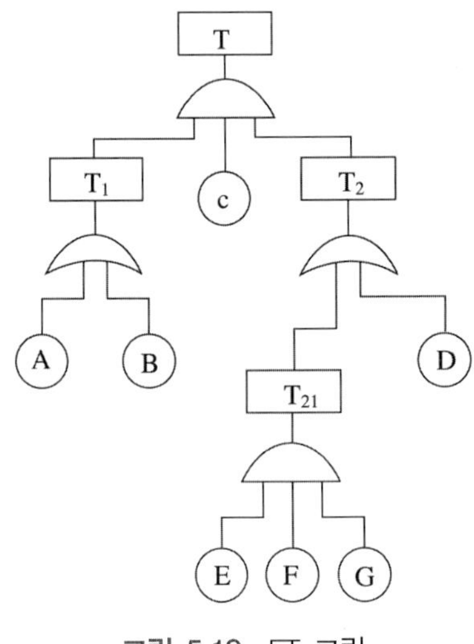

그림 5.18 FT 그림

풀이

$F_{T_{21}} = F_E \cdot F_F \cdot F_G = 0.25^3 = 0.0156$

$F_{T_2} = F_{T_{21}} + F_D = 0.2656$

$F_{T_1} = F_A + F_B = 0.5$

따라서 $F_T = F_{T_1} \cdot F_C \cdot F_{T_1} = 0.032$

5.6 기타 고장분석 수법

FMEA, FTA는 지금까지 설명해온 것과 같이 제품의 개발, 설계, 제조, 운용의 각 단계에서 발생이 예측되는 문제점을 사전에 예측하고 대책을 수행하기 위해 여러 분야에서 사용되고 있다. 그러나 FMEA, FTA는 시스템, 서브시스템, 부품 등의 계층 간의 기능적 관련, 논리에 중점을 두고 있기 때문에 상당히 정적인 면이 있고, 시간 및 환경의 변화에 따른 동적인 상태의 변화에 관한 요인을 간과해버리는 경향이 있다. 이러한 문제를 해결하기 위해 제안되고 있는 수법들에 대해 언급한다.

5.6.1 공통원인 고장분석

공통원인 고장분석(CCFA, common cause failure analysis)이란 어떤 부품의 고장이 알 수 없는 원인에 의해 두 개 이상의 부품이 동시에 또는 아주 짧은 시간간격 동안에 고장을 일으키는 유형에 대한 고장분석을 말한다. 시스템의 신뢰성 분석을 위해 시스템을 구성하는 구성품들 상호간에 독립고장을 가정하였다. 그러나 한 구성품 고장은 다른 구성품의 고장에 영향을 줄 수 있는 종속성이 존재할 수 있어, 시스템의 고장에 이러한 종속성을 고려하는 것은 당연한 경우라 보는 것이 지배적이다. 5.5절 FTA의 예제 1에서 아이템 a는 사상 A와 B의 고장의 공통원인이 된다. 또 n중k-시스템과 같은 상호종속된 중복시스템의 경우도 공통원인 고장의 유형을 보여주는 간단한 예라 할 수 있다.

공통원인 고장분석은 원자력의 안전성 연구로부터 구체화되기 시작하여 원자력 시스템의 신뢰성, 안전성 분석에 FMEA, FTA의 보충수단으로써 사용되고 있고, 다른 시스템에 대해서도 유용한 분석방법으로 이용되고 있다. 공통원인 고장의 사례로써 1985년 일본항공 B747기 사고의 경우 압력 칸막이의 파손이라고 하는 공통원인에 의해 유압계통의 전부가 파괴되어 제어불능으로 되는 경우가 있었다.

신뢰성 분석에서 단지 랜덤하고 독립적인 고장들만 생각할 수 없다. 설계 잘못, 휴먼 에러 등과 같은 단일 원인에 의해 여러 구성품에서 동시적 결함에 의해 시스템 성능 열화 또는 고장을 유발하는 공통원인 고장들이 발생할 수 있다.

공통원인 고장은 일차 고장의 영향에 의해 발생된 이차적 고장을 제외하고 둘 또는 그 이상의 구성품에서 일치하는 고장상태들을 야기하는 사상들을 말한다.

공통원인은 정량적 분석기법으로 FMEA를 사용할 수 있다. 이들 원인들은 다음 다섯 가지 범주로 구분될 수 있다.

① 환경영향(정상, 비정상, 우연)
② 설계 결함
③ 제조 불량
④ 조립 결함
⑤ 휴먼 에러(작업 또는 보전 동안)

이들 범주에 따른 체크 리스트를 개발하여 공통원인 고장을 포함할 수 있는 모든 가능한 원인들을 자세한 방법으로 파악하기 위해 체크 리스트를 활용한다.

그림 5.19는 FTA에 의한 공통원인 고장분석의 예를 보여준다.

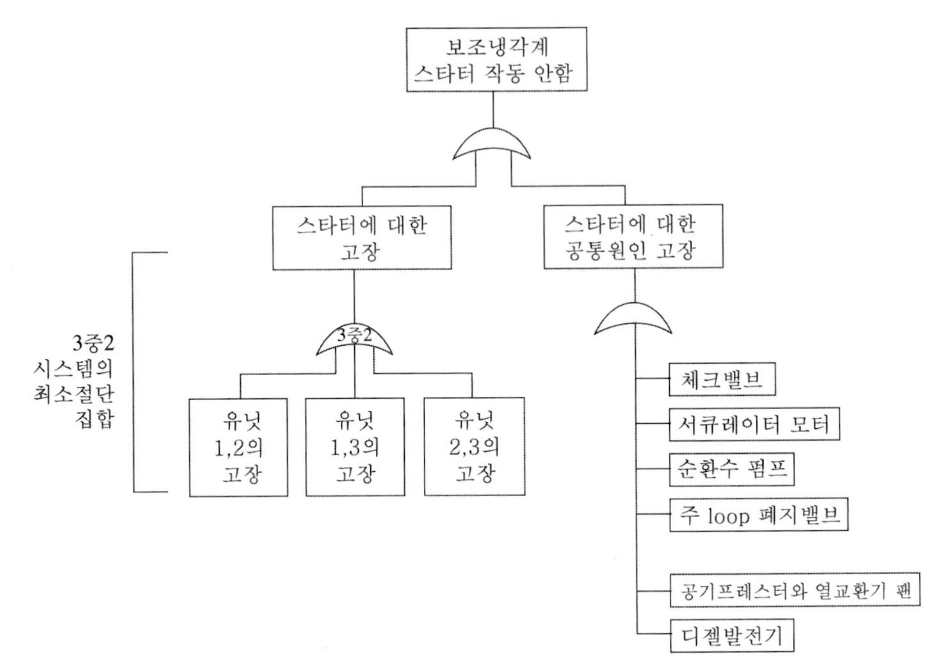

그림 5.19 FTA에 의한 공통원인 고장 분석의 예

표 5.21과 표 5.22에서 각 단일 고장모드의 공통원인을 체크 리스트에 정리하여 그 대책을 검토한 예이다.

표 5.21 공통원인 고장의 분류와 대책

공통원인	대책							
	설계 관리	실증될 설계	표준화	기능 분산	장치 분산	물리적 분산	안전 고장 모드	운용 관리
1) 외부 정상환경: 먼지, 더러워짐, 습도, 온도, 마모, 전기적 간섭	○	○	○	○	○		○	○
2) 장치설계의 결함: 서브시스템의 구성품 간의 전기적, 기계적 간섭 및 과도한 변화, 독립성 상실, 파라미터 간의 공통요소의 사용, 이상 시 상호의존성	○			○		○	○	
3) 운용, 보전 에러: 부주의 부적절한 조정, 교정, 시험, 보전, 휴먼 에러, S/W 에러, 부적절한 훈련 등				○	○			○

(계속)

표 5.21 (계속)

공통원인	대책							
	설계 관리	실증된 설계	표준화	기능 분산	장치 분산	물리적 분산	안전 고장 모드	운용 관리
4) 외부 파국사상: 태풍, 홍수, 화재, 지진, 낙뇌	○			○	○	○	○	○
5) 기능결함: 프로세스의 움직임, 모니터 기능 및 예방보호장치의 유효성에 대한 틀린 예측, 사고방식, 부적절한 설비의 장치	○			○	○			

표 5.22 공통원인(기계적/열적)

I(충격)	파이프의 체결, 지진, 구조고장에 의한 충격
V(진동)	운행 중의 기계, 지진의 진동
P(압력)	폭발, 시스템 상태의 변화(펌프의 스피드 과대, 흐름의 끝)에 따른 압력
G(오염)	먼지, 금속조각, 가동부의 마찰 등에 의한 오염
S(스트레스)	다른 금속 용접부에 있는 열 스트레스, 기계적 스트레스
T(온도)	화재, 낙뢰, 용접기, 냉각계의 고장, 전기계의 단락에 따른 온도

다음에 공통 고장모드가 시스템의 고장에 미치는 영향에 대한 정량적 분석을 생각해 본다. 네 개의 상호독립인 동종의 경보기가 병렬로 구성된 경보시스템을 생각한다. 경보기의 신뢰도를 R_1이라 하면, 이 시스템의 신뢰도는 $R = 1-(1-R_1)^4$이다.

또 동일 전선을 통해 신호가 경보기 4개 모두에서 전달된다면, 전선의 고장 가능성을 고려해 보아야 한다. 전선은 중복 경보기를 갖는 직렬로 표현할 수 있다. 전선의 신뢰도를 R_2라 하면, 이 시스템의 신뢰도는 $R = R_2[1-(1-R_1)^4]$이다.

전선의 신뢰도가 경보기의 신뢰도에 비해 어느 정도 크다면, 시스템 신뢰도는 일차적으로 전선 신뢰도에 제약되고, 경보기의 중요도 $\frac{\partial R}{\partial R_1}$, 전선의 중요도 $\frac{\partial R}{\partial R_2}$를 고려하여 $\frac{\partial R}{\partial R_1} > \frac{\partial R}{\partial R_2}$라면, 전선의 중요도가 더 크다고 판단할 수 있다.

5.6.2 사상목 분석

지금까지 제품의 고장률에 큰 변동이 없었던 시장에서 어떤 시점에서 돌발적으로 고장률이 변동하고 나빠진다고 하는 경우가 간혹 발생하게 된다. 이와 같은 경우의 원인에 대해서 조사해 보면, 대체로 재료, 공정, 처리조건, 시험 조사방법, 사람, 구입선 등과 같은 몇 가지 형태의 변경에 의해 문제가 발생하고 있는 경우가 있다. 이와 같이 시간에 따른 변경에 대해 예측, 평가를 하고 필요하다면 사전에 대책을 세워 둘 필요가 있다.

사상목 분석(ETA, event tree analysis)은 트리 형태와 같이 분석한다고 하는 면에서는 FTA와 동일하지만, FTA는 시스템의 결함을 부품의 고장모드 등의 원인으로 분해하는 top-down식 분석방법인 것에 비해, ETA는 고장의 발생원인 측에서 결과를 향해 그 발생 시간축상에서 어떠한 순서로 인해 바람직하지 않은 사상이 제시되고 있는가를 분석하는 수법이다.

ETA는 귀납적 논리도이며 초기 사상에서 시작하여 여러 가지 수행순서를 거쳐 결과가 어떤 상태로 되는가를 밝히는 방법이다.

ET에서 사상의 단계수가 5개이고, 각 단계에 실패, 성공의 두 가지가 있는 경우, 총 2^5= 32가지 경우의 수가 발생한다. 만약 각 단계에 세 가지 이상의 상태가 있을 수 있다면 경우의 수는 상당히 커지게 된다. 분석의 단순화를 위해 각 단계에서 두 가지 사상만을 고려한다.

일반적으로 ET를 이용하여 다음 세 가지 목적을 달성할 수 있다.

① 초기사상에 대해 사고에 이르는 시나리오를 확인한다.
② 각종 사고에 대해, 안전성을 확보하는 시스템의 성공 또는 실패의 사건 관계를 나타낸다.
③ 결함목(FT)의 정상사상을 정의할 수단을 부여한다.

따라서 ET는 시스템 전체에 대한 위험평가에 주로 이용된다.

그림 5.20은 사무실에서 화재 감지 및 진압 시스템에 대한 ETA의 예이다. 이 ETA는 화재시스템의 모든 가능한 발생을 분석한다. ET에서 초기사상은 '화재 발생'이다. 안전 활동에 대한 성공 및 실패가 되는 범위를 중요사상으로 나타내었다.

ET는 대규모 시스템의 위험도를 정량적으로 평가하는 방법으로 매우 유용하다. ET에서 논리적으로 의미가 없는 사고 경우의 수를 제거함으로써 ET가 간단하게 되며 공통모드의 영향을 평가할 수도 있다. 더욱 공학적 안전시스템이 관련 사상들로 인해 물리적 프로세스에 끼칠 영향 혹은 거기에서 받을 영향을 조사할 수가 있다. 특히, FTA(결함목 분석)를 이용하여 사고를 정량적으로 평가할 필요가 있는 경우에 ET는 유용하다. FT를 이용해 시스템의 상호작용을 밝히는 것은 곤란하다. ET에 의해 어떤 시스템에 FT를 적용해야 할 것인가가 확실해진다. ET는 귀납적 논리도이며 초기현상에서 출발해 여러 가지 경우를 얻어 결과가 어떤 상태가 되는가를 밝히는 점에서 의사결정목과 많이 비슷하다. ET의 단점은 다음과 같다.

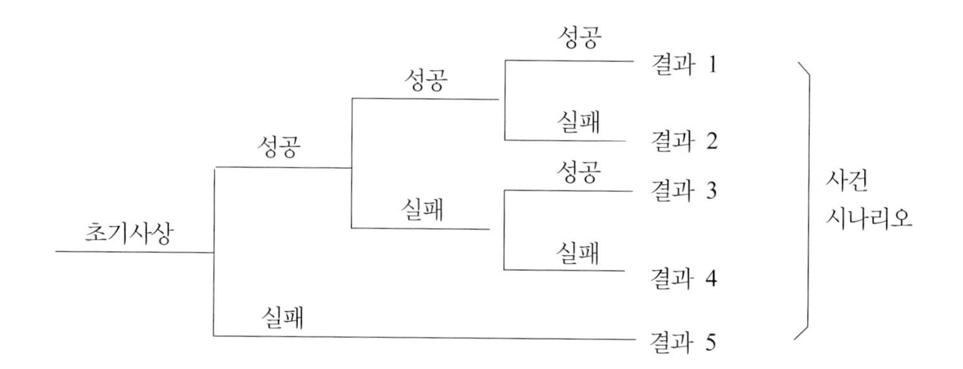

초기사상	중요사상			결과	확률
	화재탐지 작동	화재경보 작동	스프링클러 작동		

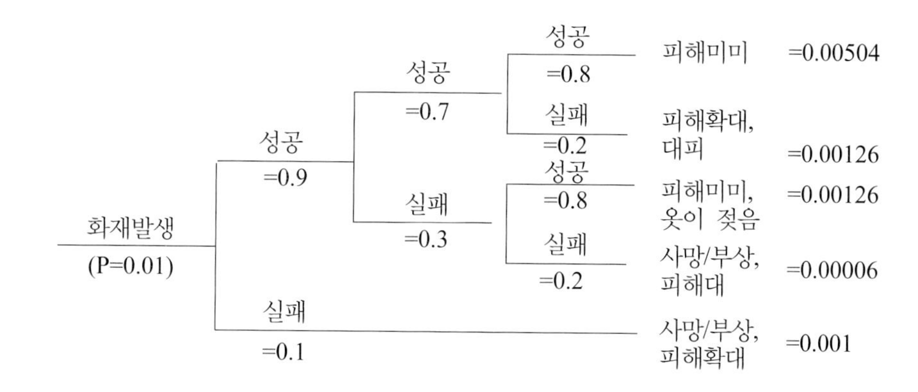

그림 5.20 ETA에 의한 화재사고 분석 예

1. ETA는 단지 하나의 초기사상만을 가질 수 있다. 따라서 여러 개의 ETA는 여러 초기사상들의 연관사상을 평가하기 위해 필요하다.
2. ETA는 사상들을 모델링할 때 미묘한 시스템의 연관성을 간과할 수 있다.
3. 각 사상에서 성공 또는 실패, 두 개 중 하나밖에 선택할 수 없다. 탐지기는 작동했지만 "도중에 고장이 났다", "작동하는 시간이 늦었다" 등의 고장모드를 정량적으로 분석할 필요도 있다. 이 선택에서 부분적인 고장이 고려되지 않는 문제가 있다.
4. 훈련되고 실무에 능한 분석자가 요구된다.

5.6.3 의사결정목 분석

의사결정목 분석(DT, decision tree analysis)은 경제학 혹은 경영과학(OR, Operations Research)에서 수리적으로 확정짓지 못한 의사결정문제에 사용되고 있다.

신뢰도 의사결정목(decision tree)은 시스템 구성요소의 신뢰도를 이용하여 시스템의 신뢰도를 나타내기 위한 모델로서 ET와 비슷하게 각 구성요소들이 얻을 수 있는 상태를 나타내는 결과와 관련짓는다. 간단한 예를 이용하여 DT를 설명한다.

그림 5.21과 같은 펌프 시스템을 생각한다. 펌프의 신뢰도는 0.95라 한다. DT는 시작정점에서 분지한다. 일반적으로 DT 그림을 그릴 때 바람직한 결과는 위쪽 분지 선으로 하고, 바람직하지 못한 결과는 아래쪽 분지 선으로 진행한다. 그리고 트리는 왼쪽에서 오른쪽으로 전개된다. 이 예에서 펌프의 작동은 시스템의 성공이고, 시스템의 성공확률은 0.95, 고장확률은 0.05이다. DT에서 결과의 확률의 합은 1이다.

DT는 직렬 또는 병렬 시스템에도 적용한다. 그림 5.22는 펌프와 밸브가 직렬로 결합된 시스템이고 신뢰도는 각각 0.95, 0.90이다. 만약 펌프가 작동하지 않으면 밸브의 작동에 관계없이 시스템은 고장이다. 펌프가 작동하면 밸브 상태를 조사하여 시스템이 성공 여부를 조사한다.

그림 5.22의 두 번째 정점에서 시스템 신뢰도는 $0.95 \times 0.90 = 0.855$, 시스템 불신뢰도는 모두 $(0.95 \times 0.10) + 0.05 = 0.145$이다. 단, 여기서 펌프가 밸브의 신뢰도는 통계적으로 독립이라 가정한다. DT는 직렬 및 병렬결합을 갖는 시스템 또는 복잡한 결합 시스템에도 적용할 수 있다.

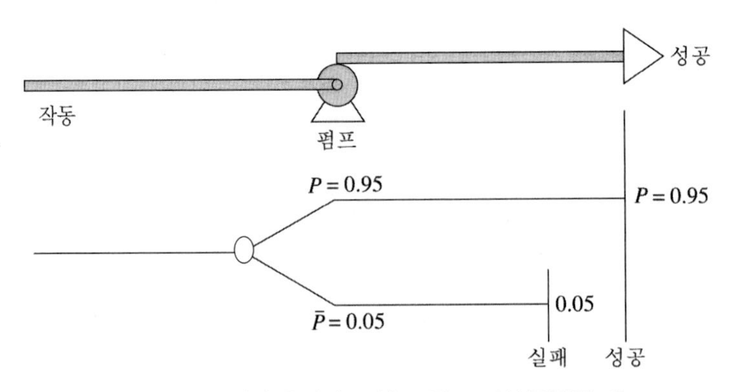

그림 5.21 단일 유닛의 구성도 및 그 의사결정목 예

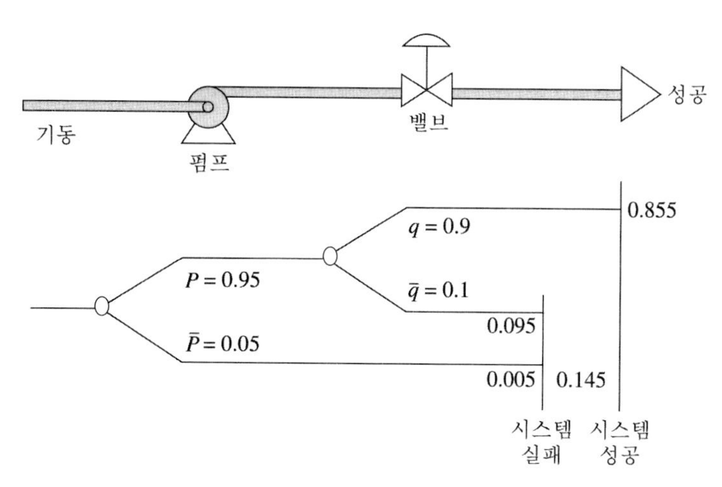

그림 5.22 직렬 2 요소에 대한 구성도와 DT 예

6장

신뢰성 시험과 신뢰성 샘플링

6.1 서론

신제품 개발 시 신설계에 의한 위험성 감소, 신설계의 타당성, 제조 프로세스의 확립, 사용재료 평가를 위해 신뢰성 시험을 실시한다. 신뢰성 시험을 통해 제품 및 부품에 대한 수명을 예측하고, 발생 가능한 제품의 고장원인을 찾아낸다. 또 제품에 관련된 계약, 요구 또는 관련법규 만족을 위해 시험을 통해 제품 안정상의 문제점을 사전에 찾아내고, 고장을 재현하고, 해석하여 재발대책을 세워서 장차 제조하는 데서 생기는 문제점을 해결한다.

신뢰성 시험은 KS규격에 "신뢰성 결정시험 및 신뢰성 적합시험의 총칭"이라 정의되어 있다. 신뢰성 시험의 결과에 의거하여 신뢰성 특성치를 추정하는 것을 신뢰성 결정시험(reliability determination test)이라 하고, 제품의 신뢰성 특성치가 규정된 신뢰성 요구에 합치하는가를 판정하는 것을 신뢰성 적합시험(reliability compliance test), 통계적으로는 대상의 신뢰성 특성치가 규정의 신뢰성 특성치의 합치에 대한 유의차 검증을 실시하는 것이다. 신뢰성 특성치라는 것은 수량적으로 표시된 신뢰성 척도로써 신뢰도, 보전도, 고장률, 평균수명, MTBF, MTTF, MTTR, B_{10} 수명 등을 말한다.

미 우주항공 산업협회(AIA, aerospace industries association)에서 신뢰성 시험이란 "제품, 부품 또는 시스템의 신뢰성 수준을 측정하고, 각종 사용 및 환경조건하에서 그 수준의 시간에 따른 안정성을 평가하기 위해 계획된 시험 및 해석"이라 정의하고 있다. 이들을 요약하면, 신뢰성 시험이란 "제품의 개발 및 제조과정에서 제품의 신뢰성 향상을 위해서 행해지는 신뢰성 평가, 확인 및 보증을 위해 실시되는 모든 시험"이라 할 수 있다.

신뢰성 시험의 특수성은 성능시험 및 환경시험과 비교하면 이해하기 쉽다. 제품의 치수, 중량, 성능 등의 시험은 비파괴시험으로 조사할 수 있다. 특정 방법 및 특성치에 의문점이 있다면 몇 번이라도 시험할 수 있다. 전수로도 가능하다. 그런데 양산 제품이라면 그 수량이 대단히 많게 된다.

신뢰성 시험은 수명특성을 조사하는 것으로 파괴시험이 되고 전수시험은 되지 않으므로 샘플링시험이 될 수밖에 없다. 양산 제품에 대해서도 고장시간이 일정한 것은 아니고, 큰 편차가 있는 것이 보통이다. 시험방법 및 고장시간에 의문이 생기는 것도 당연한 것이지만 그것에 대해서 재차 시험을 반복할 수 없다. 특히 시험에 시간이 걸리기 때문에 모든 샘플이 고장 나기 전에 시험을 마쳐야 하는 경우가 있다. 이와 같은 특수성을 감안하면 신뢰성 시험에는 많은 연구가 필요하다. 또 시험 데이터의 분석에는 통계적인 분석방법이 필요하다. 신뢰성 시험을 완성품에 대해 실시하면 시간과 비용이 막대하게 들기 때문에 개발단계에서 실시하든지, 소재 및 부품 레벨에서 실시하고 그에 대한 정보를 효과적으로 활용하는 연구가 필요하다. 특히 가속시험 및 스크리닝 시험을 활용할 필요가 있다.

6.2 신뢰성 시험의 목적, 계획 및 체계

6.2.1 신뢰성 시험의 목적

신뢰성에서 문제 해결을 위해 신뢰성 시험이 차지하는 비중은 매우 높다. 그 요구목적이나 대상 제품의 성격에 따라 신뢰성 시험 방법은 크게 달라진다. 신뢰성 시험의 일반적인 목적을 열거하면 다음과 같다.

① 제품의 신뢰성 보증(목표신뢰성 보증, 로트의 합부 판정 등)
② 신설계, 신부품, 신프로세스, 신재료의 평가(안전 여유도, 내환경성, 잠재적 결함 등)
③ 고장 메커니즘 조사, 시험방법의 검토(가속 수명시험의 방법과 그 가속계수, 스트레스의 종류와 그 수준, 시료수, 시험기간, 샘플링 방법의 선정 등)
④ 안전상의 문제점 발견
⑤ 불량분석, 사고대책(사고의 재현, 고장 분석, 대책의 효과 확인 등)
⑥ 고장분포의 결정(신뢰성 예측, 설계, 시험의 기초자료)
⑦ 신뢰성 데이터의 수집(비교, 관리방법의 선택 등)
⑧ 계약 요구사항 또는 법규의 만족 여부

6.2.2 신뢰성 시험의 체계

신뢰성 시험은 그 대상, 실시장소, 가하는 스트레스의 강도와 시간 등에 의하여 여러 가지로 분류할 수 있겠으나 기업에서 실제로 많이 수행하고 있는 내용을 중심으로 분류하면 그림 6.1과 같다.

그림 6.1 신뢰성 시험의 분류 체계

신뢰성 시험은 설계가 기본적인 성능 요구사항을 만족시킨다는 것을 보증하기 위한 성능 시험, 설계가 예상되는 환경범위에서 작동될 수 있음을 보증하는 환경시험, 제품의 신뢰성에 관한 신뢰성 시험 등을 고려하여야 한다.

신뢰성 시험은 품질검사와 일체가 되어서 다음과 같이 구성된다.

(1) 제품개발, 인증, 제조과정에서의 신뢰성 시험(MIL-STD-781)

① 신뢰성 성장시험(RGT, reliability growth test)

② 신뢰성 인증시험(RQT, reliability qualification test)

③ 생산 신뢰성 수락시험(PRAT, production reliability acceptance test)

④ 환경 스트레스 스크리닝(ESS, environmental stress screening)

(2) 신뢰성 시험 체계

① 인증시험(qualification test)

② 정기적 인증 유지

- 정기적 품질인증 유지시험
- 고장률시험

③ 품질보증검사

- 로트 품질검사
- 로트 고장률검사
- 정기적 품질검사

전자부품의 시험체계에 대한 한 예를 그림 6.2에 표시한다.

6.2.3 신뢰성 시험의 계획

(1) 신뢰성 시험 계획을 위한 정보

신뢰성 시험을 계획하는 경우 다음과 같은 정보를 체계적으로 수집하여 검토하는 것이 중요하다.

(a) 제품에 관한 정보

① 제품성능의 규정과 고장에 관한 규정

② 제품을 구성하는 부품, 재료의 규격(specification)과 한계조건, 신뢰성 측면에서 중요 부분

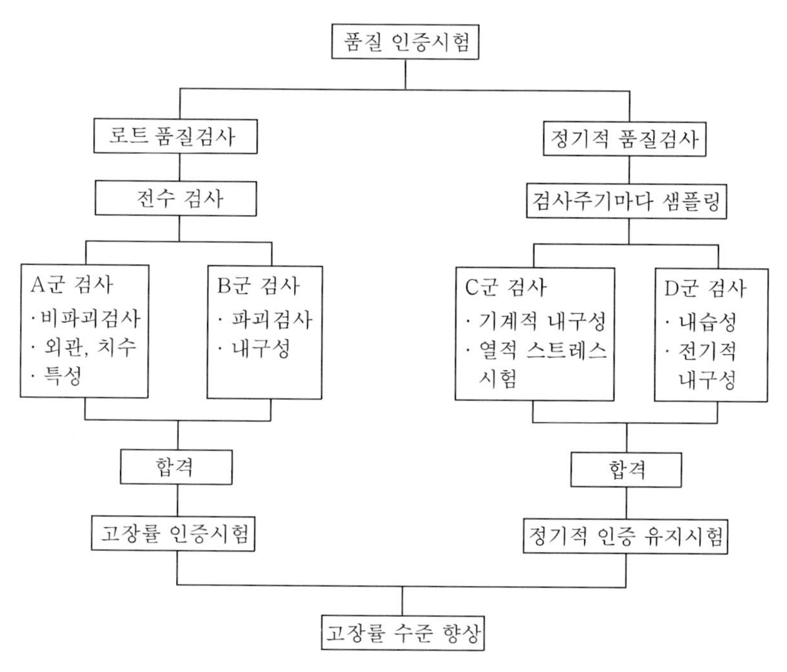

그림 6.2 전자부품의 시험체계

③ 동작조건

④ 환경조건(제조, 수송, 저장에 대한 사항도 포함)

⑤ 정상적 환경조건과 과도적 환경조건

(b) 고장 정보(유사 제품의 정보도 포함)

① 공정 중의 고장과 그 분석 결과

② 시험 중의 고장과 그 분석 결과

③ 심사용 현장의 고장과 그 분석 결과

(c) 고장 메커니즘과 분포에 관한 정보

① 제품의 FMEA, FTA

② 고장모드와 그 메커니즘

③ 고장모드와 그 수명분포

④ 고장 메커니즘과 측정 파라미터와의 관계

(d) 시험조건에 관한 정보

① 스트레스의 종류와 그 효과

② 열화에 관한 모델과 그 타당성

③ 단일 스트레스와 복합 스트레스의 효과

이들 정보는 사전에 전부 수집해 두어야 한다. 관계되는 문헌을 조사하고, 과거의 데이터를 해석해 두는 것도 중요하다. 불충분한 정보는 시험을 실시하여 보충하고 체계적으로 축적해 가는 것이 필요하다.

(2) 신뢰성 시험 계획의 일반원칙

신뢰성 시험 계획은 제품의 개발단계에서 입안하고 제품 개발단계에 따라 전개해 가는 것이 중요하다. 제품 개발 초기단계에서는 신뢰성의 중요 품목(고장률이 큰 것, 수명이 짧은 것, 안전성, 성능 면에서 중요한 것)의 시험 계획, 신규채용 부품의 신뢰성 시험, 시작품 및 양산단계에서는 신뢰성 인증시험과 정기적 확인시험이 필요하게 된다. 또 고장발생에 따라 재현시험과 개선의 확인시험이 필요하다. 다음은 신뢰성 시험 계획 진행의 일반원칙을 언급하고, 그림 6.3에서는 이 원칙을 기초로 한 신뢰성 시험 진행 순서를 살펴본다.

(a) 시험목적 및 평가척도의 명확화

신뢰성 시험은 대상이나 목적에 따라 규모나 방법이 다르다. 또 부품, 재료의 경우와 기기에 대해서도 그 샘플 수 또는 인가 스트레스가 다르다. 완성품에서는 샘플수에 제한이 있고, 스트레스를 크게 하면 보호장치가 작동하는 한계가 있어, 비파괴적인 특성이 중점이 된다. 따라서 완성품의 신뢰성 보증은 부품, 유닛의 신뢰성 평가정보를 종합해서 판단하는 것이 중요하다.

(b) 고장 정의와 고장판정 기준 명확화

시험 실시에 있어서 고장의 정의와 판정 기준, 중요도의 판정, 결점분류 등이 명확해야 한다. 또 데이터의 이상(異常)이나 그 샘플에 대한 처리방법을 정해 놓는 것이 필요하다.

(c) 측정 파라미터 선정과 선정방법

고장의 정의나 고장판정 기준이 정해지면 특성치 선정을 검토한다. 예를 들어, 시간과 비용이 많이 요구되는 내구성 시험에서는 물리적, 공학적으로 측정이 용이한 소수의 특성치에 한정한다. 과거 데이터를 활용, 예비실험을 통해 측정 파라미터를 선정하는 방법도 강구하여 최종 아이템에 대해서 유효한 특성치를 찾아낸다.

측정 파라미터로는 고장에 민감한 것, 복잡한 것은 측정이 곤란하므로 될 수 있는 한 배제할 필요가 있고, 효율적인 측정치 수집을 위해 특성치의 측정조건, 안전화 시간과 처리, 측정시간 간격, 데이터 처리방법 등의 선정이 필요하다.

(d) 스트레스의 종류와 수준, 인가방법

신뢰성 시험의 조건설정은 실험실 데이터가 실사용 데이터와 상호관련성, 고장원인이 재현될 수 있는 성질의 것으로 하여 실사용조건을 잘 반영시키도록 고려해야 바람직한 결과 데이터를 얻을 수 있다.

사용환경조건과 제품 신뢰성의 영향에 대한 관련성을 일람화하고, 사용방법의 엄격성에 따른 스트레스 기준을 설정하는 것도 효과적이다.

가속시험을 실시할 경우 스트레스 수준을 엄격히 하고, 수명단축이나 고장률 증가를 꾀하여 단시간에 평가하도록 하는 것이 바람직하다.

(e) 샘플수와 시험시간

시험시간 부족이나 샘플수가 충분하지 않아서 고장에 대한 평가가 불충분하였다는 경우가 많다. 시험시간에 제약이 있는 경우 샘플수는 필히 증가하게 된다. 따라서 가속시험에 의한 경우, 시료수와 시험시간을 줄일 수 있는 효과를 얻을 수 있어 많은 관심을 갖고 있다.

일반적으로 샘플수는 구성품인 경우 20~30개 정도, 완성품인 경우 1~10개 정도로 권장하고 있지만, 시험목적에 따라 샘플수와 시험시간은 적정하게 정해져야 한다.

따라서 허용된 비용 인자의 독립성, 환경조건과 동작요소의 비중 등을 고려해서 샘플개수, 시험시간, 판정방식 등을 설계한다.

(f) 일정 계획

시험 계획에는 대상, 일시, 장소, 담당, 방법, 평가, 해석, 보고가 명확하게 규정되어 있어야 한다. 직능조직에 의한 분담과 상호 평가체제가 필요하고, 일람화한 계획표의 운용이 효과적이다.

그림 6.3은 신뢰성 시험 계획의 일반원칙에 따라 살펴본 신뢰성 시험 계획 진행 순서도이다. 시험 진행은 조사단계, 기획단계, 검증단계, 확인단계, 확립단계를 거쳐 시험이 완료된다.

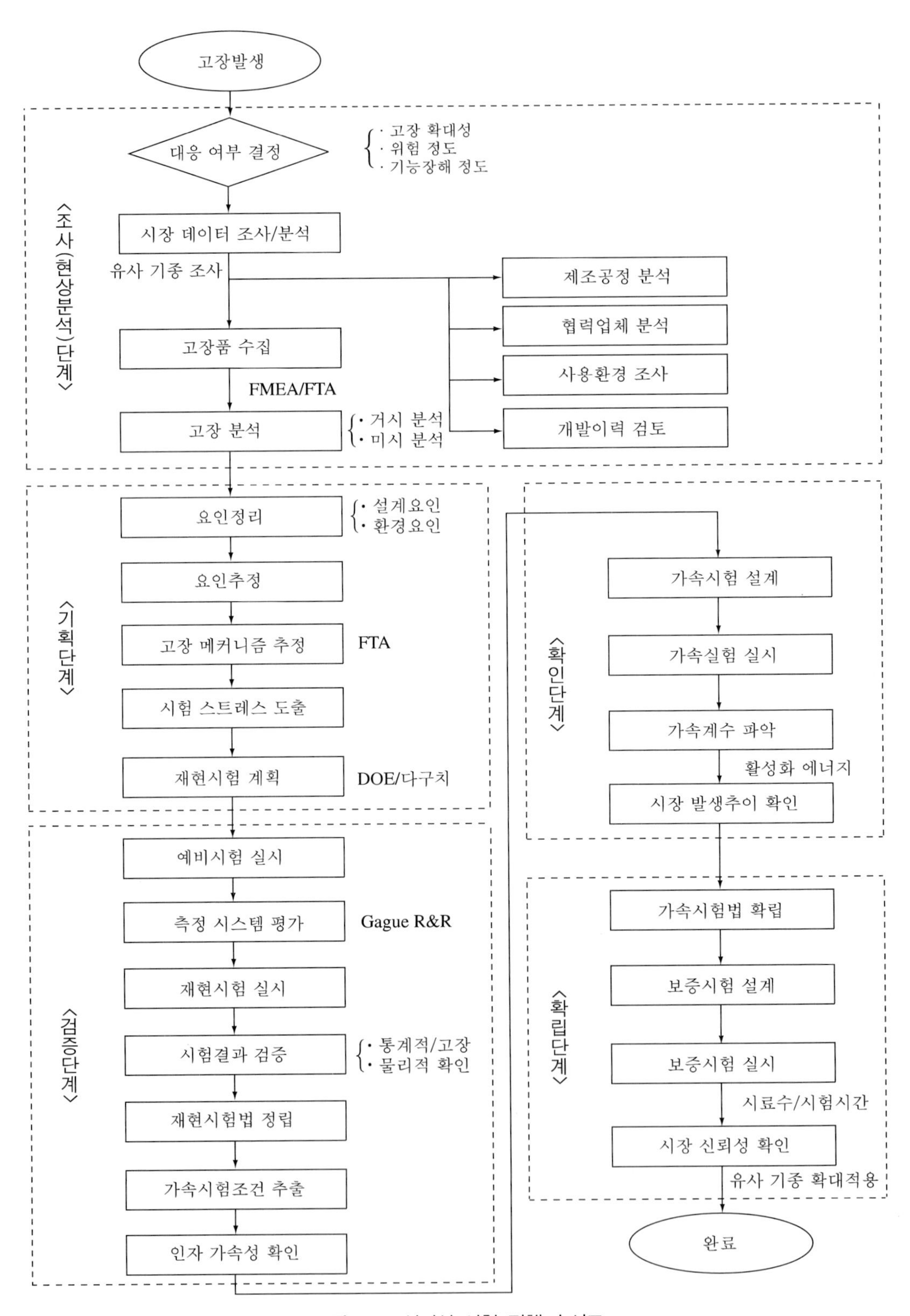

그림 6.3 신뢰성 시험 진행 순서도

6.3 신뢰성 시험의 종류

6.3.1 수명특성에 따른 신뢰성 시험

신뢰성 시험을 제품의 수명특성과의 관계에서 살펴보면 그림 6.4와 같다. 이들의 시험에 대한 특징은 다음과 같다.

(1) 스크리닝 시험

스크리닝 시험(screening test)은 제품의 초기고장(early failure)을 제거하기 위해 실시하는 시험으로, 디버깅(debugging)이라고도 한다. 초기고장의 고장 메커니즘에 따른 시험에 의해서 제품의 잠재적 결함을 검출하고 제거하는 것이 중요하다. 초기고장모드는 보통 제조품질 편차와 설계 미숙에서 비롯되는 경우가 많다.

사용개시 후 비교적 빠른 시기에 설계 및 제조상의 결함 사용조건의 부적합 등에 의해 생기는 고장, 즉 초기고장을 제거하여 높은 신뢰성을 얻는 것이 스크리닝의 목적이다.

초기 고장기에 대해서 다음과 같은 시험 종류가 있다.

① 스크리닝(screening): 고장 메커니즘에 따른 시험에 의해서 잠재적 결함을 갖고 있는 아이템을 제거하는 시험
② 디버깅(debugging): 초기고장을 경감하기 위해 아이템을 사용개시 전 또는 사용개시 후 초기에 작동시켜 결점을 검출, 제거하고 시정하는 시험
③ 번인(burn-in): 아이템의 친숙성을 좋게 하거나 특성을 안정시키기 위해 사용 전에 일정 시간 동작시키는 시험으로, 이것은 스크리닝을 위한 역할을 하므로 노화(aging)시험이

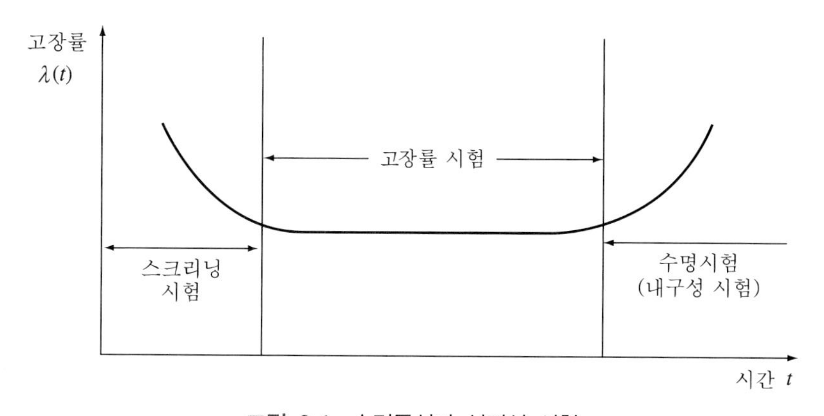

그림 6.4 수명특성과 신뢰성 시험

라고도 한다. 이들 시험은 양품에 대해서 나쁜 영향을 주지 않고 결함이 있는 것을 단기간에 검출, 제거해서 실사용 시 낮은 고장률을 달성하는 것을 목적으로 하고 있다.

스크리닝 실행 방법은 신뢰성 시험 중 제품에 나쁜 영향이나 손상을 미치지 않는 조건을 적용할 필요가 있고, 스트레스 종류, 스트레스 크기, 결함을 검출하기 쉬운 측정 파라미터의 선정, 외관검사 기준 등에 대해서 파악해 두는 것이 중요하다.

스크리닝 종류에는 다음 세 가지가 있다.

(a) 목시 스크리닝

공정 중에서 작업자에 의해 수행되는 것으로 눈으로 보는 방법이다. 반도체 웨이퍼(wafer)의 산화막, mask pattern, 증착막, die, mount, bonding heater 등에 대해 실시될 수 있다.

(b) 전기적 스크리닝

가장 많이 사용되는 방법으로 잘 알려진 것으로는 번인(burn-in)이 있는데 통상 최대 전압수준, 최대 보증온도에서 행한다. 반도체 IC의 경우 표면 이물, 오염, 확산, 산화막 결함, 프린트 기판의 배선이나 콘덴서의 단락 검출에 효과가 있다.

(c) 환경 스트레스 스크리닝

생산단계, 최종 제품의 출하 또는 수입단계에서 잠재적 결함이 있는 제품에 스트레스를 가하여 제품이 갖고 있는 결함을 찾아 제거함으로써 소비자에게 인도되는 제품 고유 신뢰도 저하를 방지하는 것을 목적으로 한다. 따라서 ESS는 결함이 있는 제품의 고유 신뢰도를 보증하기 위한 방법으로 실시되며, 결함의 핵심원인이 제거될 때까지 결함이 없는 제품이 출하되기 위해서는 효과적인 ESS 프로그램이 선행되어야 한다.

- 온도 사이클: 장시간에 걸친 급격한 온도 변화에 대해 재질 간의 열팽창계수의 차이, 열적인 내력의 양부 판정을 위해서 실시한다.
- 열 충격: 온도 사이클을 급격히 변화시키는 시험방법이다.
- 기계적 충격: 극도의 기계적 충격에서 손상되지 않는 것을 보증하기 위한 시험이다.

적절한 스크리닝을 행하는 데 있어서는 대상으로 하는 기기의 용도, 구조, 제조공정의 여러 가지 사항을 충분히 검토하고, 또한 부작용에 관해서도 고려해 둔다.

제품의 개발 수준이 복잡하지 않을수록, 즉 부품 수준의 시험에서 발생한 고장을 제거하는 것이 상대적으로 비용이 적게 든다. 따라서 부품 또는 하위 시스템 수준에서 ESS가 바람직하며, 이때 상위 시스템 수준에서 허용할 수 있는 스트레스보다 가혹한 조건에서 시험

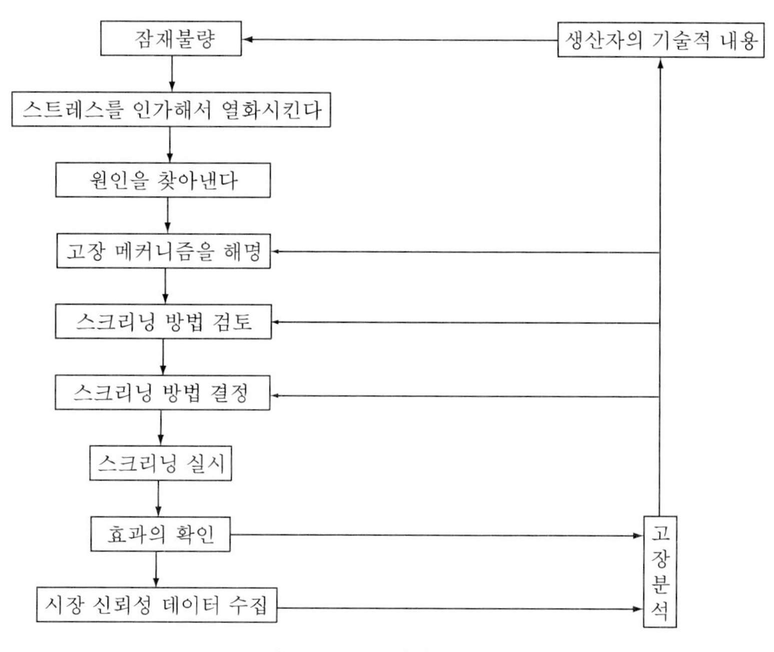

그림 6.5 스크리닝 실시 순서

하는 것이 바람직하다.

일반적으로 수명의 확률밀도함수를 $f(t)$라 하자. 일정 시각 t_1을 경과한 후 수명의 확률밀도함수 $f(t \geq t_1)$는

$$f(t \geq t_1) = \begin{cases} \dfrac{f(t+t_1)}{R(t_1)}, & t_1 \leq t < \infty \\ 0, & t < t_1 \end{cases}$$

으로 되고 시각 t_1까지 생존하고 있는 것을 조건부로 그 후의 수명분포를 제시한다. 이 수명을 보통 잔여수명 또는 나머지 수명이라 한다.

예제 1

지수분포 밀도함수 $f(t) = \lambda e^{-\lambda t}$에 대해 수명밀도함수 $f(t \geq t_1)$를 구하라.

풀이 $$f(t \geq t_1) = \frac{f(t+t_1)}{\int_{t_1}^{\infty} f(t)} = \frac{\lambda e^{-\lambda(t+t_1)}}{R(t_1)} = \frac{\lambda e^{-\lambda(t+t_1)}}{e^{-\lambda t_1}} = \lambda e^{-\lambda t},\ t_1 < t$$

모집단의 수명분포가 지수분포인 경우, 임의 시간 t_1을 경과한 후 수명분포도 동일하다.

예제 2

원 모집단의 수명분포가 지수분포인 경우 스크리닝의 효과를 기대할 수 없다는 것을 예제 1에서 언급하였다. 그런데 원 모집단의 수명분포가

$$f(t)=\frac{m}{\eta^m}t^{m-1}e^{-\left(\frac{t}{\eta}\right)^m},\ t>0$$

인 와이블 분포인 경우, $m<1$의 경우 스크리닝 효과를 기대할 수 있다고 생각되지만, $t=t_1$에 해당하는 전수 스크리닝을 적용했을 때 나머지 모집단의 수명분포 $f(t\geq t_1)$을 구하라.

풀이 $$f(t\geq t_1)=\frac{m}{\eta^m}(t+t_1)^{m-1}e^{-\left(\frac{t}{\eta}\right)^m}=f(t)R(t_1)$$

(2) 고장률 시험

제품의 안정기에 있는 고장률 또는 평균수명을 구하는 시험으로 이 기간에 나타나는 고장형태를 우발고장모드라 한다. 우발고장모드는 사용환경 스트레스와 파국적 고장을 일으키기 쉬운 요인에 의해 고장 발생시간이 랜덤하게 나타난다. 이 기간에 고장 발생시간의 분포는 대부분 지수분포를 갖게 되고 고장률은 일정하다. 이 모드가 계속되는 기간은 신뢰성 공학적인 면에서 안정적이며, 내용 수명기간이라 하고, 고장률이 가장 작은 값을 갖게 되나 제품안정의 입장에서 보면 매우 문제가 많은 기간이다. 우발고장모드는 강도분포 내의 결합이 급격하게 스트레스 분포영역 내로 빠져들게 되어 발생한다. 따라서 일단 고장이 나면, 발연이나 발화 등의 제조물 책임(PL, product liability)문제로 발전하기 쉽다.

(3) 수명시험

재료의 열화로 인한 제품고장이 그 대상으로 되고 마모고장모드를 파악하는 시험으로 내구성 시험이라고도 한다. 이 시험에서 제품의 내용 수명기간 및 수명분포를 구하고, 따라서 평가결과를 얻는 데 장기간을 요한다. 수리계 제품에서는 부품의 교환시기를 결정하는 것 외에 고장의 증가 경향을 파악하는 것이 중요하고, 이들을 위한 기초적인 데이터를 부여하는 시험이다.

수명시험(life test)은 기본적으로 제품 수명 또는 고장률을 조기 추정하여 사용자에게 제품의 신뢰성을 보증하고, 수명에 관계되는 몇 가지 요인, 예를 들면 스트레스, 환경, 설계인자, 처리 및 가공 등의 제조인자 등과 수명 또는 고장분포와의 관계를 파악하여 이를 제품

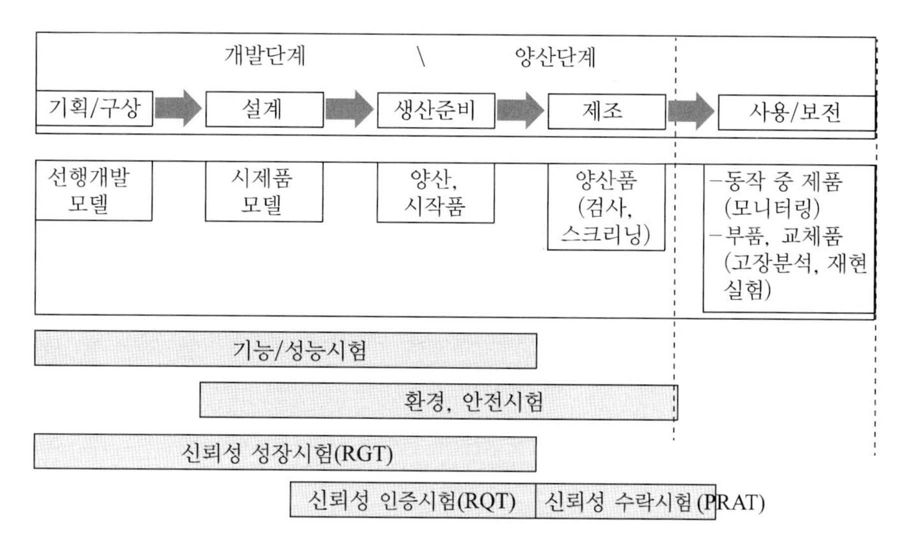

그림 6.6 제품 개발단계별 신뢰성 시험

의 개선설계, 시험방법의 보완, 사용방법의 개선 등에 응용하며, 특히 단시간 평가라는 의미로 가속 또는 강제 열화촉진 수명시험 방법을 개발, 적용하는 것으로 표현될 수 있다.

(a) 실 수명시험

실 수명시험(actual life test)은 판매대상이 되는 소비자의 실사용조건 중 최악의 상태에서 제품을 장시간 또는 다량 정상가동시키는 시험으로, 이 시험은 주로 사용자에게 제품의 수명을 보증하고, 가속 또는 가혹시험에서는 검출되지 않으면서 실사용 시에는 발생되는 고장모드 및 요인을 발견하여 개선대책을 수리하기 위한 것이다.

(b) 가속 수명시험

가속 수명시험(accelerated life test)은 수명이나 고장률을 조기에 예지하기 위한 방법으로 열화원인을 물리적, 시간적으로 가속하는 수명시험으로, 가속에 따라 실사용조건과 다른 고장모드가 발생할 수 있으므로 주의해야 한다. 따라서 가속 수명시험법은 고장 메커니즘이 변화하지 않는 시험조건, 또는 고장 메커니즘이 단순하고 간단한 시험조건을 선정해서 적용범위를 명확히 하는 것이 좋다.

수명을 단시간에 평가하는 일반적인 가속방법으로는 다음과 같이 여러 가지가 있다.

① 스트레스를 가혹하게 하는 방법: 일정 스트레스법, 계단식 스트레스(step stress)법, 양자의 혼합방법, 점진적 스트레스법
② 스트레스 인가 빈도를 증가시키는 방법: 주기적 스트레스법, 확률적 스트레스법
③ 고장판정을 가혹하게 하는 방법: 판정 가속법. 예로써, 특정치가 10% 변화할 때 고장

으로 규정한다면, 5% 변화했을 때 고장으로 판정하는 방법

④ 고장이 나기 쉬운 구조와 형태의 시작품을 시험하여 판정하는 방법

⑤ 통계적으로 단축 판정법을 이용: 중도 마감법

6.3.2 제품 개발단계에 따른 신뢰성 시험

(1) 신뢰성 성장시험(RGT, reliability growth testing)

제품 개발단계에서는 신뢰성을 개선해 가는 것이 중요하다. 또 수리계 시스템에서는 수리를 반복해 가면서 고장원인 및 결함부분을 개선하여 신뢰성을 향상시키는 노력이 요구된다. 이들은 대상으로 하는 모집단을 인위적으로 변화시키기 때문에 엄밀하게 이들까지 신뢰성 통계학을 적용할 수 없다.

가장 일반적으로 사용되는 신뢰성 성장 모델은 J. T. Duane이 GE사에서 가전제품에 적용한 모델이다.

t: 아이템 시험에 적용된 총 시험시간

$N(t)$: 시험 시작 시간 0에서 시간 t 까지의 누적 고장수

라 하면, Duane은 $\ln t$ 와 $\ln\frac{t}{N(t)}$ 간에 직선관계가 성립함을 밝혔다.

$$\ln\frac{t}{N(t)} = \ln b + \alpha \ln t$$

시간 t 까지 아이템의 수리를 포함한 누적 MTBF $\theta_C(t)$는

$$\text{누적 MTBF} = \theta_C(t) = \frac{t}{N(t)} = bt^{\alpha},$$

$$\text{누적 고장률} = \lambda_C(t) = \frac{t^{-\alpha}}{b}.$$

이들 양변에 대수를 취하면, $\ln\lambda_C = -\ln b - \alpha t$.

기대 고장수 $E[N(t)] = \lambda_C t = \frac{t^{1-\alpha}}{b}$ 가 된다.

$$\text{순간고장률 } \lambda_I(t) = \frac{dE[N(t)]}{dT} = \frac{(1-\alpha)t^{\alpha}}{b} = (1-\alpha)\lambda_C(t) \tag{6.1}$$

식 (6.1)은 시점 t 에서 장비의 고장률로 해석할 수 있다.

Duane의 식에 대해 순간 MTTF와 누적 MTTF 간의 관계는 그림 6.7과 같이 표현할 수

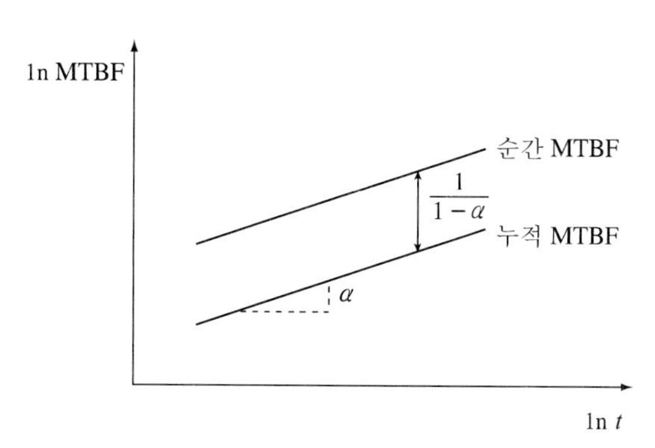

그림 6.7 순간 MTBF와 누적 MTBF와의 관계

있다.

성장률 α가 크게 되면, 누적 고장률 $\lambda_C(t)$는 시간이 경과함에 따라 작아지고, 신뢰도 성장이 인정된다. 경험적으로 α는 0.5 정도가 보통이고, α가 0.2 정도라면 상당히 개선의 노력이 필요하다.

예제 3

3개의 장비가 총 작동시간 1,000시간이 누적될 때까지 동시에 시험되었다. 고장이 발생할 때마다 적절한 개선을 세 장비 모두에 실시하였다. 선택된 시험기간 후 누적 고장수는 다음 표 6.1과 같다. 장비의 MTBF와 고장률을 구하라.

표 6.1 시간대 누적 고장수

t(시간)	$N(t)$
100	3
200	6
500	13
800	18
1,000	22

풀이

t(시간)	$N(t)$	$t/N(t)$
100	3	33.3
200	6	33.3
500	13	38.6
800	18	44.4
1,000	22	50.0

최소제곱법을 이용한 직선의 방정식은 $y = 0.147x + 2.278$

초기 MTTF $b=\exp(2.78)=16.2$(시간)

성장률 $\alpha=0.147$

$\theta_C(t)=49.5$(시간)

예제 4

로봇 신제품에 대해 TAAF(test-fix-test-fix) 개발시험을 수행하였다. 다음은 고장시간 데이터이다. 성장률 α를 구하라.

9.2	25	61.5	260	300	710	916	1010	1220	2530	3350	
4200	4410	4990	5570	8310	8530	9200	10500	12100	13400	14600	22000

풀이 $\alpha=0.613$

(2) 신뢰성 인증시험

신뢰성 인증시험(RQT, reliability qualification test)이란 계약 또는 설계단계에 선정된 신뢰성 목표의 달성 여부를 평가하기 위해 수행되는 시험으로, RQT의 합격 여부에 따라 생산자는 규정에 적합한 제품을 제조할 수 있는 능력이 판정되며, 제조단계 이전에 적용된다. 시험방법은 로트의 샘플링에 의한 시험결과, 또는 축차시험으로 합부판정을 한다. 판정기준 선정항목은 생산자 위험, 소비자 위험, 합부판정기준, 샘플수, 시험시간, 환경 스트레스 조건 등이다.

(3) 생산 신뢰성 수락시험

생산 신뢰성 수락시험(PRAT, production reliability acceptance test)이란 제조공정에서 발생할 수 있는 문제를 최소화하기 위해 실시하는 것으로 제조과정에서 규정의 신뢰성 요구를 만족하고 있는 것을 확인하는 시험이다. 생산기간 동안 주기적 또는 연속적으로 실시가 가능하다. 대량제품 샘플링방식, 소량제품 전수방식 또는 축차방식으로 시험한다.

(4) 환경시험

제품의 신뢰도는 사용시간, 수송, 보관 중에 가해지는 온도, 습도, 기압, 진동, 충격, 가속도, 가스, 염수분무, 방사선, 모래, 잡음 등의 환경 스트레스에 많은 영향을 받는다. 최근에는 환경의 급격한 변화, 다양화 또는 공해나 안전 등의 문제와 관련하여 환경시험의 역할이

표 6.2 MIL-STD-810B(environmental test method)

500 고도 (low pressure)	511 폭발성 분위기(explosive atmosphere)
501 고온(high temperature)	512 누출(leakage)
502 저온(low temperature)	513.1 가속(acceleration)
503 온도충격(temperature shock)	514.1 진동(vibration)
504 온도-고도(temperature-altitude)	515.1 음향소음(acoustic noise)
5050 태양조도(sunshine)	516.1 충격(shock)
506 강우(rain)	517.1 모의우주 무인시험(space simulation)
507 습도(humidity)	518 온도·습도·진동·고도(combined test)
508 곰팡이(fungus)	519.1 항공기 발포의 진동(gunfire aircraft vibration)
509 염무(salt, fog)	
510 먼지(sand, dust)	

더욱 중요시되고 있다.

환경시험(environment test)이란 아이템의 수명기간 동안 발생할 수 있는 환경조건에서 아이템의 기능, 성능의 요구사항을 보증하기 위해 실시하는 시험이다. 사용환경조건에서 일정시간 시험 후 아이템이 규정 기능, 성능을 만족하여야 다음 단계로 진행할 수 있는 합부 판정을 할 수 있는 시험이다.

환경시험 설계 시 대상으로 하는 환경설계, 시험 요구사항의 결정, 환경시험 계획 등이 포함된다. 이 경우 고려할 사항은 다음과 같다.

① 단독 또는 조합된 환경의 발생확률
② 예측되는 결과 및 고장모드
③ 제품의 성능 및 환경에의 영향
④ 유사한 환경에 설치된 다른 기기로부터 얻어진 정보

MIL-STD-810B에 따른 환경시험법 및 지침(environment test methods and engineering guidelines)에서 표 6.3과 같은 환경조건이 신뢰성에 미치는 영향을 제시하고 있다.

표 6.3 환경조건이 신뢰성에 미치는 영향

환경조건	신뢰성에 미치는 영향	고장 예
온도	고온, 저온, 온도 사이클, 급열, 급냉에 의한 열적, 기계적 스트레스에 의한 고장, 화학반응의 진행촉진에 의한 특성 파라미터의 변화, 팽창에 의한 가동 부분의 마모 증가	전자부품의 특성변화(저항, 정전 용량 등), 도장의 균열과 벗겨짐, 적층판의 휨, 왁스의 융용과 균열, 윤활유의 증발과 고화

(계속)

표 6.3 (계속)

환경조건	신뢰성에 미치는 영향	고장 예
습도·빗방울 침입	고습에 의한 절연, 내압특성의 흡습에 의한 재료의 부식과 누설전류의 증가, 팽창에 의한 패킹재료의 어긋남 증대, 저습에 의한 정전기 장애, 빙결에 의한 배관 파열, 빗방울 침입에 의한 쇼크	플라스틱 수축, MOS 집적회로의 정전파괴, 인쇄회로의 절연불량
진동·충격	피로에 의한 기계적 강도의 열화, 취부의 단선, 나사풀림, 진동에 의한 전기신호의 변조, 기계적 기능의 열화, 외부진동과 자기진동의 공진으로 인한 고장가속	전자파의 마이크로포닉 잡음
고도 (기압)	저기압에서 전기적 내압저하와 냉각효과의 저하, 탱크 등 용기의 어긋남, 봉지 부분의 가스 누출, 재료 내 기포의 팽창에 의한 기계적 손상	항공기용 전자기기의 내압열화, TV용 브라운관의 폭축
일사	도장의 퇴색, 고무, 플라스틱, 정밀기기의 정도 저하, 온도 상승, 오존의 발생에 의한 절연저하와 재료의 열화	액정표시 소자의 배향열화, 차량용 고무부품의 열화, 복사기 감광체의 피로
곰팡이·박테리아	고온, 고습과 연관하여 플라스틱 부품과 전선의 절연저하, 금속과 플라스틱의 침식, 셀룰로스계 재료 침해	항공기용 알루미늄 합금의 부식, 전선 케이블의 침식
염분	부품의 절연저하와 전식, 금속재료의 녹 발생, 땀에 의한 전자부품의 열화	안테나의 발청, 전자관의 수명불량, 자동차 부품의 부식
유해가스 (모래 섞인) 먼지	아황산가스, 암모니아 등에 의한 재료부식, 내압저하 정밀기기 부품의 손상, 필터의 막힘에 의한 온도상승, 고온하의 절연저하, 찰상과 막힘에 의한 가동부분의 마모 증가	접점과 커넥터의 접촉 불량 접점의 소손, 밀봉이 불완전한 기기의 회전축과 모터축의 마모
대전·유도·복사	고전압 부분의 대전에 의한 전파방해, 유도가열, 방사선 손상	전자렌지의 마이크로파 누설, 반도체의 S/H 결함, 로봇의 오작동
소음	음향장애, 인간에 나쁜 영향	가전제품, 자동차의 소음
충해, 낙뢰, 바람, 눈, 지진 등	기계적 장해와 막힘, 구조의 파괴	광센서의 버그에 의한 오작동, 난방기구의 전도에 의한 화재

(5) 돌연사 시험

앞에서 언급한 가속 수명시험은 물리화학적, 구조적으로 샘플의 수명을 단축시키는 방법이지만 돌연사(sudden death) 시험법은 순서 통계량적으로 시험시간을 단축하는 방법이다.

이것은 비교적 많은 샘플에 대해 빨리 시험 데이터를 얻기 위한 방법으로 샘플 $n \cdot k$개를 동시에 시험하는 대신, k개씩 n그룹으로 나누고 각 그룹에서 맨 먼저 고장이 나는 데이터를 이용하여 최소제곱법을 이용하여 고장분포의 모수를 구하는 방법이다. 각 그룹에서 고장분포함수는 중앙순위법 $F(t_i) = \frac{i-0.3}{k+0.4}$, $(i = 1, \cdots, k)$을 이용한다.

예제 5

20개의 샘플을 $k = 4$개씩 $n = 5$조의 그룹으로 나누어 시험하고, 각 그룹에서 최초에 고장난 시간을 구한 결과 각각 15, 25, 40, 60, 92시간이었다. 여기서, 원 샘플의 수명분포의 와이블 형상모수 및 메디안 수명에서 척도모수를 구하라.

풀이 상기 5개의 데이터를 와이블 회귀식에 적용한다. 이 결과 와이블 형상모수는 $m \doteqdot 1.4$.

메디안 점 $F(t=40) = 0.5 = 1 - e^{-(\frac{t}{\eta})^m}$

$\eta = 56.7$시간

6.4 신뢰성 샘플링검사

신뢰성 샘플링검사란 양산되는 아이템에 대해 로트의 일부를 샘플링하여 시험하고 이들로부터 신뢰성 척도를 조사하여 소비자와 생산자의 위험을 규정하고, 시간의 함수로 하는 제품의 신뢰성 척도에 대해 아이템의 합·부를 판정하여 적합 여부를 결정하는 검사를 말한다.

신뢰성 시험의 샘플링방식은 다음 그림 6.13과 같이 분류할 수 있다.

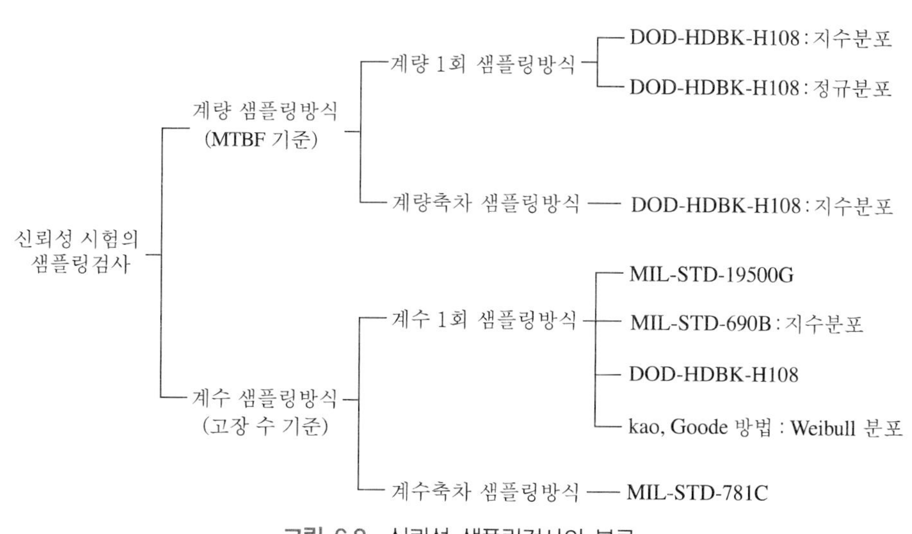

그림 6.8 신뢰성 샘플링검사의 분류

6.4.1 신뢰성 특성 곡선

신뢰성 특성(ROC, reliability operating characteristics) 곡선이란 신뢰성 샘플링검사에서 신뢰성 척도(평균수명 θ, 또는 고장률λ)와 로트의 합격확률 $L(\theta)$의 관계를 나타내는 곡선으로, 다음 항목으로 결정된다.

① 생산자 위험: 양품의 품질 특성을 갖는 평균수명 θ_0을 갖고 있는 로트라도 확률에 의해 α%는 불합격될 위험, 즉 생산자 위험이 존재한다.

② 소비자 위험: 불량품의 특성을 갖는 평균수명 θ_1을 갖고 있는 로트라도 확률에 의해 β%는 합격될 위험, 즉 소비자 위험이 존재한다.

따라서 ROC 곡선은 양품 수명 θ_0에 대해 합격확률 $(1-\alpha)$%, 불합격 수명 θ_1에 대해 합격확률 β%를 고려한 곡선이다. 이들을 고려한 ROC 곡선은 그림 6.9와 같다.

생산자 위험 α와 소비자 위험 β를 고려하지 않을 경우, 합격 평균수명 θ 이상을 갖는 샘플은 합격, 그 이하는 불합격 판정을 할 수 있다. 생산자 및 소비자 위험을 고려하는 경우, 양품이 불합격되거나 불량품이 합격되는 위험을 허용해야 하는 위험이 존재한다.

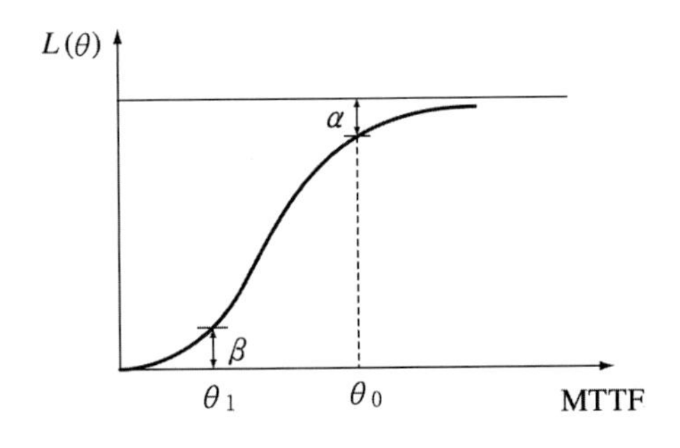

그림 6.9 평균수명 θ와 로트 합격률 $L(\theta)$의 ROC 곡선

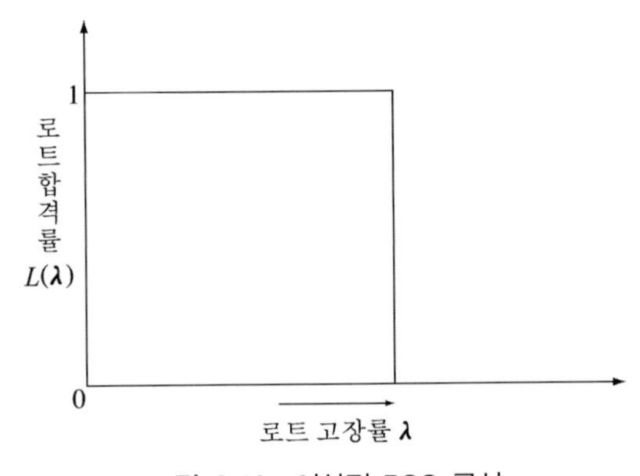

그림 6.10 이상적 ROC 곡선

표 6.4 지수분포를 가정한 신뢰성과 품질관리 샘플링검사와의 관계

품질관리 샘플링검사	⇔	신뢰성 샘플링검사
불량률 P		고장률 λ (또는 θ)
P_0와 P_1		λ_0, λ_1 (또는 θ_0, θ_1)
AQL(합격품질 수준)	⇔	ARL(합격신뢰성 수준)
LTPD(로트 허용 불량률)	⇔	LTFR(로트 허용 고장률)
불량품 개수		고장 개수
시료의 크기		시험시간 × 시료의 크기

ROC 곡선은 위험률 α와 β를 작게, 그리고 θ_1에 대한 θ_0의 비, 즉 $\frac{\theta_0}{\theta_1}=d$가 1에 가까울수록 이상적이다. 여기서 d를 판별비 또는 설계비라 한다. 그러나 샘플 크기, 시험시간에는 제약이 있기 때문에 보통 α와 β는 10%, 판별비는 1.5~3 정도가 선택된다. 특히 평균수명이 긴 고신뢰성 부품에서는 소비자 위험 β를 40%로 하고, 샘플 크기와 총 시험시간을 작게 하도록 하고 있다. 낮은 α와 β의 값을 적용하면 양품이 불합격되거나 불량품이 합격될 확률은 적어지나, 시험시간은 상대적으로 길어진다. $(1-\beta)$를 신뢰수준(confidence level)이라 한다.

① 척도로써 MTTF 또는 λ를 사용한다.

② 위험률 α와 β의 값을 사용한다.

α(생산자 위험, 소위 유의수준, 위험률, 1종 과오)

β(소비자 위험, $1-\beta$는 검정의 검출역, 2종 과오)

③ 지수분포 또는 와이블 분포를 가정한 방식이 주로 사용된다.

④ 정시중단 또는 정수중단 방식을 채용한다.

품질관리와 신뢰성 샘플링검사의 특징을 요약하면 표 6.4와 같다.

6.4.2 계량 1회 샘플링검사(DOD-HDBK-H108)

계량 1회 샘플링검사는 시험결과에서 MTTF($=\hat{\theta}$)를 계산하고 그것을 사전에 정해진 MTTF와 비교해서 로트의 합·부를 판정하는 방식으로 검사 절차는 다음과 같다.

1. (θ_0, α), (θ_1, β)가 제시
2. 총 시험시간 T 동안 시험을 실시, 시험결과 $\hat{\theta}$를 계산
3. $\hat{\theta} > C$(=합격판정시간)라면, 로트 합격

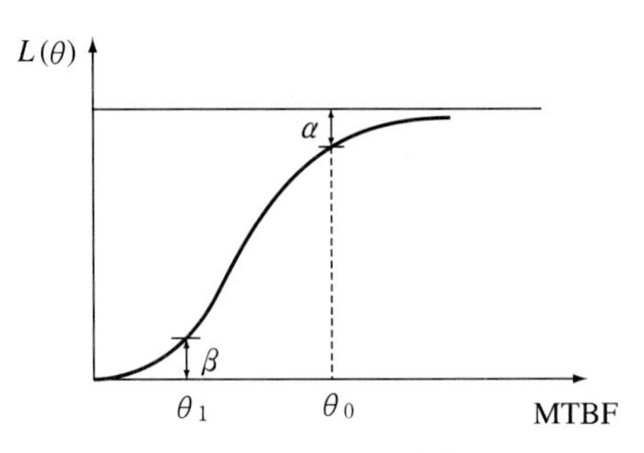

그림 6.11 로트 합격률 $L(\theta)$의 그래프

그렇지 않으면, 로트 불합격

이 경우 총 시험시간 T 및 고장수 r은 식 (6.4)를 만족하는 최솟값으로 구해진다.

n: 샘플수

$T=n\cdot t$: 총 시험시간

r: T시간 중 고장 개수

생산자 위험 α를 고려한 로트 합격 신뢰성 수준 $L(\theta_0)$에 대해

$$\begin{aligned}
\text{생산자 위험 } \alpha &= P(\theta_0\text{가 불합격} \mid \theta_0\text{가 사실}) \\
&= P(\theta_0 < C \mid \theta_0\text{가 사실}) \\
&= P(\frac{T}{r} < C \mid \theta_0\text{가 사실}) \\
&= P(T < rC \mid \theta_0\text{가 사실}) = P(\frac{2T}{\theta} < \frac{2rC}{\theta} \mid \theta_0\text{가 사실}) \\
&= P(\chi^2(2r) < \frac{2rC}{\theta} \mid \theta = \theta_0) = P(\chi^2(2r) < \frac{2rC}{\theta_0})
\end{aligned}$$

이 경우 합격 판정시간 C의 결정은 다음을 만족하는 C의 값이다. (6.2)

$$\frac{2rC}{\theta_0} = \chi^2(2r,\ 1-\alpha)$$

소비자 위험 β를 고려한 로트 합격 신뢰성 수준 θ_1에 대해

$$\begin{aligned}
\text{합격확률 } \beta &= P(\theta_1\text{이 합격} \mid \theta_1\text{이 사실}) \\
&= P(\hat{\theta} \geq C\text{이 합격} \mid \theta_1\text{이 사실})
\end{aligned}$$

$$= P(\chi^2(2r) \geq \frac{2rC}{\theta} \mid \theta = \theta_1) = P(\chi^2(2r) \geq \frac{2rC}{\theta_1})$$

이 경우 C의 결정은 다음을 만족하는 C의 값이다.

$$\frac{2rC}{\theta_1} = \chi^2(2r,\ \beta) \tag{6.3}$$

식 (6.2)와 (6.3)을 만족하는 C의 값은

$$\theta_0\, \chi^2(2r,\ 1-\alpha) = 2rC = \theta_1\, \chi^2(2r,\ \beta)$$

이로부터 다음 식을 만족하는 r의 값에서 고장수를 구한다.

$$\frac{\theta_0}{\theta_1} = \frac{\chi^2(2r,\ \beta)}{\chi^2(2r,\ 1-\alpha)} \tag{6.4}$$

이를 이용하여 $C = \frac{\theta_0}{2r}\chi^2(2r,\ 1-\alpha)$를 구한다.

총 시험시간

$$T = r\hat{\theta} = rC = \frac{\theta_0}{2}\chi^2(2r,\ 1-\alpha) \tag{6.5}$$

(1) 정시 중단방식

샘플수 n에 대해 총 시험시간 T시간 동안 시험한 경우 고장수 $r \leq c$ (합격판정수)이면 로트를 합격으로 하는 시험방식이다.

샘플수 n은 근사적으로 $\frac{n}{r} = \frac{T}{C}$인 관계를 이용하여 구할 수 있다.

예제 6

θ_0=1,000, θ_1= 500, $\alpha = 0.05$, $\beta = 0.1$이라 한다. 정시 중단방식에 따른 샘플링검사 계획을 수립하라.

풀이 $\frac{\theta_0}{\theta_1} = d = 2 = \frac{\chi^2(2r,\ \beta)}{\chi^2(2r,\ 1-\alpha)}$ 2에서 $r = 19$

총 시험시간 $T = \frac{1000 \cdot \chi^2(38,\ 0.95)}{2} = 12{,}450$시간

총 시험시간 12,450시간 시험 후 고장수가 19개 이하면, 로트는 합격으로 한다.

(2) 정수 중단방식

샘플수 n에 대해 고장 개수 r개의 고장이 발생 후 시험을 중단하고 샘플 평균수명 $\hat{\theta} \geq C$ (합격판정시간)이면 로트를 합격으로 하는 시험방식이다.

예제 7

θ_0=1,000, $\theta_1 = 500$, $\alpha = 0.05$, $\beta = 0.1$이라 한다. 정수 중단방식에 따른 샘플링검사 계획을 수립하라.

풀이 $\dfrac{\theta_0}{\theta_1} = \dfrac{\chi^2(2r,\ \beta)}{\chi^2(2r,\ 1-\alpha)}$에서 $r = 19$

총 시험시간 $C = \dfrac{1000 \cdot \chi^2(38,\ 0.95)}{2r} = \dfrac{1000 \cdot 24.9}{2 \cdot 19} = 656$시간

$n(=2r)$=38개 샘플링하여 $r = 19$개 고장이 날 때까지 시험한 후 이로부터 $\hat{\theta} \geq 656$시간이면 로트는 합격으로 한다.

예제 8

$\theta_0 = 900$시간, $\theta_1 = 300$시간, $\alpha = \beta = 0.1$로 하는 샘플링검사방식을 수립하라.

풀이 $\dfrac{\theta_0}{\theta_1} = 3 = \dfrac{\chi^2(2r,\ 0.1)}{\chi^2(2r,\ 0.9)}$에 해당하는 r=6이 된다.

합격판정 시험시간 C는 상기 식에 따라

$$C = \frac{\theta_0}{2r}\chi^2(2r,\ 1-\alpha) = 900(6.30)/12 = 472.5\text{ 시간}$$

즉, 고장 개수 $r = 6$개로 하고, 합격판정 시험시간 $C = 472.5$시간보다 크면 로트 합격이 된다.

6.4.3 계수 1회 샘플링방식

고장률이 일정한 경우 소비자 보호만을 고려하는 샘플링검사방식으로 높은 고장률 λ_1에

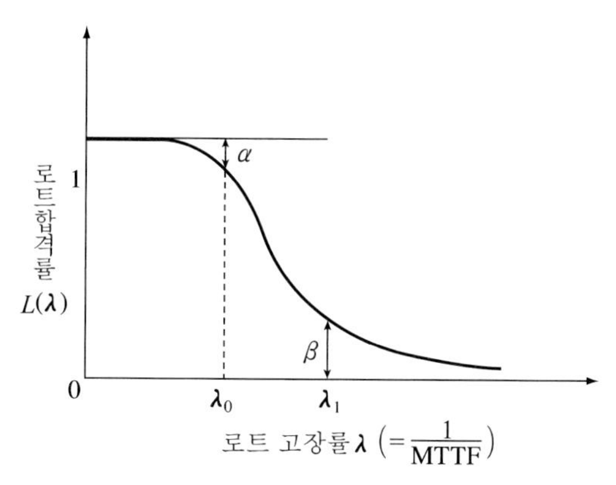

그림 6.12 고장률 기준 ROC 곡선

대한 소비자 위험 β를 대상으로 지수분포에 의한 고장률보증 샘플링검사방식(MIL-STD-690B 참조)을 적용할 수 있다. 제품의 수명분포가 주로 지수분포인 경우를 대상으로 하지만 와이블 분포, 정규분포 및 대수정규분포인 경우에도 고려할 수 있다. 지수분포는 신뢰성 분야에서 가장 오랫동안, 그리고 가장 널리 사용되는 분포로써 사용시간에 따라 마모나 열화가 없는 고장률이 일정한 아이템의 수명이 지수분포를 따른다고 알려져 있다. 특히 전자부품의 경우 대부분 지수분포를 가정한다. 와이블 분포는 콘덴서, 각종 베어링류, 클러치, 피스톤, 모터, 밸브류, 압력용기, 컴프레서, 펌프 등을 포함한 많은 기계류 부품의 수명에 적용할 수 있다. 또한 금속의 피로수명이나 전기절연체의 수명자료를 분석할 때 대수정규분포를 이용한다.

제거된 초기고장으로 초기에 인증된 고장률 수준을 지속적으로 보증하는 데 충분하지 않기 때문에 아이템 제조기업 내의 신뢰성 인증조직을 통해 인증된 고장률 수준이 제조자에 의해 유지되고 있다는 것을 고객에게 보증하기 위하여 이 시험법을 활용한다.

불합격 고장률 λ_1에 대한 소비자 위험 β%의 보증을 목표로 하는 시험으로 그림 6.12의 ROC 곡선에서 로트 합격확률 $L(\lambda_1)$은

$$L(\lambda_1) \le \beta \tag{6.6}$$

여기서, $L(\lambda_1)$은 $R_1(t) = e^{-\lambda_1 t}$에서 이항분포로부터

$$L(\lambda_1) = \sum_{r=0}^{c} \binom{n}{r} (1 - R_1(t))^r R_1(t)^{n-r}.$$

$1 - R_1(t) = \lambda_1 t$가 아주 작은 경우, 포아송 분포에 근사하므로

$$L(\lambda_1) = \sum_{r=0}^{c} \frac{(\lambda_1 t)^r e^{-\lambda_1 t}}{r!} \le \beta. \quad (6.7)$$

식 (6.7)에서 합격확률 $L(\lambda_1) \le \beta$를 만족하는 c를 구한다. 그러나 c의 값이 큰 경우 식 (6.7)의 계산은 어렵다.

총 시험시간 T는 식 (6.3)에서 URL θ_1에 대해 $rC = T$이므로,

$$T = \frac{\theta_1 \chi^2(2r,\ \beta)}{2} \quad (6.8)$$

합격 판정개수 c를 고려한 총 시험시간 T는 식 (6.8)에서 자유도 $\phi = c+1$이며, 고장률 λ_1을 적용하면

$$\text{총 시험시간 } T = \frac{\chi^2(2(c+1),\ \beta)}{2\lambda_1}.$$

예제 9

어떤 부품을 신뢰수준 $(1-\beta) = 90\%$, $c = 0$, $\lambda_1 = 0.01/103$시간임을 보증하고자 할 경우, 샘플수를 구하라. T=1,000시간으로 한다.

풀이 $T = 1{,}000$시간으로 하는 경우

$$L(\lambda_1) = e^{-0.01 \cdot n} < 0.1$$

이며, 따라서 $n = 231$.

샘플 231개에 대해 1,000시간 시험하여 고장이 하나도 나지 않으면 합격으로 판정한다.

예제 10

어떤 제품을 신뢰수준 $(1-\beta) = 90\%$로 $c = 2$에서 $\lambda_1 = 1/10{,}000$시간임을 보증하기 위한 고장률보증 샘플링검사방식을 구하라.

풀이 $L(\lambda) = \sum_{r=0}^{c} \frac{(\lambda T)^r e^{-\lambda T}}{r!} \le \beta$

χ^2분포를 사용하여 T를 구하면 $\chi^2(2r,\ \beta) \le 2\lambda T$에서

$$T = \frac{\chi^2\{2(c+1),\ \beta\}}{2\lambda_1}.$$

$\lambda_1 = 1 \times 10^{-4}$, $\beta = 10\%$, $c = 2$이므로, 이것을 위 식에 대입하여 총 시험시간 T를 구하면

$$T = \frac{\chi^2(6,\ 0.1)}{2 \times 10^{-4}} = 5.32 \times 10^4 = 53{,}200.$$

샘플 아이템당 시험시간 T가 $T = 100$시간이면 샘플수 $n = 532$개가 되고, 또 $T = 1{,}000$시간이면 $n = 53$개가 된다.

6.4.4 고장률보증 시험법

표 6.5의 기호 J, K, L 등은 고장률의 수준을 표시하는 것으로 고장률을 회사의 기준에 따라 관리하기 위하여 고장률을 일정 간격으로 구분하여 기호를 붙인 것이다(각 수준에 대하여 1,000시간당 최대 고장률(%)로 나타낸다).

표 6.6의 고장률 수준 유지는 전자기기용 부품의 고장률 시험방법 통칙이고, MIL-STD-690A를 참조해서 작성하고 제정된 것이다. P의 12라는 것은 12개월에 1회마다 유지의 인정을 반복한다는 의미이다. 적용범위는 기본적으로 동일설계에서 연속적으로 제조되고, 규정된 품질관리에 의해 생산된 전자기구 부품을 대상으로 한다. 고장분포는 지수분포를 가정하고 그 고장률 수준의 판정, 유지, 확장의 원칙을 나타내고, 측정간격, 시험시간, 얻어진 결과의 처리 등에 대해 규정한 것이다. 이 통칙에서는 고장률의 신뢰수준 $(1-\beta)$은 60% 및 90% 두 종류로 한정하고 있다. 단, 고장률 수준의 유지, 확인에는 신뢰수준 90%를 이용하고 있다.

고장률 수준의 판정, 유지, 확장을 위한 시험은 원칙으로써 정격으로 하고 있다. 가속이 가능한 경우는 그것을 병용하는 것도 좋지만 원칙적으로 정격으로 환산한 총 시험시간 또

표 6.5 고장률 수준 기호

기호	고장률 (%/10^3시간 또는 10^6/회)	기호	고장률 (%/10^3시간 또는 10^6/회)
J	50	Q	0.05
K	10	R	0.01
L	5	V	0.005
M	1	S	0.001
N	0.5	W	0.0005
P	0.1	T	0.0001

표 6.6 고장률 수준의 유지

기호	고장률 (%/10^3시간)	판정 유지 기간(월)	총 시험시간(횟수)(단위: 10^6시간 또는 10^7회)				
			$c=1$	$c=2$	$c=3$	$c=4$	$c=5$
J	50	1	0.00107	0.0022	0.0035	0.00486	0.0063
K	10	3	0.00532	0.011	0.0175	0.0243	0.0315
L	5	6	0.0107	0.022	0.035	0.0486	0.063
M	1	6	0.0532	0.11	0.175	0.243	3.15
N	0.5	9	0.107	0.22	0.35	0.486	0.63
P	0.1	12	0.532	1.1	1.75	2.43	3.15
Q	0.05	18	1.07	2.2	3.5	4.86	6.3
R	0.01	24	5.32	11	17.5	24.3	31.5
V	0.005	24	10.7	22	35	48.6	63
S	0.001	36	53.2	110	175	243	315
W	0.0005	38	107	220	350	486	630
T	0.0001	48	532	1100	1750	2430	3150

는 총 동작횟수의 $\frac{1}{4}$ 이상은 정격으로 시험해야 한다. 고장률 수준의 결정은 다음과 같다.

(1) 초기 판정시험

부품에 규정된 최대고장률 수준 및 신뢰수준에 따라 합격판정개수 c 및 총 시험시간 T를 설정하여 시험하고 관측된 총 고장수 r이 합격 판정개수 c를 넘지 않을 때 설정된 고장률 수준에 합격이라 판정한다. 이때 신뢰수준 $(1-\beta)$는 60%, 90%를 제시하고 있다.

(2) 고장률 수준의 유지

초기판정에서 결정된 수준이 표 6.6의 유지기간 중 유지계획하에 얻어진 데이터가 표 6.6을 만족하는 경우 고장률 수준이 유지되는 것으로 한다. 고장률 수준의 유지확인은 신뢰수준 90%를 적용한다.

(3) 유지의 실패

설정한 고정률 수준에 불합격한 경우로 고장률 수준의 재설정을 위해 유지기간에 얻는 모든 데이터에 대해 초기판정 시험절차에 따라 실시한다.

(4) 더 낮은 고장률 수준으로의 확장

초기판정 시험 및 정기적 고장률의 유지시험과 각 시험을 연장한 시험 등의 모든 데이터를 더 낮은 고장률 수준에 대해 상기 절차 (1), (2), (3)을 시행한다.

6.4.5 계수축차 샘플링검사(MIL-STD-781B)

축차 샘플링검사는 아이템의 고장은 일정 고장률을 가정하고 처음부터 많은 수의 샘플을 취할 수 없는 경우 적용하고, 점차로 데이터의 축적을 기다려 그때마다 합·부 판정을 할 수 있는 샘플링검사방식으로, A. Wald에 의해 도입된 일명 축차 확률비(sequential probability ratio) 시험이라 한다.

시험 중 연속적으로 총 시험시간 T동안 고장 개수 r을 조사하여,

① 합격 영역에 들어가면 로트 합격
② 불합격 영역에 들어가면 로트 불합격
③ 시험계속 영역에 들어가면 로트 불합격

의 결정을 내리는 시험방법이다.

확률비 $\dfrac{P(X=r|\theta=\theta_1)}{P(X=r|\theta=\theta_0)}$, 여기서 $P(X=r|\theta=\theta_0) \sim Poisson(r,\ \theta_0)$는 $\dfrac{P(\theta_1)}{P(\theta_0)}$이다.

따라서

$$\frac{P(\theta_1)}{P(\theta_0)}=\frac{e^{-T/\theta_1}(T/\theta_1)^r/r!}{e^{-T/\theta_0}(T/\theta_0)^r/r!}=\left(\frac{\theta_0}{\theta_1}\right)^r e^{(1/\theta_1-1/\theta_0)T}. \tag{6.9}$$

이 관계로부터 축차 확률비 R_p가

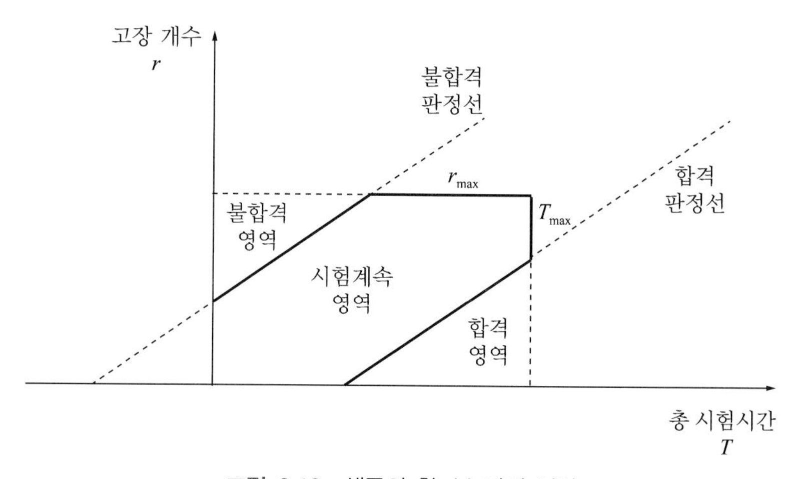

그림 6.13 샘플의 합·부 판정 영역

① 생산자 위험(α% 고려): $R_p < B(= \frac{\beta}{1-\alpha})$이면, 로트 합격

② 소비자 위험(β% 고려): $R_p > A(= \frac{1-\beta}{\alpha})$이면, 로트 불합격

③ $B < R_p < A$이면, 시험계속 (6.10)

식 (6.9)에서

$$\frac{\beta}{1-\alpha} \le \left(\frac{\theta_0}{\theta_1}\right)^r e^{(1/\theta_1 - 1/\theta_0)T} \le \frac{1-\beta}{\alpha}.$$

양변에 자연대수를 취하고 정리하면

$$\ln\left(\frac{\beta}{1-\alpha}\right) < r\ln\left(\frac{\theta_0}{\theta_1}\right) + (1/\theta_0 - 1/\theta_1)T < \ln\frac{1-\beta}{\alpha}.$$

정리하면,

$$\frac{\ln\frac{\beta}{1-\alpha}}{\ln\left(\frac{\theta_0}{\theta_1}\right)} + \frac{\left(\frac{1}{\theta_1} - \frac{1}{\theta_0}\right)T}{\ln\left(\frac{\theta_0}{\theta_1}\right)} \le r \le \frac{\ln\frac{1-\beta}{\alpha}}{\ln\left(\frac{\theta_0}{\theta_1}\right)} + \frac{\left(\frac{1}{\theta_1} - \frac{1}{\theta_0}\right)T}{\ln\left(\frac{\theta_0}{\theta_1}\right)} \tag{6.11}$$

여기서 $a = \frac{\ln\frac{\beta}{1-\alpha}}{\ln\left(\frac{\theta_0}{\theta_1}\right)}$, $b = \frac{\left(\frac{1}{\theta_1} - \frac{1}{\theta_0}\right)T}{\ln\left(\frac{\theta_0}{\theta_1}\right)}$, $c = \frac{\ln\frac{1-\beta}{\alpha}}{\ln\left(\frac{\theta_0}{\theta_1}\right)}$라 두면,

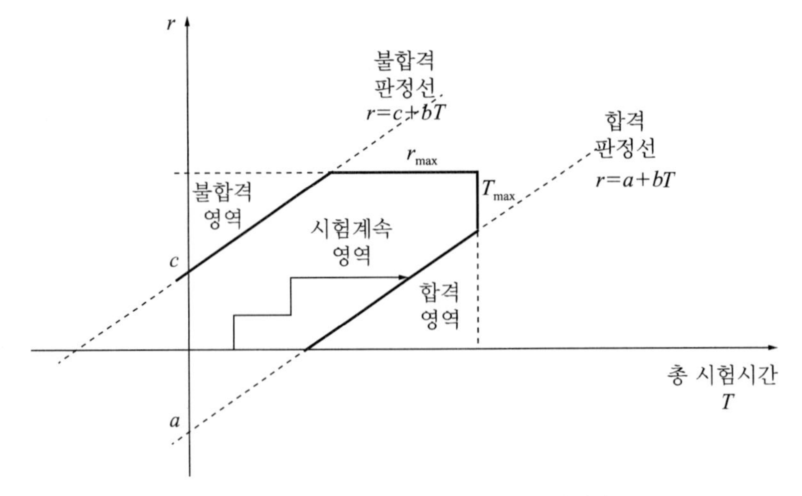

그림 6.14 축차 시험 합격·불합격 판정선

$$a + bT \le r \le c + bT.$$

합격 판정선은 $r = a + bT$, 그리고 불합격 판정선은 $r = c + bT$가 된다.

합격선과 불합격 선의 사이는 시험을 계속하는 영역이다.

판정이 길어지는 것을 방지하기 위해 최대허용고장 r_{max}과 최대허용 총 시험시간 T_{max}을 설정하고, 만약 시험결과를 타점한 결과 r_{max}을 초과하면 불합격으로 하고, T_{max}을 초과하면 합격이라 판정한다. r_{max}, T_{max}은

$$r_{max} = 3r,$$

$$T_{max} = \frac{r_{max}}{b}$$

으로 정한다. 고장수 r은 식 (6.3)을 만족하는 계량샘플링방식의 고장수이다.

예제 11

신개발품 바이오 센서는 작동시간 10.54시간에 90%의 신뢰도를 갖도록 요구되고 있다. $\alpha = \beta = 0.1$, $\frac{\theta_0}{\theta_1} = 2$가 되도록 축차 샘플링검사방식을 계획하라.

풀이

$R(t = 10.54) = e^{-\frac{t}{\theta}} = 0.9$ => $\theta_1 = 100$시간, $\theta_0 = 200$시간

$a = -3.17$, $b = 0.0072$, $c = 3.17$

합격 판정선 $r = -3.17 + 0.0072T$

불합격판정선 $r = 3.17 + 0.0072T$

최소 누적 시험시간 $T_{min} = \frac{3.17}{0.0072} = 440$

(θ_1, β), (θ_0, α) 검사방식에서 $r = 14$에서

$r_{max} = 42$, $T_{max} = \frac{r_{max}}{b} = \frac{42}{0.0072} = 5833$시간

7장

가속 수명시험

7.1 가속 시험 서론

4장에서 기초적인 여러 가지 고장시간 분포의 모수 추정 및 그 신뢰구간에 대해 언급하였다. 고장시간 분포가 정해지고, 그 모수가 추정되면 일정 시간구간 (t_1, t_2)에서 기대 고장 수 및 MTTF와 같은 흥미 있는 신뢰성 척도들이 계산될 수 있다. 그러한 척도들은 부품, 제품 또는 시스템이 정상 작동조건하에서 얻어진 고장 데이터로부터 추정된 것이다. 그러나 신제품 개발과 같은 경우 정상 작동조건하에서 발생한 고장 데이터는 얻기가 어려워 신뢰성 척도를 추정하기가 쉽지 않다. 사실, 부품의 신뢰성이 높고 정상조건에서 작동할 때 부품의 고장 데이터는 그 기대수명 동안 얻지 못할 수 있는 경우가 있다. 그러한 경우에 가속 수명시험은 가속된 조건에서 고장을 유발케 하여 얻어진 고장 데이터를 이용하여 정상조건에서의 신뢰성을 추정하기 위해 흔히 사용된다.

일반적으로 가속 수명시험(accelerated life test)이란 정상조건에서 경험하는 것보다 더 험한 조건에서 제품을 시험하거나 정상 작동조건을 바꾸지 않고 정상 사용보다 더 강도 높게 제품을 사용함으로써, 제품의 수명 단축을 통한 시험시간 단축을 목적으로 제품 성능 열화를 속행하는 시험이다. 제품이 정상조건에서 경험하는 것보다 더 험한 조건에서 제품을 시험하는 가속 스트레스(accelerated stress testing)법, 또는 정상 작동조건을 바꾸지 않고 정상 사용보다 더 강도 높게 제품을 사용하는 가속 고장시간(accelerated failure time)법으로 보통 진행된다. 가속 고장시간 시험법은 타이어, 토스터, 히터, 전구 등과 같이 연속 시간으로 사용되는 제품 또는 부품에 적합하다. 예를 들면, 하루에 평균 6시간 사용되는 전구의 고장시간 분포를 계산하는데 작동 경험상 1년은 매일 24시간 전구를 사용하여 3개월로 압축시킬 수 있다. 마찬가지로 매일 평균 2시간 사용하는(1일 100 km) 자동차 타이어의 고장시간 분포는 정상 작동조건에서 계속해서 76일 동안(약 80,000 km) 고장시간을 관측하여 얻을 수 있다. 가속조건과 정상조건에서의 고장시간 분포의 관계에 관한 어떠한 가정도 이루어질 필요가 없으므로 가속 스트레스 시험보다 가속 고장시간 시험을 더 선호한다. 물론 이것은 앞에서 본 바와 같이 시간이 압축될 때 가능하다. 동력발생장치, 인공위성, 항공교통 통제 모니터와 같이 장치를 계속해서 사용하는 경우는 제품 수명시간을 압축하기 어렵다. 따라서 그러한 부품 및 제품의 신뢰성 추정을 위해 온도, 습도, 전압, 진동과 같은 정상 작동조건의 스트레스 수준보다 더 높은 스트레스 수준에서 시험하여 부품 및 제품에 대한 수명분포를 예측할 수 있다.

7.2 가속 시험의 종류 및 분류

7.2.1 가속 수명시험 분석의 두 가지 영역

(1) 정성적 가속 수명시험

고장정보 또는 고장모드의 확인에 주된 초점을 주는 시험으로, 코끼리 시험(elephant test), 극한시험(torture test), 고속 가속 수명시험(HALT, highly accelerated life test) 등이 있다.

(2) 정량적 가속 수명시험

정상 사용조건하에서 아이템의 수명 특성을 정량화하기 위해 설계된 시험으로, 신뢰성 척도에 대한 정보를 제공하는 시험이다. 사용률 가속 시험, 또는 과부하 가속 시험 등이 있다.

7.2.2 스트레스 인가 방법

(1) 일정 스트레스(constant stress)

스트레스 부과의 표본에 일정 수준의 스트레스를 부과하는 방법으로 적용이 간편하여 실제 환경에서 가장 많이 사용하고 있다. 이 방법은

① 시험 시 스트레스 유지가 편리하다.
② 신뢰성 추정을 위한 자료 분석법도 많이 개발되어 있다.

(2) 계단식 스트레스(step stress)

일정 시간 내에서는 일정 스트레스를 부과하고 이 시간 동안 고장이 나지 않으면 좀 더 높은 스트레스를 부과하여 샘플이 고장 날 때까지 스트레스가 계단적으로 부과되는 방법으로 다음과 같은 단점이 제기된다.

① 신뢰도 추정에 어려움이 많다.
② 고장이 정상상태와 동떨어진 높은 스트레스하에서 발생한다.

그러나 스트레스를 증가시킴으로써 샘플의 고장을 쉽게 유발시킬 수 있다는 점에서 주목할 만하다.

(3) 점진적 스트레스(progressive stress)

샘플에 스트레스를 연속적으로 증가시키면서 시험하는 방법으로, 신뢰도 추정 문제의 어려움은 계단식 스트레스의 경우와 같고, 스트레스를 점진적으로 증가시키는 기술적인 어려움 또한 내재하고 있다.

(4) 주기적 스트레스(cyclic stress)

일반적으로 금속부품에 가해지는 주기적인 기계적 스트레스에 대한 예로써, 사인파(sine wave)와 같이 일정 주기로 스트레스를 가하는 방법으로, 제품의 수명은 고장이 발생할 때까지 부과된 스트레스의 주파수로 추정된다. 가해지는 주기의 빈도와 크기는 스트레스 변수로써 실제 제품이 사용되는 경우와 유사하게 된다.

(5) 확률적 스트레스(probabilistic stress)

교량이나 비행기 등과 같이 불규칙한 풍향의 스트레스를 받는 경우 이들을 가속화시키는 방법으로, 실제와 유사한 형태의 스트레스 또는 더 강한 스트레스를 부과하는 방법이 된다.

7.2.3 가속방법

(1) 사용률 가속

단속 통전을 연속 통전시킨다거나, 동작 연속시간에서 동작빈도를 증가시킴에 따라 실질적으로 시험 종료까지의 시간을 단축시키는 효과를 갖는다.

(2) 판정 가속법

고장의 판정기준을 엄격하게 해서 단시간에 판정하는 방법으로, 예를 들면 ±5%의 기준을 ±1%의 기준으로 엄격하게 하는 것이다.

(3) 스트레스 가속

스트레스 가속은 제품의 고장 메커니즘을 가속시킬 수 있는 환경(온도, 습도 등) 또는 운용 스트레스 인자(전압, 압력 등)를 채택하여 노화율과 제품 스트레스 가속에 따라 고장을 짧은 시간 내에 발생시킨 후 수명과 스트레스 사이의 관계식을 이용하여 높은 스트레스 수준에서 수명자료를 정상 사용조건의 수명자료로 환산하는 방법이다.

7.2.4 가속시험의 종류

(1) 코끼리 시험(elephant test)

한 개 또는 몇 개의 샘플에 대해 매우 강력한 한 가지 또는 그 이상의 스트레스를 부과하여 고장을 일으키게 함으로써 고장원인을 조사, 필요한 조치를 취하는 방법이다. 이 방법으로는 실제 사용에서 발생하는 고장의 유형은 완전히 파악하지 못하므로 다양한 코끼리 시험을 적용함으로써 다양한 고장의 유형을 파악한다.

(2) 환경 스트레스 스크리닝(ESS, environmental stress screening)

제품의 신뢰도는 사용시간, 수송 및 보관 중에 가해지는 온도, 습도, 기압, 진동, 충격, 가속도, 가스, 연수분무, 방사선, 모래, 잡음 등 환경 스트레스에 많은 영향을 받는다. 오늘날 환경의 급격한 변화, 다양화 또는 공해나 안전 등의 문제와 관련하여 환경시험의 역할이 더욱 중요시되고 있다.

ESS는 환경조건, 특히 온도, 열충격, 기계적 충격에 대해 제품이 갖는 잠재적 고장을 조기에 제거하는 비파괴적 선별기술을 말한다.

(3) 단일 가속시험

단일 스트레스 조건을 이용하여 시험하는 경우로, 주로 제품의 성능시험과 설계, 제조방법 등을 비교하기 위해 사용된다.

(4) 복합 가속시험

두 개 이상의 스트레스 조건이 포함되는 경우로, 근래 품질향상 활동에 의해 초기불량 저하로 제품수명이 길어짐에 따라 제품 개발기간 단축에 대응하기 위해 많이 사용되고 있는 시험방법이다.

(5) 번인 시험

부품 및 제품을 최종 소비자에게 인도하기 전 출하품질 향상을 위해 제품 수명시간의 일부를 소진시키는 시험으로, 초기 고장률이 높은 제품에 대해 번인 시험을 통해 좋은 결과를 얻을 수 있다.

7.3 가속 수명시험 계획 및 절차

시험될 장치 또는 부품에 적용되는 가속 스트레스의 형태는 장치가 정상적으로 작동하는 환경 및 고장모드에 따른다. 예로써 부품이 장력과 압축 사이클에 작용된다면, 가속 피로는 정상 작동조건에서 부품 수명 예측을 제시할 수 있고, 부품이 높은 온도와 습도 환경에서 작용된다면, 온도 및 습도 챔버 속에서 하는 시험은 아주 더 높은 스트레스 수준의 환경을 모의 시험하게 된다.

가속 수명시험을 효율적으로 수행하기 위해 결정되어야 하는 인자는

① 장치나 부품에 적용되어야 하는 스트레스 형태
② 장치나 부품에 시험되는 스트레스 수준
③ 각 스트레스 수준에서 시험되어야 할 샘플 수

등이다.

첫째, 장치나 부품에 적용되는 스트레스 형태는 정상 작동조건에서 수행되는 예로써, 여러 가지 물리적 연관성을 갖고 있는 항공기 조종석의 경우 진동시험은 적합한 스트레스가 된다. 또 조종석의 상대습도가 30% 이상이라면 습도 가속은 시험에 포함되어야 한다. 따라서 고장 메커니즘은 적용될 스트레스 형태를 지시할 수 있다. 표 7.1은 전자기기에 대한 고장 메커니즘과 고장을 일으키는 스트레스를 보여주고 있다.

둘째, 스트레스 수준의 선택은 시험 스트레스 수준을 등간격으로 설정하여 각 스트레스 수준에 동일한 샘플개수를 배정하는 가장 간단한 방법이 있다. 미리 정해진 높은 시험 수준과 가장 낮은 시험 수준을 표준화해서 간격이 동일한 k개의 표준 스트레스 수준을 정하여 사용하는 Nelson이 제시한 최량 표준시험법(best standard test plan), 또 Meeker and Hahn에 따른 최량 절충시험법(best standard compromise test plan) 등을 사용하여 스트레스 수준을 선택하는 방법이 있다.

표 7.1 전자기기의 고장 메커니즘과 해당 스트레스

고장 메커니즘	적용된 스트레스
전자이동	전류밀도, 온도
열 균열	낭비된 힘, 온도
부식	습도, 온도
기계적 피로	전선의 반복된 사이클, 진동
열적 피로	온도 변화

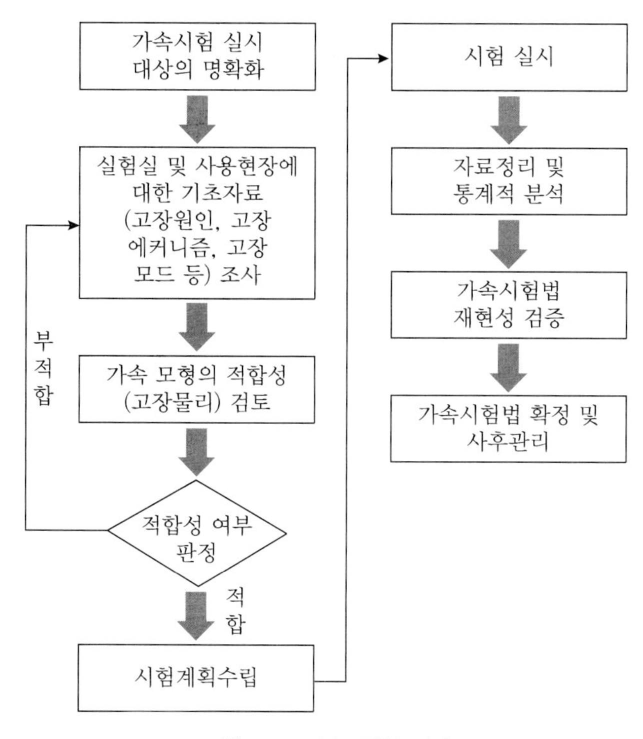

그림 7.1 가속 시험 절차

셋째, 각 스트레스 수준에 할당되는 샘플개수는 일반적으로 적용된 스트레스에 역으로 비례한다. 즉, 높은 스트레스 수준에서 고장률이 높기 때문에 높은 스트레스 수준보다 낮은 스트레스 수준에 더 많은 시험 샘플이 할당되어야 한다는 기초하에 보편적인 방법, 최량 표준시험방법, 최량 절충시험방법에 의한 샘플 할당에 따르는 방법을 사용한다.

가속 시험은 그림 7.1의 시험 절차에 따른 시험의 분석과정을 통하여 보증기간 동안의 신뢰성 평가, 신제품의 신뢰도 예측과 비교 등의 신뢰성 분석에 활용된다.

가속 수명시험을 진행할 때 부품의 고장은 서로 독립이고, 시험조건은 시험 내의 모든 부품에 대해 동일하다는 것이 보증되어야 한다. 예를 들면, 온도 가속시험인 경우 온도 분포는 동일 챔버 내에서 일정하게 분포되는 것이 보증되어야 한다.

7.4 가속성과 가속계수

가속성이란 임의 모델에 대한 고장 데이터에 관련된 가정은 정상조건하에 작동하는 부품이 가속 스트레스 조건에서 발생하는 부품의 가정과 동일한 고장 메커니즘을 나타내면 두

조건 사이에 가속성이 성립한다고 판단할 수 있다. 예를 들면, 고장 부품의 표면 균열에 대한 육안 시험에서 부식 흔적(corrosion pit)에서 시작된 피로 균열(fatigue cracking)이 정상 작동조건에서 고장원인이라는 것을 나타내 주고 있다면, 가속시험은 정상조건의 고장 메커니즘과 동일한 고장을 보여주고 가속성이 성립한다고 가정할 수 있다.

가속조건에서 고장 데이터를 정상 스트레스 조건에서의 신뢰성 측정으로 연관시키는 데는 세 가지 유형의 모델이 있다. 가속 모델의 유형은 대체로 통계에 기초를 둔 모델(statistics-based model), 물리-통계에 기초를 둔 모델(physics-statistics-based model), 물리-실험에 기초를 둔 모델(physics-experimental based model)로 가속 모델을 구분할 수 있다(E. A. Elsayed[9]). 이들 모델에 있어서, 가속조건에 적용된 스트레스 수준은 실제 가속범위 내에 있다고 가정한다. 만약 높은 스트레스 수준에서 고장시간 분포가 기지이고, 정상조건으로의 시간 변환 또한 기지라면, 정상 작동조건 또는 다른 스트레스 수준에서 고장시간 분포를 수학적으로 유도할 수 있다. 실제로 시간치를 변환시키는 계수, 즉 가속계수(acceleration factor) A_F는 상수라 하면, 이것은 선형 가속에 따른다는 것을 의미한다. 따라서 가속조건과 정상조건 간의 관계는 가속계수 A_F를 이용하여 그 수명분포를 분석할 수 있다.

정상조건(normal condition)과 스트레스 조건(stress condition)에서 고장시간 간의 관계는 그림 7.2와 같은 선형관계를 갖는다 하자.

정상조건을 o, 스트레스 조건을 s라 하자.

가속조건하에서 아이템의 고장시간을 t_s라 하면, 정상조건하의 고장시간은 $t_o = A_F t_s$가 된다.

아이템의 불신뢰도 함수

$$F_o(t) = F_s\left(\frac{t}{A_F}\right) \tag{7.1}$$

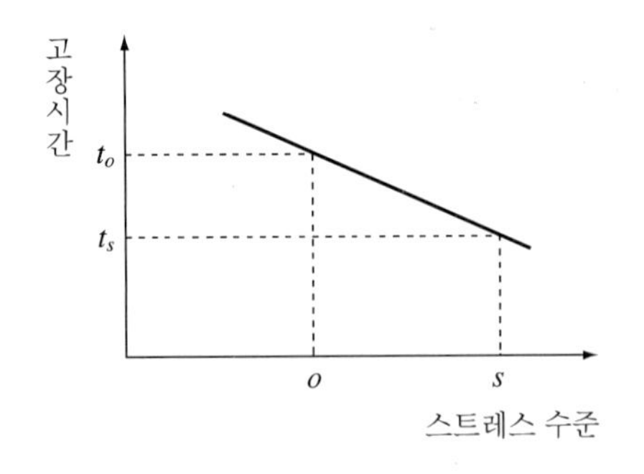

그림 7.2 정상조건과 스트레스 조건과의 관계

고장밀도함수

$$f_o(t) = \frac{1}{A_F} f_s\left(\frac{t}{A_F}\right) \tag{7.2}$$

고장률 함수

$$h_o(t) = \frac{f_o(t)}{1 - F_o(t)} = \frac{\frac{1}{A_F} f_s\left(\frac{t}{A_F}\right)}{1 - F_s\left(\frac{t}{A_F}\right)} = \frac{1}{A_F}\ h_s\left(\frac{t}{A_F}\right) \tag{7.3}$$

7.5 통계적 분포에 따르는 모델

온도, 습도, 전압 등과 같은 적용된 스트레스 인자와 부품 고장시간 간의 관계가 물리 또는 화학적 원리를 기초로 하여 정확히 결정하기 어려운 경우, 보통 통계 분포에 기초를 둔 모델이 사용된다.

이 모델에서 아이템에 적용되는 여러 스트레스 수준 $s_1,\ s_2,\ \cdots,\ s_n$에서 고장시간에 대한 확률분포를 결정하기 위해 적절한 분포 모수가 사용된다. 스트레스 수준 s_1의 고장시간 분포는 정상 사용조건뿐만 아니라, 서로 다른 스트레스 수준 $s_2,\ s_3,\ \cdots,\ s_n$에서도 동일한 분포로 기대된다는 가속성과 서로 다른 스트레스 수준에서 고장시간은 서로 선형성을 적용한다.

7.5.1 지수분포에 따르는 가속 모델

가속 스트레스 수준 s 에서 고장시간이 모수 λ_s의 지수분포를 갖는 경우이다. 이 스트레스에서 고장률은 상수이다. 스트레스 수준 s 에서 고장분포함수는

$$F_s(t) = 1 - e^{-\lambda_s t}. \tag{7.4}$$

정상 사용 고장률 함수 $\lambda_o = \frac{\lambda_s}{A_F}$를 대입하면,

$$F_o(t) = F_s\left(\frac{t}{A_F}\right) = 1 - e^{-\frac{\lambda_s}{A_F}t}. \tag{7.5}$$

가속 스트레스 수준 s 에서 고장률은 다음과 같이 추정할 수 있다.

① 중단이 없는 데이터(noncensored data)에 대해: $\lambda_s = \dfrac{n}{\sum_{i=1}^{n} t_i}$

② 중단 데이터(censored data)에 대해: $\lambda_s = \dfrac{r}{\sum_{i=1}^{r} t_i + (n-r)t_r}$

여기서, t_i: i 번째 고장시간

t_r: 중단시간

n: 가속 스트레스 수준 s 의 시험되는 총 샘플수

r: 가속 스트레스 수준 s 에서 고장 난 샘플수

예제 1

온도 150°C에서 20개의 IC회로를 가속 수명시험하여 그 고장시간을 기록하였다. 고장시간 데이터는 스트레스 조건에서 평균고장시간 $\text{MTTF}_s = 6{,}000$ 시간으로 지수분포를 보여준다. IC의 정상 사용온도는 30°C이고, 가속계수는 40이라 한다.

정상 사용시간 10,000시간(약 1년 환산)에서 IC의 고장률, MTTF, 신뢰도를 구하라.

풀이

$$\lambda_s = \frac{1}{\text{MTTF}_s} = \frac{1}{6{,}000} = 1.666 \times 10^{-4} \text{ (개/시간)}$$

$$\lambda_o = \frac{\lambda_s}{A_F} = \frac{1.666 \times 10^{-4}}{40} = 4.666 \times 10^{-6} \text{ (개/시간)}$$

$$\text{MTTF}_o = \frac{1}{\lambda_o} = 240{,}000\text{(시간)}$$

$$R(t = 10{,}000) = e^{-\lambda_o t} = e^{-4.166 \times 10^{-6} \times 10^4} = 0.9591$$

시험 중단이 발생할 때, 고장시간 분포의 모수를 추정하기 위한 수명 추정법들이 사용된다. 다음 예제는 가속시험이 중도 중단되는 경우, 정상조건에서의 신뢰도를 예측하기 위해 가속된 조건에서의 고장 데이터를 사용하는 예이다.

예제 2

극단적인 전원 부하로 인해 CMOS(complementary metal-oxide-silicon) 디바이스가 기능을 수행하지 못하고 과열 및 계속적인 손상을 일으키는 등 디바이스에 관련된 고장모드를 관

찰하기 위해, 20개의 디바이스에 가속 스트레스 시험(accelerated stress testing)조건을 가하여 다음 고장시간을 측정하였다.

91, 145, 214, 318, 366, 385, 449, 576, 1,021, 1,141, 1,384, 1,517,
1,530, 1,984, 3,656, $4{,}000^{+}$, $4{,}000^{+}$, $4{,}000^{+}$, $4{,}000^{+}$, $4{,}000^{+}$ (단위 : 분)

여기서, +표는 중단시간을 나타낸다. 가속계수는 100이 사용되었다.

(1) 정상 사용시간에서 MTTF는?

(2) $t=10{,}000$분에서 디바이스의 신뢰도는 얼마인가?

풀이 (1) Bartlett 검정에 따르면 위의 고장시간 데이터는 지수분포에 따르는 것으로 얻어졌다. 따라서 다음과 같은 가속조건에서 지수분포의 모수를 추정한다.

$n=20,\ r=15$

$$\lambda_s = \frac{r}{T} = \frac{15}{14{,}820+20{,}000} = 4.3078\times 10^{-4}\ (\text{개/분})$$

$$\lambda_o = \frac{\lambda_s}{A_F} = 4.3078\times 10^{-6}\ (\text{개/분})$$

$$\mathrm{MTTF_o} = 2.321\times 10^{5}\ \text{분} = 3{,}868\ (\text{시간})$$

(2) $R(t=10^4) = e^{-4.3078\times 10^{-6}\times 10^4} = 0.9578$

7.5.2 와이블 분포 가속 모델

선형가속인 경우에 대해 가속조건과 정상조건에서 고장시간 분포간의 관계는 식 (7.2)를 사용하면

$$F_s(t) = 1 - e^{-\left(\frac{t}{\eta_s}\right)^{m_s}},\ (t \ge 0,\ m_s \ge 1,\ \eta_s \ge 0) \tag{7.6}$$

에서

$$F_o(t) = F_s\left(\frac{t}{A_F}\right) = 1 - e^{-\left(\frac{t}{A_F\eta_s}\right)^{m}}. \tag{7.7}$$

가속 스트레스와 가속 작동조건에서 고장시간 분포는 정상조건과 동일 형상모수($m_s \approx m_0$)를 갖는다 하고, 그 척도모수는 $\eta_0 = A_F\eta_s$이다. 만약 서로 다른 스트레스 수준에서 형상모수가 아주 다르다면, 선형가속이라는 가정을 만족하지 않거나, 그러한 데이터의

분석에서 와이블 분포는 부적합하다.

$m_s \approx m_o \geq 1$이라 하자. 그러면 정상 작동조건에서 확률밀도함수는

$$f_o(t) = \frac{m}{(A_F \eta_s)^m} t^{m-1} e^{-(\frac{t}{A_F \eta_s})^m}, \ (t \geq 0, \ \eta_s \geq 0) \tag{7.8}$$

정상 작동조건에서 MTTF는

$$\mathrm{MTTF_o} = \eta_o \Gamma\left(1 + \frac{1}{\mathrm{m}}\right) \tag{7.9}$$

정상조건에서 고장률 함수는

$$h_o(t) = \frac{m}{(A_F \eta_s)^m} t^{m-1} = \frac{1}{A_F^m} h_s(t) \tag{7.10}$$

이다.

예제 3

어떤 부품을 정상조건과 2배의 스트레스 조건에서 10개의 샘플에 대해 시험한 결과 다음과 같은 수명 데이터를 얻었다.

표 7.2 (단위 : 시간)

정상부하	600	1000	1400	1700	1900				
2배의 부하	150	250	350	450	600	600	700	800	900

단, 시험은 2,000시간에 중단하였다. 이 데이터를 해석하여 가속성 여부를 밝혀라.

풀이 와이블 분포 해석을 최소제곱법에 의한 결과

2배 부하인 경우

누적 고장수	1	2	3	4	6	7	8	9
고장발생시간	150	250	350	450	600	700	800	900
$F(t)$(%)	6.5	16.5	26	36	55	64	74	84

여기서 $F(t)$는 중앙순위법에 따른 계산

2배 부하 $t_s = 2t_0$, $m = 1.8$, $\eta_s = 631$시간

정격부하 t_0, $m = 1.81$, $\eta_0 = 2{,}618$시간

가속계수 $A_F = \frac{\eta_0}{\eta_s} = \frac{2{,}618}{631} = 4.1$

예제 4

IC칩에 금-알루미늄 접합에 따른 황금접합(gold bonding) 고장 메커니즘은 금-알루미늄 빔이 IC에 있을 때, 탄소 불순물이 균열빔(cracked beam)을 생기게 한다. 이것은 높은 온도 환경에서 작동하는 강력 트랜지스터와 아날로그 회로에서 자주 발생한다. 새로 개발된 트랜지스터에서 황금접합 고장을 일으키기 위해 가속 수명시험이 설계되었다. 온도에 세 가지 스트레스 수준 s_1, s_2, s_3, ($s_1 > s_2 > s_3$)을 정하였고, 수준 s_1, s_2, s_3에 사용된 샘플개수는 각각 22, 18, 22개이다. 이들 스트레스 수준에서 고장시간은 표 7.3과 같다.

표 7.3

스트레스 수준	고장시간(분)									
s_1	438	647	705	964	1,136	1,233	1,380	1,409	1,424	1,517
	1,614	1,751	1,918	2,044	2,102	2,440	2,600	3,352	3,562	
	3,598	3,604	4,474							
s_2	424	728	1,380	2,316	3,241	3,244	3,356	3,365	3,429	3,844
	3,951	4,081	4,462	4,491	5,522	6,244	6,844	8,053		
s_3	1,287	2,528	2,563	2,395	3,827	4,111	4,188	4,331	5,175	5,800
	5,868	6,221	7,014	7,356	7,596	7,691	8,245	8,832	9,759	10,259
	10,416	15,560								

가장 낮은 스트레스 수준과 정상 작동조건 간의 가속계수는 30이라 한다. 정상조건에서 MTTF는 얼마인가? 또 $t = 1{,}000$분에서 트랜지스터의 신뢰도는 얼마인가?

풀이 최우법 또는 최소제곱법을 사용하면 스트레스 수준 s_1, s_2, s_3에 해당하는 와이블 분포의 모수는

$$s_1\text{에 대해: } m_1 = 1.953,\ \eta_1 = 2{,}260$$

$$s_2\text{에 대해: } m_2 = 2.030,\ \eta_2 = 4{,}325$$

$$s_3\text{에 대해: } m_3 = 2.120,\ \eta_3 = 7{,}302$$

$m_1 \approx m_2 \approx m_3 \approx 2$이므로, 와이블 분포 모델은 가속 스트레스 조건과 정상 작동조건에서 고장시간 간의 관계를 설명하기가 적당하다. 또한 실제 선형가속을 갖는다. 따라서

$$s_3\text{에서 } s_2\text{까지 } A_F = 1.68$$

$$s_2\text{에서 } s_1\text{까지 } A_F = 1.91$$

$$s_3\text{에서 } s_1\text{까지 } A_F = 3.24$$

s_3와 정상 작동조건에서 척도모수 η_s 간의 관계는

$$\eta_0 = A_F \eta_3 = 30 \cdot 7{,}302 = 219{,}060(\text{분})$$

정상조건에서 MTTF는

$$\text{MTTF}_0 = 219{,}060\, \Gamma\left(1 + \frac{1}{2}\right) = 194{,}130(\text{분})$$

1,000분에서 부품의 신뢰도는

$$R(t = 1{,}000) = e^{-\left(\frac{1000}{219{,}060}\right)^2} = 0.999979161$$

7.5.3 레일리 분포 가속 모델

레일리(Rayleigh) 분포는 선형으로 증가하는 고장률 모델을 설명하는 데 적합하다. 두 개의 서로 다른 스트레스 수준에서 고장률이 시간에 따라 선형으로 증가하고 동일 기울기를 가질 때 가속된 스트레스 s 에서 순간 고장률은

$$h_s(t) = k_s\, t \tag{7.11}$$

로 표시된다.

정상 작동조건에 대한 레일리 분포의 확률밀도함수는

$$f_0(t) = \frac{k_s t}{A_F^2} e^{-\frac{k_0 t^2}{2A_F^2}} = k_0 t\, e^{-\frac{k_0 t^2}{2}} \tag{7.12}$$

여기서,

$$k_0 = \frac{k_s}{A_F^2} \tag{7.13}$$

시간 t 에서 신뢰도함수는

$$R(t) = e^{-\frac{k_s t^2}{2A_F^2}} \tag{7.14}$$

정상조건에서 MTTF는

$$\text{MTTF} = \sqrt{\frac{\pi}{2k_0}} \tag{7.15}$$

예제 5

실리콘과 갈륨(gallium)비소(As_2O_3)의 접착기면(arsenide substrate)의 고장은 수율의 축소와 IC의 가공공정 중 미세균열(microcrack)과 전위(dislocation)를 일으키는 주요 원인이 되고 있다. 접착기면에서 온도피로로 인한 균열 파급은 부품으로써 IC와 같은 여러 전자제품의 신뢰성 수준을 감소시킨다. IC 제조회사는 200°C 온도로 15개 샘플을 조사하여 그 고장시간을 기록하였다.

2,000, 3,000, 4,100, 5,000, 5,200, 7,100, 8,400, 9,200, 10,000, 11,500, 12,600
13,400, $14,000^+$, $14,000^+$, $14,000^+$(분)

여기서, +표시는 중도 중단시간을 나타낸다.

가속 스트레스와 정상조건 간의 가속계수는 20이고, 고장시간은 레일리 분포에 따른다. 정상 작동조건에서 부품의 평균고장시간은 얼마인가? $t=20,000$분에서 신뢰도는 얼마인가?

풀이 가속 스트레스에서 레일리 분포의 모수는

$$k_s = \frac{2r}{\sum_{i=1}^{r} t_i^2 + (n-r)t_r^2}$$

여기서, r은 고장수, n은 샘플수, t_i는 i번째 부품의 고장시간, t_r은 부품의 중도 중단시간이다. 따라서

$$k_s = \frac{2\times 12}{8.5803\times 10^8 + 5.88\times 10^8} = \frac{24}{14.4603\times 10^8} = 1.6597\times 10^{-8}(\text{개/분})$$

식 (7.13)에서

$$k_0 = \frac{k_s}{A_F^2} = \frac{1.6597\times 10^{-8}}{400} = 4.149\times 10^{-11}$$

평균고장시간은

$$\text{MTTF} = \sqrt{\frac{\pi}{2\text{k}_0}} = 194,575(\text{분})$$

$t=20,000$분에서 신뢰도는

$$R(t=20,000) = e^{-\frac{k_0 t^2}{2}} = 0.8471$$

7.5.4 대수정규분포 가속 모델

전자부품이 고온, 고전압, 또는 온도와 전압의 조합에 의한 이들 부품의 가속시험에서 고장시간을 모델링하는 경우 대수정규분포가 널리 사용된다. 실제로 대수정규분포는 반도체 장치에서 전자이동(electromigration)에 따른 고장률을 계산하는 데 흔히 사용된다. 대수정규분포로 모델화될 수 있는 IC의 고장이 되는 또 다른 고장 메커니즘은 회로기판의 파손이다. 예를 들면, IC 패키지의 작업장에서의 사용 시 장치를 켜고 끄고 하는 것은 패키지에 있는 재료의 열적 팽창계수의 차이로 인해 접속점 온도를 불안정하게 한다. 이 온도 주기는 차례로 미세한 균열을 만들고 고장을 일으킬 수 있는 접착기면에서 스트레스를 야기시킨다.

대수정규분포의 확률밀도함수는

$$f(t) = \frac{1}{\sqrt{2\pi}\,\sigma t} e^{-\frac{(\ln t - \mu)^2}{2\sigma^2}}, \quad t \geq 0 \tag{7.16}$$

대수정규분포의 평균과 분산은

$$평균 = e^{\left(\mu + \frac{\sigma^2}{2}\right)} \tag{7.17}$$

$$분산 = (e^{\sigma^2} - 1)(e^{2\mu + \sigma^2})$$

가속 스트레스 s 에서 확률밀도함수는

$$f_s(t) = \frac{1}{\sqrt{2\pi}\,\sigma_s t} e^{-\frac{(\ln t - \mu_s)^2}{2\sigma_s^2}}$$

이고, 정상조건에서 확률밀도함수는

$$f_o(t) = \frac{1}{\sqrt{2\pi}\,\sigma_o t} e^{-\frac{(\ln t - \mu_o)^2}{2\sigma_o^2}} = \frac{1}{\sqrt{2\pi}\,\sigma_s t} e^{-\frac{\left(\ln \frac{t}{A_F} - \mu_s\right)^2}{2\sigma_s^2}} \tag{7.18}$$

$\sigma_0 \approx \sigma_s$ 라 하고, 즉 σ 가 스트레스 수준 모두에서 동일할 때, 실제 선형가속을 갖는다. 식 (7.18)에서

$$\mu_0 = \mu_s + \ln A_F$$

이므로, 대수정규분포의 경우 가속계수는

$$A_F = e^{\frac{\mu_o}{\mu_s}}$$

가 된다. 서로 다른 스트레스 수준에서 고장률 간의 관계는 시간 종속이므로 규정된 시간에서 계산되어야 한다.

예제 6

전기 히터의 수명은 약 2.5년으로 예상된다. 히터에 사용되는 스테인리스 강판의 사용 온도는 900℃에서 700℃ 범위에 이른다. 금속판의 신뢰도를 예측하기 위해 강철판 16개의 샘플을 대상으로 1,000℃에서 가속 수명시험을 실시한 결과 그 고장시간은 다음과 같다.

2,617 2,701 2,757 2,761 2,846 2,870 2,916 2,962
2,973 3,069 3,073 3,080 3,144 3,162 3,180 3,325 (시간)

정규 작동조건과 가속조건 간의 가속계수 10이라 한다. 대수정규분포를 가정하여 정상조건에서의 평균수명은 얼마인가?

풀이 MLE 절차를 사용하여 다음과 같은 가속조건에서 대수정규분포의 모수를 얻는다.

$$\mu_s = \frac{1}{n}\sum_{i=1}^{16} \ln t_i = \frac{1}{16} \times 127.879 = 7.9925$$

$$\sigma_s^2 = \frac{1}{n}\left\{\sum_{i=1}^{16} (\ln t_i)^2 - \frac{1}{n}\left(\sum_{i=1}^{16} \ln t_i\right)^2\right\} = 0.0042$$

가속조건에서 평균수명과 표준편차는

$$\text{평균수명} = e^{\mu_s + \frac{\sigma_s^2}{2}} = 2{,}964.75(\text{시간})$$

$$\text{표준편차} = \sqrt{(e^{\sigma_s^2} - 1)(e^{2\mu_s + \sigma_s^2})} = 192.39$$

정상조건에서 대수정규분포의 모수는

$$\mu_0 = \mu_s + \ln A_F = 7.9925 + \ln 10 = 10.295(\text{시간})$$

$$\sigma_s \approx \sigma_0 \approx \sigma$$

MTTF: $e^{\mu_0 + \frac{\sigma^2}{2}} = e^{10.2971} = 29{,}649\,(\text{시간})$

대수정규분포는 MOS IC가 두 가지 형태의 가속 스트레스 가속, 즉 열적 가속계수 A_T

와 전기장 가속계수 A_{EF}가 동시에 작용될 때 MOS(metal-oxide-semiconductor) IC의 고장 시간의 모델화에 적절히 적용된다. 이 경우 정상 작동조건에서 확률밀도함수는 다음과 같다.

$$f_o(t) = \frac{1}{\sqrt{2\pi}\,\sigma_o t} e^{-\frac{(\ln A_T A_{EF} t - \mu_o)^2}{2\sigma_o^2}} \tag{7.19}$$

여기서, $\sigma_s \approx \sigma_0 \approx \sigma$로 대수정규분포의 형상모수는 스트레스 수준 모두에서 동일,

대수적 고장시간의 평균 $\mu_o - \ln A_T - \ln A_{EF}$, 그 표준편차 σ

전기기기의 고장률 함수에 대수정규분포가 널리 쓰이지만, 열적 스트레스에 따른 아이템의 가속 수명분석을 위해 열적 가속계수 A_T에는 아레니우스 반응률 모델이 일반적으로 이용되고 있다.

7.6 물리-통계학에 기초를 둔 모델

부품, 기기의 고장 메커니즘은 여러 가지이며, 모두가 수명의 촉진·가속이 가능하다고는 할 수 없겠으나, 비교적 단순한 메커니즘으로 고장 나는 경우에 물리-통계학에 기초를 둔 모델로 일명 반응론 모델이라고도 한다. 이 모델은 일반적으로 부품의 고장에 적용된 스트레스 인자를 이용한다. 예를 들면, 대부분 IC칩 고장률은 온도 스트레스로 가속된다. 부품의 고장이 온도에 크게 영향을 받는 모델은 부품의 물리적, 화학적인 성질에 영향을 미친다. 더구나 여러 부품들은 보통 동일 스트레스 수준에서 시험되고, 그때의 고장시간은 모두 확률 사상이 되므로, 고장률 관계식은 그 고장시간 분포를 설명할 수 있다. 따라서 반응률 모델은 고장률 관계를 설명할 수 있다.

부품의 고장원인이 되고 있는 어떤 열화량 x가 시간적으로 변화한다 하자. 그러면

$$\frac{dx}{dt} = K.$$

이로부터 $x = Kt$ (일반적으로는 $(Kt)^{\beta}$)인 관계로 시간에 따라 증대하는 것으로 한다. 여기서 K는 반응속도(speed of reaction) 또는 반응률이라 한다.

7.6.1 아레니우스 모델

전자장비의 가속 수명시험 시 가장 일상적으로 사용되는 환경 스트레스는 온도이다. 전기 절연체, 반도체, 건전지, 윤활유, 플라스틱, 백열전구의 필라멘트 등 많은 제품의 수명 시험에 적용된다. 장비에 대한 온도의 영향은 일반적으로 다음과 같은 아레니우스 반응률(Arrhenius reaction rate) 관계식을 사용한다.

$$K = Se^{-\frac{E_a}{kT}} \tag{7.20}$$

여기서, K: 반응속도(speed of reaction) 또는 반응률

S: 상수

E_a: 활성에너지(activation energy)(단위: eV), 분자가 반작용에 개입되기 전 가져야 하는 전이에너지(transition energy)

k: 볼츠만 상수(8.623×10^{-5} eV/°K)

T: 켈빈온도(°K)

식 (7.20)에서 반응속도는 반응계수 S와 장비의 화학반응의 결과 $e^{-\frac{E_a}{kT}}$의 곱으로 표시되는 고장 메커니즘을 갖는다고 전제하고 있다. 식 (7.20)에 대수를 적용하면, 활성에너지 E_a는 온도를 이용하여 반작용 비율 곡선에서 기울기로 결정되는 상수이다. 즉, 그것은 온도가 반작용 속도 K에 대해 갖고 있는 가속 영향을 설명하고 단위는 eV(electron volt)이다. 대부분의 응용에서, E_a는 특정 에너지 수준이라기보다 곡선의 기울기로 취급된다. 낮은 E_a값은 온도에 종속성이 작은 기울기 또는 반작용을 나타낸다. 반면, 큰 E_a값은 온도에 높은 정도의 종속성을 나타낸다. 표 7.4는 활성에너지 E_a 값들의 예이다.

표 7.4 활성에너지

메커니즘	E_a[eV]
Al의 자기확산	1.5
Si의 자기확산	4.8
Si 중의 Al 확산	3.5
Si_2 중의 Na^+의 확산	1.39
Si_2 중의 양자의 확산	0.73
Al 이온의 전자이동	0.48~0.84*
Au-Al 금속 간 화합물	0.87~1.1

* 산의 입자가 클수록 크다.

부품의 수명은 부품의 열화량 $x(=kt)$가 규정량 a에 도달되어 수명을 종료, 즉 $\frac{a}{x}=1$한 다고 하면, $t=\frac{a}{k}$ 또 수명 L은 $L=\frac{a}{K}$가 된다. 양변에 대수를 취하면,

$$\ln L = \ln a - \ln K.$$

식 (7.20)에 대수를 취하면, $\ln K = \ln S - \frac{E_a}{kT}$.

이를 위 식에 대입하면, $\ln L = \ln a - (\ln S - \frac{E_a}{kT}) = \ln\frac{a}{S} + \frac{E_a}{kT}$.

$A=\frac{a}{S}$라 두고, 양변에 지수를 취하면,

$$L(T) = Ae^{\frac{E_a}{kT}}. \tag{7.21}$$

여기서 A: 반응계수, 미지의 비열적 상수(unknown unthermal constant)로 제품의 고장원리와 시험조건에 의해 결정되는 상수

따라서 부품의 수명은 역반응률에 비례한다고 할 수 있다.

가속계수 A_F는 정상 작동온도에서의 수명 L_o와 가속온도에서의 수명 L_s에 대한 비로

$$A_F = \frac{L_o(T_o)}{L_s(T_s)} = \frac{Ae^{(E_a/kT_o)}}{Ae^{(E_a/kT_s)}} = e^{b\left(\frac{1}{T_o}-\frac{1}{T_s}\right)}, \text{ 여기서 } b=\frac{E_a}{k}.$$

이것은 다음과 같다.

$$L_o(T_o) = L_s(T_s)e^{\frac{E_a}{k}\left(\frac{1}{T_o}-\frac{1}{T_s}\right)} \tag{7.22}$$

식 (7.22)에서 아이템의 정상수명은 가속계수 A_F와 무관하다.

(1) 수명분포가 지수분포에 따르는 경우

정상 사용조건에서 평균수명 L_o가 계산되고 그 수명분포가 지수분포에 따른다면, 정상 작동온도에서 고장률은

$$\lambda_o = \frac{1}{L_o}$$

이고, 두 온도 간 가속계수는

$$A_F = \frac{L_o}{L_s} = e^{\frac{E_a}{k}\left(\frac{1}{T_o} - \frac{1}{T_s}\right)}. \tag{7.23}$$

예제 7

가속시험이 온도 200°C에서 수행되었다. 시험하에 전자장비의 평균고장시간은 4,000시간이다. 정상 사용온도 50°C에서 기대수명을 구하라. 활성에너지는 0.191 eV라 한다.

풀이 가속조건에서 평균수명 $L_s = 4{,}000$(시간)

가속온도 $T_s = 473°K$

정상온도 $T_0 = 323°K$

활성에너지 0.191 eV(Blanks, 1980)이므로,

$$L_o = 4{,}000 \cdot \exp\left\{\frac{0.191}{8.623 \times 10^{-5}}\left(\frac{1}{323} - \frac{1}{473}\right)\right\} = 35{,}198(\text{시간})$$

가속계수 $A_F = \exp\left\{\frac{0.191}{8.623 \times 10^{-5}}\left(\frac{1}{323} - \frac{1}{473}\right)\right\} = 8.78$

또는 $A_F = \frac{L_o}{L_s} = \frac{35{,}198}{4{,}000} = 8.78$

(2) 아레니우스-지수분포 회귀식 그래프

그래프를 이용한 가속 수명분포-아레니우스 관계를 분석하기 위해 제품의 수명이 지수분포, 대수정규, 와이블 분포를 따르고, 수명분포의 모수와 가속변수 사이에 아레니우스 관계가 존재할 경우, 가속 수명시험 모형에 대하여 분석할 수 있다. 여기서는 아레니우스-지수분포의 관계를 살펴본다. 반도체, 전기부품 등의 수명은 지수분포로 잘 설명된다.

식 (7.20)에 자연대수를 취하면 다음과 같이 선형관계로 표시되며, 이 선형관계는 데이터 해석에 이용된다.

$$\ln L = \ln A + \frac{E_a}{k}\frac{1}{T} = a + b\frac{1}{T} \tag{7.24}$$

여기서, $a = \ln A$, $b = \frac{E_a}{k}$.

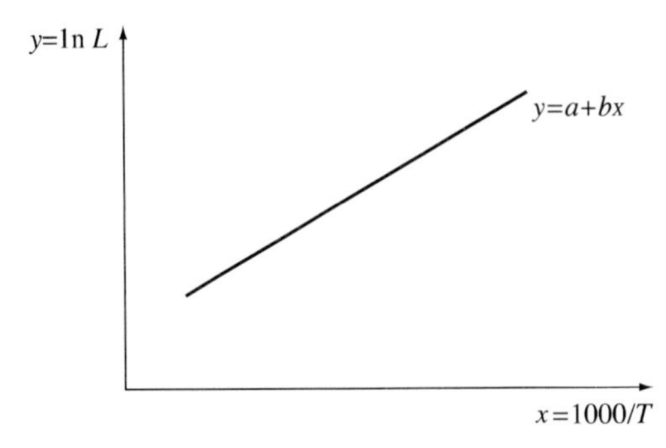

그림 7.3 아레니우스-지수 그래프

이 선형방정식을 이용한다면 모형의 가정은 다음과 같다.

① 절대온도 T에서 제품의 수명 L은 평균수명 $\theta(T)$인 지수분포를 따른다.

② 평균수명의 자연대수 $\ln\theta(T)$는 온도 T에 역비례한다.

$$\ln\theta(T) = a + \frac{b}{T}$$

또는 고장률 $\lambda(T) = \dfrac{1}{\theta(T)}$로 표시하면,

$$\ln\lambda(T) = -a - \frac{b}{T}$$

가로좌표의 값들이 세로좌표의 값들에 비해 상대적으로 작으므로 온도에 따른 제품 수명을 선형관계로 나타내기 위해 좌표 x축의 척도를 $\dfrac{1{,}000}{\text{절대온도}}$, y축의 척도는 제품 수명을 자연대수로 조정하여, 제품의 특성치 A와 활성에너지 E_a를 추정할 수 있다.

예제 8

어떤 재료의 40°C에서의 수명은 1,600시간, 60°C에서의 수명은 400시간이었다. 가속계수를 구하라. 또 재료를 1일 1cycle 중 60°C에서 4시간, 40°C에서 20시간 두었다 할 때, 평균수명을 추정하라.

풀이 $a = -15.70$

$b = 7.225 \times 10^3$

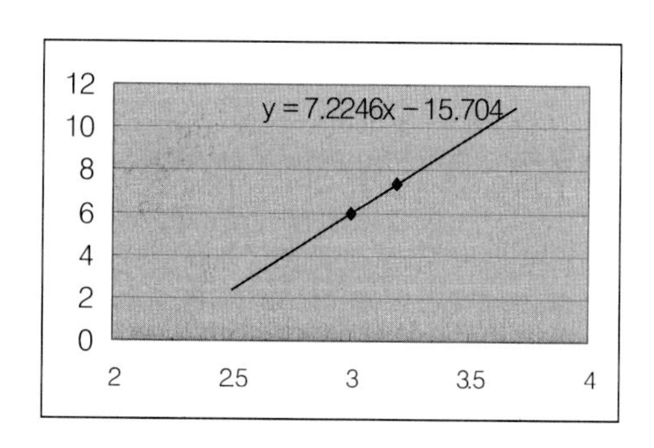

가속계수 $A_F = e^{\frac{E_a}{k}\left(\frac{1}{T_0} - \frac{1}{T_s}\right)} = e^{7.225 \cdot 0.193} = 3.94 \fallingdotseq 4$

평균수명 신뢰도$= \dfrac{t_i}{L_i} + \dfrac{t_j}{L_j} = \dfrac{4}{400} + \dfrac{20}{1,600} = 0.0225$

수명기간$= \dfrac{1}{0.0225} = 44.1$(일)

7.6.2 아일링 모델

이 관계식은 양자역학에 기초를 두고 있으며, Glasstone, Laidler and Eyring에 의해 화학적 열화에 대한 반응률 등식으로 수식화되었다. 아일링 모델(Eyring model)은 아레니우스 모델과 유사하여 가속된 스트레스가 온도일 때 고장데이터를 모델링하는 데 흔히 사용된다.

(1) 온도 스트레스인 경우

온도 가속에 대한 아일링 모델은

$$L = \frac{1}{T}\exp\left(\frac{\beta}{T} - \alpha\right) \tag{7.25}$$

여기서, α, β: 가속시험 데이터에서 결정된 상수

L: 평균수명

T: 켈빈온도(°K)

식 (7.25)에서

$$L = \frac{1}{T}\exp\left(\frac{\beta}{T} - \alpha\right) = \frac{e^{-\alpha}}{T}\, e^{\frac{\beta}{T}} = Ce^{\frac{\beta}{T}}$$

의 관계로 아레니우스 관계식 (7.21)과 같다.

아이템의 고장시간 분포는 지수적이다. 따라서 고장률 $\lambda = \frac{1}{L}$.

가속된 스트레스 조건에서 평균수명은

$$L_s = \frac{1}{T_s}\exp\left(\frac{\beta}{T_s} - \alpha\right) \tag{7.26}$$

정상 작동조건에서 평균수명은

$$L_o = \frac{1}{T_o}\exp\left(\frac{\beta}{T_o} - \alpha\right) \tag{7.27}$$

가속계수는

$$A_F = \frac{L_o}{L_s} = \frac{T_s}{T_o} \cdot \exp\left\{\beta\left(\frac{1}{T_o} - \frac{1}{T_s}\right)\right\} \tag{7.28}$$

서로 다른 스트레스 수준에서 시험된 l개의 샘플에 대해 식 (7.25)의 최우법을 이용하여 상수 α, β는 다음 두 방정식을 풀어서 구할 수 있다. 각 방정식은 α와 β에 관한 우도함수의 도함수를 0으로 둔 결과이다. 여기서 r_i, $(i = 1, 2, \cdots, l)$는 스트레스 수준 T_i에서 관측된 고장 개수이다.

$$\sum_{i=1}^{l} r_i - \sum_{i=1}^{l} \frac{r_i}{\hat{\lambda}_i T_i}\exp\left\{\alpha - \beta\left(\frac{1}{T_i} - \overline{T}\right)\right\} = 0 \tag{7.29}$$

$$\sum_{i=1}^{l} \frac{r_i}{\hat{\lambda}_i T_i}\left(\frac{1}{T_i} - \overline{T}\right)\exp\left\{\alpha - \beta\left(\frac{1}{T_i} - \overline{T}\right)\right\} = 0 \tag{7.30}$$

여기서, $\hat{\lambda}_i$: 스트레스 수준 T_i에서 고장률 추정치

r_i: 고장 개수

$$\overline{T} = \frac{\sum_{i=1}^{l} \frac{r_i}{T_i}}{\sum_{i=1}^{l} r_i},$$ T_i는 스트레스 변수(온도일 경우 켈빈온도로 표시)

예제 9

20개의 디바이스 샘플이 온도 200°C에서 가속시험되었다. 고장시간은 다음 표와 같다. 아

일링 모델을 사용하여 50°C에서 평균수명을 추정하라. 가속계수는 얼마인가?

표 7.5 20개 장치의 고장 데이터 (단위:시간)

170.948	6,124.780
1,228.880	6,561.350
1,238.560	6,665.030
1,297.360	7,662.570
1,694.950	7,688.870
2,216.110	9,306.410
2,323.340	9,745.020
3,250.870	9,946.490
3,883.490	10,187.600
4,194.720	10,619.100

풀이 $L_s = \frac{1}{20}\sum_{i=1}^{20} t_i = 5{,}300$(시간), $\hat{\lambda} = \frac{1}{5{,}300}$

식 (7.29)에서 $20 - \frac{20 \cdot 5{,}300}{473}\exp\left\{\alpha - \beta\left(\frac{1}{473} - \frac{1}{473}\right)\right\} = 0$.

이로부터 $20 - 224.115e^{\alpha} = 0$. 따라서 $\alpha = -2.416$.

또 β는 식 (7.25)에서 $5{,}300 = \frac{1}{473}\exp\left(\frac{\beta}{473} - \alpha\right)$.

이로부터, $\frac{\beta}{473} - \alpha = 14.735$. 따라서 $\beta = 5{,}826.706$.

50°C의 정상 작동조건에서 평균수명은

$$L_o = 5{,}300 \cdot \left(\frac{473}{323}\right) \cdot \exp\left\{5{,}826.706 \cdot \left(\frac{1}{323} - \frac{1}{473}\right)\right\} = 2.368 \times 10^6(\text{시간}).$$

가속계수 $A_F = \frac{L_o}{L_s} = \frac{2{,}368{,}000}{5{,}300} = 446.8$

(2) 복수 스트레스가 가해지는 경우

아일링 모델은 가속시험에서 여러 개의 스트레스가 동시에 적용될 때 효율적으로 사용될 수 있다. 다음 모델은 두 종류의 스트레스, 즉 온도 및 물리적 스트레스에 대한 아이템의 고장시간을 나타낸다. 복수 스트레스가 적용되는 일반화된 아일링 모델은

$$L_s = \frac{\alpha}{T_s}\exp\left(\frac{E_\alpha}{kT_s}\right)\exp\left\{\left(\beta + \frac{\gamma}{T_s}\right)s\right\} \tag{7.31}$$

여기서, E_a: 시험 중에 있는 장치의 활성에너지(eV)

k: 볼츠만 상수

T_s: 켈빈온도

s : 적용된 물리적 스트레스(부하/면적)

α, β, γ : 상수

7.6.3 역승규칙(inverse power rule) 모델

역승규칙 모델은 운동에너지와 활성에너지에 기초를 두고 유도되었다. 이것은 이론에 근거를 두고 있는 것이 아니라, 경험에 의해 이러한 관계를 갖는 제품들이 많다는 것을 보여준다. 응용 부분으로는 볼 베어링과 롤러 베어링, 백열등 필라멘트, 기계적 부하에 따른 간단한 금속피로 등이다. 이 모델의 수명분포는 와이블이다. MTTF는 작용된 스트레스, 일반적으로 전압의 n 제곱에 따라 감소한다. 역승규칙은 다음과 같다.

$$L_s = \frac{C}{V_s^n}, \ C > 0 \tag{7.32}$$

여기서, L_s: 가속 스트레스 V_s에서의 평균수명

C, n: 제품의 특성, 재료의 결합구조, 시험방법 등에 의해 결정되는 상수

정상 작동조건에서 평균수명은

$$L_o = \frac{C}{V_o^n} \tag{7.33}$$

따라서

$$A_F = \frac{L_o}{L_s} = \left(\frac{V_s}{V_o}\right)^n \tag{7.34}$$

C와 n의 추정치를 얻기 위해 Mann, Schafer, and Singpurwalla[13]는 그 기본 틀을 바꾸지 않고 식 (7.32)를 다음 식으로 수정하였다.

$$L_i = \frac{C}{\left(\frac{V_i}{\dot{V}}\right)^n} \tag{7.35}$$

여기서, L_i : 스트레스 수준 V_i에서 평균수명

$\dot{V}$: V_i의 가중된 기하평균, $\dot{V}=\prod_{i=1}^{k}(V_i)^{r_i/\sum_{i=1}^{k}r_i}$ (r_i는 스트레스 수준 V_i에서 고장수)

C와 n의 우도함수는

$$L(C,n)=\prod_{i=1}^{k}\frac{1}{\Gamma(r_i)}\left\{\frac{r_i}{C}\left(\frac{V_i}{V}\right)^n\right\}^{r_i}(\hat{L}_i)^{r_i-1}\exp\left\{-\frac{r_i\hat{L}_i}{C}\left(\frac{V_i}{V}\right)^n\right\}$$

여기서, $\hat{L}_i$는 스트레스 수준 V_i에서 평균수명

$\hat{C}$와 $\hat{n}$의 최우추정치는 다음 두 식을 이용하여 구한다.

$$\hat{C}-\frac{\sum_{i=1}^{k}r_i\hat{L}_i\left(\frac{V_i}{\dot{V}}\right)^{\hat{n}}}{\sum_{i=1}^{k}r_i}=0 \tag{7.36}$$

$$\sum_{i=1}^{k}r_i\hat{L}_i\left(\frac{V_i}{\dot{V}}\right)^{\hat{n}}\log\frac{V_i}{\dot{V}}=0 \tag{7.37}$$

$\hat{n}$과 $\hat{C}$의 분산은 근사적으로

$$Var[n]=1/\left[\sum_{i=1}^{k}r_i\left(\log\frac{V_i}{\dot{V}}\right)^2\right] \tag{7.38}$$

$$Var[C]=\frac{C^2}{\sum_{i=1}^{k}r_i} \tag{7.39}$$

예제 10

CMOS IC는 음의 바이어스 상태에서 절연체의 유도에 의해 불안정성 상태가 되고, 이것은 궁극적으로 장치의 고장 및 중단을 초래한다. 제조자는 각각 25 eV와 10 eV의 두 전기장 스트레스에 대해 20개의 장치를 두 샘플에 대해 시험하였다. 고장시간은 다음 표 7.6과 같다.

표 7.6 40개 디바이스의 고장 데이터

25 eV 시험(시간)		10 eV 시험(시간)	
809.10	3,802.88	1,037.39	9,003.08
1,135.93	3,944.15	3,218.11	124.50
1,151.03	4,095.62	3,407.17	9,365.93
1,156.17	4,144.03	3,520.36	9,642.53
1,796.23	4,305.32	3,879.49	10,429.50
1,961.23	4,630.58	3,946.45	10,470.60
2,366.54	4,720.63	6,635.54	11,162.90
2,916.91	6,265.99	6,941.07	12,204.50
3,013.68	6,916.16	7,849.78	12,476.90
3,038.61	7,113.82	8,452.49	23,198.30

(1) 고장시간 분포의 형상모수가 기지라 한다. 5 eV에서 평균수명을 추정하기 위해 역승규칙 모델을 사용하라. 모수의 표준편차는 얼마인가?

(2) 고장시간은 와이블 분포에 따른다고 한다. 정상 작동조건 5 eV에서 평균수명을 추정하라.

풀이 (1) s_1, s_2는 스트레스 수준 25 eV, 10 eV라 하자. 그러면

$$r_{s_1} = r_{s_2} = 20$$

$$L_{s_1} = \frac{\sum t_i}{20} = 3{,}464.25(\text{시간}),\ \ L_{s_2} = 8{,}298.33(\text{시간})$$

$$\dot{V} = \sqrt{25}\,\sqrt{10} = 15.81$$

식 (7.37)에서 $\hat{C} = \frac{1}{2}\left\{3{,}464.25\left(\frac{25}{15.81}\right)^{\hat{n}} + 8{,}293.33\left(\frac{10}{15.81}\right)^{\hat{n}}\right\}.$

식 (7.38)에서 $69{,}285\left(\frac{25}{15.81}\right)^{\hat{n}} \log 1.5812 + 165{,}966.6\left(\frac{10}{15.81}\right)^{\hat{n}} \log 0.6325 = 0.$

따라서 $\hat{n} = 0.95318$, $\hat{C} = 5{,}362.25$.

$$5\ \text{eV에서 평균수명}\ \ L_{5eV} = L_{25}\left(\frac{25}{5}\right)^{0.95318} = 16{,}065(\text{시간})$$

또는 식 (7.35)에서 $L_{5\text{eV}} = \dfrac{\hat{C}}{(5/15.81)^{\hat{n}}} = 16{,}065(\text{시간}).$

또,

$$Var[n] = 0.6413$$

$$Var[C] = 847.84^2$$

(2) 스트레스 수준 s_1과 s_2에서 와이블 분포의 형상 및 척도 모수는 최소제곱식을 적용하여,

$$m_{s_1} = 1.98184, \quad \eta_{s_1} = 3{,}916.97$$
$$m_{s_2} = 1.83603, \quad \eta_{s_2} = 9{,}343.58$$

$m_{s_1} \approx m_{s_2} \approx m_0 \simeq 2$로 가속성이 성립하고, 여기서 m_0는 정상 작동조건에서 형상모수이다. 가속계수 A_F=1,9. MTTF=15,732시간이다.

역승규칙은 log-log 좌표상에 직선으로 표현될 수 있다. 따라서 일반적으로 아래와 같이 최소제곱법을 이용한 간편한 그래프 방법으로 계수 n, C를 추정한다.

식 (7.32)에 자연대수를 취하면

$$\begin{aligned} \ln L_s &= \ln C - n \ln V_s \\ &= \ln C + n(-\ln V_s) \\ &= a + n \cdot x \end{aligned}$$

여기서, $a = \ln C$, $x = -\ln V_s$.

따라서 $\ln L_s$가 x에 대하여 선형관계로 표시된다.

7.6.4 결합모델

이 모델은 온도, 그리고 전압과 같은 다른 스트레스가 결합하여 가속 수명시험에 적용될 때 이용되는 모델로 아일링 모델과 유사하다. 이 모델의 요건은 아레니우스 모델과 역승규칙 모델의 결합이며, 이 모델의 공식은 다음과 같다.

$$\frac{L_o}{L_s} = \left(\frac{V_s}{V_o}\right)^n \exp\left\{\frac{E_a}{k}\left(\frac{1}{T_o} - \frac{1}{T_s}\right)\right\} \tag{7.40}$$

여기서, L_o: 정상 작동조건에서의 수명

L_s: 가속된 스트레스 조건에서의 수명

V_o: 정상 작동전압

V_s: 가속 스트레스 전압

T_s: 가속 스트레스 온도

T_o: 정상 작동온도

예제 11

해저 케이블 중계장치에 사용되는 장기 수명 양극 트랜지스터 샘플이 가속된 온도와 전압 조건에서 시험되었다. 온도와 전압의 조합에서 평균수명은 표 7.7과 같다. 활성에너지는 0.2 eV를 가정한다. 정상 작동조건 30°C, 25 V에서 평균수명을 추정하라.

표 7.7 스트레스 조건에서 평균수명(시간)

온도(°C)	적용 전압(V)			
	50	100	150	200
60	1,800	1,500	1,200	1,000
70	1,500	1,200	1,000	800

풀이 두 온도 스트레스에 대해 식 (7.40)에 적용한다(즉, 60°C, 50 V와 70°C, 100 V).

$$\frac{1{,}800}{1{,}200}=\left(\frac{100}{50}\right)^n \exp\left\{\frac{0.2}{8.623\times10^{-5}}\left(\frac{1}{333}-\frac{1}{343}\right)\right\}$$

이로부터, $n=0.292$.

$$L_o = L_s\left(\frac{V_s}{V_o}\right)^n \exp\left\{\frac{E_a}{k}\left(\frac{1}{T_o}-\frac{1}{T_s}\right)\right\}$$

여기서, 가속조건은 70°C, 50 V, 정상조건은 30°C, 25 V이다.

$$L_o = 1{,}500\left(\frac{50}{25}\right)^{0.292} \exp\left\{\frac{0.2}{8.623\times10^{-5}}\left(\frac{1}{303}-\frac{1}{343}\right)\right\}$$

$$=4{,}484.11\text{시간}$$

가속계수 $A_F=\dfrac{4{,}484.11}{1{,}500}\cong 3.0$

7.7 물리–실험에 기초를 둔 모델

장치 및 부품에 대한 고장시간은 고장 메커니즘의 이론적 개발 또는 고장시간에 영향을 미치는 서로 다른 인자의 여러 수준의 실험을 통해 고장 메커니즘의 물리적 성질을 근거로 추정할 수 있다. 서로 다른 수준에서 서로 다른 스트레스를 적용하여 생기는 여러 가지 고장 메커니즘들이 있다. 예를 들면, 전자이동 현상에 따른 포장된 실리콘 집적회로의 고장시간은 회로를 통하는 전류밀도와 회로의 온도에 영향을 받는다. 또한 어떤 부품들의 고장시간은 단지 상대습도에 의해 영향을 받을 수 있다.

다음은 장치나 부품 고장이 파라미터 함수로 고장시간을 예측하기 위해 널리 사용되는 모델들을 살펴본다.

7.7.1 전자이동 모델

전자이동(electromigration)이란 전도전자와 금속 속에 흩어져 있는 원자핵들 사이의 운동량 변화로 인해 발생하는 도체 내의 지속적인 이온의 움직임에 의한 물질의 이동이라 한다. 금속 배선에 높은 전류가 흐르면 금속 원자가 한 방향으로 이동해 금속 배선의 단선을 일으키게 되고, 이것은 현 미세구조에 의한 파국적 고장을 일으키는 도체를 따라서 빈틈이 된다. 전자이동이 발생할 때, 메디안 고장시간(MTF, median time to failure)은 Black에 의해 다음 식으로 제시되고 있다.

$$\mathrm{MTF} = A\,J^{-n}\,e^{\frac{E_a}{kT}} \tag{7.41}$$

여기서, A: 구조적 인자에 따른 상수

J: 전류밀도

k: 볼츠만 상수

T: 절대온도

E_a: 활성에너지(순수 Al 0.55 eV, Al-Cu 합급 $\simeq$ 0.75 eV)

n: 전자이동 지수로 1~6 사이의 값

정상 작동조건에서 재료의 수명을 결정하기 위해 전류밀도와 온도와 같은 스트레스하에 재료의 샘플에 대해 가속된 수명시험을 한다. Buehler, Zmani, and Dhiman은 적절한 수준의 전류와 온도를 선택하기 위해 선형회귀와 선형화된 방정식의 전파오차(propagation of error) 분석을 사용하여 세 가지 이상의 스트레스 조건에서 E_a와 n에 대한 전자이동 파라미터를 얻었다. 일정 전류에 대해 작용 온도의 메디안 수명은 다음과 같이 추정한다.

$$\frac{t_{50}(T_0)}{t_{50}(T_s)} = \exp\left\{\frac{E_a}{k}\left(\frac{1}{T_0} - \frac{1}{T_s}\right)\right\} \tag{7.42}$$

여기서, $t_{50}(T_i)$는 T_i에서 메디안 수명($i = o$ 또는 s)이다.

또한 온도를 일정하게 하고, 전류밀도를 바꿀 수 있다. 따라서

$$\frac{t_{50}(T_0)}{t_{50}(T_s)} = \left(\frac{J_0}{J_s}\right)^{-n}$$

7.7.2 습도에 따른 고장(humidity dependence failures)

플라스틱 집적 회로 내의 부식(corrosion)은 캡슐에 넣어진 회로 외부의 리드선 또는 회로 내부에 연결된 금속피복을 열화시킬 수 있다. 부식되는 데 필요한 요소는 전해액의 형성을 위한 습도의 이온, 그리고 전극과 전자장을 위한 금속으로 이들 중 어느 것도 부족하다면 부식은 발생하지 않는다.

일반적 습도 모델은

$$t_{50} = A(RH)^{-\beta}$$

또는

$$t_{50} = Ae^{-\beta(RH)}$$

여기서, t_{50}: 장치의 메디안 수명

A, β: 상수

RH: 상대습도

습도에 대해서만 가속시험을 한다면 원하는 결과를 얻기 위해 수년간의 시험이 필요하므로 온도와 습도를 복합한 고속 가속 스트레스 시험(HAST, highly accelerated stress test)에 따른 수명시험을 이용한다. HAST의 가장 일반적인 형태는 장치가 상대습도 85%와 온도 85°C에서 시험되는 85/85 시험이다. 여기서, 시험시간을 단축하기 위해 보통 전압 스트레스가 추가된다. 온도, 상대습도, 전압조건하에서 작동하는 장치의 고장까지의 시간은 다음과 같다.

$$t = Ve^{\frac{E_a}{kT}}e^{\frac{\beta}{RH}} \tag{7.43}$$

여기서, t: 고장시간

V: 적용된 전압

E_a: 활성에너지

k: 볼츠만 상수

T: 절대온도

β: 상수

RH: 상대습도

가속 스트레스 조건과 정상 작동조건을 나타내기 위해 각각 첨자 s와 o를 사용하면, 가속계수는 다음과 같이 계산된다.

$$A_F = \frac{t_o}{t_s} = \frac{V_o}{V_s} e^{\frac{E_a}{k}\left(\frac{1}{T_o} - \frac{1}{T_s}\right)} e^{-\beta\left(\frac{1}{RH_o} - \frac{1}{RH_s}\right)} \tag{7.44}$$

부식으로 인해 발생된 고장을 더욱 빨리 찾아내기 위한 방법들이 마이크로 전자공학에서 연구되고 있다. 짧은 시험기간 내에 부식 고장을 찾아내기 위해 압력솥 같은 요리기구를 사용한다. 가압된 가습시험 환경은 다른 형태의 가습시험 방법보다 훨씬 더 빨리 캡슐화된 플라스틱으로 습기를 들어가게 하고 있음을 연구에서 보여주고 있다.

7.7.3 피로 고장

반복된 스트레스 사이클이 재료에 적용될 때 재료가 파손되는 강도보다 손상의 누적으로 인해 훨씬 낮은 스트레스에서도 피로 고장(fatigue failure)은 발생한다. 피로 부하는 재료에서 불연속 부분, 파손 부분 또는 스트레스 집중도가 높은 접합점이나 긁힘 부분에 팽창, 압축을 더 가하여 균열을 일으키게 한다. 재료에 부가되는 스트레스가 재료의 강도를 초과할 때까지 스트레스가 반복되어 감에 따라 균열의 길이는 계속 증가한다. 이때 갑작스런 파손이 발생하며, 스트레스가 적용된 부품 또는 구성품에 고장을 유발시키게 된다. 스트레스의 원인은 물리적 부하 이외에 온도, 전압 등이 될 수 있다.

예를 들면, 인쇄회로에 납땜 접착과 같은 표면실장기술(SMT, surface mount technology) 분야에서 열 사이클(thermal cycle)에 의한 균열 피로(creep fatigue), 또는 열팽창 변형은 파손의 주된 고장 메커니즘이다. 열 사이클마다 납땜에서 일정량의 피로 손상에 해당하는 변형 에너지를 만든다. 납땜에서 주기적으로 누적된 피로 손상은 파손에 이른다. 따라서 장치 또는 구성품의 신뢰성은 주어진 누적 고장 확률에 해당하는 스트레스 사이클의 수로 표현된다.

7.8 열화 모델

가속 수명시험에서 얻은 대부분의 신뢰성 데이터들은 서로 다른 스트레스에서 샘플들에 대해 가속 시험하여 얻은 고장시간에 대한 측정치이다. 그러나 정상 작동조건에 가까운 스트레스 수준에서 샘플들의 실제 고장은 파국적인 고장은 아니지만 할당된 시험시간 내에 저항 열화를 일으키는 많은 상황들이 있다. 예를 들면, 임의 부품이 허용 저항치로 시험을 시작하지만, 시험기간 동안 저항 눈금이 없어질 수 있다.

시험시간이 지나감에 따라 저항은 유닛의 고장을 일으키는 불량 수준에 이르게 된다. 이 경우, 흥미 있는 특성치로 열화 측정치(그러한 고장은 부품의 파국적인 고장을 야기시킬 수 있다)는 시험 중 취해지고 분석되어 정상조건에서 유닛의 고장시간을 예측하기 위해 사용된다. 특정 장치에 모두 사용할 수 있는 일반적인 품질 열화 모델은 없다. 예로써 유닛의 저항 열화는 동일 유닛의 출력 전류에서 열화를 측정하는 것과 다른 방법을 사용한다. 이 절에서는 특정 열화 모델을 살펴본다.

7.8.1 저항 열화 모델

박막 집적회로 저항 열화 메커니즘(thin film integrated circuit resistor degradation mechanism)은 다음 식으로 쓸 수 있다.

$$\frac{dR(t)}{R_0} = \left(\frac{t}{L}\right)^m \tag{7.45}$$

여기서, $dR(t)$: 시각 t에서 저항 변화량

R_0: 초기저항

t: 시간

L: 100% 저항 변화를 일으키는 데 걸리는 시간

m: 상수

온도에 따른 모델은 다음과 같이 L에 포함된다.

$$L = Ae^{-\frac{E_a}{kT}} \tag{7.46}$$

여기서, A는 상수이다.

식 (7.40)을 식 (7.45)에 대입하고 대수를 취하면

$$\ln\frac{dR(t)}{R_0} = m\left(\ln t - \ln A - \frac{E_a}{kT}\right).$$

따라서

$$\ln t = \ln A + \frac{1}{m}\ \ln\frac{dR(t)}{R_o} + \frac{E_a}{kT}. \tag{7.47}$$

상수 m과 A가 결정되면, 식 (7.47)을 이용하여 저항 변화를 계산한다. 위 식은 전자이동 고장에 따른 장치의 수명을 예측하는 데도 사용될 수 있다. 전자이동에 따른 고장시간은 식 (7.41)과 같다. 식 (7.41)에 자연대수를 취하면,

$$\ln(\mathrm{MTF}) = \ln A - n\ \ln J + \frac{E_a}{kT} \tag{7.48}$$

식 (7.48)과 (7.47)은 유사한 형태를 갖는다.

상수 m과 A는 다음 예에서와 같이 중회귀법을 사용하여 구할 수 있다.

예제 12

다음 표 7.8의 데이터는 한 샘플에 대해 두 온도 100°C와 150°C에서 서로 다른 시각에 $\frac{dR(t)}{R_0}$의 16개 측정치를 나타낸다. 저항이 정상온도 28°C에서 작동 중일 때 $\ln\frac{dR(t)}{R_0}$ =8.5가 되는 시간을 결정하라. 저항에서 이 변화는 장치의 파국 고장에 해당한다.

표 7.8

시간 t(초)	$\ln t$	$\ln\frac{dR(t)}{R_0}$	$(kT)^{-1}$
5,000	8.517193	6.3969297	31.174013
15,000	9.615805	6.6846117	31.174013
50,000	10.819778	6.9077553	31.174013
150,000	11.918390	7.3132204	31.174013
500,000	13.122363	7.5286778	31.174013
1,500,000	14.220975	8.1992672	31.174013
5,000,000	15.424948	8.5003481	31.174013
10,000,000	16.118095	8.7809009	31.174013
5,000	8.517193	7.2412823	27.489142
15,000	9.615805	7.8913435	27.489142
50,000	10.819778	8.0956259	27.489142
150,000	11.918390	8.2540092	27.489142
500,000	13.122363	8.7809009	27.489142
1,500,000	14.220975	9.2256796	27.489142
5,000,000	15.424948	9.9034876	27.489142
10,000,000	16.118095	10.308953	27.489142

풀이 $\ln(t)=\ln A+\frac{1}{m}\ln\frac{dR(t)}{R_0}+\frac{E_a}{kT}$에서

중회귀식으로부터 $\ln A=\ -15.982$, $\frac{1}{m}$=2.785, E_a=0.24로 얻어진다.

$\ln\frac{dR(t)}{R_o}=8.5$에 이르기 위해 28°C에서 작동하는 장치에 요구되는 시간은

$$\ln t=-15.982+2.785\times 8.5+\left(\frac{0.24}{8.623}\times 10^{-5}\times 301\right)=16.93719.$$

따라서 $t=22.6845\times 10^6$(초)$=7.6$(개월)

7.8.2 레이저 열화

레이저 다이오드는 전자유도 방출물(stimulated emission)을 이용한 발진체로써, 높은 전류밀도를 통해 전하 운반체(charge carrier)의 과다 잉여분은 레이저의 전도대(conduction band)에서 생성되어서 강력한 유도 방출물을 발생한다. 레이저 다이오드의 수행도는 구동전류(driving current)에 의해 큰 영향을 받는다. 따라서 관측되어야 하는 성능저하 모수는 시간에 따르는 전류의 변화이다. 시간에 따른 열화 파라미터의 변화량은 다음과 같은 수정 열화 모델을 사용한다.

$$\frac{D(t)}{D_0}=\exp\left\{-\left(\frac{t}{t_d}\right)^p\right\} \tag{7.49}$$

여기서, $D(t)$: 시간 t에서 열화(degradation) 파라미터

D_o: 열화 파라미터 초기치

t_d, p: 상수

식 (7.49)에 두 번의 대수를 취하여 다음과 같이 선형화한다.

$$\ln\left(\ln\frac{D(t)}{D_0}\right)=-p\{\ln(t)-\ln(t_d)\} \tag{7.50}$$

모수 p와 t_d는 위에서 중회귀법을 사용하여 구해질 수 있다.

8장

신뢰성 설계, 배분, 예측

8.1 서론

제품의 대상은 다양하여 그 규모 및 사용 분야에 따라 여러 가지로 분류될 수 있다. 규모로는 대규모 시스템, 기기 및 세트, 장치 및 부품 등이 있고, 사용 분야로는 기계 분야, 화학 분야 등으로 나누어진다. 대규모 시스템은 철도, 통신망, 우주기지 등이 있고, 기기 및 세트로는 TV 수상기, PC, 자동차 등이, 그리고 장치 및 부품에는 LSI, 모터, 엔진 등이 그 예가 된다. 일반적으로 제품의 규모 및 분야에 따라 설계의 내용과 방법이 달라진다. 전기계통의 기기 및 세트, 즉 TV 수상기 및 PC와 같은 제품의 특징은 시장에서 경쟁적인 성격을 갖고 있는 것으로 다기능, 고성능, 저가격, 단기 납기, 고품질, 신뢰성 등이 총체적으로 요구되고 있다.

소비자는 제품의 원리나 조립에 대한 지식보다도 제품이 가지고 있는 매력에 의해 선택하는 경우가 많다. 예를 들면, 첨단 기술, 사용 용이성, 의장 디자인 및 유행성 등이 소비자 측에서 제품을 선택하는 요소가 되고, 제조사 측에서는 장래를 위한 확장성, 제조 용이성, 원가, 예상 생산, 신제품 발표 및 출하시기의 시점 등도 고려하여 제품을 생산하게 된다.

제품이 기본적으로 갖추어야 하는 항목은 기능 및 성능이다. 다기능, 고성능은 첨단기술적 이미지와 결부되어서 판매를 위한 중요 항목이 되고 있다. 제품이 일정 기간까지 고장이 없기 위해서는 신뢰성에 대한 요구가 필수적이다.

신뢰성 설계는 제품을 개발할 때 제품의 성능뿐만 아니라 신뢰성을 고려하여 높은 신뢰성을 갖도록 제품을 설계하는 것으로, 제품에 신뢰성을 부여하는 목적을 갖는 설계를 말한다. 회로 설계, 열 설계 등과 달리 구체적인 고유기술이 정해져 있는 것은 아니다.

품질고려 설계(DFQ, design for quality)는 제품의 사양(specification)이 결정되고, 그 사양을 만족하는 성능을 갖도록 제품을 설계하는 것에 반해, 신뢰성을 고려한 설계(DFR, design for reliability)는 제품의 수명이 정해진 기간 이상 사용되도록 제품을 설계한다. 따라서 제품 설계자에게는 일반적으로 다종다양한 제품기능에 대한 요구사항의 정도를 판단하여 상호조정하고 절충하여 가장 경제적인 제품을 설계하는 임무가 주어진다.

신뢰성 설계의 단계들을 크게 나누면 다음과 같다.

① 고유 기술에 근거한 신뢰성 구축
② 설계에 의해 만들어진 신뢰성 상태의 파악과 측정
③ 설계결과의 부분적, 종합적 평가

이들 업무는 제품개발, 설계 절차 중에서 그림 8.1과 같이 신뢰성 활동들이 산재되어 있다. 설계활동 중에 분산되어 있는 신뢰성에 관한 활동들이 종합되어 신뢰성 설계가 달성되는 것이다. 신뢰성 측정 및 파악은 신뢰성 기술로써 확립된 신뢰성 배분, 예측, FTA, FMEA 등의 수법을 이용해서 수행되고, 신뢰성 설계의 평가는 설계심사(DR) 및 프로토타입(prototype) 평가시험 등에 의해 수행된다. 이들에 대해서는 다른 장에서 설명된다.

신뢰성 사양 작성단계에서 피해야 할 사항은 비계량적, 정성적 신뢰성 요구에 대한 기술이다. 대규모 시스템 및 많은 구성품의 시스템들은 전체 목표치를 결정하는 것과 동시에

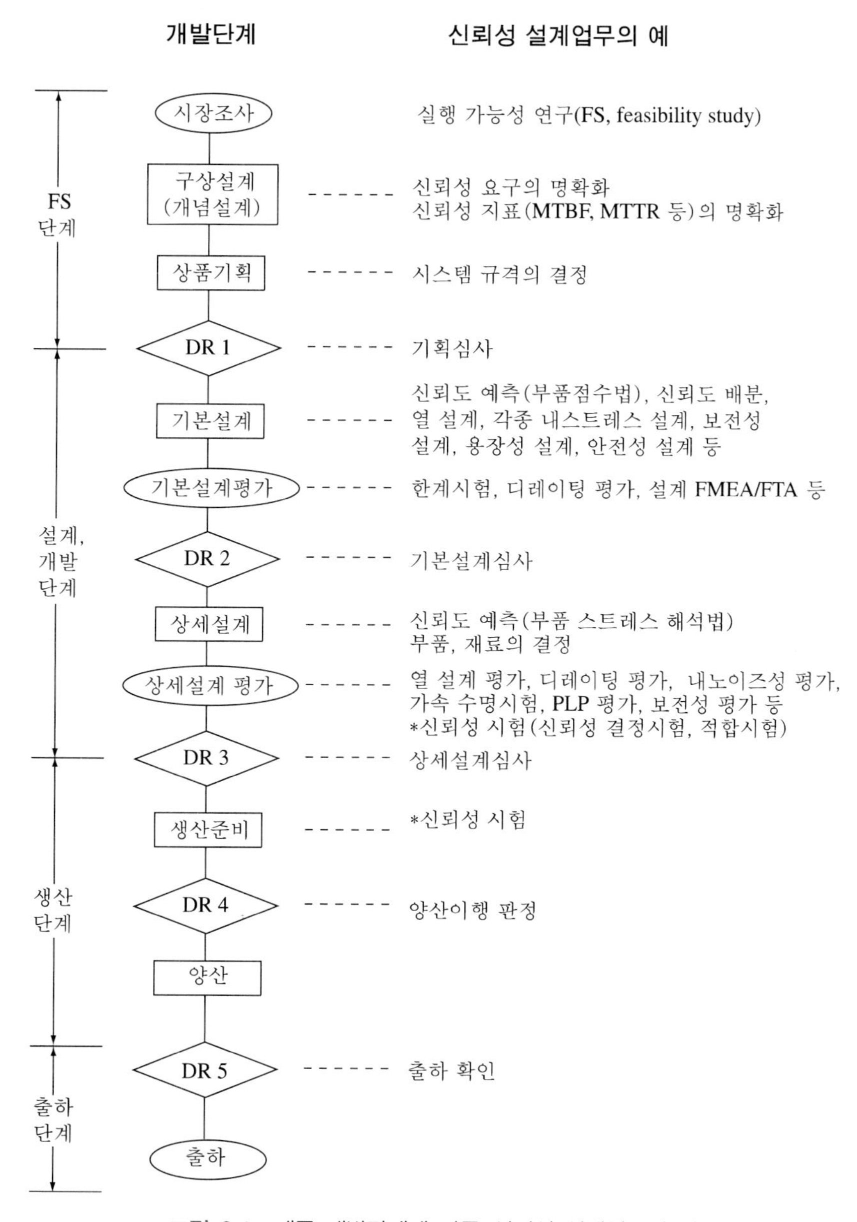

그림 8.1 제품 개발단계에 따른 신뢰성 설계업무의 예

서브시스템 등 하위 아이템에 대해서 신뢰도 배분을 통해 개별적인 목표치를 배분할 필요가 있다.

배분의 일반적인 지침은 기술적으로 복잡한 부분이라든가, 특히 고신뢰도가 요구되는 구성품에 대해서는 허용할 수 있는 낮은 목표치를, 또 구조적으로 단순하고 충분히 사용경험이 있는 구성품에 대해서는 높은 목표치를 부여한다. 전체의 목표신뢰도는 배분목표치의 곱이므로 신뢰성 설계업무의 진행과 함께 이들 값은 변경, 수정이 가해질 수 있다.

신뢰도 배분은 신뢰성 최종 목표치를 서브시스템 또는 부품에 배분하는 것으로, 제품의 라이프 사이클 동안 정해진 신뢰도를 유지하기 위해 제품을 구성하고 있는 각 부분이 달성해야 할 신뢰도의 목표치를 주는 작업이다. 보통은 사용품 기획단계에서 결정된 신뢰성 목표치를 구상설계 과정에서 밝혀진 제품의 구성요소에 목표를 배분한다. 이 경우 선행 제품의 신뢰성 실측치와 비교하여 신뢰성에 중요한 영향을 주는 구성요소에 대해 재설계들의 방안을 마련하는 것이 중요하다.

신뢰도 예측은 설계의 진행에 따라 시스템의 고장이 얼마나 자주 발생할 것인가를 정량적으로 분석하는 것으로, 신뢰도에 영향을 미치는 아이템의 제작 및 시험 전 시작품 설계에 대한 신뢰도를 판단할 수 있는 정량적인 지침을 제공하기 위해 사용된다. 따라서 신뢰도 예측은 시스템 개발 및 설계 공정이 진전됨에 따라 신뢰도 배분에 중요한 역할을 한다.

8.2 신뢰성 설계

제품의 신뢰도는 제품을 취급하는 사용조건, 작동, 조작, 보전, 운용, 정책 등의 영향에 따라 변동하는 값이다. 제품의 신뢰도는 제품 구상단계, 설계 및 개발단계에서 거의 70~80%가 결정되므로 구상, 설계 및 개발단계에서 목표한 신뢰성을 달성할 수 있도록 잘 관리하여야 한다.

제품설계의 목표는 제조사는 사용자의 의향과 반응, 경쟁사의 동향, 기술수준의 현상과 미래 등을 고려하고, 동시에 제조사의 의지, 목표 등을 만들어 정하는 것이 보통이다. 목표치는 관계자의 합의를 기초로 하여 신뢰성 예측치를 일반적으로 사용하고 있다. 이 목표치는 관련 부서의 관계자가 당면하여 수행하는 활동에 대한 수치적 목표이므로, 임의로 높이거나 낮추어서 신뢰도 달성의욕을 줄이지 않도록 주의해야 한다.

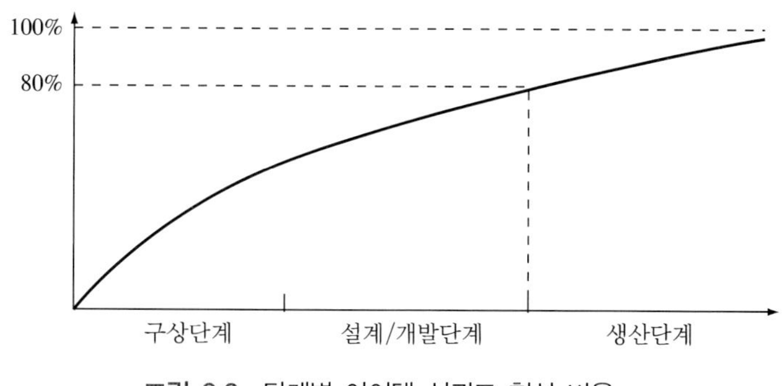

그림 8.2 단계별 아이템 신뢰도 형성 비율

8.2.1 제품 기획과 신뢰성 기술

제품에는 수명주기(life cycle)가 있다. 하나의 히트 상품이 탄생하여 시장을 독점해 나가지만 곧 경쟁사에 의해 추격이 시작된다. 시장의 우위를 갖기 위해서는 성능 제고, 기능 향상, 가격 인하 등의 경쟁에 부딪치게 된다. 시장을 개척한 생산자는 우선 그 기능의 우위성을 갖지만 신뢰성이 없는 제품이라면, 경쟁사에게 시장을 빼앗겨 버리게 된다. 어떤 제품은 "고장이 많다" 또는 "전지교환이 너무 빠르다" 등과 같은 소비자 불만이 있는 경우, 그에 따른 소문의 영향은 제품의 판매에 영향을 미친다. 잘 팔리는 상품을 기획하는 경우 신뢰성 기술로 되어야 할 항목들은 다음과 같다.

① 제품 수명주기 제시
② 신뢰성 목표의 설정
③ 보전지원체제 설정

제품의 수명주기를 결정하는 데는 시장에서 소비자의 시장요구사항을 파악하는 것은 중요하므로 소비자 조사 및 모니터링 등의 참조, 또한 유사 선행 상품의 동향 및 시장 데이터를 파악할 필요가 있다. 제품이 기능화되고 간편해짐에 따라 그 수명주기도 짧아지는 경향이 있다.

신뢰성 목표는 제품의 수명주기와 선행 상품의 신뢰성 데이터를 비교하여 정해지는 경우가 많다. 신뢰성 목표치는 MTTF, MTTR, 가용도(availability) 등으로 주게 되고, 신뢰성 비교 및 평가를 쉽게 하기 위해서 신뢰성 배분과 예측에 사용하는 신뢰성 척도를 통일해 두는 것이 바람직하다.

보전지원체계는 제품의 고장 및 제품에 대한 소비자 불만 등을 처리하는 계통을 말한다. 소비자로부터 제품 A/S에 대한 수리를 위한 반품률 설정은 보전지원시스템을 결정하는 데

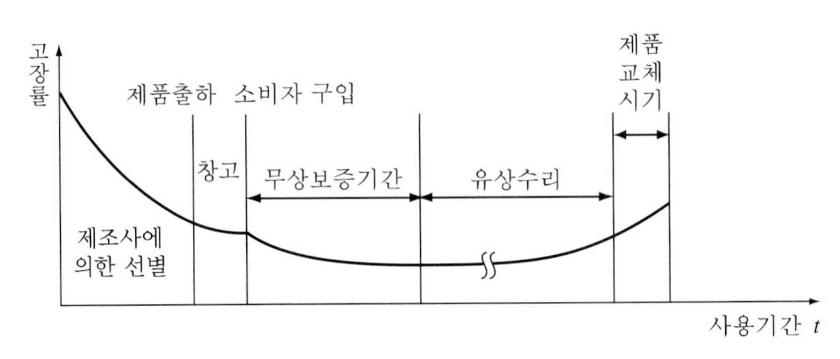

그림 8.3 완성제품의 욕조곡선

관련되고 보전비용 설정에 이용된다. 제품에는 무상보증수리기간이 설정되어 있어 이 기간의 수리비용은 제조사 측에서 예상해야 하는 비용으로 고려해 둘 필요가 있다.

소비자의 고장 클레임 중에는 사용자의 부주의 등에 의한 파손, 제품 그 자체의 고장들이 포함되어 있다. "파손했다" 또는 "파손되었다" 등의 식별은 일반적으로 어렵기 때문에 클레임 데이터 중에는 일상적인 사용 이외의 조건으로 사용한 데이터도 포함되어 있다는 것도 생각해야 한다. 또 앞에서 언급한 소비자의 소문에는 초기고장이 문제가 되고 있는 것이 많다. 그림 8.3과 같이 초기고장은 제조사의 선별시험을 통해 줄여 나가야 하고, 제품이 시장에서 우위성을 갖기 위해서나 보전비용을 낮추기 위해서도 무상수리기간 중 고장은 극히 적게 발생하도록 해두는 것이 중요하다.

8.2.2 제품개발과 신뢰성 설계 업무

제품 설계의 중요성을 알기 위한 고장 통계는 표 8.1과 같다. 표 8.1은 AGREE report에도 게재된 고장통계로써, 가전제품의 고장통계에서도 그 비율은 크게 변하지 않는다.

표 8.1 고장통계에서 본 원인분석 결과의 예

운용 신뢰도 R_o	고유 신뢰도 R_i	부품, 재료에 의한 고장	30%
		설계기술에 의한 고장	40%
		제조기술에 의한 고장	10%
	사용 신뢰도 R_u	사용에 따른 고장 (운송, 환경, 조작, 취급 등)	20%

여기서, $R_o = R_i \times R_u$

R_o: 운용 신뢰도(operational reliability)

R_i: 고유 신뢰도(inherent reliability)

R_u: 사용 신뢰도(use reliability)

제품의 신뢰도를 생각할 때 사용자 및 제조사의 입장에서 살펴보면 좀 더 명료해진다. 고유 신뢰도는 표 8.1에서와 같이 제조자가 제품에 만들어 넣어야 할 신뢰도로써, 기획단계에서 목표품질을 설정하고, 규격을 결정, 부품재료를 선택, 구입, 설계, 시작, 시험, 검사, 제조 등을 거쳐 제품이 나오게 되는 전체 공정에 관계한다.

사용 신뢰도는 시스템이나 제품의 사용 전반에 걸친 여러 가지 요인과 관계한다. 제조사에 의해 고유의 신뢰도를 갖고 제조된 제품은 사용자에게 넘어가는 도중에 포장, 수송 및 보관 등의 과정을 걸쳐, 사용 시에는 설치환경, 취급조작, 보전기술, 보전방식, 서비스 등의 영향을 받는다. 또 이 단계에서는 인간요소가 신뢰성에 밀접하게 관여한다.

고유 신뢰도 중 부품, 재료에서 기인하는 고장과 설계기술에서 기인하는 고장을 합하면 70%에 이르고 있다. 최근 메카트로닉스와 같은 기기에서는 그 비율이 상당히 높아서 90% 대에도 이른다. 이것으로부터 개발 시 신뢰도 설계가 상당히 중요하다는 것을 알 수 있다.

8.2.3 제품 개발절차와 신뢰성 설계

그림 8.1은 제품 개발절차의 한 예를 보여주고 있다. 제품을 개발하는 데는 많은 요건들을 생각할 필요가 있다. 예를 들면, 개발기간, 아이템의 기능, 경쟁사의 동향, 가격, 생산성, 공정품질, 시장품질, 신뢰성, 보전성 등이다. 그러나 기본적으로 중요한 것은 비용유효도 (cost effectiveness) E_c이다.

비용유효도는 수명주기 비용당 아이템의 사용성을 나타내는 정량적 특성을 갖다. 이는 서비스 수요를 만족하기 위한 아이템의 능력지표이다. 이 지표는 상당히 광범위한 파라미터를 포함하는 지표로써, 식 (8.1)에서 구할 수 있다(그림 8.4 참조).

$$E_c = \frac{\text{시스템 유효도}}{\text{수명주기비용(life cycle cost)}} = \frac{E_s}{LCC} \tag{8.1}$$

여기서,

$$E_s = k \cdot R(t) \cdot A(t) \cdot C(t) \tag{8.2}$$

k: 상수

$R(t)$: 신뢰도

$A(t)$: 가용도

$C(t)$: 능력도

*LCC*는 취득비, 운용비, 보전비, 처분비 등의 합으로 *LCC*의 40~60%는 취득비가 차지한다고 할 수 있다. 일반적으로 신뢰도가 높은 아이템일수록 취득비는 높지만 운용비는 감소

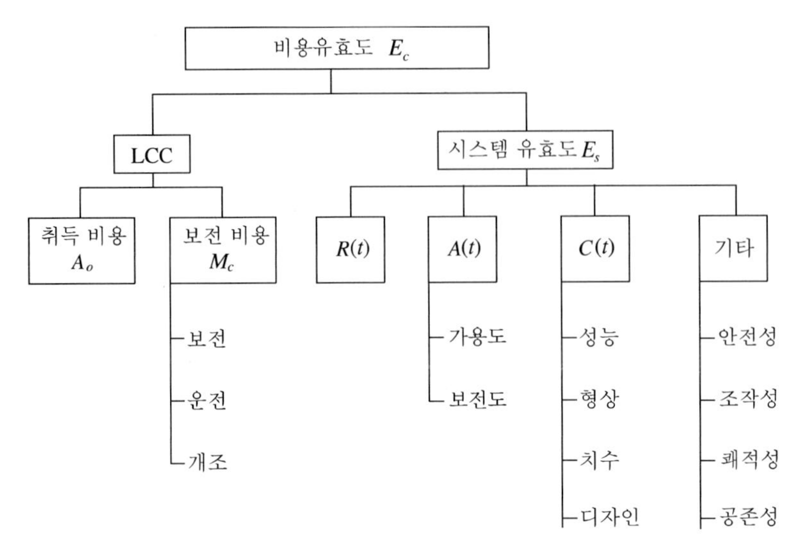

그림 8.4 비용유효도 구성 파라미터 구조

한다. LCC 최적화는 비용유효도의 관건이라 할 수 있다.

이같이 많은 파라미터를 제품화하고 더욱 유연하게 개발하여 시장에서 좋은 평가를 받기 위해서는 실행가능성 연구(FS, feasibility study)단계의 면밀한 검토가 대단히 중요하다. 이 검토작업을 실행가능성 연구라 한다.

8.2.4 신뢰성 설계업무

신뢰성 설계란 "아이템에 신뢰성을 부여하는 목적을 갖는 설계기술"이라 한다. 따라서 가장 효과적인 신뢰성을 부여하는 기술을 신뢰성 설계기술이라 하고, 그 활동을 신뢰성 설계업무라 한다.

신뢰성 설계업무는 신뢰성 사양의 작성으로부터 시작된다. 이 임무(mission)에서 가장 기본적인 것은 설계목표치, 즉 측정할 수 있는 신뢰성 특성치가 규정되고, 또한 그것을 실현하기 위한 사용환경에 관계된 정책 및 사고가 구체적으로 기술되는 것이다.

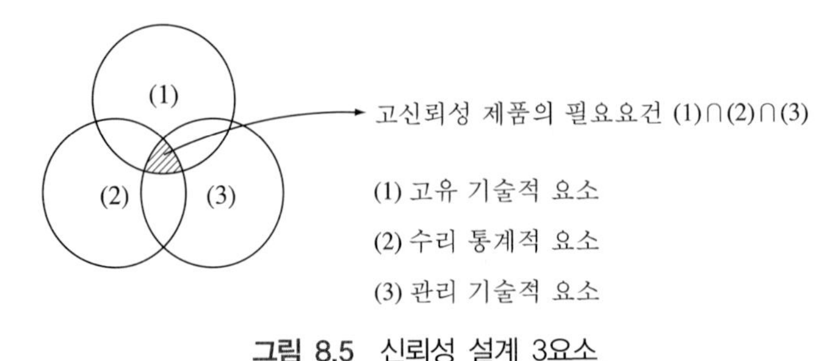

그림 8.5 신뢰성 설계 3요소

표 8.2 신뢰성 설계 3요소의 항목들

(1) 고유 기술적 요소	(2) 수리 통계적 요소	(3) 관리 기술적 요소
1. 내스트레스 설계 (열, 습도, 기압, 전압, 전류, 가스, 화학약품, 진동, 충격, 응력, 마모) 2. 실용 설계 3. 내소음 설계 4. 중복 설계(redundancy) 5. fail safe 설계 6. fool proof 설계 7. derating 설계 8. 안전 설계 9. FMEA 10. FTA 11. 보전성 설계 12. 신뢰성 시험 13. 스크리닝 14. 고장 해석 등	1. 신뢰도 예측 2. 신뢰도 배분 3. 신뢰성 샘플링시험 4. 데이터 분석 (확률, 통계, 확률분석, 확률지에 의한 해석 등) 5. 실험 계획법 6. computer simulation 7. 다구치 방법 8. SQC 등	1. 설계심사(DR) 2. check list 3. 표준화 4. trade off 5. 형상(configuration) 관리 6. TQC 7. 신QC 7가지 도구 (친화도법, 연관도법, 계통도법, 매트릭스 도법, arrow-diagram법, PDPC법, matrix 해석법) 등

신뢰성이 있는 설계는 그림 8.5와 같이 (1) 고유 기술적 요소, (2) 수리 통계적 요소, (3) 관리 기술적 요소가 있고, 이들 세 가지가 잘 조화되어야 한다. 이들 세 요소의 구체적 내용은표 8.2와 같다.

(1) 신뢰성 설계와 예측

신뢰성 데이터와 시장품질 데이터를 얻는 데는 장기간이 요하므로, 과거의 데이터, 실패사례 및 성공사례의 경험을 잘 활용하는 것이 중요하다. 경우에 따라 경쟁적인 제품개발로 인해 충분한 신뢰성 평가 데이터 및 신뢰성 시험 데이터를 구하지 못한 채 출하시켜야 하는 경우도 있지만, 신뢰도 높은 제품을 시장에 공급하기 위해서는 귀중한 경험사례를 데이터베이스화하고, 경우에 따라서는 시뮬레이션을 통해 한계시험 및 도면에서 평가 가능한 능력을 배양시켜 신뢰성 평가를 신속하게 하며, 또 부품, 재료의 인증을 위해 양품해석을 충분히 실시해야 한다.

설계된 제품이 어느 정도 신뢰성이 있는가를 예측(predict)하고, 이들 신뢰성 예측결과를 설계에 피드백시켜 신뢰성 평가에 이용한다.

(2) 신뢰성 평가 및 검정

신뢰성 평가를 하는 경우 주의해야 할 점은 평가항목에서 누락되는 항목이 없도록 하는 것이며, 이것을 방지하기 위해 신뢰성 체크리스트 활용은 효과적인 수단이다.

신뢰성 체크리스트란 제품 수명주기에 대해 품질, 신뢰성의 구축 및 보증활동에 이용되는 체크리스트로써, 특히 신뢰성 프로그램의 실시에 사용되는 체크리스트라 정의할 수 있다. 신뢰성 체크리스트는 계통적으로 계층화시켜 구비되어 있는 것이 중요하고, 개발의 진척상황, 신뢰성 평가의 구체적 내용이 빠짐없이 파악되어야 한다. 그림 8.1을 기초로 하여 전체의 개발진도를 파악할 수 있는 체크리스트의 예를 표 8.3에, 표 8.4에는 계통적 신뢰성 체크리스트의 예를 표시하였다.

표 8.3 전체 개발진도가 파악 가능한 체크리스트의 예

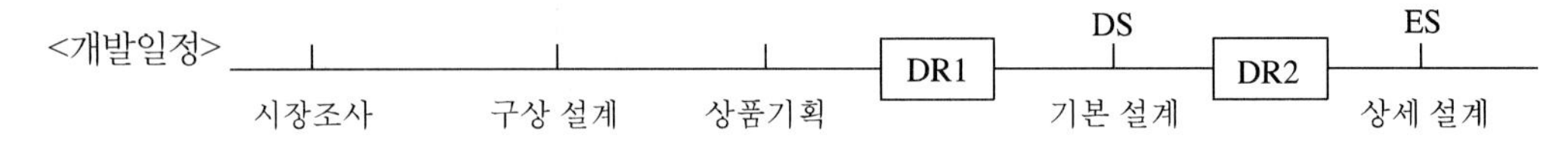

항목 \ 단계 / 예정과 결과	구상 설계		기본 설계단계		상세 설계단계		비고
	예정	결과	예정	결과	예정	결과	
신뢰성 요구의 명확화	8/7	완료	–	–	–	–	
도면의 평가	–	–	10/2	완	11/10	완	
열 설계 평가	–	–	10/12			11/15	

표 8.4 계통적 신뢰성 체크리스트의 예

1차 평가항목	2차 평가항목	3차 평가항목	
도면 평가	배선도	부품 표기 번호가 겹치지는 않는가?	
		전해 콘덴서의 극성은 올바른가?	
		회로는 정확하게 결선되어 있는가?	
	패턴도	어스 회로	공통 임피던스는 없는가?
			루프(loop)형으로 되어 있는가?
		B전원 회로	배선 패턴의 임피던스는 충분히 낮은가?
		납땜 면	라운드(round)는 충분한 크기인가?
			라운드(round)의 형상은 적절한가?
		접속하는 패턴과의 거리는 적절한가?	
		패턴 폭은 적절한가?	

이들 신뢰성 체크리스트를 작성함에 있어서 지금까지의 경험사례 및 실패사례를 이용하고, 신규제품을 개발하는 경우 등은 품질기능전개(QFD, quality function deployment), FMEA 등의 수법을 사용해서 평가항목에 누락이 없도록 한다.

또 개발단계의 신뢰성 시험은 시간의 제약이 있으므로 제품의 성능 및 특성의 한계를 파악하여 설계 여유도가 어느 정도 있는가를 아는 것이 중요하다. 즉, 한계시험(marginal test)이 중요한 업무가 된다.

8.2.5 신뢰성 설계 기술

(1) 계획초기의 설계단계에서의 기술

신뢰성 공학의 중심 업무는 제품의 고장발생 상황을 나타내는 파라미터, 신뢰도 및 신뢰도를 나타내는 파라미터를 사용하여 설계를 지원하고, 개발을 관리하는 것을 목적으로 한다. 이 신뢰도를 사용한 개발의 관리라는 것은 제품의 기능 및 성능만을 중시한 설계로 하지 않고, 시판 후 또는 필드에서의 실사용 시 발생된 고장을 개발경비 및 원가와 균형을 맞추어 합리적인 수준의 신뢰성을 확보하여 실사용에서 무의미한 손실을 초래하지 않는 것을 목적으로 하고 있다. 따라서 여기서는 다음 두 가지의 업무가 있다.

① 적정 신뢰도의 확립

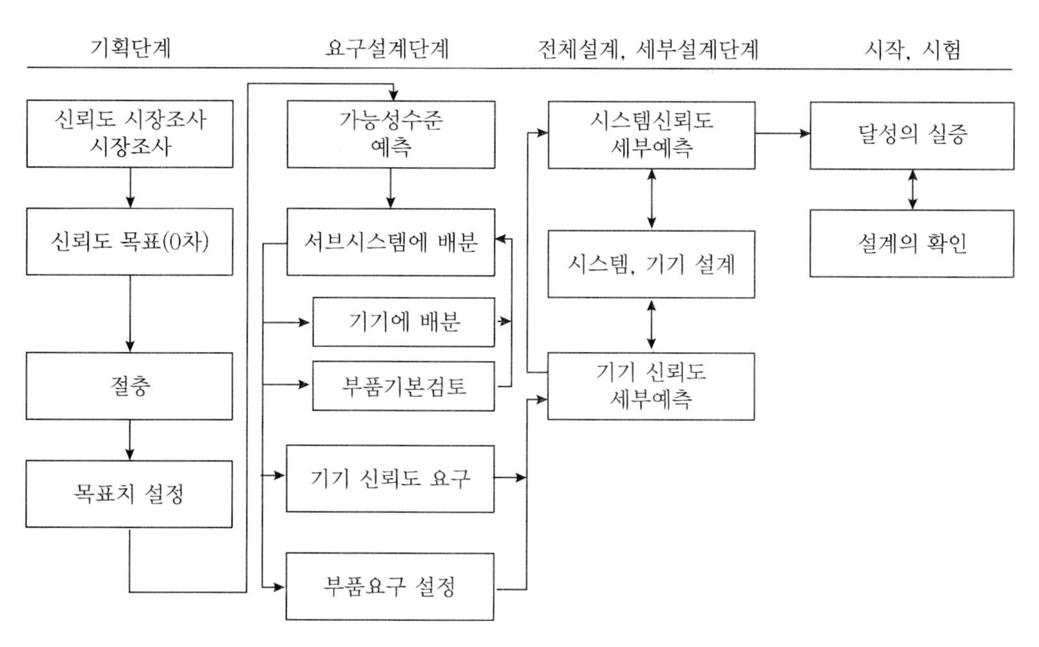

그림 8.6 신뢰도에 관한 업무

② 상기 결과에 따른 목표치를 설계와 병행하여 달성

기획단계에서는 경쟁 제품에 대해 시장에서의 신뢰도 현황을 조사하여 현 신뢰도 수준을 파악한 후 출시될 제품에 더 높은 수준의 신뢰도를 책정한다.

이 경우, 단지 신뢰도 수준뿐만 아니라 주변의 정보, 예를 들면 고객의 의식, 요구, 평판, 고장의 대소, 영향, 대책, 서비스 현황, 고장내용 등은 신뢰성 요구를 종합적으로 결정하는 데 필요한 정보들이다.

그 외에 그 시점에서 일반적인 기술수준의 파악, 그 정보들을 정리하여 성능, 기능 설계 측면에서의 작업성과를 비교하여, 대략의 신뢰도 목표치를 0차안으로 하여 결정한다. 이들 값들을 토대로 성능, 비용, 개발기간들을 고려하여 신뢰도의 절충을 수행한다.

이 단계는 이후 개발방향을 정하므로 아주 중요하다. 그것을 위해서 정확하고 풍부한 미래지향적 정보가 필요하다. 일반적으로 데이터, 경험 및 정보가 부족한 상태에서 추정해야 하는 경우가 많다. 그것을 위해 평소에 시장 및 일반 기술의 동향을 파악하고, 정량적, 정성적인 데이터를 정리하는 노력이 필요하다.

상기 네 가지 항목 각각을 추정하지만, 여기서 중요한 것은 하나의 답을 추구하는 것이 아니다. 하나의 항목은 고정하고, 다른 것을 추정하고, 그 고정된 항목의 값을 바꾸어, 또 다른 것을 추정하는 등의 민감도 분석을 수행하는 것이 바람직하다. 항목의 중요도에 경중이 있고, 어떤 항목은 처음부터 제약조건이 되어 있는 것도 있으며, 실적에서 중요시할 필요가 없는 것도 있다. 이들 과정에서 신뢰도 또는 수명에 대한 것보다 성능, 기능, 비용을 좀 더 우선적으로 고려해야 하는 경우도 있다(그림 8.7 참조). 절충작업의 결과를 통해 시스템의 신뢰도 목표치를 얻는다.

그 다음 단계는 시스템 요구를 정하는 '요구 설계단계'이다. 이 단계는 시스템, 서브시스템, 또는 구성품의 설계와 병행해서 진행된다. 대략적인 시스템 설계에 따라 어느 정도의 신뢰도가 되는지를 예측(prediction)한다. 이것을 가능성 예측이라 한다.

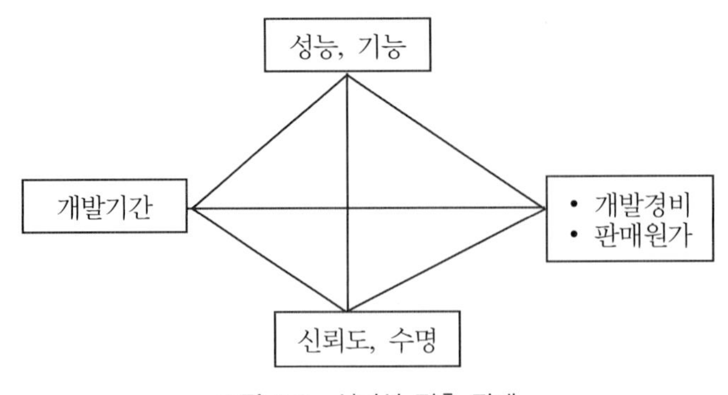

그림 8.7 신뢰성 절충 관계

시스템 전체의 신뢰도 목표가 정해지면, 그에 따라 설계에서 정해진 구성요소로 신뢰도를 배분하여 본다. 이것을 신뢰도 배분이라 한다. 물론 배분된 값과 예측치가 맞지 않을 수도 있다. 구성품 간에 배분치를 주고받고 했지만, 그 값을 달성할 수 없는 것을 안다면 설계를 종료하기도 하고, 부품 및 구성품을 변경하기도 한다. 그 결과, 기기 설계는 확립되고, 또 기기의 신뢰도 요구치도 정해진다.

그것과 함께 부품에 대한 기본적인 조건도 정하고, 여러 가지 기기의 구체적인 설계에 들어간다. 여기서 중요한 것은 설계를 위해서 지금까지 검토한 작업결과를 종합하는, 즉 계획서, 사양서 등 다음의 작업을 위한 기준요구를 문서로 하는 것이다. 기준요구에는 신뢰도뿐만 아니라, 그 부품 또는 기기를 정의하는 조건 외에 사용조건, 인터페이스 조건, 환경조건, 수명, 치명점, 시험조건, 보전요구 등을 명기해 둘 필요가 있다. 사양은 구체적일수록 효과적이다. 정성적이라면 현실성이 없다. 따라서 신뢰성에 관한 요구는 구체성이 필요하다.

(2) 부품 또는 기기 설계단계에서의 기술

부품 또는 기기의 설계란 요구된 기능과 성능을 각각의 조건 내에서 달성하기 위해 입수할 수 있는 부품을 선정하고, 그것을 조합하고, 구축해서 만드는 것을 말한다. 입수할 수 있는 부품으로 요구조건을 달성할 수 없는 경우, 요구를 만족시키기 위한 새로운 부품의 개발, 또는 입수할 수 있는 부품들의 중복사용으로 제한조건인 치수, 중량, 소비 에너지 등을 고려하여 조건을 달성한다. 또는 요구기능을 변경하는 방법을 선택하는가를 정한다. 그림 8.8은 이 절차를 나타내고 있다.

설계 작업에 대응하는 작업으로써 부품 및 기기 설계의 결과에서 만들어진 제품에 결합

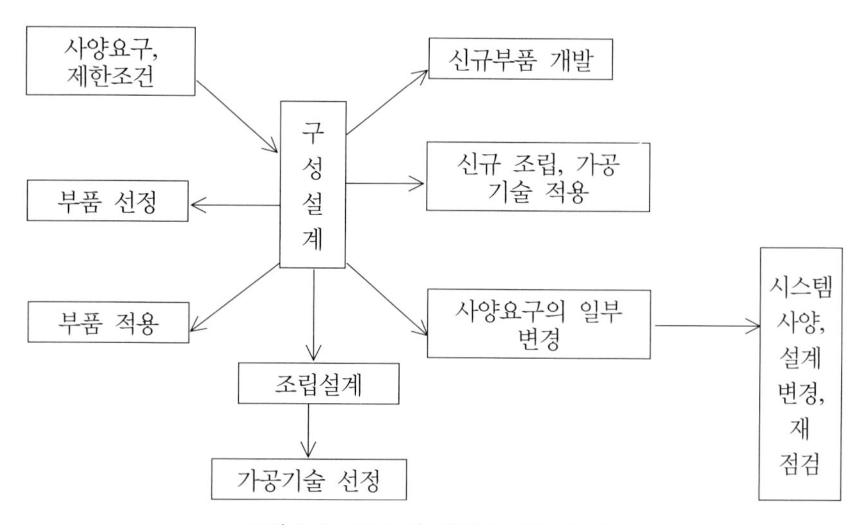

그림 8.8 부품 및 기기 설계의 흐름도

표 8.5 부품 및 기기 설계상 공통유의점

설계기술	유의사항
부품 선정	• 잠재적인 결함이 없는 부품 • 적용조건에 합치하는 부품
부품 적용	• 여유가 있는 적용법 • 부하 로트의 디레이팅
가공기술	• 피로, 파괴를 일으키지 않는 가공법 • 재료강도를 낮추지 않는 가공법
조립법	• 부품 기능을 낮추지 않는 추부, 접속, 용접, 접착, 도포 • hotspot, 응력의 집중방지

이 없고, 사용, 환경조건에 대해서 충분히 내성이 있으며, 약점이 없고, 기대수명에 대해서 여유가 있는 설계에 준비하는 업무가 필요하게 된다. 그 업무들은 표 8.5와 같다.

부품 또는 기기 설계자는 기본적으로 기능설계 위주로 설계를 진행한다. 거기에 기대수명 및 신뢰도를 어떻게 만족하는가를 고려해야 한다. 그림 8.9는 기기 설계에 있어서 취급하는 신뢰성 기술의 적용과 흐름을 나타내고 있다. 이들은 모두 기기의 설계에서 시작하고, 각각의 설계기술을 적용하고, 그 설계를 견적하고, 최종적으로 설계를 확정한다. 그러는 동안 신뢰성 기술은 기기의 신뢰성 요구를 만족할 수 있도록 여러 가지 기술을 이용하여 지원하고, 관리하고, 따라서 조정을 행하도록 요구된다.

기기의 요구조건에 맞추도록 부품을 선정한다. 기기의 설계와 신뢰도 예측의 결과에서 사용하는 부품 선정을 추정하고 적용을 고려하고, 또 부품에 대한 시험요구, 품질보증조건이

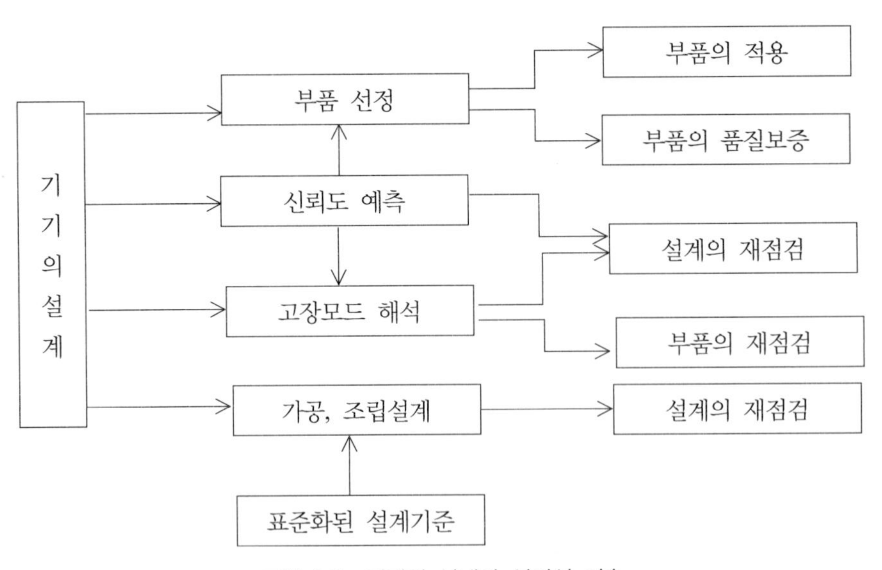

그림 8.9 기기의 설계와 신뢰성 기술

정해진다. 이 가운데 수명요구를 만족하는 부품 선정이 포함된다.

기기 설계에 기초로 한 부품, 기기를 일정 절차에 따라 정해진 고장모드, 예를 들어 open, shot, 열화 등의 고장이 어떻게 기기의 고장모드로 확인되는가를 평가한다. 이 평가는 궁극적으로 시스템 고장의 중요도를 구분하는 것을 목적으로 한다.

기기의 고장원인을 분류하면 가공기술, 조립기술상의 결함에 의한 고장이 비교적 많다. 어떤 설계에서는 50% 이상이 이들에 속한다고 보고되어 있다. 예를 들면 용접의 균열, 구조물의 파괴, 전선의 단선, 먼지의 발생, 금속 사이의 화합물, 부식, 도장 및 접착의 벗겨짐 등은 빈번한 고장항목으로 그 대책이 수립되어야 한다. 평균수명 중에 이들에 의한 고장 발생이 많고, 거기서 가공 및 조립에 관해서는 기기의 요구조건, 특히 사용조건, 환경조건, 병행하여 수명기간 조건을 만족하도록 기술이 적용되어야 한다.

실적이 있는 명확한 표준 설계기준이 우선 제일 먼저 적용하는 기술이다. 만약 새로운 기술을 적용하려면, 사전에 충분히 평가되거나 또는 기기의 시작(試作), 시험에 의해서 실정되어야 한다.

이상의 제 기술 외에 안전에 관한 설계, 보전 용이성을 고려한 설계, 수집된 데이터의 해석기술, 발생된 고장의 해석 기술, 응력에 의한 파괴, 열화의 해석기술, 시험기술 등이 제시된다. 이와 같이 부품 또는 기기의 신뢰성 기술은 설계와 상당히 관련된 기술이고 구별하기는 어렵지만 설계를 신뢰성 요구에 적합시키기 위해 갖고 있는 기술은 명확히 해 둔다.

8.2.6 신뢰성을 높이는 기본 설계 요령

(1) 단순화 설계

"단순한 물건일수록 고장이 나지 않는다"라는 말처럼 단순화 설계는 신뢰성을 향상시키기 위한 기본적 설계수법의 하나이다. 이를 위해

① 부품 개수를 적게 한다.
② 부품 종류를 적게 한다.
③ 부품을 집약화(integrate)한다.
④ 단순 회로 및 구조로 한다.

등의 방법이 있다. IC, LSI 등은 그 대표적인 것으로, 예를 들어, DRAM의 경우에는 64 GB, 128 GB 등으로 계속 저장 용량이 비약적으로 증가하여 왔음에도 불구하고, 그 고장률은 50~250 FIT로 거의 같은 수준을 유지하고 있다. 일반 전자부품에 있어서도 저항과 콘덴서 배열과 같이 집약화에 의해 부품 개수를 줄이려고 시도한 부품도 있다.

(2) 디레이팅 설계

제품에 가해지는 스트레스에 대해 충분한 여유를 가진 설계를 하면 신뢰성을 향상시킬 수 있다. 주요 전자제품에 쓰이는 디레이팅(derating)과 기계 및 구조계에서 사용되는 안전 여유 등은 그 대표적인 것이다.

디레이팅 또는 부하경감 설계란 전자, 전기기기에 걸리는 부하의 정격 이하로 사용하여 기대수명을 길어지도록 하는 방법으로, 신뢰도 향상에 도움을 주는 신뢰도 설계기술로 많이 사용된다. 아이템이 가진 고유의 강도가 부하스트레스를 넘어서는 확률을 신뢰도라 하면, 스트레스 비율($= \frac{\text{사용량}}{\text{정격}}$)을 낮춤으로써 신뢰성을 높이는 기본적인 설계개념을 디레이팅 설계라 할 수 있다. 예를 들어 정격 250 V인 기기를 실제로 사용량 150 V에서 사용하여 스트레스 비율 0.64로 한다면, 사용량 200 V의 스트레스 비율 0.8보다 기기의 부하가 더 낮아진다.

전자부품의 디레이팅에는 스트레스와 고장률과의 관계를 정리한 미군 규격 MIL-HDBK-217이 있다. 이 규격에서는 부품의 종류마다 기준상태에서의 스트레스와 고장률과의 관계 및 온도와 사용 스트레스를 바꾼 경우의 고장률 변화를 도표로 나타내고 있다.

표 8.6은 그 한 가지 예를 보여준다. 이들 자료를 이용하면 정격보다도 낮은 부하로 사용한 경우의 고장률을 구하는 것도 어렵지 않다. 그러나 부품의 신뢰도는 매년 향상되어 왔다. 현재 사용되고 있는 부품의 고장률은 규격치보다 한 칸 정도 작은 값에 있는 것으로 필드 데이터에 의해 증명되고 있다. 기초 고장률의 조정에 의해 이 차이를 없애고 활용하는 방법도 이용되고 있다.

표 8.6 전자부품(콘덴서)의 기초 고장률

온도	스트레스비(=사용 전압/정격 전압)									(건수/10^4시간)
(℃)	.1	.2	.3	.4	.5	.6	.7	.8	.9	1.0
0	.00062	.00077	.0012	.0020	.0034	.0054	.0082	.012	.017	.023
10	.00063	.00079	.0012	.0021	.0034	.0055	.0084	.012	.017	.023
20	.00065	.00081	.0013	.0021	.0035	.0056	.0086	.013	.018	.024
30	.00067	.00083	.0013	.0022	.0036	.0058	.0088	.013	.018	.024
40	.00068	.00085	.0013	.0022	.0037	.0059	.0090	.013	.018	.025
50	.00070	.00088	.0014	.0023	.0038	.0061	.0093	.013	.019	.026
60	.00072	.00090	.0014	.0023	.0039	.0062	.0095	.014	.019	.026
70	.00074	.00092	.0014	.0024	.0040	.0064	.0097	.014	.020	.027
80	.00076	.00094	.0015	.0025	.0041	.0066	.010	.015	.020	.028
90	.00077	.00097	.0015	.0025	.0042	.0067	.010	.015	.021	.028
100	.00079	.00099	.0015	.0026	.0043	.0069	.010	.015	.021	.029
110	.00081	.0010	.0016	.0026	.0044	.0071	.011	.016	.022	.030
120	.00084	.0010	.0016	.0027	.0045	.0072	.011	.016	.023	.031

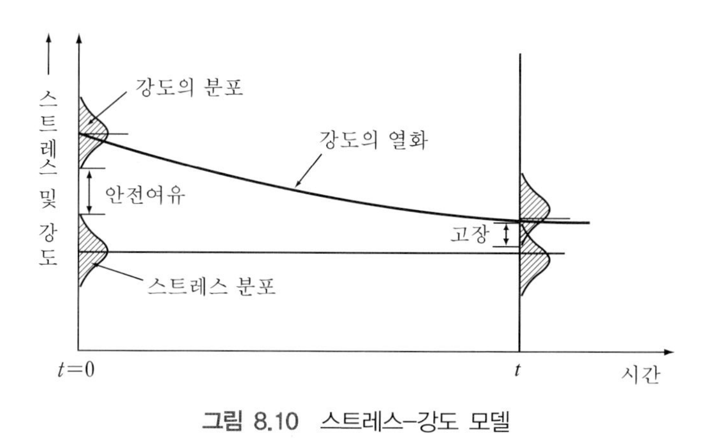

그림 8.10 스트레스-강도 모델

한편, 기계계에서는 같은 개념으로 안전계수가 쓰이고 있다. 이것은 그림 8.10에서와 같이 아이템에 걸리는 부하와 아이템 강도와의 사이에 여유를 갖는 것을 말한다. 안전계수는 이론적, 실험적으로 설정되어 있는 스트레스와 강도의 관계식을 사용하여 산출한다.

(3) 중복설계

제품에 여유를 주는 또 한 가지 방법으로 중복(redundancy) 설계가 있다. 주로 시스템 레벨에서 예전부터 사용해 오던 방법으로, 병렬 중복(parallel redundancy) 설계, 대기(待期) 중복(standby redundancy) 설계 등이 있다. 이것은 여러 개의 요소와 수단을 여분으로 부가하여 구성품의 일부가 고장 나도 전체는 고장이 나지 않도록 설계하는 개념이다. 이 문제는 중량 및 비용 등의 증대로 연결되므로 이들과 신뢰도와 절충(trade-off)이 필요하게 된다.

병렬 중복 설계에 따른 중복도의 결정은 다음 관계에 따른다.

(3.1) 병렬-직렬 중복 설계의 신뢰도

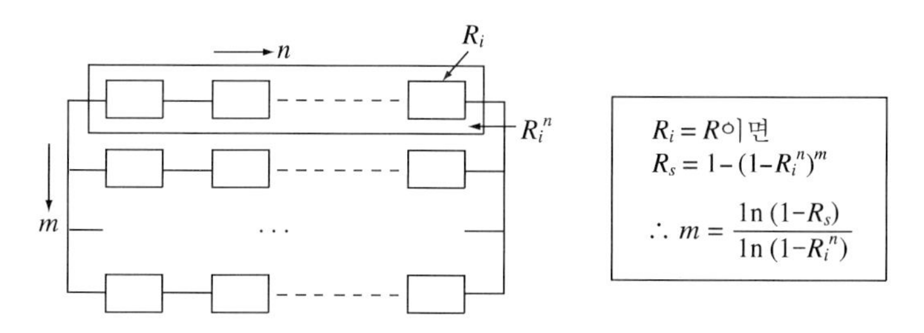

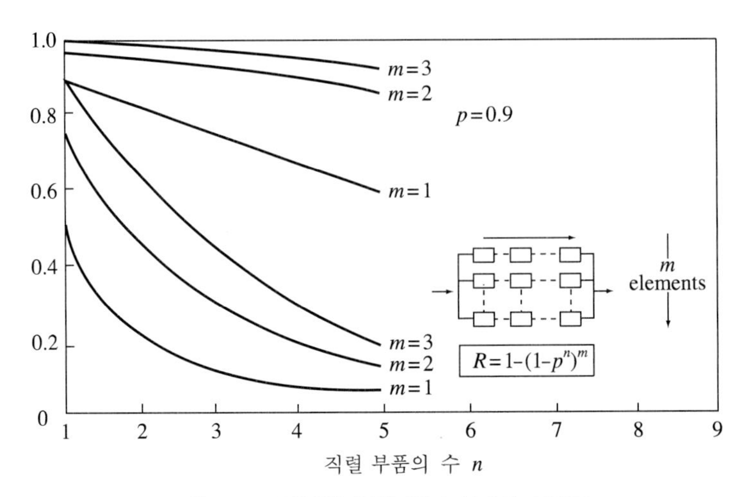

그림 8.11 부분별 병렬 중복 설계의 신뢰도

(3.2) 직렬-병렬 중복 설계의 신뢰도

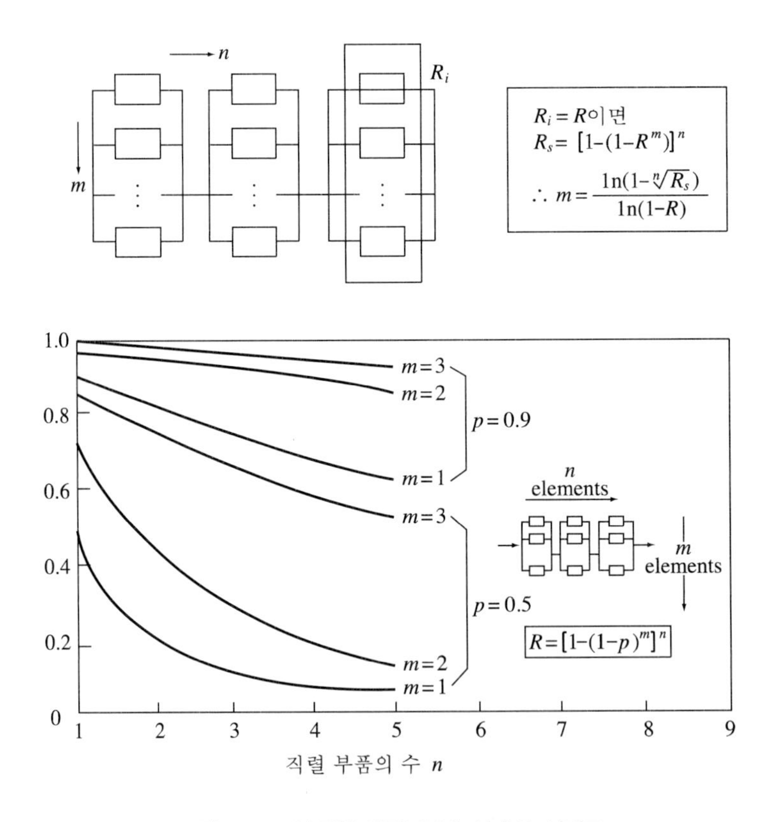

그림 8.12 부품별 병렬 중복 설계의 신뢰도

예제 1

1,000개 부품이 직렬로 구성된 자동화 시스템이 있다. 이들 구성품들의 평균 고장률은 0.003×10^{-3}/시간이다. 시스템의 신뢰도는 지수분포에 따른다고 가정하고, 작동시간 1,000시간에서 신뢰도를 0.98로 하기 위한 신뢰도 설계방안을 검토하라. 단, 부품들의 신뢰도도는 동일하다고 전제한다.

풀이 $n=1{,}000,\ \lambda=0.003\times10^{-3}$/시간, $t=1{,}000$시간, $\lambda_i=\lambda,\ (i=1,2,\cdots,n)$

현 신뢰도 $R_s(t=1{,}000)=e^{-n\lambda t} \fallingdotseq 0.05$

시스템의 목표신뢰도 $R_s^*(t=1{,}000)=0.98$로 증대시키기 위한 부품의 요구 고장률 λ^*는

$$R_s^*(t=1{,}000)=e^{-n\lambda t}$$

$$=1-\frac{(\lambda^* t)^1}{1!}+\frac{(\lambda^* t)^2}{2!}-\frac{(\lambda^* t)^3}{3!}+\cdots$$

$$\fallingdotseq 1-n\lambda^* t=0.98$$

따라서 $\lambda^*=\dfrac{1-0.98}{(1{,}000)(1{,}000)}=0.002\times10^{-5}$/시간

부품 고장률 $\lambda^*=0.002\times10^{-5}$/시간을 만족하는 부품이 없다면 중복 설계방법을 검토해 보아야 한다.

① 병렬-직렬 중복 설계에서 병렬중복도 m은 다음과 같이 구한다.

$$m=\frac{\ln(1-R_s^*(t))}{\ln(1-R_s(t))}=\frac{\ln(1-0.98)}{\ln(1-0.05)}=76$$

여기서, $R_s(t)$: 중복 설계가 없는 경우의 시스템 신뢰도

$R_s^*(t)$: 중복 설계가 있는 경우의 시스템 신뢰도

따라서 1,000개 부품의 직렬결합 모델로 된 시스템을 병렬로 76개를 연결해야 목표신뢰도 0.98을 달성할 수가 있다.

② 직렬-병렬 중복 설계로 설계하는 경우 중복도 m은

$$m=\frac{\ln[1-\sqrt[n]{R_s^*}]}{\ln[1-R(t)]}\ m=\frac{\ln[1-\sqrt[1000]{0.98}]}{\ln(1-0.997)}=1.86\approx 2$$

여기서, $R_s^*(t)$: 중복 설계가 있는 경우의 시스템 신뢰도

$R(t)$: 각 부품의 신뢰도

$$R(t=1{,}000)=e^{-\lambda t}=e^{-0.003\times10^{-3}\times1000}=0.997$$

따라서 1,000개의 부품별로 $m=2$ 병렬로 연결하면 목표신뢰도 0.98을 달성할 수가 있다.

	부분별 병렬 중복 설계	부품별 병렬 중복 설계
총 소요부품 수	76×1,000=76,000개	2×1,000=2,000개

(4) 보전성 설계

보전성이란 수리 용이성이라는 것이다. 제품의 보전성은 거의 설계단계에서 결정된다. 설계에서 보전성을 높이기 위한 기술로는

- 고장검출, 진단
- 접근성
- 수리성
- 보전지원 시스템
- 보전체계

등 광범위하다.

(5) 안전성 설계

처음부터 아이템의 고장을 고려하여 고장에 따른 위험으로부터 안전성을 감안한 설계를 도입하는 방법이다. 이것을 고장 시 안전(fail safe) 설계라 한다. 작동 중의 잘못으로 기기 일부에 고장이 발생하는 경우 이 부분의 고장으로 다른 부분의 고장이 발생하는 것을 방지하거나 어떠한 사고가 발생하는 것을 미연에 방지하고 안전한 쪽으로 이행하여 작동할 수 있도록 하는 설계방법이다. 예를 들면, 철도의 신호는 고장이 나면 전체가 적신호를 발생하도록 설계되면 고장에 따른 파급사고를 미연에 방지할 수 있도록 되어 있다. 또 퓨즈, 승강기의 정전 시 작동하는 제동장치 등도 여기에 포함된다.

또한 방화대책과 방폭대책 등 작은 시스템의 고장이 더 큰 시스템의 고장과 큰 재해로 확대되지 않도록 고장의 범위를 적극적으로 최소화하는 고장 시 안전 설계도 일종의 안전 설계 방법이다.

한편, 오조작을 없애기 위해 오작동 방지(fool proof) 설계라는 방법이 적용되고 있다. 바보(fool)짓을 방지한다는 뜻으로, 이것은 카메라의 이중 촬영방지 기능 등과 같은, 말하자면 오조작 방지라고 하는 설계수법인데, 자동 오조작 검증기구, 자동검지, 자동점검 등 결함공차(fault tolerance)의 개념을 넣어 사용자가 잘못된 조작을 하더라도 전체 고장이 발생하지 않도록 시스템의 안전성을 높이는 것으로 쓰이고 있다.

(6) 인간공학적 설계

제품 자체가 아무리 신뢰성이 높다고 하여도 사용자의 부주의로 고장을 내는 경우가 있다. 시스템의 고장에서 신뢰성을 생각할 경우, 사용자의 사용 신뢰성에 대해서도 충분히 고

려할 필요가 있다.

사용자의 부주의로는 "보고 지나침"이나 "잘못 봄" 등이 있다. 원인을 살펴보면, 인간의 특성을 충분히 고려하지 않은 인간공학적 검증의 불충분, 관리 면의 결함, 도덕성의 저하 등을 생각할 수 있다. 이들 인간공학을 기초로 한 설계를 검토하여 여러 가지 잘못을 사전에 방지할 수 있다.

인간공학적 설계란 "인간의 육체적 조건과 행동 심리학적 조건으로부터 도출된 인간공학의 연구결과를 활용하여 제품의 상세 부분에 대한 구조를 설계하는 것"으로 계측기의 오류를 방지하기 위한 디지털 표시방법이나 색채 사용 등이 한 예가 된다.

인간공학적 설계의 포인트는

① 인간의 피로를 가능한 한 적게 한다.
② 판단과 행동에서 판단 오류를 방지하도록 한다.
③ 판단 오류에 따른 행동에 대해 그것을 교정 가능하도록 한다.

등과 같은 방법을 사용한다. 구체적인 검토항목의 예는 표 8.7과 같다.

표 8.7 인간공학 관계의 체크리스트 예

(1) 표시장치의 눈금, 지침, 숫자는 조작자의 오독이 없는 고려가 되어 있는가?
(2) 표시장치는 조작자가 쉽게 확인할 수 있는 위치에 부착되어 있는가?
(3) 표시장치는 장시간의 감시에도 피곤하지 않도록 배치되어 있는가?
(4) 장치의 조작상태가 쉽게 알 수 있도록 표시장치가 사용되고 있는가?
(5) 표시기의 판독 정도가 감시 또는 제어에 필요한 조건을 충분히 만족시키고 있는가?
(6) 표시기의 불명확한 정보가 표시되는 경우는 없는가? 또한 복잡한 보간(補間)의 필요는 없는가?
(7) 표시기의 조명은 너무 밝거나 너무 어둡지 않고 적정한 광도로 되어 있는가? 반짝반짝하는 경우는 없는가?
(8) 표시장치의 위치는 외국인도 사용할 수 있도록 되어 있는가?
(9) 경보용의 표시장치는 가장 보기 편한 위치로 되어 있는가?
(10) 경보용 스위치의 부착 장소는 적정한가?
(11) 제어용 기기는 조작하기 쉬운가?
(12) 제어용 기기의 동작을 나타내는 계기지침의 움직임은 적정한가?
(13) 기능적으로 관련이 있는 제어기기와 표시는 상호 충분한 응답성을 갖고 있는가?
(14) 제어기기 조작판의 위치는 조작자의 체격에 맞는 적절한 위치에 있는가?
(15) 제어기기의 조작에 필요한 핸들, 버튼, 단추 등의 위치, 크기, 색, 조작 각도, 조작력, 조작 토크는 적정하게 되어 있는가?
(16) 정지기에 부착된 조작핸들, 단추 등은 조작 위치가 움직이지 않도록 핸들과 단추가 견고하게 부착되어 있는가?

(계속)

표 8.7 (계속)

(17) 제어기기의 배열은 조작부하를 평균화하는 것에 중점을 두었는가?
(18) 제어기기의 배열은 여러 사람의 조작자가 상호간의 불합리한 상태가 되지 않도록 충분한 여유로 배치되었는가?
(19) 조작빈도(중요성)가 고려된 배치로 되어 있는가?
(20) 기기의 조정, 부품교환 및 수리 시 작업자에게 무리한 자세를 요구하는 불안전한 조정과 부착 등이 일어나기 쉽게 설계되어 있지는 않은가?
(21) 새시와 패널의 손잡이를 부착한다든가 분리할 때 특수공구가 필요하게 하지 않았는가?
(22) 조작방법에 대해 명확한 단문의 라벨이 적당한 위치에 부착되어 있는가?
(23) 새시의 서랍 레일은 서비스를 위해 끌어낸 유닛을 지탱할 수 있는 구조로 되어 있는가?
(24) 기기의 조정, 부품교환, 수리 시 작업자의 안전을 지킬 수 있는 내부구조로 되어 있는가?
(25) 기기에는 운반, 수리 등에 편리한 손잡이 등이 붙어 있는가?
(26) 조작이 특히 임계상태에서 관계할 수 있도록, 조작 부분에는 조작에 주의를 필요로 한다는 것을 표시한 라벨이 붙어 있는가?
(27) 오조작을 한 때에도 기기의 고장으로 가지 않도록 보호구조로 되어 있는가?
(28) 간단한 조작 매뉴얼로 틀림없이 조작될 수 있는 순서로 되어 있는가?
(29) 조작 시 불쾌한 소리와 진동은 없는가?
(30) 조작부와 지시기와의 배치는 조작에 지장을 주지 않도록 되어 있는가?
(31) 손, 발을 동시에 사용하여 조작하는 경우, 숙련도를 필요로 하지 않아도 동작할 수 있게 되어 있는가?
(32) 기기에 부착된 코드의 기호, 번호가 취급설명서 중의 그것과 일치되어 있는가?
(33) 취급설명서의 전부는 조작원이 이해할 수 있도록 쓰여 있는가?

(7) S/W 신뢰성 설계

컴퓨터가 발달한 오늘날에는 S/W의 신뢰성이 상당히 중요하게 되었다. S/W의 신뢰도는 일정 기간 프로그램을 사용하였을 때 S/W적 결함이 발생하는 확률로 정의한다. 즉, H/W의 고장으로는 구성부품의 열화, 마모가 원인이 되는 것에 반해, S/W에서는 개발단계에서 만들어진 결함, 즉 버그(bug)라 하는 S/W적 결함이다.

따라서 S/W의 신뢰성을 높이기 위해서는 첫째, 버그가 적은 프로그램의 개발, 둘째, 효과적인 디버깅법 개발이 필요하다.

(8) 과거의 실패경험을 설계에 활용

새로운 재료나 제조공정을 적용한 신제품에서는 흔히 초기고장이 문제가 된다. 이들 문제의 대부분은 설계에 기인한 것이라 볼 수 있어 과거의 실패경험이 활용되지 않은 경우가 많다. 개발력이 뛰어난 신제품의 제조 기업도 제품에 결함이 반복하여 발생하는 것은 소비자에게 기업의 이미지가 상실되는 결과가 된다.

과거의 실패경험을 적극적으로 살려 제품의 신뢰성을 높여 나가는 것은 신뢰성 설계의 기본조건이다. 과거의 경험을 효과적으로 활용하기 위해서는 경험들이 매뉴얼화되고, 체계적으로 정리되어 있어야 한다. 실패사례집 등은 그 대표적인 예이다. 이 밖에 사용금지 품목리스트, 주의 책자 등도 신뢰성 설계에 필요하다. 데이터에 의한 경험은 신뢰성 설계기사에 있어서도 중요한 자료가 된다.

8.2.7 제품 신뢰성 설계상 유의점

다음은 전자제품의 신뢰성 설계 시 유의사항에 대해 소개하고 간단하게 설명한다.

(1) 특성치의 불균형에 대한 배려

제품을 구성하고 있는 부품과 재료는 모두 특성치에 불균형이 존재한다는 것을 염두에 두고 설계하여야 한다.

(2) 전자파 적합성(EMC, electro magnetic compatibility) 설계에 대한 배려

제품의 디지털 회로화가 발달하여 노이즈 문제가 사회의 큰 문제로 되고 있다. 그 예로써 자동변속 자동차의 급발진 조건, 로봇의 오동작에 의한 인명사고 등이 있다.

지금까지는 다른 것에 방해를 주는 전자파 장해(EMI, electro magnetic interference)가 규제되어 있었으나, 이후에는 방해를 받아도 견디는 능력, 즉 전자파 내성(EMI, electro magnetic immunity)도 규제받게 된다. 또한 AC 전원의 변동, 순간적 단전, 정전 등에 대한 문제도 충분히 고려한 설계를 하여야 한다.

(3) 안전성에 대한 배려

시스템의 가용도는 신뢰도와 보전도에 따라 결정된다. 따라서 설계할 때에는 신뢰도 설계뿐만 아니라 보전성 설계도 충분히 배려하여 설계하여야 한다.

(4) 먼지나 열화에 대한 배려

생산초기의 상태가 아무리 신뢰성이 있다 하더라도 장기간이 지난 후의 신뢰성이 확보되지 않으면 안전성은 확보되지 않는다.

(5) 인간공학적 성질을 고려한 제품일 것

사용이 편리하고, 예를 들어, 휴먼 에러가 있어도 실수방지(fool proof) 설계와 장애완화

(fail soft)와 고장 시 안전(fail safe) 설계가 되어 있어 큰 사고로 전개되지 않도록 배려한다.

(6) 설계의 변경관리를 확실하게 할 것

설계가 실행되어 신뢰성 설계가 진행되면 설계변경을 해야 하는 부분이 반드시 생긴다. 설계변경의 목적은 개선이나 기획의 변경 등 여러 가지가 있으나, 개선될 것이라 여겨졌던 것이 개악이 될 수도 있고, 생각지도 못했던 곳에 문제점이 발생할 수도 있다. 그러므로 신뢰성 체크리스트 등을 사용하여 변경 전과 변경 후의 상태를 확실하게 파악하여 설계변경에 의한 폐해를 충분히 검토하는 것이 중요하다. 또 기술자료는 통계적으로 계층 분류하여 항상 추적이 가능하도록 해 놓는 것이 중요하다.

(7) 신뢰도와 비용의 절충(trade-off)

제품에 갖추어져야 하는 기대요건은 일반적으로 서로 상충되는 경우가 많다. 그림 8.13에 의한 합리적 문제해결로 그 절충점을 발견하는 것이 필요하다.

(8) 표준화로 할 것

제품을 구성하는 부품뿐 아니라 설계표준, 작업표준 등 표준화를 추진하여 개발속도, 품질, 신뢰성, 비용 등의 목표달성의 효율화를 추진한다.

(9) PL 문제를 배려할 것

소비자보호의 개념이 발달하여 제품이 원인이 되어 소비자에게 손해를 줄 경우 피해자는 가해자(제조회사, 판매업자)에게 손해배상을 청구할 수 있다. 이것을 제조물 책임(PL, product liability)이라고 하고, 기업은 제조물에 대하여 책임을 져야 한다. 따라서 이제는 기업에 있어서 제조물 책임예방(PLP, product liability prevention)이 중요한 업무이다.

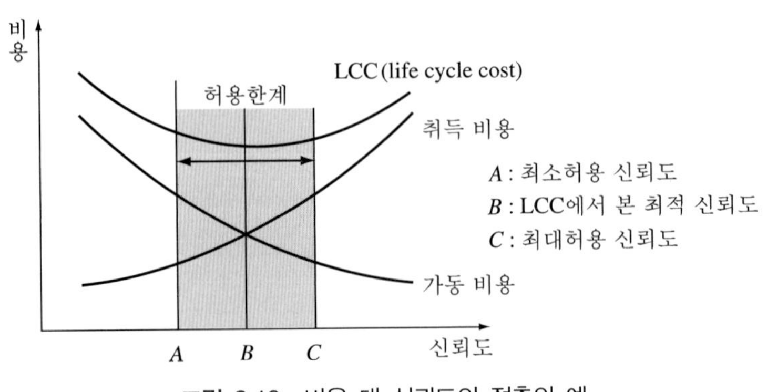

그림 8.13 비용 대 신뢰도의 절충의 예

PL은 제품의 설계, 제조상의 결함, 안전성 보정의 위반, 경고의 불비 등을 대상으로 하여 국가별 그 개념이 약간씩 다르다. 미국에서는 이미 1960년대에 주법으로써 법적으로 규제되어 있고, 유럽, 일본, 중국, 필리핀 등 27개국이 PL법을 시행하고 있으며, 우리나라도 2002년 7월 1일부터 시행하고 있다.

(10) CE 마킹에 유의할 것

EC(유럽연맹)권 내에서 판매하는 제품은 EU가 정한 안전규제에 적합성을 증명하는 CE (Comminauate Europeene) 마크를 필히 부착하여야 한다. 이것은 EC 각료 이사회에 의한 것으로 1995년 7월 현재의 규정이 있다.

기계제품에 있어서는 이미 1995년 1월 1일부터 CE 마킹이 적용되었다. 기계제품에 적용되는 규정은

① 기계 규정
② EMC 규정
③ 저전압 규정

등 세 가지 규정이 있어 이들 전부를 만족시켜야 CE 마크의 부착을 허가한다.

적합성을 증명하기 위한 절차는 8가지의 모듈방식(A-H)으로 되어 있어 제조업자는 그 안에서 적당하다고 생각되는 모듈방식을 선택하거나 또는 조합하여 증명한다. 그러나 어떤 모듈도 반드시 설계 측면과 생산성 양자 모두의 적합성을 증명할 필요가 있다.

생산 시스템은 ISO 9000 시리즈에 기초하여 인증기관(notified body, EU 공식기관)의 인증을 취득하거나 또는 인증기관이 적기에 추출하여 검사를 하는 것으로 증명한다. 그 외 규정에 의해 자가 증명을 하는 경우도 있다.

8.3 신뢰성 배분

신뢰성 목표, 배분, 그리고 예측은 신뢰성 설계의 중요한 부분을 이룬다. 신뢰성 설계 기술에서 언급한 바와 같이 신뢰성 설계의 그림 8.1의 설계업무의 흐름 중에 이들 내용을 편입시켜야 하고, 신뢰도 배분은 설계업무 중에서 신뢰도의 예측보다도 상위에 위치하는 부분이다.

신뢰성 목표란 고객 또는 제조업체 측에서 목표로 하는 신뢰성 지표로써 설계 구상단계

표 8.8 신뢰성 목표의 설정과 배분 예

MTBF			(월)
	과거의 실적	개선에 의한 조정치	신형차에 대한 목표치
완성차	255	360	350
엔진	1,330	1,600	1,600
파워트레인	1,140	1,800	1,600
브레이크	5,000	8,000	6,700
서스펜션	8,000	8,000	8,000
스티어링	5,700	5,700	5,700
전기부품	950	1,430	1,300
차체	1,080	2,220	2,000

에서 가장 먼저 정해야 할 사항이며, 중요한 품질상의 요구사항에서 설계시방 결정 시 MTTF, 신뢰도, 고장률 등 구체적인 신뢰성의 척도로 명기되어야 한다. 제품에 대한 신뢰성 목표 설정을 위해 주로 QFD 수법을 이용한다.

신뢰도 배분은 제품에서 부품으로 그 신뢰성 목표치를 분할해 가는 하향(top down)적인 활동인 것에 반해, 신뢰도 예측은 부품에서 제품으로 신뢰성 예측치를 통합해 가는 상향(bottom up)적인 활동이다. 그 관계는 고장 해석에 대한 FMEA와 FTA의 관계와 유사하다고 말할 수 있다.

FMEA 및 FTA가 주로 신뢰성 설계의 안정적인 평가인 것에 반해, 신뢰도 배분 및 예측은 신뢰성 설계의 정량적인 평가이고, 이것의 척도로는 주로 신뢰도, MTBF(또는 MTTF), 가용도(availability)가 사용된다.

KS규격에서 신뢰성 배분이란 “시스템의 신뢰도 목표가 달성되도록 서브시스템 및 그 구성요소에 신뢰도를 할당하는 것”, 또 신뢰도 예측이란 “아이템의 신뢰성 특정치를 설계 시에 정량적으로 견적하는 것”이라 하여 기술적인 면을 강조해서 정의하고 있다.

8.3.1 신뢰성 배분법

신뢰성 목표치는 제품의 형태에 맞추어서 MTTF, 가용도, 신뢰도 또는 고장률 등으로 나타낸다. 상품 기획단계에서는 신제품의 신뢰성 요구를 명확히 하고 신뢰성 목표치를 설정하고, 설계개발 부문만이 아니라 영업부문과 품질보증 부문도 협력하는 것이 바람직하다. 다음 구상설계 단계에서는 구성품의 기능설계 담당자가 목표로 하고 있는 신뢰성 설계지표를 이용하여 신제품의 각 기능별 구성품에 할당해야 할 신뢰도를 결정하는 신뢰성 배분을 실시한다. 배분법은 주로 과거의 동종 제품의 고장률 데이터를 활용하여 부품들의 중요성을 반영하여, 요구되는 고장률을 각 부품에 배분함으로써 설계의 방향을 제시하는 방법이다. 신뢰성 및 설계담당자는 전체 시스템의 신뢰도를 포함한 성능을 신뢰도를 포함한 구성품의 성능으로 변환하여야 한다.

일반적으로 제품은 신뢰성 관계에 있어서 구성품의 기능상 직렬 시스템으로 본다. 즉, 제품의 신뢰도는 구성품 신뢰도의 곱이다. 제품의 우발고장기간에서는 지수분포가, 마모고장기간에는 와이블 분포, 정규분포, 대수정규분포 등이 가정된다. 이 절에서는 우발고장기간에 있어서 여러 가지 신뢰도 배분 방법들에 대해 설명한다.

(1) 등배분법

이 방법은 시스템의 요구 신뢰도를 달성하기 위해 서브시스템 모두에 동일 신뢰도를 배분하는 방법이다.

n개의 직렬로 구성된 시스템을 가정한다.

R^*는 시스템 요구 신뢰도

R_i는 서브시스템 i의 신뢰도

그러면, $R^* = R_1 R_2 \cdots R_n$

$$\therefore \ R_i = (R^*)^{1/n}, \ (i = 1, \ 2, \ \cdots, \ n) \tag{8.3}$$

예제 2

통신시스템은 세 개의 서브시스템, 송신기, 수신기, 코더가 직렬로 이루어져 있다. 각 서브시스템은 개발하는 데 동일 비용이 요구된다고 한다. 시스템 요구 신뢰도 0.8573을 달성하기 위해 각 서브시스템에 할당되어야 하는 신뢰도는 얼마인가?

풀이 $R_i = (R^*)^{1/n} = (0.8573)^{1/3} = 0.95$

(2) 직렬 시스템에서 신뢰도 배분

이 방법은 직렬 시스템의 요구 신뢰도를 달성하기 위해 각 서브시스템을 이중 병렬로 설계하는 배분 방법이다.

n개의 직렬로 구성된 시스템을 가정한다.

S는 기본 직렬 시스템

S_i는 i번째 구성품을 이중 병렬로 한 구조

S_{ij}는 S_i를 이중으로 한 후 j번째 구성품을 이중으로 한 구조

등등

이 절차는 요구 신뢰도가 얻어질 때까지 사용된다.

지금, $S=\{x_1,\ x_2,\ \cdots,\ x_n\}$은 직렬 시스템(여기서 x_i는 i번째 구성품), 또 p_i는 x_i의 신뢰도라 하자.

기본 직렬 시스템의 신뢰도 $R = R_1R_2 \cdots R_n$

x_i가 이중이면 새 시스템의 신뢰도는

$$\begin{aligned} R_i &= p_1p_2 \cdots (1-(1-p_i)^2) \cdots p_n \\ &= p_1p_2 \cdots p_i(2-p_i) \cdots p_n \\ &= (2-p_i)p_1 \cdots p_n \\ &= (2-p_i)R. \end{aligned} \tag{8.4}$$

따라서 p_i가 최소일 때 신뢰도 R_i는 최대가 된다. n개 중 최소 신뢰도를 갖는 구성품을 이중으로 하여 시스템의 신뢰도를 최대로 얻는다.

예제 3

세 구성품 $x_1,\ x_2,\ x_3$가 직렬이고 각 구성품의 신뢰도는 각각 0.7, 0.75, 0.85이다.

시스템의 요구 신뢰도는 0.82이다. 초기 구성품에 병렬로 추가하는 최소 구성품 수를 구하라.

풀이 $R=0.7 \cdot 0.75 \cdot 0.85=0.4462$

$R_1=(2-R_1)R=0.5801$

$R_{12}=0.91 \cdot (1-(1-0.75)^2) \cdot 0.85=0.7251$

$R_{123}=0.91 \cdot 0.9375 \cdot (1-(1-0.85)^2)=0.8339$

따라서 추가 구성품 수$=3$, 각 구성품에 이중으로 할당한다.

(3) 병렬 시스템의 신뢰도 배분

n개의 아이템으로 구성된 병렬 시스템의 신뢰도 함수를 $R_s(t)$, 누적 고장률 함수를

$H_s(t)$라 하고, 각 아이템의 신뢰도 함수를 $R(t)$, 그 누적 고장률 함수를 $H(t)$라 하자. 또 단순화를 위해 각 아이템의 신뢰도는 모두 동일이라 하자.

병렬 시스템의 신뢰도

$$R_s(t)=1-\{1-R(t)\}^n$$

아이템의 신뢰도

$$R(t)=1-\{1-R_s(t)\}^{\frac{1}{n}},\ (t \geq 0)$$

$H_s(t) \ll 1,\ H(t) \ll 1$인 경우 $1-R(t)=F(t) \fallingdotseq H(t)$이므로

$$H(t) \fallingdotseq \sqrt[n]{H_s(t)}.$$

일정 고장률을 갖는 경우 $H(t)=\lambda t,\ H_s(t)=\lambda_s t$로 두면,

$$\lambda \fallingdotseq \sqrt[n]{\frac{\lambda_s}{t^{n-1}}} \tag{8.5}$$

로 배분할 수 있다.

예로써 두 구성품의 병렬 시스템에서 각 구성품의 고장률을 λ_1, λ_2, $(\lambda_1 \neq \lambda_2)$라 하면, 병렬 시스템의 고장률 λ_s는

$$\lambda_s \fallingdotseq \lambda_1 \lambda_2 t.$$

예제 4

출시될 신모델의 RBD는 다음 그림과 같다. 구성품 C의 신뢰도가 낮기 때문에 신모델에서 구성품 C를 중복 설계를 하고, 또 부품도 IC화해서 MTTF를 높이려고 한다. 시스템 신뢰도 목표치를 MTTF=1,000시간으로 할 때, 구성품 A, B, C에 배분해야 하는 MTTF를 구하라. 단, 제품의 사용기간은 200시간으로 한다.

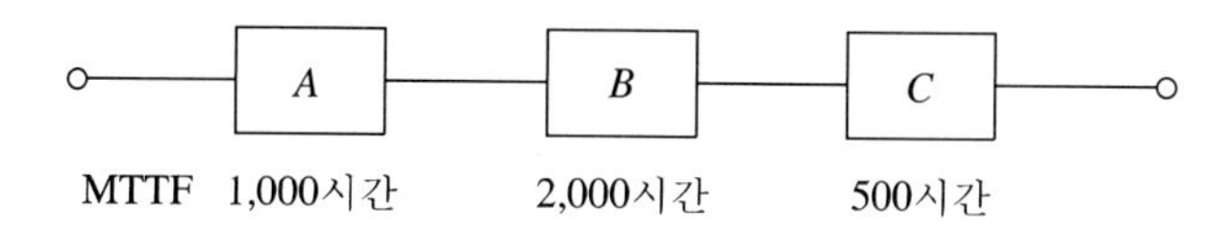

풀이 구모델 시스템의 MTTF는

$$(\text{MTTF})s = \frac{1}{\frac{1}{1{,}000} + \frac{1}{2{,}000} + \frac{1}{500}} = 285.7\ (\text{시간})$$

이 시스템의 요구 (MTTF)s는 1,000시간이므로, 각 구성품의 MTTF는 3.51($=\frac{1{,}000}{285.7}$)배로 하면 된다.

구성품 A의 $(\text{MTTF})_A = 1{,}000 \times 3.51 = 3{,}510$(시간)
구성품 B의 $(\text{MTTF})_B = 2{,}000 \times 3.51 = 7{,}020$(시간)
구성품 C의 병렬 시스템의 $(\text{MTTF})_{CC} = 500 \times 3.51 = 1{,}755$(시간)
구성품 C에 배당 고장률 $\lambda_{CC} = \frac{1}{1{,}755} = 5.698 \times 10^{-4}$ / 시간

신모델의 RBD는 다음과 같다.

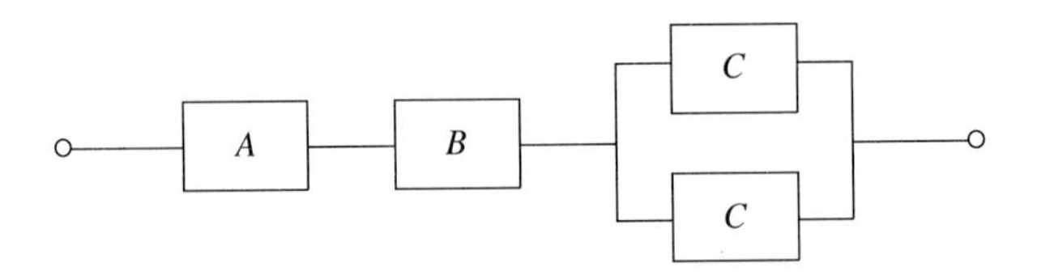

구성품 C에 대해 $\lambda_C = \sqrt{\frac{\lambda_{CC}}{t}} = \sqrt{\frac{5.698 \times 10^{-4}}{200}} = 1.688 \times 10^{-3}$ / 시간
따라서 구성품 C의 $(\text{MTTF})_C = 592$(시간)인 구성품이 요구된다.

---

(4) 상대 고장률에 의한 신뢰도 배분

선행하는 유사 제품의 실적 데이터에서 각 구성품의 고장률을 알고 있을 때 그것을 토대로 제품의 고장률 목표치에 대해 각 구성품에 배분하는 방법으로 지수 고장분포를 가정한다.

지금 n개의 직렬로 이루어진 제품에 대해 각 구성품의 추정 고장률을 λ_i, $(i = 1, 2, 3, \cdots, n)$, 제품의 목표 고장률을 λ_N이라 하자. 제품의 고장률은

$$\lambda_0 = \lambda_1 + \lambda_2 + \cdots + \lambda_n.$$

구성품 i의 가중치를 상대 고장률의 역수로 취한다. 즉 $w_i = \frac{\lambda_i}{\lambda_0}$. 고장률이 낮으면 가중치가 크고, 고장률이 높으면 가중치가 작아지는 관계를 갖는다.

따라서 구성품 i의 고장률 배분치 λ_{N_i}는

$$\lambda_{N_i} = \lambda_N w_i,\ (i = 1, 2, 3, \cdots, n) \tag{8.6}$$

예제 5

네 개의 구성품으로 이루어진 시스템의 목표 고장률은 0.001/시간이라 한다. 과거 자료에 따른 각 구성품의 고장률 $\hat{\lambda}_1 = 0.002$, $\hat{\lambda}_2 = 0.003$, $\hat{\lambda}_3 = 0.004$, $\hat{\lambda}_4 = 0.007$이다. 목표 고장률을 달성하기 위한 각 구성품의 고장률을 배분하라.

풀이 $w_1 = 0.125$, $w_2 = 0.1875$, $w_3 = 0.25$, $w_4 = 0.4375$

따라서 $\lambda_{N_1} = 0.00125$, $\lambda_{N_2} = 0.001875$, $\lambda_{N_3} = 0.0025$, $\lambda_{N_4} = 0.004375$

(5) 중대고장에 의한 신뢰도 배분

서브시스템의 고장률을 λ_i, 서브시스템의 고장에 의한 시스템의 고장률(중대 고장률)을 A_i라 한다. 그러면,

① 중요도 $I_i = 1 + \dfrac{A_i}{\lambda_i}$, (단 병렬 결합모델에서는 $A_i = 0$, $I_i = 1$)

② 서브시스템의 고장률 λ_i에 대해 모두 동일 자릿수로 정리하고 유효숫자를 기여도 C_i라 한다.

③ 서브시스템에 대한 고장률의 배분율: $K_i = \dfrac{C_i}{I_i}$

서브시스템에 대한 고장률의 배분률의 합 K_s의 계산:

(i) 직렬 시스템인 경우: $K_s = \sum_{i=1}^{n} K_i$

(ii) 병렬 시스템인 경우:

두 구성품의 병렬 시스템의 고장률 배분을 생각한다.

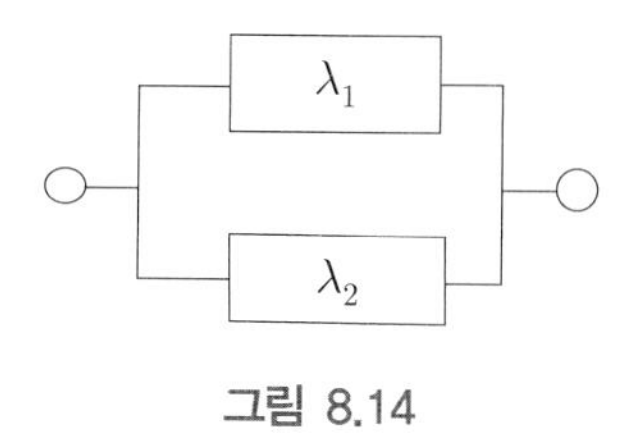

그림 8.14

이 병렬 시스템 전체에 대한 고장률의 합은

$$K_p = \lambda_1 \cdot \lambda_2 t, \ (t\text{는 사용시간})$$

시스템의 목표 고장률을 G라 하면, 이 병렬 시스템 전체에 할당하는 고장률은

$$F_p = G \times \frac{K_p}{K_s}.$$

병렬 시스템의 고장률 F_p를 두 구성품에 할당하면,

$$F_1 = \sqrt{\frac{F_p \cdot \lambda_1}{\lambda_2}}, \quad F_2 = \sqrt{\frac{F_p \cdot \lambda_2}{\lambda_1}}.$$

각 서브시스템에 할당되는 고장률 F_i는 다음 식으로 계산한다.

$$F_i = G \times \frac{K_i}{K_s} \tag{8.7}$$

예제 6

어떤 차량의 각 구성부품별 과거의 실적 고장률은 아래 표와 같다. 이 고장 중 운전사고와 관계되는 고장을 중요시하고 이를 새로 설계되는 차량의 설계에 적용하려고 한다. 새로 설계되는 차량의 목표 고장률을 주행거리 1,000 km당 0.01건으로 하고자 한다. 새로 설계되는 차량의 각 구성부품에 대해 위의 절차에 따라 고장률을 배분하라.

고장률 배분표(단위 10^3 km당)

구성부품	실적 고장률 λ_i	중대 고장률 A_i
변속장치	3.2×10^{-4}	0.5×10^{-4}
제어장치	2.1×10^{-3}	0.4×10^{-4}
제동장치	4.9×10^{-3}	3.8×10^{-4}
동력장치	1.8×10^{-3}	0.6×10^{-3}
보조전기장치	8.8×10^{-4}	0.2×10^{-4}
조명계통	5.3×10^{-3}	0.8×10^{-3}
차체	1.0×10^{-5}	0.8×10^{-5}
주행장치	3.8×10^{-4}	2.5×10^{-4}

풀이 시스템의 RBD는

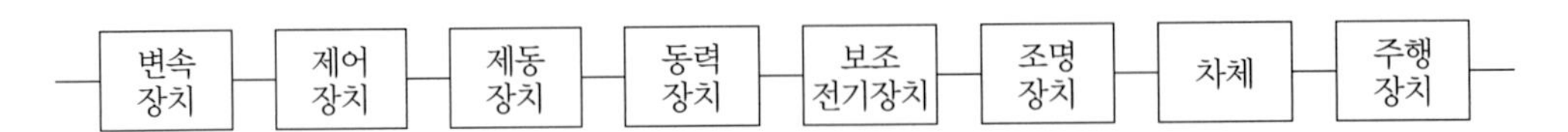

(변속장치의 예)

$$I_i = 1 + \left(\frac{0.5\times10^{-4}}{3.2\times10^{-4}}\right) = 1.15$$

$$K_i = \frac{3.2}{1.15} = 2.8$$

총 배분률의 합 $K_s = \sum_{i=1}^{n} K_i = 125.25$

배분 고장률 $F_i = G\times\frac{k_i}{K_s} = (100\times10^{-4})\times\frac{2.8}{125.25} = 2.2\times10^{-4}$/시간

계산 결과 각 구성품에 대한 배분 고장률은 다음 표와 같다.

구성부품	실적 고장률 λ_i	중대 고장률 A_i	중요도 I_i	기여도 C_i	배분률 K_i	목표 고장률 $F_i(\times10^{-4})$
변속장치	3.2×10^{-4}	0.5×10^{-4}	1.15	3.2	2.8	2.24
제어장치	2.1×10^{-3}	0.4×10^{-4}	1.19	21	18	14.00
제동장치	4.9×10^{-3}	3.8×10^{-4}	1.78	49	27	22.00
동력장치	1.8×10^{-3}	0.6×10^{-3}	1.33	18	13.5	11.00
보조전기장치	8.8×10^{-4}	0.2×10^{-4}	1.02	8.8	8.6	6.88
조명계통	5.3×10^{-3}	0.8×10^{-3}	1.00	53	53.	42.00
차체	1.0×10^{-5}	0.8×10^{-5}	1.80	0.1	0.05	0.04
주행장치	3.8×10^{-4}	2.5×10^{-4}	1.66	3.8	2.3	1.83
계				$K_s =$	125.25	100

예제 7

다음과 같은 직, 병렬 결합모델에 대한 신뢰도를 배분하라.

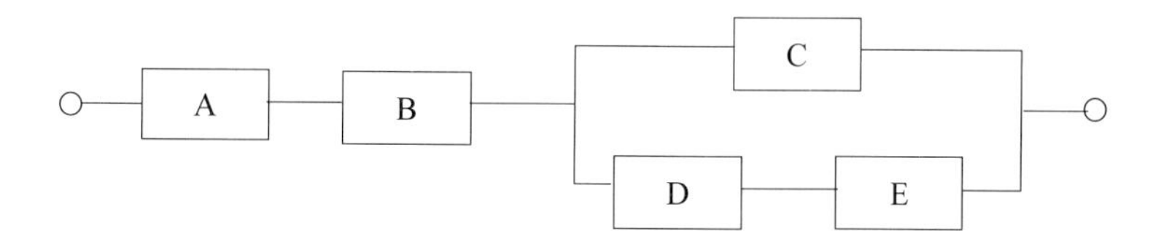

각 부품의 실적 고장률 λ_i와 각 부품의 고장에 의한 전체 시스템의 고장률(즉, 중대 고장률) A_i는 아래 표와 같다. 그리고 이 시스템의 목표 신뢰도는 $t=500$시간에서 99%가 요구된다.

부품명	λ_i	A_i
A	1×10^{-6}	0
B	10×10^{-6}	1×10^{-6}
C	10×10^{-6}	1×10^{-6}
D	1×10^{-6}	0
E	8×10^{-6}	2×10^{-6}

풀이 실적 고장률과 중대 고장률의 자료에 따라 각 구성품의 중요도, 기여도, 배분률을 구한다.

부품명	λ_i	A_i	I_i	C_i	K_i
A	1×10^{-6}	0	1.00	1	1
B	10×10^{-6}	1×10^{-6}	1.10	8	9.1
C	10×10^{-6}	1×10^{-6}	1.10	10	9.1
D	1×10^{-6}	0	1.00	10	1
E	8×10^{-6}	2×10^{-6}	1.25	1	6.4

$t=500$에서 목표 신뢰도 0.99를 만족시키는 목표 고장률 H를 구한다.

$$R(t=500)=e^{-500G}=0.99\text{에서 } H=-\frac{1}{500}\ln 0.99=20\cdot10^{-6}$$

부품 D와 E가 직렬 결합된 부분의 고장률: $\lambda_{DE}=1\cdot10^{-6}+8\cdot10^{-6}=9\cdot10^{-6}$

부품 C의 고장률: $\lambda_C=10\cdot10^{-6}$

500시간에서 병렬 부분의 고장률 배분률 $K_P=\lambda_{DE}\cdot\lambda_C t=(9\cdot10^{-6})(10\cdot10^{-6})(500)$

$=450\cdot10^{-10}=0.045\cdot10^{-6}$

시스템을 직렬 시스템으로 재작성

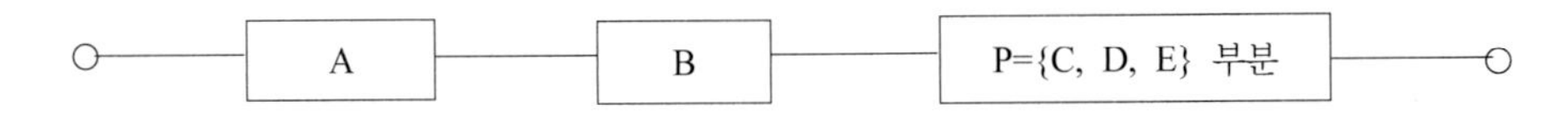

서브시스템 A, B, P의 고장률 배분률의 합 K_s:

$$K_s=K_A+K_B+K_P=(1+9.1+0.045)\cdot10^{-6}=10.145\cdot10^{-6}$$

각 서브시스템의 배분 고장률 F_i를 구한다.

$$F_A=20\cdot10^{-6}\cdot\frac{1}{10.145}=1.97\cdot10^{-6}$$

$$F_B=20\cdot10^{-6}\cdot\frac{9.1}{10.145}=17.94\cdot10^{-6}$$

$$F_P = 20 \cdot 10^{-6} \cdot \frac{0.045}{10.145} = 0.0887 \cdot 10^{-6}$$

서브시스템 P에서 병렬 결합 부품 C와 DE의 배분 고장률:

$$F_C = \frac{\sqrt{0.0887 \cdot 10^{-6} \cdot 10 \cdot \ 10^{-6}}}{9 \cdot 10^{-6} \cdot 500} = 14.04 \cdot 10^{-6}$$

$$F_{DE} = \frac{\sqrt{0.0887 \cdot 10^{-6} \cdot 9 \cdot 10^{-6}}}{10 \cdot 10^{-6} \cdot 500} = 12.64 \cdot 10^{-6}$$

직렬 결합 DE에서 D와 E의 배분 고장률:

$$F_D = 12.64 \cdot 10^{-6} \cdot \frac{1}{1+6.4} = 1.40 \cdot 10^{-6}$$

$$F_E = 12.64 \cdot 10^{-6} \cdot \frac{6.4}{1+6.4} = 10.93 \cdot 10^{-6}$$

따라서 구성품들의 배분 고장률:

$A = 1.97 \times 10^{-6}$, $B = 17.94 \times 10^{-6}$, $C = 17.04 \times 10^{-6}$, $D = 1.40 \times 10^{-6}$, $E = 10.93 \times 10^{-6}$

---

(6) 중요도에 의한 신뢰도 배분

구성품의 기능, 상위 레벨에의 고장률의 파급도, 작동시간 비, 부품개수 등을 가중치에 넣어서 배분하는 방법도 있다. 상위 레벨의 고장의 파급도라는 것은 구성품 내에 머무르는 국부적인 고장, 상위 레벨에 미치는 고장 등 여러 가지가 있기 때문에 그것을 고려하는 것이다. 또 작동시간 비라는 것은 보통 작동하고 있는 구성품과 필요한 때만 작동하는 구성품이 있으므로 그것을 고려하는 것이다.

① 상위 레벨에의 파급도의 가중치

$$w_{s_i} = \frac{1 + \dfrac{\lambda_{s_i}}{\lambda_i}}{\displaystyle\sum_{i=1}^{n} \left(1 + \frac{\lambda_{s_i}}{\lambda_i}\right)} \tag{8.8}$$

여기서, λ_{s_i} : i 번째 구성품의 고장에 의한 시스템의 고장률

② 작동시간 비에 의한 가중치

$$w_{t_i} = \frac{1 + \frac{t_i}{T}}{\sum_{i=1}^{n} \left(1 + \frac{t_i}{T}\right)} \tag{8.9}$$

여기서, T: 제품의 전 작동시간

t_i: i 번째 구성품이 제품의 작동 중에 실제로 작동하는 시간

예제 8

어떤 차량의 각 유닛별 과거 실적 고장률은 다음 표와 같다. 이를 토대로 새로이 설계되는 차량의 목표 고장률은 0.01/1000 km로 계획한다. 이를 목표하는 각 유닛별 고장률을 배분하라.

유닛별	전력	제어	제동	동력	보조전기	조명	차체	주행
실적 고장률(10^{-4})	3.2	21	49	18	8.8	53	0.1	3.8
파급 고장률10^{-4}	0.5	4	38	6	0.2	8	0.08	2.5

풀이

유닛별	전력	제어	제동	동력	보조전기	조명	차체	주행
파급도 가중치	1.15	1.19	1.78	1.33	1.02	1.05	1.80	1.66
배분률	0.104	0.107	0.160	0.120	0.09	0.104	0.162	0.150
배분 고장률 (10^{-5}/km)	0.104	0.107	0.160	0.120	0.09	0.104	0.162	0.150

(7) AGREE 법

이 방법은 항공 전자설비의 보고서 내용으로 시스템 고장률 배분을 위한 AGREE(advisory group on reliability of electronic equipment) 법으로 서브시스템들이 직렬이고 상호독립으로 구성되어 있는 장비에 적용된다.

지금, k 개의 서브시스템이 상호독립 직렬인 시스템의 신뢰도 배분을 살펴본다.

서브시스템 i 에 요구되는 MTBF는 AGREE에 따르면 근사적으로

$$m_i = -\frac{N \cdot w_i \cdot t_i}{n_i \cdot \ln R_0(t)}, \ (i = 1, \cdots, k) \tag{8.10}$$

$$\text{또는} \qquad m_i = \frac{N \cdot w_i \cdot t_i}{n_i(1 - R_0(t))}.$$

여기서, $R_0(t)$: 임무기간 t 동안 시스템에 요구된 신뢰도

m_i: i 번째 서브시스템에 배분된 MTBF

t_i: i 번째 서브시스템에 대한 작동 요구시간

w_i: i 번째 서브시스템의 고장에 의한 시스템의 고장 확률

$$= \frac{i\text{번째 서브시스템의 고장에 따른 시스템의 고장수}}{i\text{번째 서브시스템의 고장횟수}}$$

=중요도(importance index)

n_i: i 번째 서브시스템의 구성품(또는 모듈) 수

$N = \sum_{i=1}^{n} n_i$: 시스템에 있는 총 모듈의 수

증명

i 번째 서브시스템의 신뢰도 $R_i(t_i) = e^{-\frac{t_i}{m_i}}$, 임무기간 t_i

i 번째 서브시스템의 고장으로 시스템 고장확률 $w_i[1 - R_i(t_i)]$

따라서 시스템 신뢰도

$$R(t) = \prod_{i=1}^{k} \left\{1 - w_i(1 - e^{-\frac{t_i}{m_i}})\right\} \tag{8.11}$$

식 (8.9)를 최대화하는 서브시스템의 MTBF m_i를 구한다.

$e^{-\frac{t}{m}} \approx 1 - \frac{t}{m}$라 두면, 식 (8.11)은

$$R(t) \approx \prod_{i=1}^{k} \left(1 - \frac{w_i t_i}{m_i}\right) \approx \prod_{i=1}^{k} e^{-\frac{w_i t_i}{m_i}} = e^{-\sum_{i=1}^{k} \frac{w_i t_i}{m_i}} \tag{8.12}$$

i번째 서브시스템은 n_i개의 동일한 부품의 직렬이고, T_i는 i번째 서브시스템에 있는 부품의 평균수명이라 한다. 그러면, 그 고장률은 $\frac{1}{T_i}$이다. 또, 서브시스템 내에 n_i개의 부품이 있으므로 서브시스템 i의 고장률은 $\lambda_i = \frac{1}{m_i} = \frac{n_i}{T_i}$이다.

식 (8.12)에서

$$\sum_{i=1}^{k}\frac{w_i t_i}{m_i}=\sum_{i=1}^{k}\frac{w_i t_i n_i}{T_i}=\sum_{i=1}^{k}\sum_{j=1}^{n_i}\frac{w_i t_i}{T_i}.$$

여기서 $n_i=\sum_{j=1}^{n_i}1$로 써서 이중합을 표시하고, $\sum_{i=1}^{k}n_i=N$을 이용한다.

전체 시스템에 부품들이 있는 항만큼의 합을 만든다. 각 부품이 시스템 신뢰도에 동일하게 신뢰도가 되므로 m_i는 그 합이 모두 같게 되도록 선택된다. 즉

$$\frac{w_1 t_1}{T_1}=\frac{w_2 t_2}{T_2}=\cdots=\frac{w_k t_k}{T_k}.$$

이로부터 식 (8.11)은

$$R(t)=\left\{e^{-\frac{w_i t_i}{T_i}}\right\}^N.$$

양변에 대수를 취하고 정리하면, $\frac{1}{N}\ln R(t)=-\frac{w_i t_i}{T_i}=-\frac{w_i t_i}{n_i m_i}.$

따라서
$$m_i=-\frac{N\cdot w_i\cdot t_i}{n_i\cdot \ln R} \tag{8.13}$$

또, $-\ln R(t)\approx 1-R(t)$를 사용하면, 식 (8.13)은

$$\frac{1}{m_i}=\frac{(1-R)n_i}{N\cdot w_i\cdot t_i} \tag{8.14}$$

예제 9

네 개의 서브시스템으로 이루어진 시스템에 대해 50시간의 작동요구시간 중 서브시스템에 9회의 고장이 발생하였다. 그 각 부분 시스템에 발생된 원인은 다음 표와 같다.

만약 시스템의 요구 신뢰도는 0.9라 한다. 각 서브시스템의 요구 평균수명은 얼마인가?

서브시스템	t_i	과거 이 서브시스템이 고장 난 횟수	시스템 고장을 유발한 각 서브시스템의 횟수	n_i
1	0.1	10	1	4
2	2	7	2	10
3	10	6	4	5
4	50	10	2	2

풀이 $w_1 = \frac{1}{10},\ w_2 = \frac{2}{7},\ w_3 = \frac{4}{6},\ w_4 = \frac{2}{10},\ N = 21$

따라서 각 서브시스템에 요구되는 MTTF는 $\frac{1}{m_i} = \frac{(1-R)n_i}{N \cdot w_i \cdot t_i}$에서

$$m_1 = \frac{21 \cdot \frac{1}{10} \cdot 0.1}{4 \cdot (-\ln 0.9)} = 0.5(\text{시간})$$

$$m_2 = \frac{21 \cdot \frac{2}{7} \cdot 2}{10 \cdot (-\ln 0.9)} = 11.39(\text{시간})$$

$$m_3 = \frac{21 \cdot \frac{4}{6} \cdot 2}{5 \cdot (-\ln 0.9)} = 265.75(\text{시간})$$

$$m_4 = \frac{21 \cdot \frac{2}{10} \cdot 50}{2 \cdot (-\ln 0.9)} = 996.58(\text{시간})$$

---

(8) 직렬–병렬 시스템에서 최적 배분

시스템은 n개의 서브시스템 $K_1,\ K_2,\ \cdots,\ K_n$이 직렬로 이루어지고, 각 서브시스템은 m개의 구성품들이 병렬로 구성되어 있다. 구성품들의 총 수는 $u = m \cdot n$개이다.

p_i를 구성품 C_i의 신뢰확률이라 하면, 확률 $p = (p_1,\ p_2,\ \cdots,\ p_u)$를 갖는 u개의 구성품들을 갖는 시스템에 대해 시스템의 신뢰확률 R이 최대가 되는 구성품들 배분한다.

$$R = R_1 R_2 \cdots R_n,\ \text{여기서}\ R_i = 1 - q_1 q_2 \cdots q_n,\ \text{여기서}\ q_i = 1 - p_i.$$

직렬-병렬 시스템의 신뢰도는 각 서브시스템의 신뢰도가 거의 같을 때 시스템의 신뢰도 최대가 되는 개념을 기초로 다음과 같은 발견적 방법이 제안된다.

TDH(top down heuristic)법

단계 1: $p_1 \geq p_2 \geq \cdots \geq p_u$가 되도록 아이템들을 나열하고 넘버링한다.

단계 2: C_j를 K_j, $(j = 1,\ 2,\ \cdots,\ n)$에 할당한다.

단계 3: C_j를 K_{2n+1-j}, $(j = n+1,\ \cdots,\ 2n)$에 할당한다.

단계 4: $\nu = 2$라 둔다.

단계 5: $R_i^{(\nu)} = 1 - \prod_{j \in K_i} q_i$, $(i = 1,\ 2\ ,\cdots,\ n)$를 계산한다. 구성품 $C_{\nu n + i}$를 $R_i^{(\nu)}$가 j, $(j = 1,\ 2,\ \cdots,\ n)$번째로 작은 서브시스템 K_i에 할당한다.

단계 6 : $\nu < m$이라면, $\nu = \nu + 1$이라 두고 단계 5를 반복한다.
$\nu = m$이면 stop.

TDH법에 상당하는 BUH(buttom up heuristic)법이 있다. 일반적으로 BUH법은 TDH법보다 더 낮은 신뢰도 배분을 제시한다.

예제 10

신뢰도 0.95, 0.75, 0.85, 0.65, 0.40, 0.55를 갖는 6개의 저항을 (3,2) 직렬-병렬 시스템에 배분하려 한다. 이들을 TUH법으로 배분하라. 또 BUH법으로도 배분하고 그 신뢰도를 비교하라.

풀이 K_1, K_2

1. 이들 저항을 감소 순으로 배열하면 0.95, 0.85, 0.75, 0.65, 0.55, 0.40
2. C_1을 K_1에, C_2를 K_2에 배분
3. C_3를 K_2에, C_4를 K_1에 배분
4. $\nu = 2$
5. 서브시스템 K_1, K_2를 계산

   $R_1^{(2)} = 1-(1-0.95)(1-0.65) = 0.9825$

   $R_2^{(2)} = 1-(1-0.85)(1-0.75) = 0.9625$

   $R_2^{(2)} < R_1^{(2)}$이므로, C_5를 K_2에 배분
6. $\nu = 2 = k$, C_6를 K_1에 배분. stop

   신뢰도 배분 $K_1 = \{C_1, C_4, C_6\}$, $K_2 = \{C_2, C_3, C_5\}$. 시스템 신뢰도

   $R = 0.972802$

BUH법에 따른 방법
신뢰도 배분 $K_1 = \{C_6, C_3, C_2\}$, $K_2 = \{C_5, C_4, C_1\}$
시스템 신뢰도 $R = 0.9698$

8.3.2 동적계획법을 이용한 신뢰도 배분

구성품의 사용 가능 수량, 배치 가능 공간, 사용 가능 비용, 최소 요구 신뢰도 등의 제약하에 시스템의 신뢰도를 최대화 또는 비용 최소화를 위한 구성품의 배분 또는 서브시스템의 중복수 결정을 위해 O.R. 수법의 일종인 동적계획법을 이용한다.

동적계획법은 자원의 제약을 갖는 아이템의 신뢰도를 최대화하기 위해 각 서브시스템에 배분하는 중복 구성품의 최적 개수를 결정하는 최적화 문제에 적용된다.

동적계획법 문제의 기본적 특성은 다음과 같다.

1. 문제는 의사결정이 필요한 여러 단계들로 이루어져 있다.
2. 각 단계는 단계의 시작과 관련된 여러 상태(state)들이 있다.
3. 의사결정에 의해 현 상태를 다음 단계의 상태로 변환시킨다.
4. 해절차는 문제의 최적 의사결정을 구하는 것으로 매 단계의 각 상태에서 최적 의사결정을 제시한다.
5. 현 상태에서 나머지 단계들에 대한 최적 의사결정은 이전 단계에서 정해진 의사결정과는 무관하다.
6. 풀이절차는 마지막 단계에 대한 최적 의사결정을 구하는 것으로 시작하여 역산하여 다음 순환 관계식(recursive equation)을 이용한다.

$$f_n^*(s_n) = \text{Max}\{f_n(s_n,\ x_n)\} \tag{8.15}$$

여기서 x_n: 단계 n에서 의사결정변수

s_n: 단계 n에서 상태변수

마지막 단계에서 시작하여 매 단계마다 각 단계의 최적 의사결정을 찾아서 한 단계씩 후진하여 시작단계의 최적 의사결정을 구할 때까지 진행되고, 얻어진 최적 의사결정이 전체 문제의 최적해이다.

예제 11

6개의 부품을 이용하여 세 단계의 기본 직렬구조로 연결된 전기시스템의 신뢰도를 최대화 하 하는 중복구성품의 수를 결정하라. 각 단계의 부품의 신뢰도는 $p_1 = 0.8$, $p_2 = 0.7$, $p_3 = 0.9$이다.

풀이 문제의 공식화

$$\text{Max}\{f_n(s_n,\ x_n)\} = \prod_{j=1}^{3}[1-(1-r_j)^{x_j}]$$

$$\text{s.t.}\ \ x_1 + x_2 + x_3 = 6$$

$$x_j\text{는 정수},\ j = 1,\ 2,\ 3$$

여기서 s_n은 단계 n에서 중복 가능한 부품수이다(예 $s_1 = 6$).

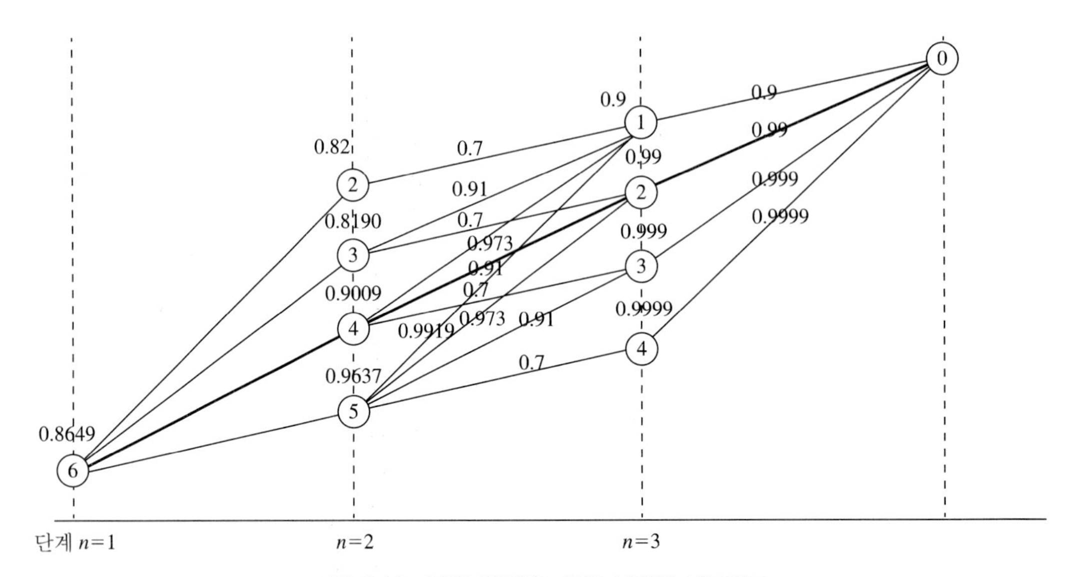

그림 8.15 동적계획법을 위한 단계적 네트워크

그림 8.15는 단계에서 상태 변화를 보여주는 동적계획법 네트워크이다. 원 안의 숫자는 상태, 원 위의 숫자는 시스템의 순환관계식을 이용한 신뢰도, 그리고 선분상의 숫자는 각 단계에서 병렬 부품의 신뢰도를 나타낸다. 굵은 선분은 최적 신뢰도의 배분을 나타내는 의사결정이다.

(그림의 계산 예) 단계 2, 상태 4에서

$$Max\{0.8757,\ 0.9009,\ 0.6993\} = 0.9009$$

따라서

최적 중복수 $x_1 = 2,\ x_2 = 2,\ x_3 = 2$

최적 신뢰도 $p_{sys} = 0.8949$

8.4 신뢰도 예측

시작품을 만들어 시험한 데이터에서 아이템의 신뢰도를 견적하는 것을 신뢰도 추정이라 하고, 신뢰도 견적을 토대로 한 신뢰도를 시스템의 신뢰도 예측(reliability prediction)이라 하여 두 개념을 구분한다. 예측한 결과는 신뢰성 목표치와 비교하여 목표에 도달하지 않을 경우는 설계내용의 변경 및 개선을 추구한다.

신뢰도를 예측하는 것은 과거의 데이터 등을 이용하여 신뢰도를 예측하는 작업으로, 설계된 자료의 각 구성요소의 신뢰도 예측치를 기술적으로 구하고, 이것을 토대로 하여 제품의 신뢰도에 대한 예측치를 구하는 작업이다. 구상 설계, 기본 설계, 상세 설계 순으로 설계가 진행됨에 따라 구성요소는 점차로 세분화되어 가고, 결국 서브시스템 또는 유닛에서 시작해서 마지막으로는 개별 부품으로 분해된다. 예측은 설계 구상단계에서의 예측에 그치지 않고 상세 설계, 시험, 제조단계로 계속 진행하여 새롭게 얻어지는 환경조건이나 부품의 시험 등에서 얻어지는 정보에 의해 새로이 예측치를 조정하고, 개발과정에서의 문제점을 명확히 측정하는 것이 필요하다.

특히 앞에서 배분된 신뢰성 목표치와 그 예측치를 비교해서 그 예측치가 목표치를 상회하는 것을 확인하는 한편, 만약 그렇게 되지 않는다면 구성 회로 및 구성부품의 개선, 중복 설계의 검토, 보전성 설계의 개선 등과 같은 신뢰성을 향상시키는 설계상의 개선활동을 촉구하는 것이 필요하다.

신뢰도 예측의 목적은 대상으로 하는 시스템에 요구된 신뢰도가 달성 가능하도록 그리고 만족이 되도록 구체적인 설계대책을 수립한다. 요구 신뢰도의 달성 가능성을 예측하는 것을 가능성 예측이라 하고, 요구가 달성되도록 구체적인 설계대책을 수립하는 것을 상세예측이라 한다. 예측 계산에 의한 설계기술적인 고려의 요점과 예측의 의의를 요약하면 다음과 같다.

① 신뢰도 실현가능성의 검토
② 설계, 계획상의 약점의 검색과 수정
③ 신뢰성 시험의 보완
④ 복잡한 시스템의 신뢰도 예측
⑤ 신뢰성 설계 목표치 설정
⑥ 각종 대체안의 비교검토
⑦ 시뮬레이션
⑧ 신뢰성 성장의 모니터링

설계의 진행 도중, 병렬적으로 행해지는 각종 시험, 제조 중의 디버깅 및 필드에서 나와서 안정된 운용에 들어갈 때까지의 각 기간의 신뢰도 특성치 변화는 전체로써 하나의 패턴을 갖는 것을 알고 있다. 이것을 단기적 신뢰성 성장이라 한다. 각 단계에서 예측치는 단기적 성장과정의 모니터로써 중요하다.

개념설계에서는 제품의 각 구성품의 성능을 나타내는 특성치의 규격이 결정되고, 채택해야 하는 회로 및 구조가 예측되게 된다. 사용되는 제품의 종류 및 개수도 대략 정해진다. 이 단계에서는 중요한 부품을 열거하여 MTBF를 예측하는 개괄적인 방법을 적용할 수 있다.

상세설계에서 들어가면, 모든 부품에 대해서 종류 및 개수뿐만 아니라, 사용환경, 적용스트레스 및 스크리닝 조건 등의 제조조건이 정해진다. 이 단계에서는 설계조건에 있어서 전체 부품의 고장률을 고려하여 제품의 MTBF를 예측하는 세부적인 방법을 적용할 수 있다. 또 제품 및 구성품의 특성치 변동에 대해서도 예측된다.

신뢰도 예측의 목적을 달성하기 위해 우선 요구된 신뢰도를 달성 가능한 값을 예측하는 가능성 예측을 수행한 후 만족될 수 있는 설계대책을 수립하는 상세예측으로 나누어 수행된다. 다음에 가능성 예측, 상세예측, 그리고 여러 가지 신뢰도 예측 방법에 대해 살펴본다.

8.4.1 가능성 예측

설계 초기에는 아직 구체적인 설계가 정해져 있지 않기 때문에 과거의 동종 장치에 대한 실적 신뢰도를 기초로 이들로부터 개발하는 제품의 신뢰도를 추정하는 방법을 이용한다. 다음에 그 대표 예를 살펴본다.

(1) 기술수준에 의한 예측

가로축에는 연도별, 세로축에는 부품수 또는 성능(메모리 수, 속도, 처리량 등)에 대한 신뢰도 척도의 비율에 대해 플로트한 회귀직선을 만들어 다음 세대의 신뢰도 척도를 추정한다. 이 경우 데이터는 대개 같은 종류, 같은 환경에 있는 장치의 데이터를 갖고 있을 필요가 있다.

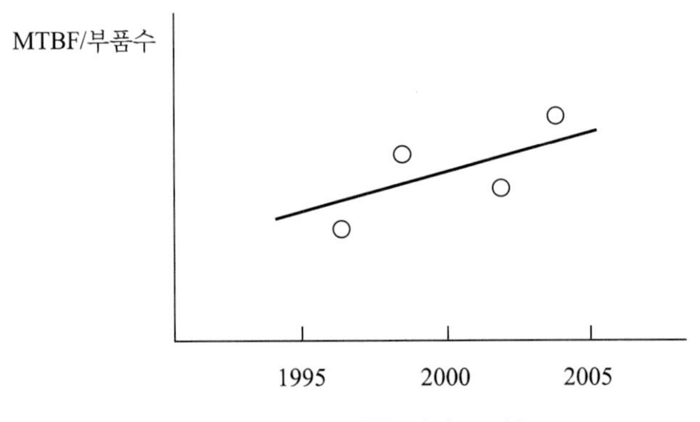

그림 8.16 정규화한 신뢰도 지수

(2) 복잡성에 의한 예측

과거의 장비에 대해 부품수에 따른 실적 MTBF를 구하여 그림 8.17과 같이 표시하고, 장비의 환경마다 회귀직선을 구한다. 이 그림에서 개발하려고 하는 제품의 환경과 추정 부품 개수에서 MTBF를 추정하는 방법으로 MIL-STD-756의 예와 '계측기 신뢰성'에 의하면 많은 전자기기의 데이터에서 구한 예가 있다.

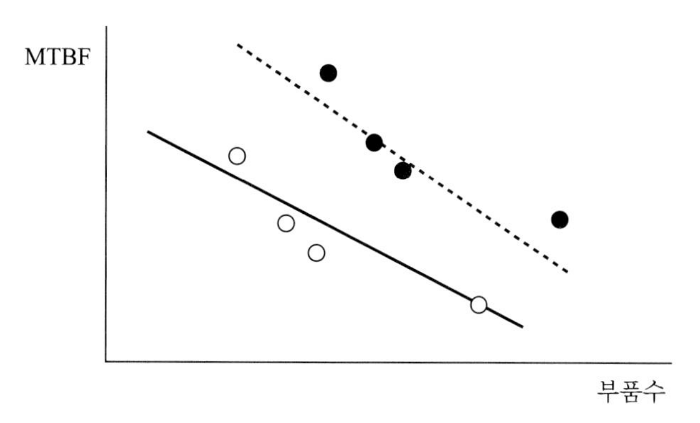

그림 8.17 환경별 부품개수 대 MTBF 회귀직선

(3) 사용 부품수에 의한 예측

표 8.9에서 제시하는 방법은 사용 예상되는 부품에 대한 추정 사용 수 및 실적 고장률을 통해 부품에 대해 설정 가능한 신뢰도 지수를 예측하는 방법이다. 이 방법은 장비에 구성되는 아이템 또는 부품을 추정할 수 있어야 한다.

가능성 예측 결과 요구된 신뢰도가 충분히 만족할 수 있다고 볼 수 있다면, 과거에 보유하고 있는 기술을 그대로 적용하여 달성할 수 있다고 판단한다. 만약 요구치에 대해서 예측한 값이 낮다면,

① 요구치를 낮춘다.
② 중복 구성품을 적용한다.
③ 부품의 고장률을 낮춘다. 즉 부품의 신뢰도를 높이는 조치를 취한다.
④ 설계를 전면적으로 변경해서 점차 높은 신뢰도가 얻어지는 설계방식을 채용하도록 한다.

표 8.9 부품 고장률에서 추정

부품명	부품수	고장률	계
A	20	2×10^{-6}/시	4×10^{-5}/시
B	5	20×10^{-6}/시	10×10^{-5}/시
D	100	0.5×10^{-6}/시	5×10^{-5}/시
D	50	1×10^{-6}/시	5×10^{-5}시
장비	175		24×10^{-5}/시

8.4.2 상세예측

설계가 진행됨에 따라 구체적인 구성이 명확해진다. 게다가 선정하고자 하는 설계기술,

표 8.10 설계작업과 신뢰성 설계작업

설계단계	설계작업	신뢰성 설계작업
구상설계 (기획, 개념)	① 계획도 ② 개념설계	① 가능성 예측 ② 부품표 안의 작성
기능설계 (전체, 상세설계)	① 부품 및 기기설계 ② 부품선정 ③ 1차 시작	① 신뢰성 블록도 ② 신뢰도 배분 ③ 신뢰도 예측 ④ 수명설계 ⑤ FMEA ⑥ 부품관리 ⑦ 보전성 관리
최종설계 (시작품, 시험에 의한 확인)	① 조립설계 ② 인정(認定)	① 고장분석 ② 시험데이터분석

부품, 제조기술 등이 확실해지면 이들의 적용에 대한 효과 및 적용방법의 검토가 진행된다. 이 시점이 신뢰성 관리상 설계에 신뢰성 기술을 적용하는 중요한 시기이다.

표 8.10은 설계작업과 신뢰성 설계작업의 관계를 나타낸다. 그리고 아이템의 설계와 밀접한 신뢰성 설계작업이 실시된다.

이 단계의 신뢰도 예측은 설계에서 구체적인 구성, 부품이 선정되므로 다음과 같은 순서에 따라서 진행된다.

- 단계 1: 기능 블록도 작성

설계작업의 결과로써 확실하게 된 제품을 구성하는 유닛을 식별하고, 그 연결을 명시한 그림, 즉 기능 블록도를 작성한다. 연결이라는 것은 기계적인 연결이기도 한 신호의 흐름을 나타내는 것이고, 일반적으로 인터페이스라 하는 연결을 표시하고 있다. 그림 8.18은 그 전형적인 예를 나타낸다.

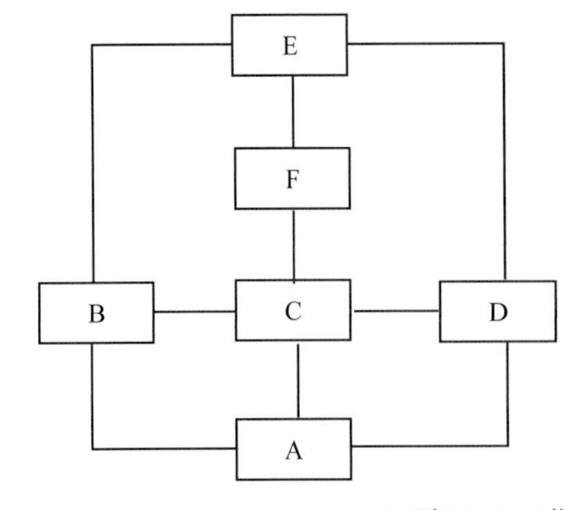

식별번호	아이템 명칭
A	전원
B	통신기 A
C	제어계
D	통신기 B
E	공중선
F	모터

그림 8.18 기능 블록도의 예

• 단계 2: 신뢰성 블록도(RBD) 작성

기능 블록도에서 RBD를 작성한다. 각 구성품들이 고장 났을 때 그것이 시스템의 고장에 직접 영향을 미치는가에 의해서 직렬 또는 병렬 형태로 정하고, 그것을 그림 8.19와 같이 나타낸다.

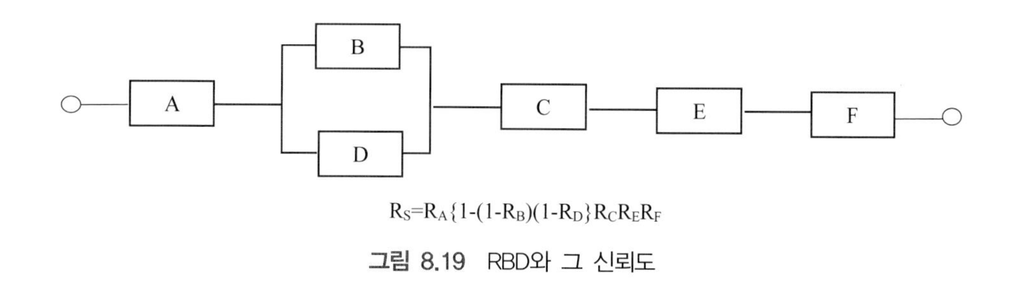

$R_S=R_A\{1-(1-R_B)(1-R_D\}R_CR_ER_F$

그림 8.19 RBD와 그 신뢰도

• 단계 3: 서브시스템별 부품표(part list)를 작성한다.

각 서브시스템의 신뢰도를 구하기 위해 그것을 구성하는 부품표를 작성한다(표 8.11 참조).

표 8.11 부품 고장률을 구하는 표의 예

id	부품명	부품번호	정격	사용온도	정격비	λ**
A101	코일	R102A	1A	60°C	10%	0.1
A102	코일	R101B	0.5A	40°C	5%	0.05
A103	트랜스	T244	0.1A	55°C	25%	0.2
B101	전구	G1011	5W	85°C	50%	0.5

• 단계 4: 부품의 동작조건에서 고장률을 구한다.

부품의 동작조건을 구한다. 부품은 일반적으로 연속해서 사용할 수 있는 연속정격(사용한도)을 갖고 있다. 또 부품이 사용되는 그 환경조건도 설계에서 지정된다. 정격에 대한 권장 사용 조건을 정하는 디레이팅 설계로 부품의 신뢰도를 높이는 방안을 강구한다. 이것은 그림 8.20에 의해서 구할 수 있다.

전자기기에 대한 고장률 예측은 부품 스트레스 예측법, 유사아이템법, 능동 부품법 등을 이용하여 예측한다. 사용조건/정격조건에서 구해진 고장률 외에 개별 부품마다 고장률이 구해지는 경우가 있다.

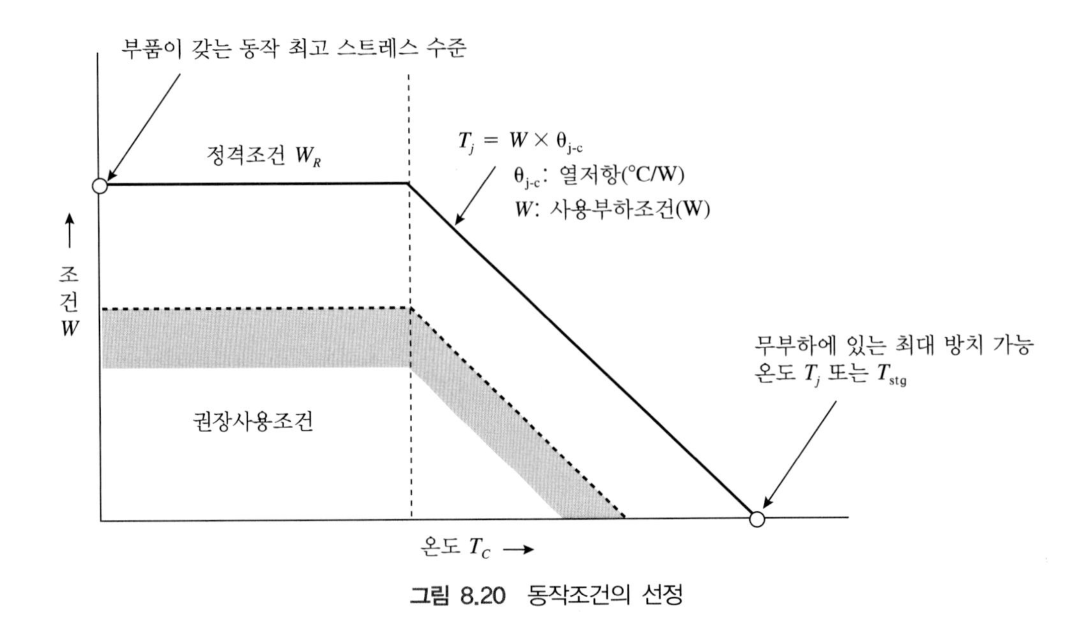

그림 8.20 동작조건의 선정

- **단계 5: 제품의 고장률 및 신뢰도를 구한다.**

단계 4에서 구한 부품의 고장률에서 서브시스템의 고장률을 구한다.

$$\lambda_e = \sum \lambda_a \tag{8.16}$$

만약 서브시스템 내에 중복 부품들이 사용되고 있다면, 각 부품을 신뢰도로 변환하고, 신뢰도 계산을 통해 서브시스템의 신뢰도를 구한다. 제품의 신뢰도는 일반적으로 중복계를 포함하므로 신뢰도로 계산한다.

$$R_e = \text{(직렬계 부품의 신뢰도)} \times \text{(병렬계 부품의 신뢰도)}$$

제품의 신뢰도를 계산하는 경우 단순한 지수계수에 의한 모델 외에 다음과 같은 모델이 적용된다.

① 시간에 관계없는 횟수에 의한 성공률이 적용되는 경우

$$P = \frac{N-f}{N} \text{(성공률)} \tag{8.17}$$

여기서, N: 시행횟수, f: 실패횟수

② 신뢰도가 와이블 분포에 의한 경우

$$R_w = \exp\left\{-\frac{(t-r)^m}{\eta^m}\right\} \tag{8.18}$$

③ 부하-강도 분포에 의한 경우

$$R_m = 1 - \Phi(u) \quad (8.19)$$

여기서, $\Phi(u)$는 u에 해당하는 정규분포표의 값으로

$$u = \frac{\mu}{\sigma}, \ \mu = \mu_L - \mu_S, \ \sigma = \sqrt{\sigma_S^2 + \sigma_L^2}$$

μ_S , σ_S는 강도분포의 평균치와 표준편차

μ_L , σ_L는 부하분포의 평균치와 표준편차

$$R_S = R_e \cdot P \cdot R_w \cdot R_m \quad (8.20)$$

이상과 같은 신뢰도의 값에서 그림 8.21과 같은 제품의 신뢰도가 구해진다.

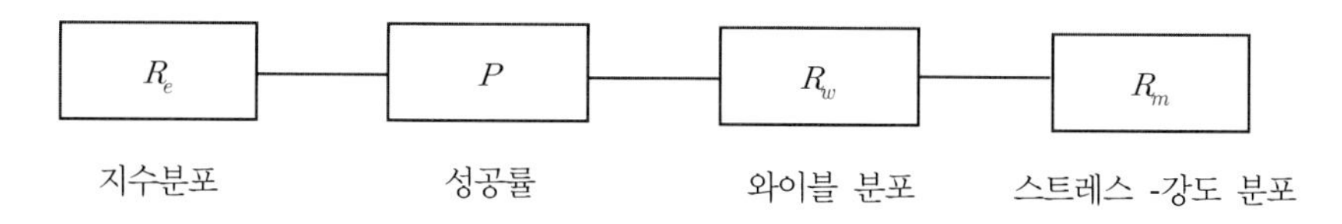

그림 8.21 각종 신뢰도 파라미터를 포함하는 제품 신뢰도

- 단계 6: 할당된 요구조건의 타당성을 평가한다.

8.4.3 신뢰도 예측법 종류

주된 신뢰성 예측법을 들면,

① 고장률 또는 MTBF 예측법
② FMECA, FTA 예측법
③ 보전도, 또는 가용도 예측법
④ 신뢰성 성장 예측법
⑤ 열화고장 예측법

등이 있다. 이 중 가장 전형적인 것은 고장률 예측법이다. 이들 예측법의 기본은 대상으로 하는 장치의 구성요소 간의 계층적 연관, 신뢰성 기능도, 수학 모델 등을 알고, 서브시스템의 정보에서 전체시스템으로의 신뢰성 척도를 종합적으로 통합하여 수행하는 방법, 또는 그 역으로 하향적 방법을 취하는 분석법도 사용한다. 신뢰성 예측은 산업분야별로 크게 전자기기, 또 기계기기의 신뢰성 예측으로 구분되어 다른 특성을 갖고 있다.

표 8.12 예측법 적용의 각 단계

<table>
<tr><th>예측기법</th><th>신뢰성 설계 단계</th><th colspan="2">비고</th></tr>
<tr><td>1. 유사시스템과의 비교</td><td rowspan="2">구상, 기획, 계획</td><td rowspan="2">유사아이템법</td><td rowspan="5">간략법</td></tr>
<tr><td>2. 표준적 아이템과의 비교</td></tr>
<tr><td>3. 유사회로와의 비교</td><td rowspan="3">시스템 설계
장치설계
각 부분상세설계</td><td rowspan="3">AEG법
Earles법</td></tr>
<tr><td>4. 능동 부품그룹(AEG)법</td></tr>
<tr><td>5. 부품 카운트법</td></tr>
<tr><td>6. 상세부품 스트레스법</td><td rowspan="2">시작품의 완성기
부분시험, 스크리닝</td><td colspan="2" rowspan="4">217B 부품 스트레스법</td></tr>
<tr><td>7. 실측에 의한 상세 부품스트레스 해석법</td></tr>
<tr><td>8. 결합해석법(설계심사, 스크리닝, 고장해석, FMEA 등의 프로그램 활동요소를 사용해서 신뢰도(성장)를 예측한다.</td><td>설계심사, FMECA</td></tr>
<tr><td>9. 시뮬레이션 동작</td><td>생산 유닛의 시험</td></tr>
<tr><td>10. 환경시험</td><td rowspan="2">시스템 시험</td><td colspan="2" rowspan="3">MIL-STD-781B법</td></tr>
<tr><td>11. AGREE 시험</td></tr>
<tr><td>12. 필드에서 시험</td><td>규정의 사용상태</td></tr>
</table>

(1) 전자 부품의 고장률 예측법

시스템을 구성하고 있는 아이템의 구성요소를 알고 있는 단계에서 부품 신뢰성 특성치를 기초로 하여 시스템의 신뢰성 특성치를 구하는 예측법으로, 표 8.12는 12단계로 이루어진 단계별 신뢰성 척도로 MTBF 예측법을 제시하고 있다.

이 표에서 제시된 방법은 단지 고장률 예측뿐만 아니라 시험, 필드에서 실증까지를 포함한 일반적 방법들을 포함하고 있다. 실제로 예측은 이론 및 실험 시뮬레이션들을 포함한 방안들이 도입되고 있다.

예측은 개발초기의 극히 대충적인 예측에서 상세설계에의 예측, 시작품에 대해서의 시험과 같이 단계적으로 반복해서 좀 더 정밀, 구체적으로 되어 수행된다.

(a) 부품 스트레스 분석법(part stress analysis prediction)

이 방법은 전자기기에 대해 설계의 대부분이 완료되고 회로의 사용부품과 그 스트레스가 밝혀진 시점에서, 즉 설계 후기에 H/W와 회로설계가 완료된 단계에 있어서 주로 실시된다. 충분한 부품과 기기의 환경조건, 사용조건의 신뢰성 정보를 필요로 하는 세부적인 방법이다.

MIL-HDBK-217에서 기술되어 있는 예측법으로 부품 고장률 λ_p의 고장률 예측은 다음 식과 같다.

$$\lambda_p=\lambda_b(\pi_E \cdot \pi_Q \cdot \pi_R) \tag{8.21}$$

여기서, λ_b: 기초 고장률

π_E: 적용환경인자

π_Q: 품질인자

π_R: 이 부품의 고장률에 영향을 주는 다른 파라미터에 대해서 기초 고장률을 보정하는 저항치인자

λ_b의 계산식은 다음 식과 같다.

$$\lambda_b = A \ \exp\left(\frac{T+273}{25}\right)\exp\left(\frac{S}{N_s}\right)$$

여기서 A, N_s는 고정 저항기 R-11의 style/특성에 의해 결정되는 정수, T는 주변온도, $A = 1.95 \sim 3.99 \times 10^{-10}$, $N_s \equiv 0.23 \sim 0.625$의 간격으로 4단계로 구성, S는 스트레스비이다.

예제 12

MIL-R-39008에 의한 Type RCR, 고정 composition, 12 kΩ, M수준, 정격 0.5 W, 음속 수송기 조종실 내의 기기에서 이용되는 저항기의 주변온도 60℃, 전력소비 0.2 W인 저항의 고장률을 MIL-HDBK-217에 따른 부품스트레스법을 적용하여 예측하라.

단 $\lambda_p = \lambda_b(\pi_E \cdot \pi_R \cdot \pi_Q)$ (고장수/10^6시간)

π_E :환경인자

환경	π_E
G_B	1
S_F	1
G_F	2.9
N_{SB}	4.0
N_S	5.2
A_{IT}	2.8
M_P	8.5
-	-
-	-

A_{IT}: 항공기 탑제, 유인 수송기

π_R: 저항치인자

저항치 범위(Ω)	π_R
~100kΩ	1.0
0.1MΩ~1MΩ	1.1
1.0MΩ~10MΩ	1.6
>10MΩ	2.5

π_Q: 품질인자

고장률 수준	π_Q
S	0.03
R	0.1
P	0.3
M	1.0
MIL-R-11	5.0
하급품질	15.0

λ_b: MIL-R-39008 및 MIL-R-11 Composition 저항기에 대한 기초 고장률

온도(°C)	S 정격전력에 대한 동작전력의 비		
	0.3	0.4	0.5
⋮	⋮	⋮	⋮
55	0.00079	0.00097	0.0012
60	0.00095	0.0012	0.0014
65	0.0011	0.0014	0.0017
70	0.0014	0.0017	0.0021
⋮	⋮	⋮	⋮

풀이 기초 고장률 λ_b = 0.0012, 사용온도 60℃, $S=\frac{\text{동작전력}}{\text{정격전력}}=\frac{0.2}{0.5}=0.4$

환경인자 π_E = 2.8

12 kΩ의 저항치인자 π_R = 1.0 (12 kΩ의 저항치)

품질인자 π_Q =1.0 (품질수준 M)

따라서 저항의 예측 고장률은

$\lambda_p = \lambda_b(\pi_E \times \pi_R \times \pi_Q) = 0.0012 \cdot 2.8 \cdot 1.0 \cdot 1.0 = 0.00336$(/$10^6$시간)

(b) 부품 카운트법(parts count reliability prediction)

이 방법은 유사아이템법(similar equipment techniques)이라고도 하고, MIL-HDBK-217B에 기술되어 있는 방법으로 개개의 구성품에 걸리는 실제의 부하를 모르는 선행 시작품 개발단계에 이용된다. 이 방법을 적용하기 위해 필요한 정보는 일반적인 부품형태 및 수량, 부품품질 수준, 시스템 환경 등이다. 시스템이 동일한 환경에서 사용될 때, 기기 고장률의 일반 표현식은 다음과 같다.

$$\lambda_{Equip} = \sum_{i=1}^{n} N_i(\lambda_G \cdot \pi_Q)_i \tag{8.22}$$

여기서, λ_{Equip}: 전체 기기 고장률(개/10^6시간)

λ_G: i번째 부품에 속하는 고장률(개/10^6시간)

π_Q: i번째 부품에 대한 품질계수

N_i: i번째 부품수

n: 서로 다른 부품 카테고리 수

고장률 λ_G는 유사 아이템 고장률로써 지상(地上), 선박, 항공기, 미사일 등의 사용조건에 따라 대표치가 MIL-HDBK-217B에서 제시되고 있다.

품질계수 π_Q는 부품이 어느 정도의 신뢰성, 즉 품질관리 수준으로 제작되었는가, 어느 정도 규정에 따르는가에 의해 정해지는 계수이다. 이 예측에는 이외에 학습에 따른 신뢰성 성장의 수정계수로써 π_L, (L은 learning)을 고려하는 경우가 있다.

(2) 기계계 부품의 고장률 예측

기계계 부품의 고장은 부품에 작용하는 물리, 화학적 요소들에 의한 작용 수준들을 측정하거나 산출공식을 이용하여 그 요소값들을 구하여 각 부품의 고장률 산출 공식에 적용하여 부품의 고장률을 예측한다.

일반적으로 기계계의 기기 고장은 피로(fatigue), 마모(wear), 부식(corrosion)으로 대표되는 요인으로, 부품재료의 강도가 열화하여 외부에서 가해지는 하중보다 작아지는 시점에서 파손이 발생한다. 따라서 기계 구조재료의 강도의 산포 정도 및 기계, 구조물에 작용하는 하중의 불확정성을 통계적으로 파악함으로써 기계, 구조물의 고장 또는 파괴확률은 응력(stress), 강도(strength) 모델로써 분석될 수 있다.

간섭이론(interference theory)을 이용하여 기계계의 신뢰성을 예측할 수 있고, 간섭이론을 이용한 기계계의 고장률 예측을 위해 부하-강도모델, S-N 곡선, 그리고 Miner 법칙들이 이용되고 있다. 이들은 9장 부하-강도 간섭모델에서 상세히 다루고 있다.

전기 모터의 고장률은 모터를 구성하고 있는 부품들의 고장률의 합으로 다음과 같다.

$$\lambda = \lambda_{BE} + \lambda_{WI} + \lambda_{BS} + \lambda_{HA} + \lambda_{GE}$$

여기서 λ_{BE}: 베어링의 고장률

λ_{WI}: 모터 권선의 고장률

λ_{BS}: 브러시의 고장률

λ_{HA}: 고정자 하우징의 고장률

λ_{GE}: 기어의 고장률

예로써 베어링의 피로수명은 많은 동작환경을 고려해야 하므로 실용적이지 못하다. 따라서 통계적 방법으로 표준방정식을 이용한 베어링의 고장률의 계산을 이용한다.

$$\text{표준방정식: } \frac{\lambda_{BE}}{\lambda_{BE,B}} = \left(\frac{C}{P}\right)^y$$

여기서 $\lambda_{BE,B}$: B_{10} life로부터 기본고장률

C: 기본 다이나믹 정격부하

P: 등가 방사 부하

y: 상수, 볼베어링은 3.0, 롤베어링은 3.3

9장

기계계 신뢰도 분석

9.1 서론

일반적으로 재료 또는 부품들이 파손된다는 것은 그 아이템에 작동되는 외부의 힘, 즉 하중(load, 부하)에 의해 재료에 대응하여 재료 내에 생기는 저항력, 즉 응력(stress)이 아이템의 강도(strength)보다 크기 때문이다. 따라서 아이템의 강도가 아이템이 저항하는 허용응력(allowable stress)보다 크면 파손을 방지할 수 있다.

아이템의 파손을 방지하기 위해서 아이템에 작용하는 하중과 아이템의 강도를 알 필요가 있다. 실제로 하중과 아이템의 강도를 적당한 방법으로 사용하여 구하려면 이들 두 값은 많은 인자에 의해 영향을 받으며 이들 영향인자에는 많은 불확정 변동요소가 있다는 것을 알 수 있다. 응력은 기계 구조재료의 단위 면적당 가해지는 하중이고, 강도는 기계 구조재료가 기능을 유지할 수 있는 힘을 말한다. 따라서 응력이 강도보다 커지게 되면 기계의 고장을 유발하게 된다.

응력은 아이템에 작용하는 하중에 의해 결정되나 작용되는 하중은 언제나 일정하지 않고 아이템의 사용조건, 환경들이 달라지면 변동하게 된다. 이상과 같이 응력과 아이템의 강도가 확률적 분포를 갖는다는 것은 아이템의 파손 또한 이들 두 값의 상대적 크기에 따라 일어나는 현상이므로 확률적이라 할 수 있다.

그림 9.2는 아이템 또는 재료에 대한 응력-강도의 분포에 대한 시간에 따른 분포의 형태를 나타낸 그림으로, 기계계의 신뢰성을 예측하기 위해 기계계에 작용하는 응력 및 강도를 통계적으로 파악하여 기기의 고장률을 예측하는 방법으로 간섭이론(interference theory)을 적용한다. 우리는 이해의 단순화를 위해 부하, 하중, 응력을 부하로 통일하여 동일 개념으로 사용하기로 한다.

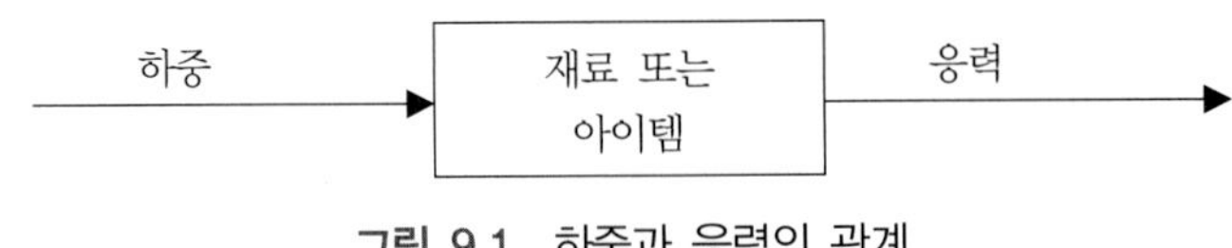

그림 9.1 하중과 응력의 관계

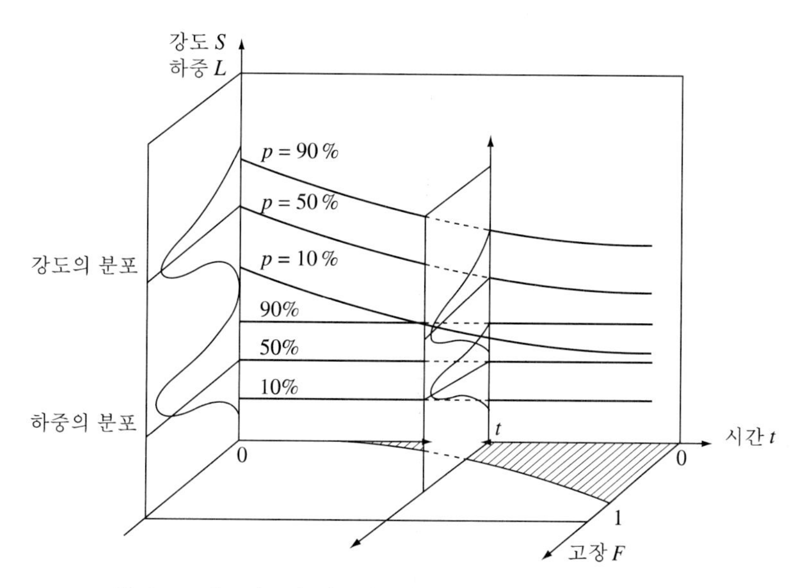

그림 9.2 재료강도와 하중의 확률분포에 따른 파괴확률 모델

9.2 부하-강도 간섭 분석

지금 $f_L(l)dl = P(l \leq L \leq l + dl)$을 부하확률변수 L이 $[l,\ l+dl]$ 사이의 값을 가질 확률, $f_S(s)ds = P(s \leq S \leq s + ds)$를 강도확률변수 S가 $[s,\ s+ds]$ 사이의 값을 가질 확률이라 하자. 부하 및 강도의 분포함수는

$$F_L(l) = \int_0^l f_L(l)dl,$$

$$F_S(s) = \int_0^s f_S(s)ds$$

가 된다.

기지의 강도 x와 부하분포 $f_L(l)$를 생각한다.

그림 9.3에서 아이템의 신뢰도는

$$P(L < x) = F_L(x) = \int_0^x f_L(l)dl \tag{9.1}$$

로, $x \to \infty$이면 신뢰도는 1, $x \to 0$이면 신뢰도는 0에 수렴된다.

지금 강도의 확률밀도함수 $f_S(s)$에 대해 기대신뢰도를 생각한다.

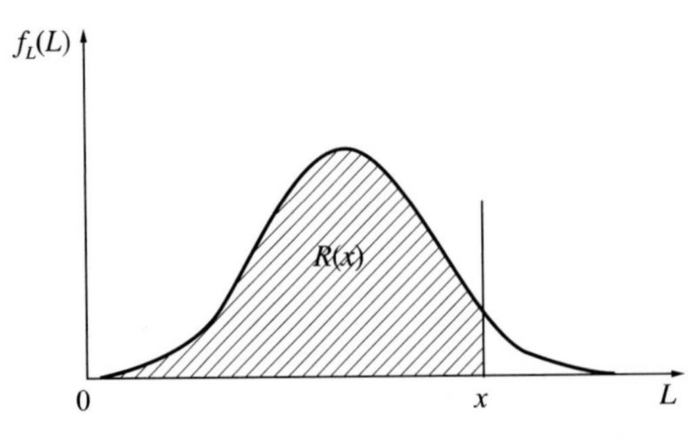

그림 9.3 기지의 강도에 대한 기기의 신뢰도

기대치의 정의에 따라

$$R = \int_0^\infty R(S) f_S(s) ds. \tag{9.2}$$

이것은 식 (9.2)를 이용하여

$$R = \int_0^\infty \left[\int_0^x f_L(l) dl \right] f_S(s) ds. \tag{9.3}$$

고장확률 F는

$$F = 1 - \int_0^\infty \left[\int_0^x f_L(l) dl \right] f_S(s) ds.$$

부하 확률밀도함수에 대해 $\int_0^x f_L(l)dl = 1 - \int_x^\infty f_L(l)dl$이므로, $\int_0^\infty f_S(s)ds = 1$을 적용하고, 식 (9.3)에 대입하면,

$$F = \int_0^\infty \left[\int_x^\infty f_L(l) dl \right] f_S(s) ds = \int_0^\infty f_S(s) \left[\int_x^\infty f_L(l) dl \right] ds \tag{9.4}$$

부하 및 강도의 확률밀도함수가 그림 9.4와 같이 주어진다면, 부하가 강도보다 커지는 빗금친 부분에서는 고장의 발생을 의미하고, 기기의 고장확률은 두 밀도함수의 중복부분이 된다. 만약 중복부분이 없다면 고장확률은 0이고 신뢰확률은 R이다.

$Y = S - L$라 두고, Y를 간섭확률변수(interference random variable)라 한다. Y값을 사용하여 기기의 신뢰도를 나타내면,

$$R = P(Y > 0) = P(S > L) = \int_0^\infty f_Y(y) dy$$

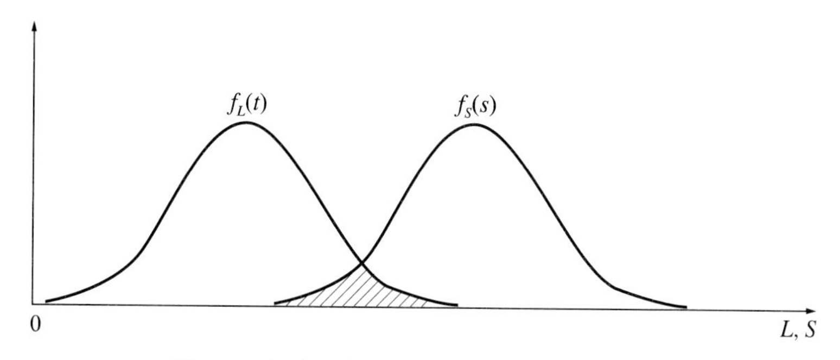

그림 9.4 부하, 강도가 확률변수인 경우의 고장확률

여기서 $f_Y(y)dy = \int_0^{\infty} f_S(y+l) f_L(l) dl$.

따라서 $R = \int_0^{\infty} \int_0^{\infty} f_S(y+l) f_L(l) dl\, dy$.

9.3 부하 및 강도의 확률분포를 고려한 신뢰도

9.3.1 부하 및 강도가 정규분포에 따르는 경우

부하확률변수 $L \sim N(\mu_L,\ \sigma_L^2)$, 강도확률변수 $S \sim N(\mu_S,\ \sigma_S^2)$인 정규분포에 따르는 경우, 기기의 신뢰확률 R은 $R = P(S > L)$이다.

간섭확률변수 $Y \sim N(\mu_Y,\ \sigma_Y^2)$, 여기서 $\mu_Y = \mu_S - \mu_L,\ \sigma_Y^2 = \sigma_S^2 + \sigma_L^2$.

기기의 신뢰도는

$$R(y) = P(Y \geq 0) = \int_0^{\infty} \frac{1}{\sqrt{2\pi}\,\sigma_Y} \exp\left[-\frac{1}{2}\left(\frac{y-\mu_Y}{\sigma_Y}\right)^2\right] dy \tag{9.5}$$

$u = \dfrac{y-\mu_Y}{\sigma_Y}$라 두면 $\sigma_Y\, du = dy$

$$R(u) = \int_{\underline{u}}^{\bar{u}} e^{-\frac{u^2}{2}} du$$

여기서 적분의 하한 $\underline{u} = \dfrac{0-\mu_Y}{\sigma_Y} = -\dfrac{\mu_S-\mu_L}{\sqrt{\sigma_S^2+\sigma_Y^2}} = -u$

적분의 상한 $\underline{u} = \frac{\infty - \mu_Y}{\sigma_Y} = +\infty$

따라서 $R(u) = \frac{1}{\sqrt{2\pi}} \int_{-u}^{\infty} e^{-\frac{u^2}{2}} du.$

표준화 정규분포 함수 $\Phi(u)$를 이용하면, 기기의 신뢰도는

$$R(u) = 1 - \Phi(\underline{u}) \text{ 또는 } R(u) = \Phi(-\underline{u})$$

예제 1

어떤 재료의 강도 S의 분포는 μ_s=75 kgf/mm^2, σ_s=5 kgf/mm^{2}의 정규분포에 따른다. 이것에 가해지는 부하 L의 분포는 μ_L = 45 kgf/mm^2, σ_L = 10 kgf/mm^{2}라 한다. 이 재료의 신뢰도를 구하라.

풀이 $\underline{u} = -\frac{75-45}{\sqrt{25+100}} = -2.68$

신뢰도 R= Φ(2.68) = 0.9963

파손 또는 고장확률 0.37%

9.3.2 부하 및 강도가 지수분포에 따르는 경우

부하 및 강도의 분포가 지수분포에 따르는 경우

$$\text{부하의 밀도함수 } f_L(l) = \frac{1}{\theta_L} e^{-\frac{l}{\theta_L}}$$

$$\text{강도의 밀도함수 } f_S(s) = \frac{1}{\theta_S} e^{-\frac{s}{\theta_S}}$$

여기서 θ_L은 부하의 평균, θ_S은 강도의 평균이다.

기기의 신뢰도는

$$R = \int_0^{\infty} f_L(l) \left[\int_S^{\infty} f_S(s) ds \right] dl$$

$$= \int_0^{\infty} \frac{1}{\theta_L} e^{-\frac{l}{\theta_L}} [e^{-\frac{1}{\theta_S}}] dl = \frac{1}{\theta_L} \int_0^{\infty} e^{-(\frac{1}{\theta_L} + \frac{1}{\theta_S})l} dl$$

$$= \frac{\theta_S}{\theta_L + \theta_S} \int_0^{\infty} (\theta_L + \theta_S) e^{-\left(\frac{1}{\theta_L} + \frac{1}{\theta_S}\right) l} dl$$

$$= \frac{\theta_S}{\theta_L + \theta_S}. \tag{9.6}$$

이 경우 산포는 신뢰확률에 영향을 미치지 않고 실제로는 아주 드물게 나타나는 경우이다.

9.3.3 부하 및 강도가 대수정규분포에 따르는 경우

대수정규분포는 부하 또는 강도, 또는 둘 다에 대한 불확실성이 상대적으로 클 때 유용하다. 대수정규분포는 변수의 값이 여러 가지 서로 다른 요인들의 곱으로 결정될 때 가장 적절하다. 확률변수 Y에 대해 대수정규분포의 확률밀도함수는 다음 식과 같다.

$$f(y) = \frac{1}{\sqrt{2\pi}\,\sigma y} \exp\left\{ -\frac{1}{2\sigma^2} (\ln y - \mu)^2 \right\} \tag{9.7}$$

지금 $x = \ln y$라 두면, $dy = y\,dx$

$$f(x) = \frac{1}{\sqrt{2\pi}\,\sigma} \exp\left\{ -\frac{1}{2\sigma^2} (x - \mu)^2 \right\}$$

$E[x] = E[\ln y] = \mu$, $V[x] = V[\ln y] = \sigma^2$이라 두면,

$$E[y] = e^{\mu + \frac{\sigma^2}{2}}, \quad V[y] = e^{(2\mu + \sigma^2)} (e^{\sigma^1} - 1)$$

σ^2, μ를 $E[y], V[y]$ 식으로 나타내면,

$$\sigma^2 = \ln\left(\frac{V[y]}{[E[y]]^2} + 1 \right), \quad \mu = \ln E[y] - \frac{\sigma^2}{2}$$

이 된다. 이들의 관계는 μ, σ^2이 주어졌을 때 원 데이터에 대한 평균 및 분산을 구하는 데 유용하다.

$\mu_S = \ln S$, $\mu_L = \ln L$에서

기대치 $\mu_Y = \ln Y = \ln S - \ln L = \ln \frac{S}{L}$,

분산 $\sigma_Y^2 = \sigma_S^2 + \sigma_L^2$

이다. 확률변수 $Y = \frac{S}{L}$

$$\text{기기의 신뢰도 } R = P(S > L) = P(\frac{S}{L} > 1) = P(Y > 1) = \int_{1}^{\infty} f_Y(y)dy \quad (9.8)$$

$u = \frac{\ln Y - \mu}{\sigma_Y}$라 두면, 식 (9.8)은 $R = \int_{\underline{u}}^{\overline{u}} f(u)du$. 적분의 하한 $\underline{u}$는

$$\underline{u} = \frac{\ln 1 - \mu_Y}{\sigma_Y} = -\frac{\mu_S - \mu_L}{\sqrt{\sigma_S^2 + \sigma_L^2}} = -u.$$

또 상한 $\overline{u} = \infty$.

따라서 기기의 신뢰도는 $R = 1 - \Phi(\underline{u}) = \Phi(-\underline{u})$이다.

예제 2

어떤 재료의 고장 데이터는 대수정규분포에 따르고 재료의 강도 S와 부하 L의 평균 및 표준편차는 각각 다음과 같다.

$$E[S] = 100{,}000 \text{ kPa}, \ \sqrt{V[S]} = 10{,}000 \text{ kPa},$$
$$E[L] = 60{,}000 \text{ kPa}, \ \sqrt{V[L]} = 20{,}000 \text{ kPa}$$

이 재료의 신뢰도를 구하라.

풀이 강도 S에 대해

$$\sigma_S^2 = \ln 1.01 = 0.00995$$

$$\mu_S = \ln 100{,}000 - \frac{0.00995}{2} = 11.50795 \text{ kPa}$$

부하 L에 대해

$$\sigma_L^2 = \ln\left(\frac{20{,}000^2}{60{,}000^2} + 1\right) = \ln 1.111 = 0.10535$$

$$\mu_S = \ln 11.00209 - \frac{0.10535}{2} = 10.94942 \text{ kPa}$$

따라서 $\underline{u} = -\frac{11.50795 - 10.94942}{\sqrt{0.009450.10535}} = -0.1465$

신뢰도 $R = \Phi(0.1465) = 0.5582$

9.4 안전성 척도

앞 절에서 단일 부하에 대한 신뢰도는 부하와 강도에 대해 상호 독립적인 확률밀도함수의 식으로 정의되었다. 마찬가지로 이들 분포를 이용하여 대표적인 안정성 척도로 안전계수, 안전여유, 응력 불안정을 정의한다.

9.4.1 안전계수

부하(load)와 강도(strength)의 중심값을 기준으로 그들의 평균치로 취해진다. 지금 부하 및 강도의 평균을 각각 μ_L, μ_S라 하면,

$$\mu_L = \int_{-\infty}^{\infty} l\, f_L(l)\, dl,$$

$$\mu_S = \int_{-\infty}^{\infty} s\, f_S(s)\, ds.$$

기계계에서 고장발생은 응력이 강도보다 클 경우 피로파손에 이르게 된다. 안전계수(safety factor, S_F)는 부하에 대한 강도의 비로써

$$S_F = \frac{\mu_S}{\mu_L} \tag{9.9}$$

로 정의되어 부하 및 강도가 정규분포로 정의될 때 사용된다. 그 안전계수가 높을수록 신뢰확률이 크다고 할 수 있다. 경제적인 안전계수는 1에 가까운 값이나 경제 분야별 안정성을 고려하여 군용≈ 1.25, 민간≈ 1.5, 자동차$\approx 1.3 \sim 1.6$, 철골구조$\approx 2.5 \sim 3.0$의 안전계수를 요구한다. 부하-강도 모델에서 분포의 최빈치 또는 중앙값은 평균치 대신 자주 사용되는 대푯값이다. 부하와 강도의 분포에서 최빈치를 l_o과 s_o라 하면,

$$S_F = \frac{s_o}{l_o}$$

이다. 이것은 그 부하 및 강도의 분포가 대수정규분포로 정의될 때 사용된다.

그러면 신뢰도는 부하와 강도에서 불확실성의 척도에 따라 안전계수의 식으로 표현할 수 있다. 극치분포와 같은 다른 분포 역시 안전계수에 대해 신뢰도를 비교하는 데 사용되고 있다.

9.4.2 안전여유

안전계수로만 기기의 신뢰확률을 정확히 파악할 수 없고, 부하와 강도의 평균치의 상대적 격차를 나타내는 척도로 안전여유(safety margin, S_M)를 이용한다.

이 척도는 분포의 산포에 대한 정보가 포함되므로 안전계수보다 많은 내용을 포함하고 있다고 할 수 있다. 안전여유는 때로는 신뢰도 지수(reliability index)라고도 한다.

$$S_M = \frac{\mu_S - \mu_L}{\sqrt{\sigma_S^2 + \sigma_L^2}} \tag{9.10}$$

여기서, σ_S, σ_L은 각각 강도, 부하의 표준편차이다.

9.4.3 부하 편차도

부하의 표준편차에 대한 정도를 나타내는 척도로 부하 편차도(loading roughness, L_R)를 이용한다.

$$L_R = \frac{\sigma_L}{\sqrt{\sigma_S^2 + \sigma_L^2}} \tag{9.11}$$

그림 9.5(a)는 부하 및 강도의 편차가 적고, 낮은 부하 편차도, 큰 안전여유를 보여주는 고장이 없는 높은 신뢰도를 보여주는 그림이다. 부하 및 강도의 산포를 관리할 수 있다면 고장이 없는 설계가 될 수 있다.

그림 9.5(b)는 부하 편차가 적지만 강도분포에서 넓은 산포를 갖고 있다. 더 큰 부하는 아이템의 파손에 영향을 줄 수 있다. 품질관리에서 아이템의 강도를 관리할 수 없을 때 발생하지만 번인시험 또는 초기 검사 등으로 약한 강도를 줄일 수 있는 방법으로 그 빗금친 부분을 줄이는 방안들이 있다.

그림 9.5(c)는 안전여유는 적고, 높은 부하 편차도에 의해 부하분포의 범위가 넓은 형태를 보여준다. 이것은 과도한 부하로 인해 아이템 고장이 좀 더 증대되는 결과가 된다. 따라서 이들 부하에서 고장이 되는 아이템을 선별하여 신뢰도를 개선하는 것은 비경제적이므로 부하분포를 줄이는 장치를 이용하거나 평균강도를 늘리는 대책을 강구할 수 있다.

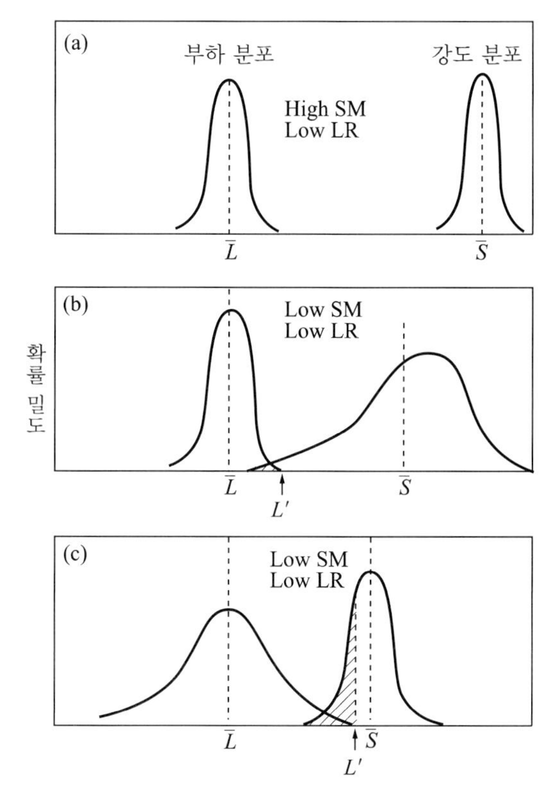

그림 9.5 빗금친 고장 부분의 원인이 되는 안전여유 및 부하 편차도의 영향

9.5 기계계의 고장수명 예측

기계 또는 구조재료의 강도보다 낮은 응력이 구조상에 반복해서 부가되고, 그것에 의해 균열이 발생하고 균열이 커져서 재료 전체에 균열이 생기는 것을 재료의 피로(fatigue)라 한다. 피로손상은 반복된 압축, 인장, 비틀림 등과 같은 응력으로 인해 재료 내에 발생되는 응력이 피로한계 이상으로 적용될 때 발생된다.

9.5.1 $S-N$ 곡선

강도보다 낮은 응력으로도 반복해서 가해지는 응력으로 인해 구조재료 또는 기기는 파손된다. 이 현상을 고려해서 금속재료를 설계하기 위해 여러 재료에 대해서 S-N 곡선이라 하는 강도 데이터가 필요하게 된다.

S-N 곡선은 그림 9.6과 같이 어떤 재료로 만들어진 시료에 반복적인 스트레스 S

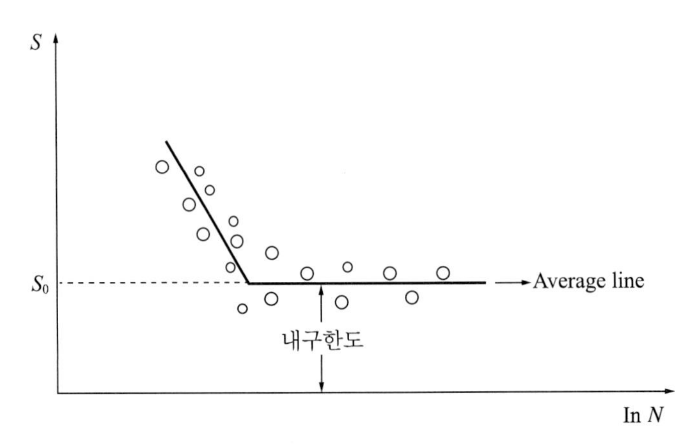

그림 9.6 피로시험의 이론적 S–N 곡선

(kgf/mm^2)를 가하여 그 시료가 피로파괴에 이를 때까지 반복회수 N을 구하고, 가로축에 반복횟수 N과 세로축에 응력 S(kgf/mm^2)값을 각각 대수 스케일로 표시한 그래프이다.

금속재료에 응력을 반복적으로 가하면 피로고장(fatigue failure)에 이른다.

일반적으로 금속재료의 S-N 곡선은 응력이 작을수록 파괴까지의 반복횟수는 증가한다. 그리고 응력이 어느 값 이하가 되면 무한히 반복하더라도 파괴되지 않는다. 이 S-N 곡선이 수평이 되는 한계의 응력을 재료의 내구한도(endurance limit) 또는 피로한도(fatigue limit)라고 한다. 제한값 이상의 응력은 치명적 응력(critical stress)이라 한다.

S-N 곡선의 일반식은

$$S = aN^b \tag{9.12}$$

로, 양변에 대수를 취하면

$$\ln S = \ln a + b \ln N.$$

그림 9.7에서 점 A는 $\ln S_A = \ln a + b \ln N_A$

점 B는 $\ln S_B = \ln a + b \ln N_B$

이들 식에서 계수 $b = \dfrac{\ln S_A - \ln S_B}{\ln N_A - \ln N_B}$

점 A에서 $S_A = aN_A^b$, 이로부터

$$a = \frac{S_A}{N_A^b} \tag{9.13}$$

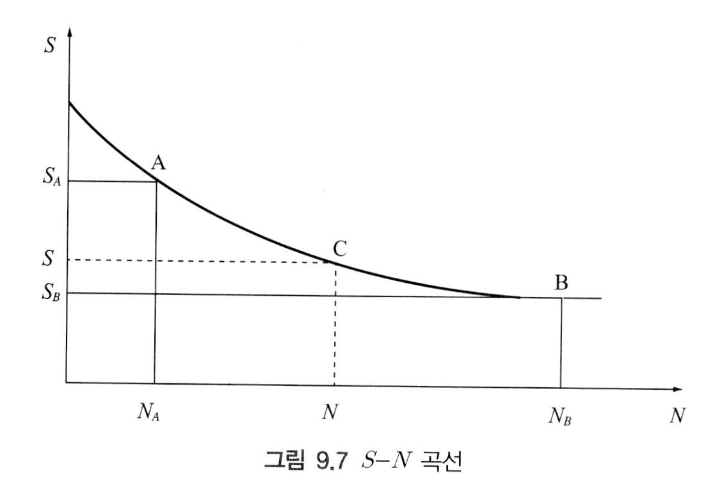

그림 9.7 S–N 곡선

식 $S = aN^b$에 식 (9.13)을 대입하면 $S = \left(\dfrac{S_A}{N_A^b}\right)N^b$.

이로부터 임의 응력 S에 대한 피로수명의 반복횟수

$$N = N_A\left(\frac{S}{S_A}\right)^{\frac{1}{b}}$$

을 얻을 수 있다.

일반적으로 응력 S_i로 정확하게 N_i회 반복해서 가했을 때 재료가 반드시 파손되는 것은 아니고 N_i회 값의 근처에서 랜덤하게 파손된다. 응력 수준 S_i에서 반복횟수 N_i의 수명분포 데이터를 구하고 동일 파손확률 P를 파라미터로 한 S-N 곡선을 P-S-N 곡선이라 한다.

예제 3

연강의 $S_A = 135$ psi, $N_A = 10^3$ cycles, $S_B = 75$ psi, $N_B = 10^6$ cycles이라 한다. 응력 수준 $S = 100$ psi에서 피로수명 반복횟수를 구하라.

풀이

$$b = \frac{\ln S_A - \ln S_B}{\ln N_A - \ln N_B} = 0.0851,\ \ a = 243$$

$$\therefore\ N = N_A\left(\frac{S}{S_A}\right)^{\frac{1}{b}} = 34{,}017\ \text{cycles}$$

9.5.2 Miner 규칙

S-N 곡선을 이용해서 재료의 수명을 예측하는 방법은 1945년 미국의 Miner에 의해서 제안되었다. 이 방법은 Miner 법칙 또는 직선 피해법칙이라고도 한다.

S-N 곡선에서 응력 S_i을 N_i회 반복하면 재료는 파괴되므로 이 응력 S_i가 n_i회 반복해서 가해진 경우 누적피로는 $\frac{n_i}{N_i}$가 되고, 누적피로의 합이 1이 될 때, 재료는 피로파괴된다고 하는 것이 Miner의 가설이며, 이것은 다음 식으로 표시된다.

$$\sum_{i=1}^{k} \frac{n_i}{N_i} = 1 \tag{9.14}$$

여기서, k는 응력 S_i의 크기의 종류이다.

근래에는 연구가 진전되어 수정 Miner 법칙 또는 수정 직선 피해법칙으로써 식 (9.14)에 대해 다음 식이 이용된다.

$$\sum_{i=1}^{k} \left(\frac{n_i}{N_i}\right)^d = 1 \text{ 또는 } \sum_{i=1}^{k} \left(\frac{n_i}{N_i}\right) = C \tag{9.15}$$

식 (9.15)에서 d 또는 C는 실험 또는 경험적으로 값을 결정하고 있다.

여기서, 1년에 반복적으로 응력 S_i(kgf/mm^2)를 n_i회 받는 재료의 피로파괴 수명시간 t를 Miner 법칙에 따르는 것으로 하면

$$t = \left(\sum_i \frac{n_i}{N_i}\right)^{-1} \text{ (년)} \tag{9.16}$$

으로 나타낸다.

예제 4

어떤 구조재료의 반복적 최대응력 S_1, S_2, S_3, S_4에 주어지는 피로파괴까지의 반복횟수 N_i가 S-N 곡선에서 아래 표와 같이 주어지고 실사용 시 1시간마다 반복된 최대응력 S_1, S_2, S_3, S_4에 대응하는 반복수 n_i가 동일하게 아래 표와 같이 예측되었을 때 이 재료의 피로파괴 수명을 예측하라.

최대응력	N	n(1시간마다)
S_1	1×10^7	5.5
S_2	2×10^5	2.0
S_3	9×10^4	1.5
S_4	9×10^4	3.0

풀이 Miner 법칙을 적용할 수 있으므로 식 (9.16)에서

$$t=\left(\frac{5.5}{1.0\times10^7}+\frac{2.0}{2.0\times10^5}+\frac{1.5}{9.0\times10^4}+\frac{3.0}{5.0\times10^4}\right)^{-1}(\text{시간})$$

$$=11{,}467.9(\text{시간})\fallingdotseq 1.3(\text{년})$$

9.6 부하 및 강도의 극치분포

구성품 또는 시스템의 고장은 최대 부하 또는 최소 강도에 따른 결과라 할 수 있다. 사슬의 강도는 그 구성요소인 고리의 강도의 최솟값으로 결정되고, 하천의 범람은 최대 우량으로, 또 댐의 붕괴는 최대 저수량으로 결정된다. 이와 같이 수명특성을 고려할 때 최솟값 또는 최댓값의 분포를 생각해야 하는 경우가 있다. 이들 최댓값과 최솟값은 역시 확률변수들이다.

절연체의 파괴, 금속의 부식, 균열 또는 피로로 인한 재료의 강도모델과 관련하여 극치분포(extreme value distribution)가 이용되고 있고, 극치분포 중에서도 와이블 분포를 비교적 많이 사용한다.

기계계에서 고장확률의 두드러진 특성은 안전성이 중요한 시스템에 대해 그 고장확률은 강도분포의 하위 꼬리부분과 부하분포의 상위 꼬리부분에 크게 좌우된다. 부하의 취급에 대해 최대극치분포, 또 강도의 결정에 대해 최소극치분포를 사용하는 방법에 대해 살펴본다.

지금, 그림 9.8과 같이 어떤 분포를 하고 있는 모집단이 있다고 하고, 그 확률밀도함수를 $f(x)$라 하자.

임의 모집단에서 첫 번째로 n개의 샘플, x_{11}, x_{21}, $\cdots$, x_{n1}을 추출하고,

$$x_{\min 1}=\text{Min}\{x_{11},\ x_{21},\ \cdots,\ x_{n1}\}$$

표 9.1 샘플 측정값과 최솟값

샘플링 횟수	측정값	최솟값
1회	$x_{11},\ x_{21},\ \cdots,\ x_{n1}$	$x_{\min 1}$
2회	$x_{12},\ x_{22},\ \cdots,\ x_{n2}$	$x_{\min 2}$
⋮	⋮	⋮
m회	$x_{1m},\ x_{2m},\ \cdots,\ x_{nm}$	$x_{\min m}$

이라 하자. 두 번째로 n개의 샘플, $x_{12},\ x_{22},\ \cdots,\ x_{n2}$을 추출하고,

$$x_{\min 2} = \mathrm{Min}\{x_{12},\ x_{22},\ \cdots,\ x_{n2}\}$$

이라 하자. m번째로 n개의 샘플, $x_{1m},\ x_{2m},\ \cdots,\ x_{nm}$을 추출하고,

$$x_{\min m} = \mathrm{Min}\{x_{1m},\ x_{2m},\ \cdots,\ x_{nm}\}$$

이라 하자. $x_{\min 1},\ x_{\min 2},\ \cdots,\ x_{\min m}$은 각 횟수의 최솟값이다.

샘플링 횟수가 대단히 많으면, 최솟값 데이터도 대단히 많이 얻어져, 이 최솟값 데이터의 분포를 그리면 그림 9.8의 왼쪽과 같은 최솟값의 분포가 될 것이다. 이상 결과로부터 다음과 같은 사실을 추측할 수 있다.

하나는 최솟값 표본도 샘플링할 때마다 변하는 값으로, 어떠한 분포특성을 지닌 확률변수가 되고, 그 최솟값들은 n개 샘플링한 x값으로 얻어지므로, 그 최솟값의 확률분포 역시 원 모집단의 확률분포 $f(x)$에 영향을 받는다. 최솟값 대신에 최댓값을 대상으로 하는 경우도 동일한 결론이 얻어진다.

이상과 같은 최솟값 또는 최댓값의 분포를 일반적으로 극치분포(extreme value distribu-

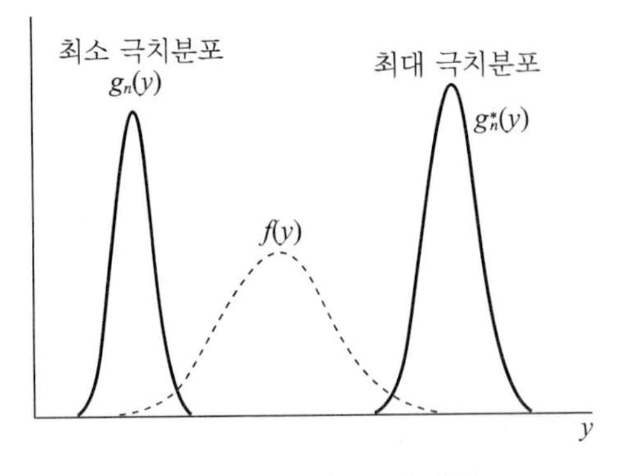

그림 9.8 극치분포의 위치

tion)라 하고, 구조설계에서 재료강도의 결정에 대해 최소 극치분포, 또 응력의 취급에 대해 최대 극치분포를 이용한다.

9.6.1 극치분포의 특성

(1) 최소 극치분포의 특성

모집단 확률변수 X의 누적분포함수를 $F(x)$를 갖는 무한모집단에서 n개의 표본 X_1, X_2, $\cdots$, X_i, $\cdots$, X_n을 랜덤 샘플링하여 얻어진 n개의 표본의 최솟값에 대한 확률변수를 Y_n이라 하자.

$$Y_n = \mathrm{Min}[X_1,\ X_2,\ \cdots,\ X_i,\ \cdots,\ X_n] \tag{9.17}$$

여기서 Y_n을 최소 극치값(smallest extreme value)이라 한다.

Y_n의 확률밀도함수를 구하자. Y_n이 임의 값 y보다 클 확률은

$$G_n(y) = P(Y_n \le y) = 1 - P(Y_n > y).$$

여기서, $P(Y_n > y) = P\{(X_1 > y) \cap (X_2 > y) \cap \cdots \cap (X_N > y)\}$

$$= P(X_1 > y)\, P(X_2 > y) \cdots P(X_n > y)$$

$P(X_i \le y) = F_X(y)\ \ \forall i$라 하면, $P(X_i > y) = 1 - F_X(y)\ \ \forall i$

$P(X_n > y) = (1 - F(y))^n$

Y_n의 누적분포함수

$$G_n(y) = P(Y_n < y) = 1 - (1 - F(y))^n \tag{9.18}$$

Y_n의 확률밀도함수를 $g_n(y)$, $f(y)$는 모집단 X의 밀도함수라 하면,

$$g_n(y) = \frac{dG_n(y)}{dy} = n\, f(y)\, [1 - F(y)]^{n-1}. \tag{9.19}$$

n이 충분히 큰 경우, y값이 커지면 $F(y)$값도 커지고 $n[1 - F(y)]^{n-1}$값은 작아진다. $g_n(y)$는 원 모집단의 분포 $f(y)$에서 y값이 작은 영역에 위치하게 되어 그림 9.8의 왼쪽 부분과 같이 위치한다.

신뢰성 계산에서 최소 극소치의 예는 고리규칙(chain rule)이다. 이것은 고리로 연결된 시스템은 고리의 가장 약한 부분보다 더 강하지 않으므로 쉽게 이 분포를 이해할 수 있다.

(2) 최대 극치분포의 특성

모집단 확률변수 X의 누적분포함수를 $F(x)$를 갖는 무한모집단에서 n개의 표본 X_1, X_2, $\cdots$, X_i, $\cdots$, X_n을 랜덤 샘플링하여 얻어진 n개의 표본의 최댓값에 대한 확률변수를 Y_n^*이라 하자. 즉,

$$Y_n^* = \mathrm{Max}[X_1,\ X_2,\ \cdots,\ X_i,\ \cdots,\ X_n]$$

여기서 Y_n^*을 최대 극치값(largest extreme value)이라 한다.

Y_n^*의 확률밀도함수 $g_n^*(y)$를 구하자.

Y_n^*의 누적분포함수

$$\begin{aligned} G_n^*(y) &= P(Y_n^* < y) = P\{(X_1 < y) \cap (X_2 < y) \cap \cdots \cap (X_N < y)\} \\ &= P(X_1 < y)\, P(X_2 < y) \cdots P(X_n < y) \end{aligned}$$

또, $P(X_i < y) = F_X(y)$, $(i = 1,\ 2,\ \cdots,\ n)$이라면,

$$G_n^*(y) = P(Y_n < y) = F(y)^n \tag{9.20}$$

Y_n^*의 확률밀도함수 $g_n^*(y)$는

$$g_n^*(y) = n\, f(y)\, [F(y)]^{n-1}. \tag{9.21}$$

n이 충분히 큰 경우, y값이 커지면 $F(y)$값도 어느 정도 커지고 $n\,[F(y)]^{n-1}$값도 커진다. $g_n^*(y)$는 원 모집단의 분포 $f(y)$에서 y값이 큰 영역에 위치하게 되어 그림 9.8의 오른쪽 부분과 같이 위치한다.

예제 5

모집단 분포가 모수 λ의 지수분포에 따른다고 한다.

(1) 최소 극치분포의 밀도함수를 구하라.

(2) 최대 극치분포의 밀도함수를 구하라.

풀이 (1) 모집단의 밀도함수 $f(x) = \lambda e^{-\lambda x}$, 분포함수 $F(x) = 1 - e^{-\lambda x}$.

최소 극치값 Y_n의 분포함수는 식 (9.18)에서

$$G_n(y) = 1 - e^{n\lambda y}.$$

그 밀도함수는 $g_n(y) = n\lambda e^{-n\lambda y}$.

(2) 최대 극치값 Y_n^*의 분포함수는 식 (9.20)에서

$$G_n^*(y) = (1-e^{-\lambda y})^n.$$

그 밀도함수는 $g_n^*(y) = n\lambda(1-e^{-\lambda y})^{n-1}e^{-\lambda y}$.

예제 6

100 m 길이의 체인은 규정된 응력하에서 0.001 이하의 고장확률을 가져야 한다. 10 m 길이의 체인 여러 개가 동일 응력하에서 시험되었다. 10 m 길이의 체인에 대해 합격할 수 있는 최대 고장확률은 얼마인가?

풀이 R_{10}을 10 m 길이 체인의 신뢰확률

R_{100}은 100 m 길이 체인의 요구 신뢰확률 = 0.999

n을 10 m 길이 체인의 고리 수

$10n$은 100 m 길이 체인의 고리 수

고리의 고장은 상호독립이라 하면, 식 (9.20)에서

$$R_{10} = [1-F(y)]^n,\ \ R_{100} = [1-F(y)]^{10n}$$
$$F(y) = 1-\sqrt[n]{R_{10}}\ \ \text{또}\ \ F(y) = 1-\sqrt[10n]{R_{100}}$$

따라서 $R_{10} = \sqrt[10]{R_{100}} = \sqrt[10]{0.999} = 0.9999$.

10 m 체인이 합격할 수 있는 최대 고장확률은 $F_{10} = 1-R_{10} = 10^{-4}$이다.

예제 7

어떤 기계류의 최종 제품은 상자에 보관, 하적되기 전 조립작업장에서 8번의 이동이 수행된다. 매 이동에서 기계류에 충격이 가해지고, 충격 부하는 모수 λ=0.02 (sec/kg · m)의 지수분포에 따른다.

(1) 초기설계에서 250 kg · m/sec 이상의 충격은 기계류의 손상으로 이어진다면, 조립과정 동안 고장확률은 얼마인가?

(2) 조립에서 유닛의 0.5% 이하가 손상되도록 기계류가 재설계된다면, 충격 부하의 강도는 얼마이어야 하는가?

풀이 (1) 충격 부하에 대한 강도는 S = 250 kg · m/sec

$G_n^*(y) = (1-e^{-0.02 \cdot 250})^8 = 0.947$. 따라서 고장확률은 1-1 $- G_n^*(y) = 0.053$이다.

(2) 1-$G_n^*(y) \leq 0.005$에서 $G_n^*(y) \geq 0.995$

=> $0.995 \leq (1-e^{-0.02 \cdot S})^8$

=> $S \geq -\frac{1}{0.02} \ln[1-(0.995)^{1/8}] = 369 \text{ kg} \cdot \text{m/sec}$

9.6.2 극치값 분포의 점근분포

극치값 분포는 각각의 모집단 분포의 꼬리부분 형태에 크게 영향을 받는다. 극치값 분포는 n이 커지면 모집단 분포의 전체 형태에는 그다지 민감하지 않게 되고, 꼬리부분의 형태에 의해 결정되게 된다. 극치분포에서 n이 충분히 큰 극한값 $n \rightarrow \infty$ 로 얻어지는 분포를 점근분포(asymptotic distribution)라 하고, 극치분포로써 점근분포를 사용하는 경우가 많다.

(1) 최소 극치값의 점근분포

$$G_n(y) = P(Y_n < y) = 1-(1-F(y))^n$$

테일러 급수에서 $\log(1-F(y)) \approx -F(y)$를 이용하면

$$(1-F(y))^n = \exp\{\log(1-F(y))^n\} = \exp[n\log(1-F(y))] = \exp[-nF(y)].$$

따라서 최소 극치의 점근분포는 다음과 같이 간단한 형태로 나타낼 수 있다.

$$G_n(y) = 1-\exp(nF(y)) \tag{9.22}$$

이 식은 보통 최소 점근분포의 기본 식으로 사용한다. 이 기본 식에서 모집단의 꼬리부분의 누적분포함수 $F(y)$ 형태에 따라 세 가지 대표적인 점근분포 type I, II, III가 얻어진다.

type I: 극치분포 또는 검벨 분포라 한다.

type II: 대수 극치분포(log extreme value distribution)라 한다.

type III: 세 모수를 갖는 와이블 분포라 한다.

(2) 최소 극치값의 점근분포

최대 점근분포는 최소 점근분포에서 1을 감하여 얻는다.

모집단 분포의 꼬리부분 형태에 관해서 알기 쉬운 것은 아니나 어느 정도의 추측은 가능하다. 극치분포의 점근분포가 모집단 분포함수의 정확한 전체 형태를 모를 때에도, 극치분

표 9.2 최소 및 최대 극치 점근분포의 세 가지 형태

type	최소 극치분포	최대 극치분포
I	$G(y)=1-\exp\left[-\exp(\frac{y-\alpha}{\beta})\right]$	$G_n^*(y)=\exp\left[-\exp\left(-\frac{y-\alpha}{\beta}\right)\right]$
II	$G(y)=1-\exp\left(-\left\lvert\frac{w}{y}\right\rvert^m\right),\ y\le 0$	$G_n^*(y)=\exp\left(-\left\lvert\frac{w}{y}\right\rvert^m\right),\ y\le 0$
III	$G(y)=1-\exp\left[-(\frac{y-\alpha}{\beta})^m\right]$	$G_n^*(y)=\exp\left[-\left(\frac{y-\alpha}{\beta}\right)^m\right]$

포의 거동을 합리적으로 나타내는 경우가 종종 있다.

최소 및 최대 극치분포 세 가지 형태의 분포함수는 표 9.2와 같다.

type I의 최소 극치분포를 겜벨에 의해 제안된 분포로 겜벨 분포라고도 한다.

점근분포에서 $\alpha=0,\ \beta=1$인 최소 극치분포를 표준최소 극치분포라 한다.

축소변량(reduced variate) $u=\dfrac{x-\alpha}{\beta}$라 두면, type I의 최대 극치분포는

$$G_n^*(w)=\exp[-\exp(-u)]$$

가 되고 이중 지수분포라 한다.

$n\to\infty$가 됨에 따라 type I의 최소 극치분포의 밀도함수

$$g(y)=\frac{1}{\beta}\exp\left(\frac{y-\alpha}{\beta}\right)\exp\left[-\exp\left(\frac{y-\alpha}{\beta}\right)\right]$$

는 $E[y]=\mu-\gamma\beta,\ V[y]=\dfrac{(\pi\beta)^2}{6}$, 여기서 $\gamma=0.5772\cdots$로 오일러 상수라 한다.

type I의 최대 극치 점근분포의 평균은 $E[y]=\mu+\gamma\beta$.

type II는 실제로는 잘 관찰되지 않기 때문에 일반적으로 잘 사용되지 않는다.

type III는 3 모수를 갖는 와이블 분포로 잘 알려져 있다.

예제 8

어떤 재료의 강도가 $\mu=108\ \mathrm{kg/cm^2},\ \beta=9.27\ \mathrm{kg/cm^2}$인 최소 극치분포에 따른다. 이 재료의 평균강도 및 분산을 구하고, 또 응력 $80\ \mathrm{kg/cm^2}$에 견딜 확률을 구하라.

풀이 $E[y]=\mu-\gamma\beta\ =\ 102.6\ \ \mathrm{kg/cm^2}$

$$V[y] = \frac{(\pi\beta)^2}{6} = 141.4 \ (\text{kg/cm}^2)^2$$

$$R(x=80) = 0.952$$

10장

보전도, 가용도

10.1 서론

자동차, 항공기, 공장설비, 전자기기, 산업설비 등과 같이 단위의 취득 가격이 높은 시스템은 고장이 났을 경우 수리를 해 가면서 사용하는 것이 보통이다. 고장의 정도가 작은 부품에 국한되기도 하지만, 시스템을 폐기해야 하는 경우도 발생할 수 있다. 이와 같이 시스템의 고장 시 수리 가능한 시스템(repairable system), 즉 수리계(修理系)의 신뢰도를 다루는 문제는 수리 가능하지 않은 시스템(unrepairable system), 즉 비수리계(非修理系)와는 다른 개념을 적용한다.

아이템의 신뢰도는 피로, 마모, 노화, 또는 부식 등과 같은 열화현상에 의해 시간의 경과에 따라 저하된다. 열화현상에 대하여 수리계를 사용가능한 상태로 유지시키고 고장이나 결함을 회복시키기 위한 제반 조치!및 활동을 보전(maintenance)활동이라 한다.

보전은 크게 고장이 나서 수행되는 사후보전(breakdown maintenance)과 고장을 사전에 탐지해내려고 하는 예방보전(preventive maintenance)으로 나눌 수 있다. 사후보전은 아이템의 조정, 수리, 교환 등의 활동을 통한 아이템 고장의 시정조치들이고, 예방보전은 청소, 주유, 그 규모에 따라 점검, 검사 등의 활동과 같은 고장의 사전방지 조치들이라 할 수 있다.

수리계가 고장이 나는 경우, 가능한 한 짧은 시간 내에 최소의 비용으로 시스템을 수리하여 정상적으로 사용할 수 있도록 하는 문제가 보전관리의 주된 관심사이다. 따라서 수리계를 설계할 때 신뢰성 분석 결과와 보전성 분석 결과를 함께 시스템 설계에 반영시키는 것이 바람직하다. 이 경우 시스템의 신뢰성을 높일 수 있는 방향으로 시스템을 설계하는 동시에 고장이 나는 경우 고장을 짧은 시간 내에 최소의 비용으로 수리할 수 있도록 설계하는 것이다. 이러한 의미에 있어서 전체 비용을 최소화하기 위해 신뢰도와 보전도를 절충하는 문제에 부닥치게 된다. 신뢰도와 보전도를 고려한 가용도 분석은 이들 비용을 최소화하는 방법론이 그 바탕을 이룬다. 다음에 수리계의 보전도, 가용도, 보전정책, 그리고 보전활동에 대해 살펴본다.

10.2 보전도와 가용도

수리계의 중요한 신뢰성 척도는 보전도(maintainability)와 가용도(availability)이다. 보전도란 고장 난 시스템이 규정 시간 내에 수리를 완료하는 확률이라 하고, 가용도란 임의 시점에서 시스템이 가동상태에 있는 확률이라 정의한다. 따라서 수리계는 시스템의 작동시간

뿐만 아니라 수리시간까지도 고려하여 그 신뢰도를 분석하게 된다.

10.2.1 보전도

수리계의 신뢰성 척도를 나타내는 보전도는 "규정된 절차에 따라 보전행위가 수행될 때 규정 시간 내에 시스템이 정상상태로 복귀할 확률"로 정의한다. 즉, 보전도란 임의 시간 내에 고장 난 아이템이 가동하는 확률로써 보전도가 높은 시스템은 시스템이 고장이 났을 경우 쉽게 정상 작동할 수 있음을 의미한다. 보전활동들은 다양한 분류로 해석되고 있어 여기서는 단지 사후보전에 관련된 수리활동으로 국한하여 보전도를 나타내는 확률을 살펴본다.

지금, 확률변수 T를 아이템을 수리하는 데 소요된 시간이라 하자. 아이템의 수리밀도함수는 시간 구간 $[t,\ t+dt]$ 동안 단위시간에 수리하는 확률로

$$g(t) = \frac{P\{t \le T \le t+dt\}}{dt}$$

로 표현된다. 아이템의 보전도 함수, 또는 그 아이템이 시각 t 이내에 수리할 확률은

$$G(t) = P(T \le t) = 1 - P(T \ge t) = \int_0^t g(t)dt$$

로 표현된다.

아이템의 평균수리시간(MTTR, mean time to repair)은

$$\text{MTTR} = \int_0^\infty t\ g(t)dt \tag{10.1}$$

로 나타낼 수 있다.

보전도 함수에서 보전률 또는 순간 수리율(instantaneous repair rate)은 비수리계의 고장률(failure rate)함수 $h(t)$에 대한 정의와 같이 보전작업을 하는 아이템이 단위시간 내 보전을 완료하는 비율로 정의하고 다음 식으로 나타낸다.

$$\mu(t) = \lim_{dt \to 0} \frac{1}{dt} \frac{P(t \le T \le t+dt)}{P(T > t)}$$

이 식은

$$\mu(t) = \frac{g(t)}{1 - G(t)} \tag{10.2}$$

의 관계를 갖는다. 양변에 적분을 취하고 정리하면,

$$\int_0^t \mu(t)dt = \int_0^t \frac{dG(t)}{1-G(t)} = \ln(1-G(t)).$$

따라서 수리확률

$$G(t) = 1 - e^{-\int_0^t \mu(t)dt}. \tag{10.3}$$

수리시간에 대한 수리밀도함수는

$$g(t) = \mu(t)e^{-\int_0^t \mu(t)dt} \tag{10.4}$$

로 쓸 수 있다.

예로써 수리율 $\mu(t)=\mu$로 일정인 경우,

$$\text{수리밀도함수 } g(t) = \mu e^{-\mu t}$$

$$\text{평균수리시간 (MTTR)} = \frac{1}{\mu}$$

수리율 또는 보전률을 나타내는 데는 수리시간의 구분에 따라 주로 순간보전률과 평균보전률을 사용한다. 순간보전률은 보전률 함수로 나타내고 평균보전률은 다음 식으로 계산된다.

$$\text{평균보전률} = \frac{\text{보전을 수행한 횟수}}{\text{총 보전시간}}$$

예제 1

아래 표는 어떤 공장의 생산라인의 고장이 6개월 동안에 발생한 시간 t_f와 수리된 시간 t_r을 보여주고 있다. MTTF와 MTTR을 추정하라(단위: 일).

	1	2	3	4	5	6	7	8	9	10
t_f	12.8	14.2	25.4	31.4	35.3	56.4	62.7	131.2	146.7	177.0
t_r	13.0	14.8	25.8	33.3	35.6	57.3	62.8	134.9	150.0	177.1

풀이 $\text{MTTF} = \frac{1}{N}\sum_{i=1}^{10}(t_{f_i} - t_{r_{i-1}})$

$= (12.8 + 1.2 + 10.6 + 5.6 + 2.0 + 20.8 + 5.4 + 68.4 + 11.8 + 27.0)$ /10

$= 165.6/10 = 16.56$

$$\text{MTTR} = \frac{1}{N}\sum_{i=1}^{10}(t_{r_i} - t_{f_i})$$

$$= (0.2 + 0.6 + 0.4 + 1.9 + 0.3 + 0.9 + 0.1+3.7 + 3.3+0.1)/10 = 1.15(\text{일})$$

10.2.2 가용도

가용도는 신뢰도와 보전도를 합성한 척도로써 서비스성(serviceability)이라고도 하며, 수리계에서 가장 중요한 신뢰성 척도 중의 하나이다. 사실상 가용도의 중요성은 시스템 규격에서 가용도 값이 주요 시스템의 제조자와 사용자에게 중요한 지표로 사용되고 있다. 예를 들면 금융조직과 은행에서 사용되는 컴퓨터 메인프레임의 제조회사는 그들 시스템에 대해 보증된 가용도 값을 제시하고 있다. 신뢰성과 보전성을 통합하여 생각할 때, 가용도란 척도가 사용된다.

가용도란 수리계가 주어진 시점에 기능을 유지하고 있을 확률, 즉 수리계가 사용가능한 확률로 정의된다. 따라서 가용도는 아이템이 가동을 시작하여 작동상태(operational state)에 있을 시간의 비율로 생각할 수 있다.

시스템이 임무를 수행하는 데 있어서 그림 10.1과 같이 아이템이 작동 가능상태에 있는 시간을 동작시간(up time), 그리고 임무를 수행하지 않고 있는 시간을 중지시간(down time)으로 구분할 수 있다.

시스템의 임무(mission)달성이라는 관점에서 그림 10.2는 총 시간을 구분한 그림이다. 시스템에 주어진 임무를 수행하는 시간은 동작필요시간이라 하고, 창고에 관리되고 있다든가, 야간이나 휴일에 운전할 예정이 없는 시간과 같이 임무수행과 무관한 시간은 동작불필요시간이라 한다. 신뢰성, 보전성이 중시되고 있는 것은 주로 동작필요시간 중의 사건이 된다. 동작가능시간에는 동작시간, 대기시간 등이 포함되고, 동작불가능시간에는 보전시간 외에 보수시간, 보급대기시간, 관리시간 등의 시간들도 포함된다. 동작불가능시간을 세분하면 수리개량시간, 보전시간, 지연시간 등으로 나눈다. 보전시간은 예방보전시간과 사후보전시간으로 구분된다. 가용도는 규정시간 내에서 동작가능시간이 점유하는 비율로 표현된다.

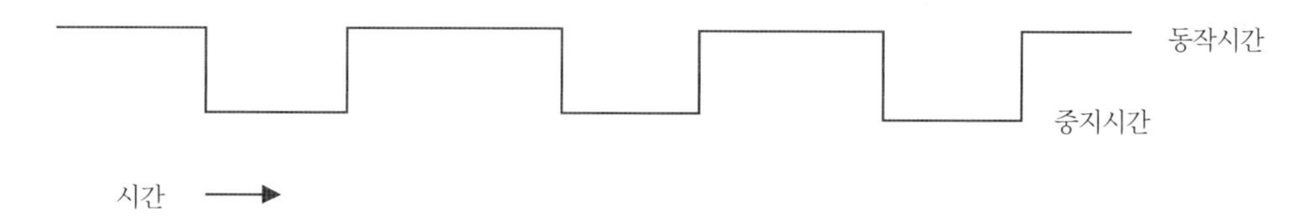

그림 10.1 아이템의 동작시간과 중지시간

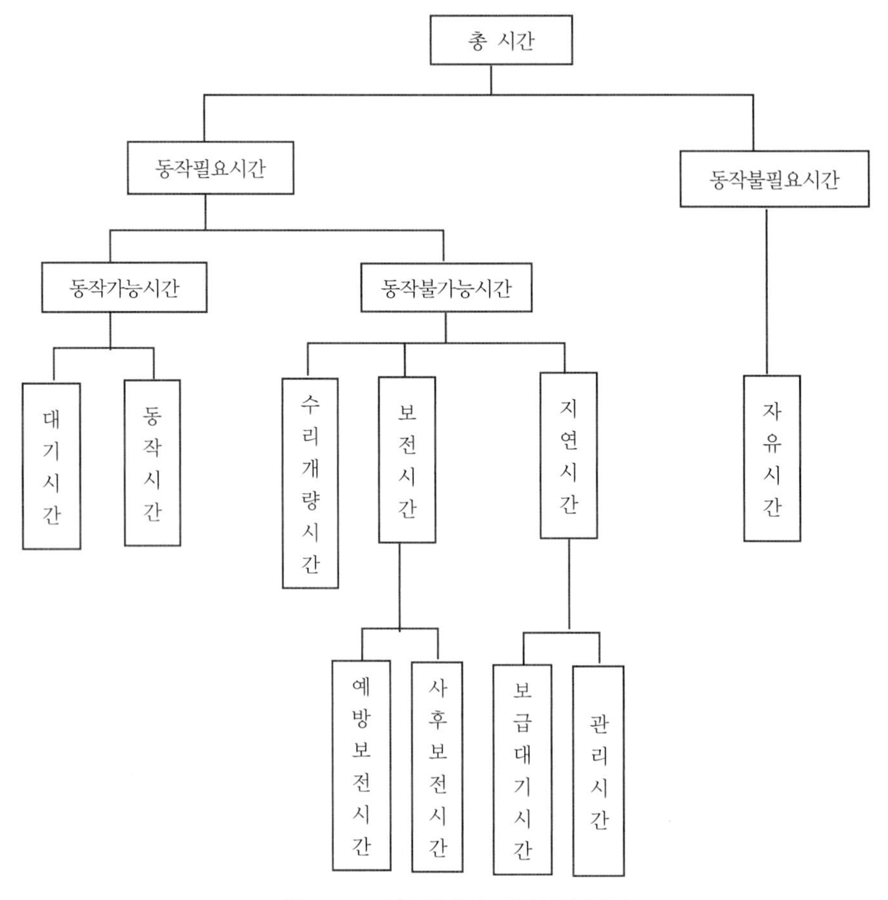

그림 10.2 시스템에서 작업시간 분류

수리계의 가용도를 높이기 위해 신뢰도를 높이거나 보전도를 높이는 활동을 한다. 즉 아이템의 신뢰도가 높은 값일수록 요구수명은 길고, 수리율이 높은 값일수록 고장 시 빠른 회복도를 갖는다. 보전도를 높이기 위해서는 보전이 용이한 아이템의 설계, 기술자의 능력, 예비품 보전조직 등 여러 활동들이 요구된다.

가용도는 ① 고려되는 시간간격, ② 고장시간 형태, 즉 수리(repair)와 보전(maintenance)에 따라 분류될 수 있다.

시간간격 가용도는 순간(instantaneous)가용도, 평균 가동시간(average up time)가용도, 정상상태(steady state)가용도로 구분되고, 고장시간에 따른 가용도는 고유(inherent)가용도, 성취(achieved)가용도, 운용(operational)가용도로 구분된다. 특히 구체적인 가용도 척도로써 운용가용도가 많이 이용된다. 이들 정의를 기초로 가용도 척도로는 보통 다음 두 가지가 사용된다.

$$\text{고유가용도} = \frac{MTBF}{MTBF + MTTR} = \frac{1}{1+\rho} \tag{10.5}$$

$$\text{운용가용도} = \frac{MUT}{MUT + MDT} \tag{10.6}$$

여기서, MTBF: 평균고장시간

MTTR: 평균수리시간

MUT: 평균동작가능시간

MDT: 평균동작불가능시간

ρ: 보전계수$(=\frac{MTTR}{MTBF})$

가용도를 분석하기 위해서는 아이템의 고장시간 분포 이외에 수리시간 분포를 알아야 한다. 가용도는 정지시간을 어떻게 정의해 주느냐에 따라 서로 다른 가용도로 정의되고 있다. 다음에 일정 고장률 및 수리율을 고려한 시스템의 가용도를 살펴본다.

10.3 아이템 가동도 분석

10.3.1 단일 아이템의 가용도 분석

지금 시스템의 가용도를 살펴보기 위해 단일 아이템의 간단한 수리계를 고려한다. 아이템의 고장률은 λ, 수리율은 μ로 일정하다고 하자.

아이템의 상태 = {0, 1}, 여기서 0을 시스템이 가동상태, 1을 시스템이 불가동상태라 하고, 두 상태는 상호 배반적인 관계를 갖는다.

또, $P_0(t)$는 시스템이 시점 t에서 가동상태 0에 있을 확률

$P_1(t)$는 시스템이 시점 t에서 고장상태 1에 있을 확률

이라 하자.

아이템이 불가동상태인 경우 수리를 통해 가동상태를 달성할 수 있고, 이를 이용하여 시스템의 상태 추이 방정식(state-transition equation)을 생각한다.

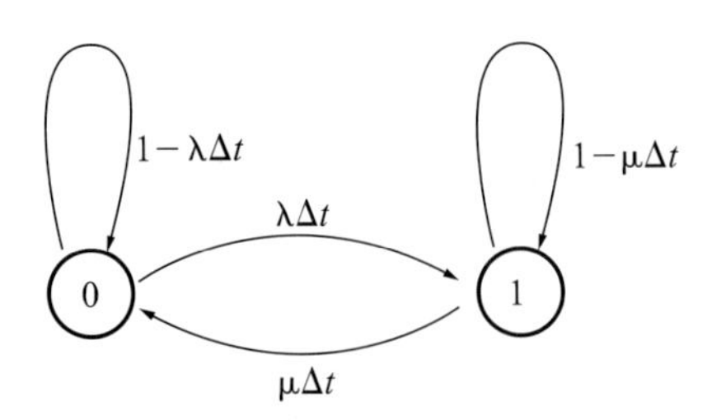

그림 10.3 보전을 수반하는 시스템의 추이 그래프

시스템이 시점 $t+\triangle t$에서 작동상태 0에 있을 확률

$$P_0(t+\triangle t)=(1-\lambda\triangle t)P_0(t)+\mu\triangle tP_1(t) \tag{10.7}$$

시스템이 시점 $t+\triangle t$에서 고장상태 1에 있을 확률

$$P_1(t+\triangle t)=(1-\mu\triangle t)P_1(t)+\lambda\triangle tP_0(t) \tag{10.8}$$

식 (10.7), (10.8)에서 이항하고 Δt로 나누면,

$$\frac{P_0(t+\Delta t)-P_0(t)}{\Delta t}=-\lambda P_0(t)+\mu P_1(t)$$

$$\frac{P_1(t+\Delta t)-P_1(t)}{\Delta t}=\lambda P_0(t)-\mu P_1(t)$$

$\Delta t\rightarrow 0$에서 상기 식은

$$\frac{dP_0(t)}{dt}=\dot{P}_0(t)=-\lambda P_0(t)+\mu P_1(t) \tag{10.9}$$

$$\frac{dP_1(t)}{dt}=\dot{P}_1(t)=\lambda P_0(t)-\mu P_1(t) \tag{10.10}$$

이들의 행렬 표현은

$$\begin{pmatrix}\dot{P}_0(t)\\ \dot{P}_1(t)\end{pmatrix}=\begin{pmatrix}-\lambda & \mu\\ \lambda & -\mu\end{pmatrix}\begin{pmatrix}P_0(t)\\ P_1(t)\end{pmatrix}$$

이들 연립미분방정식의 해는 라플라스 변환을 사용하여 해를 구할 수 있다.

지금 시점 $t=0$에서 시스템이 작동을 하고 있다고 하면, 방정식의 해를 구하기 위해 초기조건 $P_0(0)=1,\ P_1(0)=0$을 사용한다.

식 (10.9)와 (10.10)에서 라플라스 변수를 취하면,

$$sP_0(s) - P_0(0) = -\lambda P_0(s) + \mu P_1(s) \tag{10.11}$$

$$sP_1(s) = \lambda P_0(s) - \mu P_1(s) \tag{10.12}$$

식 (10.12)에서

$$P_1(s) = \frac{\lambda}{s+\mu} P_0(s).$$

이것을 식 (10.11)에 대입하면

$$P_0(s) = \frac{s+\mu}{s(s+\lambda+\mu)}. \tag{10.13}$$

부분분수를 취하면 식 (10.13)은

$$P_0(s) = \frac{\frac{\mu}{\lambda+\mu}}{s} + \frac{\frac{\lambda}{\lambda+\mu}}{(s+\lambda+\mu)}. \tag{10.14}$$

식 (10.14)를 역변환하면,

$$P_0(t) =: A(t) = \frac{\mu}{\lambda+\mu} + \frac{\lambda}{\lambda+\mu} e^{-(\lambda+\mu)t} \tag{10.15}$$

$$P_1(t) = 1 - P_0(t) =: \overline{A}(t) = \frac{\lambda}{\lambda+\mu} - \frac{\lambda}{\lambda+\mu} e^{-(\lambda+\mu)t} \tag{10.16}$$

$t \to \infty$ 일 때 가용도는 고유가용도라 하고,

$$A(\infty) = \frac{\mu}{\lambda+\mu} = \frac{1}{1+\rho} \approx 1 - \rho, \text{ 여기서 } \rho = \frac{\lambda}{\mu}.$$

식 (10.15)는 시스템이 시점 t에서 가동상태 0에 있을 확률로 시스템의 순간가용도(instantaneous availability) 또는 점가용도(point availability)라 하고, 식 (10.16)은 시스템이 시점 t에서 불가동상태 1에 있을 확률로 시스템의 비가용도(unavailability)라 한다.

예제 2

전기모터 제조자는 모터를 연속작동장치에 설치하여 신뢰성 시험을 설계하였다. 고장이 나면 모터는 즉시 수리되어 초기상태로 회복된다. 시험은 계속되고 이 절차는 반복된다. 고장시간분포는 고장률 $\lambda = 6 \times 10^{-5}$개/시간, 수리시간분포는 수리율 $\mu = 4 \times 10^{-2}$개/시간이라 한다. 2년 시점에서 모터가 가동상태에 있을 확률을 구하라.

풀이 모터가 가동상태에 있을 확률 $P_0(t) = \frac{\mu}{\lambda+\mu} + \frac{\lambda}{\lambda+\mu} e^{-(\lambda+\mu)t}$에서

시험 2년(=약 2×10^4시간)에서 모터가 작동상태에 있을 확률은

$$P_0(2 \cdot 10^4) = \frac{4 \cdot 10^{-2}}{4.006 \cdot 10^{-2}} + \frac{6 \cdot 10^{-5}}{4.006 \cdot 10^{-2}} e^{-(4.006) \cdot 2 \cdot 10^2} = 0.9985.$$

예제 3

지수고장분포를 따르는 시스템이 1,000시간에서의 신뢰도는 0.9 이상이고, 가용도는 0.99 이상이어야 한다. 이 시스템의 MTTF와 MTTR을 구하라.

풀이 $R(t) = e^{-\lambda t} \ge 0.9$. 따라서 $\lambda \le 10^{-4}$.

$A(\infty) = 1 - \frac{\lambda}{\mu} \ge 0.99$. 따라서 $\mu \ge 10^{-2}$.

아이템이 여러 개가 서로 결합되어 있는 경우의 가용도에 대해서도 시스템의 신뢰도의 경우와 마찬가지로 계산할 수 있다. 그러나 복잡한 시스템의 가용도는 그 수학적 계산이 복잡하고 어려우므로 다음에 몇 가지 간단한 구조에 대해 살펴본다.

10.3.2 직렬 시스템의 가용도

구성품 C_1과 C_2는 각각 일정 고장률 λ_1, λ_2, 일정 수리율 μ_1, μ_2를 갖고, 두 아이템이 직렬로 연결되어 있는 시스템의 가용도에 대해 살펴보자.

이 직렬 시스템의 신뢰성 블록도와 그 이탈률 그래프는 각각 그림 10.4, 그림 10.5와 같다.

구성품 C_i, $(i=1,2)$의 가동상태를 0, 고장상태를 1로 표시하고, 시스템 S_{ij}는 첫 번째 구성품이 상태 i, 두 번째 구성품이 상태 j에 있는 상태를 나타낸다. 시스템은 네 가지 상태 종류 = {1, 2, 3, 4}를 갖는다.

아이템의 상태에 대한 이탈률 그래프는 그림 10.5와 같다.

이탈률(departure rate) ρ_{ij}를 임의 상태 i에서 j로의 추이를 나타내는 비율, $(i \neq j)$이라 하자.

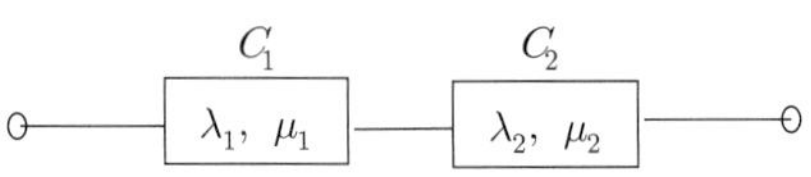

C_1 C_2

○—[λ_1, μ_1]—[λ_2, μ_2]—○

그림 10.4 직렬 시스템의 신뢰성 블록도

표 10.1 두 직렬 시스템의 상태

	구성품 C_1의 상태	구성품 C_2의 상태
$S_{00} = 1$	0	0
$S_{10} = 2$	1	0
$S_{01} = 3$	0	1
$S_{11} = 4$	1	1

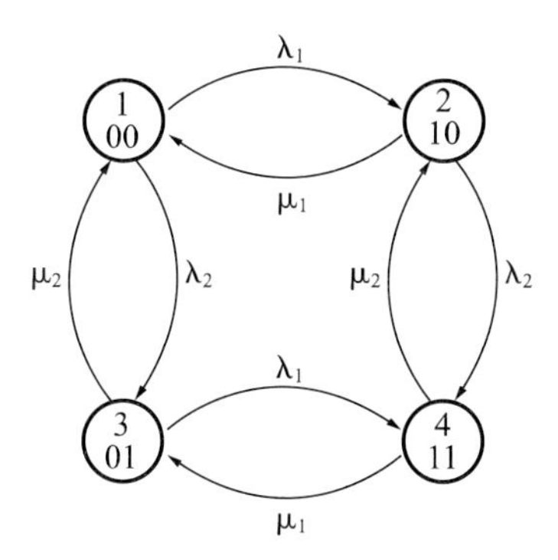

그림 10.5 이탈률 그래프

표 10.2 이탈률 행렬(ρ_{ij})

상태	1	2	3	4
1	0	λ_1	λ_2	0
2	μ_1	0	0	λ_2
3	μ_2	0	0	λ_1
4	0	μ_2	μ_1	0

또, 추이확률 T_{ij}를 Δt 동안 아이템이 상태 i에서 j로의 추이확률이라 하면, 추이확률행렬(transitional probability matrix)은 다음과 같이 표현된다.

$$T = \begin{bmatrix} 1-(\lambda_1+\lambda_2) & \lambda_1 & \lambda_2 & 0 \\ \mu_1 & 1-(\lambda_2+\mu_1) & 0 & \lambda_2 \\ \mu_2 & 0 & 1-(\lambda_1+\mu_2) & \lambda_1 \\ 0 & \mu_2 & \mu_1 & 1-(\mu_1+\mu_2) \end{bmatrix}$$

이에 대한 마르코프 미분방정식 행렬형은

$$\begin{bmatrix} \dot{P}_1(t) \\ \dot{P}_2(t) \\ \dot{P}_3(t) \\ \dot{P}_4(t) \end{bmatrix} = \begin{bmatrix} -(\lambda_1+\lambda_2) & \mu_1 & \mu_2 & 0 \\ \lambda_1 & -(\lambda_2+\mu_1) & 0 & \mu_2 \\ \lambda_2 & 0 & -(\lambda_1+\mu_2) & \mu_1 \\ 0 & \lambda_2 & \lambda_1 & -(\mu_1+\mu_2) \end{bmatrix} \begin{bmatrix} P_1(t) \\ P_2(t) \\ P_3(t) \\ P_4(t) \end{bmatrix}$$

정상상태 확률은

$$P = TP,\ P = [P_1,\ P_2,\ P_3,\ P_4],\ \sum_{i=1}^{4} P_i = 1$$

의 해이다. 정상상태 확률의 해는

$$\begin{aligned} P_1 &= \frac{\mu_1\mu_2}{(\lambda_1+\mu_1)(\lambda_2+\mu_2)} \\ P_2 &= \frac{\lambda_1\ \mu_2}{(\lambda_1+\mu_1)(\lambda_2+\mu_2)} \\ P_3 &= \frac{\lambda_2\ \mu_1}{(\lambda_1+\mu_1)(\lambda_2+\mu_2)} \\ P_4 &= \frac{\lambda_1\ \lambda_2}{(\lambda_1+\mu_1)(\lambda_2+\mu_2)} \end{aligned} \tag{10.17}$$

직렬은 두 구성품이 모두 가동인 상태에서 시스템은 가동이므로 식 (10.17)에서 아이템의 정상상태가용도는

$$A(\infty) = P_1 = \frac{\mu_1\mu_2}{(\lambda_1+\mu_1)(\lambda_2+\mu_2)} = \frac{1}{1+\rho_1+\rho_2} \approx 1-(\rho_1+\rho_2) \tag{10.18}$$

여기서, $\rho_k = \dfrac{\lambda_k}{\mu_k}$, $(k=1,\ 2)$

n개의 아이템이 직렬로 되어 있는 경우의 시스템의 가용도는 $\rho_i\rho_j \ll 0$를 이용하면,

$$A = \left(\frac{1}{1+\rho_1}\right) \cdot \cdots \cdot \left(\frac{1}{1+\rho_n}\right) \approx \frac{1}{1+\sum_{k=1}^{n}\rho_k} \approx 1-(\rho_1+\cdots+\rho_n). \tag{10.19}$$

따라서 $A = A_1A_2\cdots A_i\cdots A_n$, 여기서 $A_i = \dfrac{1}{1+\rho_i}$, $\rho_i = \dfrac{\lambda_i}{\mu_i}$, $(i=1,\ 2,\ \cdots,\ n)$가 된다. 이것은 직렬 시스템의 신뢰도 공식과 근사된다.

예제 4

두 구성품의 직렬 시스템의 고장률은 각각 0.001, 0.02, 수리율은 0.1, 0.3이라 한다. 이 직렬 시스템의 가용도를 구하라.

풀이 $A = A_1 \cdot A_2 = \dfrac{1}{1+0.01} \cdot \dfrac{1}{1+0.067} = 0.9901 \cdot 0.9375 = 0.9282$

10.3.3 병렬 시스템의 가용도

두 아이템이 병렬로 되어 있는 시스템의 신뢰성 블록도는 그림 10.6과 같다. 아이템 C_1, C_2가 각각 일정 고장률 λ_1, λ_2, 일정 수리율 μ_1, μ_2를 갖는 경우, 시스템의 가용도에 대해 살펴보자.

두 구성품의 병렬 시스템은 두 구성품 모두 고장인 상태에서 시스템은 불가동이므로 식 (10.17)에서 병렬 시스템의 가용도는

$$A(\infty) = 1 - P_4 = P_1 + P_2 + P_3 = 1 - \frac{\lambda_1 \lambda_2}{(\lambda_1 + \mu_1)(\lambda_2 + \mu_2)} = \frac{\lambda_1 \mu_2 + \mu_1 \lambda_2 + \mu_1 \mu_2}{(\lambda_1 + \mu_1)(\lambda_2 + \mu_2)}. \quad (10.20)$$

지금 $\lambda_i = \lambda$, $\mu_i = \mu$, $(i = 1, 2)$라 하고, S_i는 고장으로 있는 아이템이 i개, (i=0, 1, 2)인 상태를 나타낸다고 하자. 이들의 상태그래프는 그림 10.7과 같이 좀 더 간단히 나타낼 수 있다.

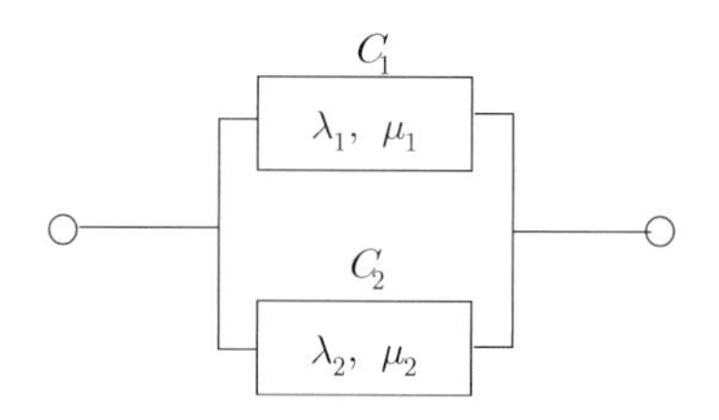

그림 10.6 2개의 병렬 시스템의 신뢰성 블록도

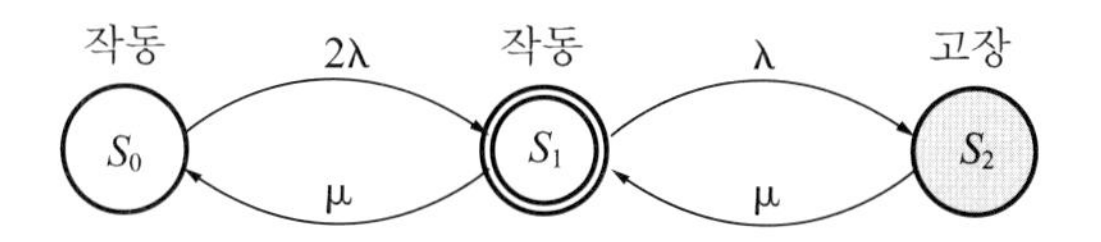

그림 10.7 2개의 병렬 시스템의 신뢰성 블록도와 추이 그래프

시스템의 가용도는

$$A(\infty) = \frac{\mu^2 + 2\lambda\mu}{\mu^2 + 2\lambda\mu + \lambda^2}. \tag{10.21}$$

아이템 1개가 고장인 경우, 아이템 1 또는 아이템 2가 고장인 경우가 있고, 추이 그래프에서 이중 원으로 표시하고 있다. 또 두 아이템 모두 고장인 경우 수리원이 1명, 또는 2명인가에 따라 수리율이 다르다.

$$A(\infty) = \frac{1 + 2\rho}{1 + 2\rho + \dfrac{2\rho^2}{m}} \tag{10.22}$$

여기서 $\rho = \dfrac{\lambda}{\mu}$, $m(=1, 2)$은 시스템에 있는 보전원 수를 나타낸다.

$m = 2$인 경우 식 (10.22)는

$$A(\infty) = 1 - \left(\frac{\rho}{1+\rho}\right)^2 = 1 - \left(1 - \frac{1}{1+\rho}\right)^2 = 1 - (1 - A_I)^2 \tag{10.23}$$

여기서 $A_I = \dfrac{1}{1+\rho}$

식 (10.23)은 두 아이템의 병렬 시스템의 신뢰도 공식과 같은 형태이다.

$\rho \ll 1$이라면, n개의 아이템으로 이루어진 병렬 시스템의 가용도는

$$A(\infty) \fallingdotseq 1 - (1 - A_I)^n \tag{10.24}$$

에 근사한다.

각 구성품의 신뢰도가 다른 경우에도

$$A = 1 - \prod_i (1 - A_i)$$

에 근사된다.

예제 5

두 구성품의 병렬 시스템의 고장률은 각각 0.001, 0.02, 수리율은 0.1, 0.3이라 한다. 이 병렬 시스템의 가용도를 구하라.

풀이 $A = 1 - (1 - A_1)(1 - A_2) = A_1 + A_2 - A_1 A_2 = 0.9901 + 0.9377 - 0.9282 = 0.9994$

10.3.4 n중k-시스템의 가용도

n중k-시스템은 대기상태에 있는 $(n-k)$개의 아이템이 사용상태에 있는 k개의 아이템과 함께 모두 같은 시스템에서 예열되고 있는 예비상태에 있는 시스템이다. 또 수리원은 고장난 아이템의 수리에 바로 투입되어 적어도 아이템의 총 개수와 같은 n명이 배치되는 것으로 한다. 이 경우 가용도는 다음 식으로 주어진다.

$$A(\infty) = \sum_{i=k}^{n} {}_nC_i \, A_I^i \, (1-A_I)^{n-i} \qquad (10.25)$$

여기서 $A(\infty)$ 대신에 $A(t)$, A_I 대신에$A_I(t)$로 두면, 고장시간 및 수리시간의 확률분포에 따라서 이루어지는 식이 된다.

예제 6

세 아이템 모두 동일한 일정 고장률 λ=0.005 및 수리율 μ=0.1을 갖는 3중2-시스템의 가용도를 구하라.

풀이 $A(\infty) = 3\,A_I^2(1-A_I) + (A_I)^3 = \dfrac{1+3\rho}{(1+\rho)^3} = 0.9934$

10.4 여러 종류의 가용도

10.4.1 순간가용도

순간가용도(instantaneous 또는 point Availability)는 임의의 시점 t에서 시스템이 정상가동할 확률로 다음과 같이 정의된다.

$$A(t) = P\{\text{시점 } t\text{에서 시스템 가동}\}$$

고장률 λ, 수리율 μ로 일정할 경우, 순간가용도는 식 (10.15)에서

$$A(t) = \frac{\mu}{\mu+\lambda} + \frac{\lambda}{\mu+\lambda} e^{-(\mu+\lambda)t}. \qquad (10.26)$$

10.4.2 정상상태가용도

정상상태가용도(steady-state availability)는 초기의 과도상태가 지난 후 시스템의 신뢰도 및 보전도가 안정된 상태의 가용도로써, 그 고려하는 시간간격이 매우 큰 장시간 사용에서의 가용도를 문제로 하며 $A(\infty)$로 표시한다. 정상상태가용도는 다음과 같이 표현된다.

$$A(\infty) = \lim_{t\to\infty} A(t) = \frac{\mu}{\mu+\lambda} \tag{10.27}$$

장기간에 걸친 아이템의 작동시간(up time)과 고장시간(down time)을 고려한 정상상태가용도는

$$\text{정상상태 가용도 } A(\infty) = \frac{\sum U_i}{\sum (U_i + D_i)} = \frac{E[U]}{E[U]+E[D]} = \frac{\text{MTBF}}{\text{MTBF}+\text{MTTR}} \tag{10.28}$$

여기서 $\text{MTBF} = \frac{1}{\lambda}$, $\text{MTTR} = \frac{1}{\mu}$이므로 $A(\infty) = \frac{\mu}{\mu+\lambda}$.

식 (10.28)은 시스템의 고유 MTBF와 MTTR만을 고려한 가용도로써 시스템의 고유가용도라 한다.

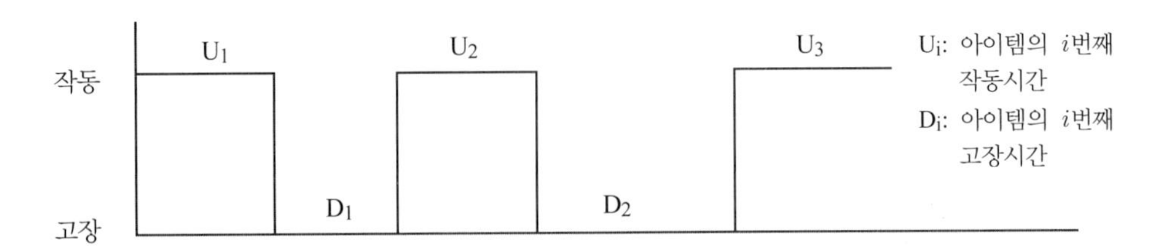

그림 10.8 아이템의 상태 변화

예제 7

어떤 시스템의 고장 및 수리 데이터를 분석한 결과 고장률 λ=0.001/시간, 수리율 μ=0.5/시간이 얻어졌다. 이 시스템의 고장은 랜덤으로 발생하고, 보전은 지수분포에 따르는 것으로 보아도 좋다고 판단된다. 이 시스템의 정상상태 가용도를 구하라.

풀이 $A(\infty) = \frac{0.5}{(0.001+0.5)} = 0.9980$

예제 8

아이템의 수입검사에서 작동시간 1,000시간에서 신뢰도는 0.95 이상이 요구되고, 정상상태 가용도는 95% 이상이어야 한다. 아이템의 평균수명 및 평균수리시간을 구하라.

풀이 $R(t)=e^{-\lambda t}\geq 0.95 \Rightarrow e^{-1,000\lambda}=0.95 \Rightarrow \lambda=5.13\cdot 10^{-5}$

따라서 MTTF = 20,000시간.

$$A(\infty)=\frac{\mu}{\lambda+\mu}=0.95 \Rightarrow \mu=1\cdot 10^{-3}$$

예제 9

예제 1에서 $A(\infty)$를 구하라.

풀이 $\text{MTTF}=\overline{U}=\frac{165.6}{10}=16.56,\ \text{MTTR}=\overline{D}=\frac{11.5}{10}=1.15$

따라서 $A(\infty)=\frac{\mu}{\mu+\lambda}=0.935.$

10.4.3 고유가용도

MTTR 중 아이템의 고장을 탐지하고 수리하는 시간은 아이템 고유의 보전성 설계에 기인하는 것이기 때문에 고장시간에 고장탐지 및 수리시간을 포함하여 가용도를 계산하는 경우를 고유가용도(inherent availability) A_i라 한다.

따라서 고유가용도는 시스템의 개량보전(corrective maintenance)을 위해 고장 난 시스템을 수리 또는 교체하기 위한 시간을 포함하고 준비시간, 예방보전 중지시간(down-time), 공급시간, 준비 또는 행정시간은 고려하지 않고 계산한다.

$$A_i=\frac{\text{MTBF}}{\text{MTBF}+\text{MTTR}} \tag{10.29}$$

$$\text{즉 } A_i=\frac{\text{작동시간}}{\text{작동시간}+\text{고장탐지 및 수리 시간}}$$

식 (10.29)에서 시스템의 고유가용도는 고유 MTBF와 MTTR만을 고려한 가용도를 말한다. 고유가용도는 정상상태 계산에서 고려된 수리시간만이 개량보전 시간일 때 정상상태가용도와 동일하다. 고유가용도는 계약상 요구로써 이용되는 경우가 많다.

예제 10

한 대의 기계를 100시간 동안 연속 사용한 경우 6회의 고장이 발생하였고, 이때의 고장수리 시간은 아래 표와 같다. 이 기계의 고유가용도를 구하라.

고장순번	고장발생시간(h)	수리시간(h)
1	6	1
2	23	2
3	44	3
4	50	1
5	83	2
6	91	1
계		10

풀이 $$\mathrm{MTTR}=\frac{\sum_{i=1}^{t} t_i}{6}=\frac{10}{6}=1.67(\mathrm{h})$$

총 100시간 중 고장시간 10시간, 실제 작동시간 90시간.

$$\mathrm{MTBF}=\frac{T}{r}=\frac{90}{6}=15(\mathrm{h})$$

$$A_i=\frac{\mathrm{MTBF}}{\mathrm{MTBF}+\mathrm{MTTR}}=\frac{15}{15+1.67}\approx 0.9$$

10.4.4 운용가용도

운용가용도(operational availability)는 시스템의 동작시간, 대기시간, 보전시간(예방보전 및 사후보전)을 고려하여 나타내는 가동성으로 A_o로 표시한다.

수리시간(repair time)은 보전 및 수리에 필요한 직접시간과 준비시간, 운송시간, 대기시간 관리시간을 포함하는 간접시간 등을 포함하므로 더욱 적절한 가용도의 척도가 되고 다음으로 정의된다.

$$A_o=\frac{\mathrm{MUT}}{\mathrm{MUT}+\mathrm{MDT}} \tag{10.30}$$

여기서, MUT(mean uptime): 평균 작동시간

MDT(mean downtime): 평균 불작동시간

또, 작업준비시간을 고려하는 경우 MUT = MTBM+ready time로 적용하면,

$$A_o = \frac{\text{MTBM} + \text{ready time}}{(\text{MTBM} + \text{ready time}) + \text{MDT}}$$

여기서 MTBM = mean time between maintenance

ready time = operational cycle − (MTBM + MDT)

MDT(mean delay time, 또는 mean downtime) = 보전시간(예방보전 및 사후보전)과 지연시간(보급지연 및 관리시간)의 평균치) = M + delay time

예제 11

어떤 기계의 MTBF는 12,000시간으로 추정되었고, 이 기계의 MDT는 3,000시간이다. 이 기계의 운용가용도를 구하라.

풀이

$$A_o = \frac{\text{MTBF}}{\text{MTBF} + \text{MDT}} = \frac{12{,}000}{12{,}000 + 3{,}000} = 0.8$$

예제 12

시스템의 고장률은 λ = 0.001/시간이고, MTTR = 5시간, MDT = 125시간인 것이 경험상으로 알고 있다. 고유가용도 A_i, 운용가용도 A_0를 구하라.

풀이

$$A_i = \frac{\text{MTBF}}{\text{MTBF} + \text{MTTR}} = \frac{1000}{1000 + 5} = 0.995$$

$$A_o = \frac{\text{MTBF}}{\text{MTBF} + \text{MDT}} = \frac{1000}{1000 + 125} = 0.889$$

10.4.5 성취가용도

성취가용도(achieved availability)는 수리 및 예방보전에 따른 중지시간을 고려한 가용도로써 보전의 빈도와 평균보전의 함수이며, 다음과 같이 정의된다.

$$A_a = \frac{\text{MTBM}}{\text{MTBM} + \text{M}} \tag{10.31}$$

여기서 MTBM(mean time between maintenance)은 수리 및 예방보전평균 보전시간

$$A_a = \frac{\text{총 작동시간}}{\text{아이템 고장횟수} + \text{예방보전 중지횟수}}$$

$$M = \text{수리 및 예방보전에 따른 평균 불작동시간}$$

$$A_a = \frac{\text{수리중지시간} + \text{예방보전 중지시간}}{\text{아이템 고장횟수} + \text{예방보전 중지횟수}}$$

10.4.6 평균 가용도

평균 가용도, 또는 평균 동작시간 가용도는 주어진 시간간격 $[t_1, t_2]$에서의 $A(t)$의 평균으로 다음과 같다.

$$A(t_1, t_2) = \frac{\int_{t_1}^{t_2} A(t)dt}{(t_1 - t_1)} \tag{10.32}$$

특히, 임의 구간 $(0, T]$에서 시스템이 작동가능한 시간의 비율은

$$A(T) = \frac{1}{T}\int_0^T A(t)dt$$

로 표현된다.

예로써 고장률 λ, 수리율 μ인 경우, 아이템의 평균 가용도는

$$A(T) = \frac{1}{T}\int_0^T A(t)dt = \frac{\mu}{\mu + \lambda} + \frac{\lambda(1 - e^{-(\mu+\lambda)T})}{(\mu+\lambda)^2 T}. \tag{10.33}$$

10.5 최적 보전정책

구성품 또는 시스템의 고장 시 수리에 의해 요구된 기능을 회복하여 재가동할 수 있게 된다. 보전은 고장이 났을 때만 아니라 고장의 발생에 의한 위험, 경제적 손실을 줄이기 위해 아이템의 작동 전 또는 고장 시 보전행위를 실시할 수가 있다. 체계적인 보전관리 활동이 수행되고 있는 현 기업의 보전체계는 대부분 예방보전활동으로 생산성 향상을 유지하고 있다.

예방보전 및 설비의 교체가 빈번한 경우 시스템의 총 보전비용을 증가시키고, 고장시간에 따른 비용을 줄이는 반면, 예방보전 및 설비의 교체가 상대적으로 빈번하지 않은 경우는 총

보전비용은 줄이지만 시스템의 고장시간에 따른 비용을 증가시킨다는 사실로부터 보전계획에 대한 최적화 문제를 찾아볼 수 있다. 따라서 시스템의 고장이 고장시간분포의 형태에 따라서 최적 예방보전 및 설비의 교체 정책이 존재할 수 있다.

예방보전은 장비의 수리, 교체, 또는 점검(inspection)을 의미한다. 메카트로닉스 장비의 CPU와 같은 아이템은 수리 또는 점검과 같은 활동은 적용할 수 없다. 군사적 폭발물과 같은 'one shot' 장비는 점검 또는 시험에 의해서만 그 시스템의 상태가 결정될 수 있는 시스템들이며, 이 경우에 교체는 유일한 보전활동의 대안이 되는 특수한 경우가 있다.

예방보전과 점검의 일차적 기능은 설비의 조건을 관리하고, 그 가용도를 지속적으로 유지하는 데 있다. 이를 위해 다음과 같은 사항을 결정하여야 한다.

① 예방보전, 교체, 점검의 빈도
② 구성품의 교체 규칙
③ 교체 결정에 대한 기술적 변화의 영향
④ 보전규모의 결정
⑤ 예비품의 최적 재고수준
⑥ 보전작업을 위한 일정계획 규칙
⑦ 보전작업장에서 사용가능한 기계 수와 형태

상기 사항들은 포괄적인 예방보전 및 설비의 교체 운영에 포함되는 내용들이다. 이들 사항에 대해 해석적으로 살펴보기 위하며 서로 다른 조건하에 작동하는 시스템에 대해 예방보전 및 설비의 교체를 수행하기 위한 최적 빈도를 결정하는 방법들을 살펴본다.

예방보전 및 교체는 시스템의 구성품 또는 전체 시스템의 최소수리(minimal repair) 또는 전체 교체에 의해 시스템에 수행되는 보전행위이다. 예방보전과 교체를 위한 해석적 모델을 제시하기 전, 분석의 단순화를 위해 대부분 모델은 다음과 같이 가정한다.

① 고장교체와 관련된 총 비용은 수리 또는 교체와 같은 예방보전행위와 관련된 비용보다 더 크다. 즉, 고장 후 시스템을 수리하기 위해 드는 비용은 고장 전 시스템을 유지하는 비용보다 더 크다.
② 시스템 고장률 함수는 시간과 함께 단조 증가한다. 만약 시스템 고장률이 시간과 함께 감소한다면 시스템은 시간에 따라 개선될 것이고 예방보전행위 또는 교체는 자원 낭비가 될 수 있다. 마찬가지로 설비 또는 시스템이 일정 고장률을 갖는다면 예방보전행위는 역시 자원 낭비가 될 수 있다. 고장률이 상수일 때 지금 좋은 상태인 것이라 주어지면 고장 전 교체하는 설비는 설비가 다음 순간에 고장이 될 확률에 영향을 미치지

않는다는 사실에 기초한다.

③ 최소수리로 인한 시스템의 고장률은 전과 같다고 한다. 시스템 내의 구성품이 새 구성품으로 교체되었더라도 시스템의 복잡성과 시스템 내의 대부분의 구성품은 그러한 교체의 영향을 무시할 수 있거나 존재하지 않는 것으로 한다.

이 절에서는 상기 언급된 보전정책에 대한 여러 가지 정책 중 최적 예방보전간격의 결정에 대한 문제를 다룬다. 단위시간당 총 비용을 최소화하는 정책과 단위시간당 정지시간을 최소화하는 정책에 대한 것들이 최적화를 위한 목적함수로 설정될 수 있으나 문제의 단순화를 위해 단위시간당 총 비용 최소화하는 보전정책을 기준으로 간단한 일정간격 교체정책과 수명정책에 대해 살펴본다.

10.5.1 일정간격 교체정책

일정간격 교체정책은 가장 간단한 예방보전이자 교체정책으로, 이 정책은 한편 일제교체정책(block replacement policy)이라고도 한다. 이 정책에는 두 종류의 조치가 취해진다.

일정시간간격에 따라 예방교체를 실시한다. 즉 아이템은 교체되는 구성품의 수명에 관계없이 사전에 결정된 시점에 교체되고, 또 구성품의 고장 발생 시 고장교체된다.

단위시간당 총 기대 교체비용을 최소로 하는 교체주기를 구하기 위해 다음의 부호를 정의한다.

부호:

t_p: 교체주기

c_p: 예방 교체비용

c_f: 고장 장비 교체비용

$N(t_p)$: 교체주기 $(0,\ t_p)$ 동안 발생한 고장 아이템 수

$M(t_p)$: $[0,\ t_p]$ 동안 기대 재생수(expected number of renewals), 또는 재생함수 (renewal function), 즉 $M(t_p) = E[N(t_p)]$

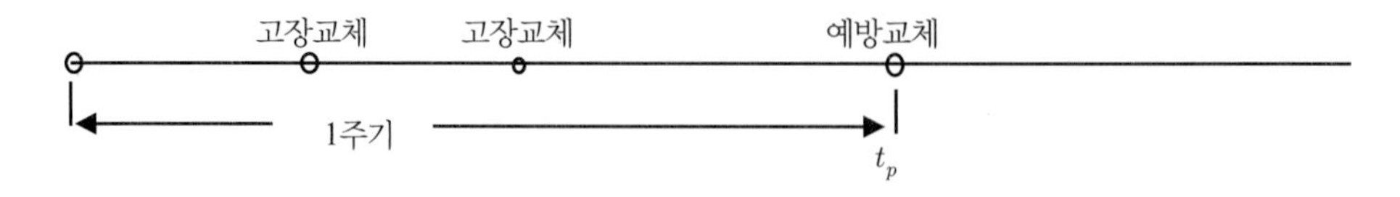

그림 10.9 일정간격 교체정책

$m(t) = \dfrac{dM(t)}{dt}$는 고장 밀도함수. 이것은 재생밀도함수 또는 재생률(renewal rate)이라 한다.

지금 교체주기 t_p 동안의 단위시간당 총 교체비용(total replacement cost)은

$$c(t_p) = \frac{\text{구간 } (0,\ t_p]\text{의 총 기대비용}}{\text{기간의 평균 길이}} = \frac{c_p + c_f M(t_p)}{t_p} \tag{10.34}$$

$c(t_p)$를 최소로 하는 최적 주기 t_p^*를 구하기 위해, 부분적분 $\left(\dfrac{g}{f}\right)' = \dfrac{fg' - f'g}{f^2}$를 적용하면,

$$\frac{\partial c(t_p)}{\partial t_p} = \frac{c_f\ m(t_p)t_p - (c_f M(t_p) + c_p)}{t_p^2} = 0$$

이것은 $c_f\ m(t_p)t_p = c_f M(t_p) + c_p$ => $m(t_p)t_p - M(t_p) = \dfrac{c_p}{c_f}$

따라서 $$t_p^* = \frac{1}{m(t_p)}\left\{M(t_p) + \frac{c_p}{c_f}\right\} \tag{10.35}$$

최적 교체주기 t_p^* 동안에 발생한 단위 시간당 총 비용은 식 (10.34)에서

$$c(t_p^*) = c_f\ m(t_p^*) \tag{10.36}$$

의 관계가 얻어진다.

예제 13

시스템의 고장밀도함수는 $n = 2$, $\lambda = 0.002$인 감마분포에 따른다. 일정간격 교체기간의 최적 교체 기간 t_p^*를 구하라. $\dfrac{c_f}{c_p}$=10이라 한다.

[참고: 감마분포의 밀도함수 $f(t) = \dfrac{(\lambda t)^{n-1}}{\Gamma(n)}\lambda e^{-\lambda t}$]

풀이 감마분포의 밀도함수 $f(t) = \dfrac{(\lambda t)^{n-1}}{\Gamma(n)}\lambda e^{-\lambda t}$에서 $n = 2$인 경우 $f(t) = \lambda^2 t e^{-\lambda t}$.

$f(t)$의 라플라스 변환을 취하면

$$\mathcal{L}(f) = f^*(s) = \mathcal{L}(\lambda^2 t e^{-\lambda t}) = \lambda^2 \mathcal{L}(t e^{-\lambda t}) = \left(\frac{\lambda}{s+\lambda}\right)^2$$

재생밀도함수 $m(t)=\frac{dM(t)}{dt}$에서 $m^*(s)=\frac{f^*(s)}{1-f^*(s)}$를 이용하여

$$m^*(s)=\frac{\lambda^2}{s(2\lambda+s)}=\frac{\lambda}{2s}-\frac{\lambda}{2(2\lambda+s)}.$$

이 식의 라플라스 역변환은 $m(t)=\frac{\lambda}{2}-\frac{1}{2}\lambda e^{-2\lambda t}$

이 식을 적분하면 $M(t)=\frac{\lambda t}{2}-\frac{1}{4}(1-e^{-2\lambda t})$

이들을 식 (10.35)에 대입하면

$$\frac{\lambda t_p}{2}-\frac{1}{2}\lambda t_p e^{-2\lambda t_p}-\frac{\lambda t_p}{2}+\frac{1}{4}(1-e^{-2\lambda t_p})=\frac{1}{10}$$

$$\Rightarrow e^{-2\lambda t_p}(2\lambda t_p+1)=\frac{6}{10}$$

따라서 $t_p^*=344$시간.

예제 14

고장밀도함수가 $\lambda=1$, $n=2$인 감마분포에 따르는 경우 일정간격 교체정책에 대해 c_p와 c_f와의 관계를 살펴보라.

풀이 감마분포의 고장밀도함수 $f(t)=\lambda^2 te^{-\lambda t}$

재생밀도함수 $m(t)=\frac{1}{2}-\frac{1}{2}e^{-2t}$

기대 교체횟수 $M(t)=\frac{t}{2}-\frac{1}{4}(1-e^{-2t})$

이들 식은 $e^{-2t}(1+2t)=\frac{1}{4}-\frac{c_p}{c_f}$

$0\le e^{-2t}(1+2t)\le 1$이므로, $\frac{c_p}{c_f}\ge\frac{1}{4}$인 경우 상기 식은 해를 갖지 못한다.

따라서 고장 장비 교체비용 c_f가 예방 교체비용 c_p의 4배 이상인 경우에 이 예방교체는 의미가 없다.

만약 $\frac{c_p}{c_f}<\frac{1}{4}$인 경우, 좌변은 단조감소함수

$t=0$일 때, $e^{-2t}(1+2t)=1$

$t=\infty$일 때, $e^{-2t}(1+2t)=0$

$c(t_p)$는 1개의 극솟값을 가져 $t^* < \infty$가 된다.

(참고)

재생함수 $M(t)$는 재생이론(renewal theory)에서 중요한 역할을 한다.

식 (10.35)에서 구간 $(0,\ t]$ 동안의 기대 고장수 $M(t)$는 다음과 같이 아이템의 고장분포 함수 $F_r(t)$를 이용하여 구할 수 있다.

$$M(t) = E[N(t)] = \sum_{r=1}^{\infty} rP[N(t) = r] = \sum_{r=1}^{\infty} r[F_r(t) - F_{r+1}(t)]$$
$$= F_1(t) - F_2(t) + 2F_2(t) - 2F_3(t) + \cdots$$
$$= F_1(t) + F_2(t) + F_3(t) + \cdots$$
$$= \sum_{r=1}^{\infty} F_r(t) \tag{10.37}$$

식 (10.37)은 $M(t) = F_1(t) + \sum_{r=1}^{\infty} F_{r+1}(t)$.

$F_1(t) = F(t)$라 두고, 또 합성함수 $F_{r+1}(t) = \int_0^t F_r(t-x)f(x)$로부터 상기 식은

$$M(t) = F(t) + \sum_{r=1}^{\infty} \int_0^t F_r(t-x)f(x)dx$$
$$= F(t) + \int_0^t \left[\sum_{r=1}^{\infty} F_r(t-x) \right] f(x)dx$$
$$\therefore\ M(t) = F(t) + \int_0^t M(t-x)f(x)dx \tag{10.38}$$

식 (10.38)을 기본재생 방정식(fundamental renewal equation)이라 한다.

식 (10.38)의 양변에 라플라스 변환을 취하고 합성관계식을 이용하면,

$$\mathcal{L}\,[M(t)] = M(s) = F(s) + M(s)f(s).$$

식 (10.38)은 $\mathcal{L}\left(\frac{dF}{dt}\right) = f(s) = sF(s) - f(0)$인 관계에서

$$M(s) = \frac{f(s)}{s} + M(s)f(s).$$

이 식을 정리하면,

$$M(s) = \frac{f(s)}{s[1-f(s)]}. \tag{10.39}$$

재생밀도함수는 식 (10.38)을 미분하면,

$$m(t) = \frac{dM(t)}{dt} = \sum_{r=1}^{\infty} f_r(t) = f(t) + \int_0^t m(t-x)f(x)dx. \tag{10.40}$$

식 (10.40)의 양변에 라플라스 변환을 취하면,

$$\begin{aligned} \mathfrak{L}[m(t)] &= \mathfrak{L}[f(t)] + \mathfrak{L}[m(t)]\ \mathfrak{L}[f(t)] \\ &\Rightarrow m(s) = f(s) + m(s)f(s) \\ &\Rightarrow m(s) = \frac{f(s)}{1-f(s)} \end{aligned} \tag{10.41}$$

이것은 $f(s) = \dfrac{m(s)}{1+m(s)}$인 관계를 얻는다.

라플라스 변환 또는 복잡한 확률밀도함수의 역을 구하기 어려울 때, 또는 고장시간분포가 미지이나 평균 및 분산을 알고 있을 때 구간 [0, t]에서의 기대 고장수는 다음 식으로 추정할 수 있다.

$$M(t_p) = \frac{t_p}{\mu} + \frac{\sigma^2 - \mu^2}{2\mu^2}$$

만약 $\sigma < \mu$라면 $\dfrac{\sigma^2-\mu^2}{2\mu^2}$은 음수가 되고, 또 $\sigma \ll \mu$라면 $M(t_p) = \dfrac{t_p - 0.5\mu}{\mu}$로 새 아이템으로 시작하는 것이 고장의 반을 줄이는 것에 해당한다.

만약 $\sigma = \mu$라면 $M(t) = \dfrac{t}{\mu}$ 또는 λt로 지수분포에 해당한다. $\sigma > \mu$라면 $\dfrac{\sigma^2}{\mu^2} > 1$이고, 고장수는 점차 증가한다.

예제 15

일정 고장률을 갖는 구성품은 동일 구성품으로 고장 교체된다. 이 경우 [0, t]에서 기대 고장수를 구하라. 고장수가 n개일 확률은?

풀이 $f(t) = \lambda e^{-\lambda t}$의 라플라스 변환은 $f(s) = \dfrac{\lambda}{s+\lambda}$.
재생밀도함수는 $m(s) = \dfrac{\lambda}{s+\lambda-\lambda} = \dfrac{\lambda}{s}$.
이 함수의 역변환은 $m(t) = \lambda$. 따라서 $M(t) = \lambda t$.

또 $P[N(t)=n]=F_n(t)-F_{n+1}(t)=\dfrac{(\lambda t)^n}{n!}e^{-\lambda t}$.

여기서 $F_n(t)=1-\left[\sum_{k=0}^{n-1}\dfrac{(\lambda t)^k}{k!}\right]e^{-\lambda t}$.

예제 16

스테인리스로 제조된 고압 밸브의 고장률은 $m=2$, $\eta=700$ 시간의 와이블 분포에 따르는 것으로 추정되었다. $c_f=500$, $c_P=300$이다. 최적 예방 보전 주기를 구하라.

풀이 와이블 분포의 $M(t_p)$를 구하는 것은 어렵기 때문에 재생함수의 근사식으로

$$M(t_p)=\frac{t_p}{\mu}+\frac{\sigma^2-\mu^2}{2\mu^2}$$

을 이용한다. 와이블 분포에서

$$\mu=\eta\Gamma\left(1+\frac{1}{m}\right)=620,\ \sigma^2=\eta^2\left[\Gamma\left(1+\frac{2}{m}\right)-\Gamma^2\left(1+\frac{1}{m}\right)\right]=105150.$$

따라서 $M(t_p)=\dfrac{t_p}{620}-0.363$.

이 식을 식 (10.34)에 적용하면

$$c(t_p)=\frac{c_p}{t_p}+\frac{c_f}{t_p}\left(\frac{t_p}{620}-0.363\right)\ \Rightarrow\ c(t_p)=\frac{300}{t_p}+0.4435.$$

이 식을 미분하여 0으로 두면, 따라서 $t_p^*=26$시간.

10.5.2 수명교체 정책

수명교체(aged replacement) 정책은 고장 또는 수명 t_p 어떤 것이든 먼저 발생하면 교체된다. 아이템의 수명교체 주기 t_p 이전 시점 T에서 고장이 나면, 고장 교체되고 $T+t_p$ 동안은 교체가 발생하지 않는다.

일반적으로 고장교체에 소요되는 비용은 시스템 고장에 의한 손실을 주므로 수리교체비용이 많이 든다. 이러한 이유로 예방교체를 하는 의미가 있다. 아이템의 수명교체 연령 t_p를 작게 설정하면 예방교체 횟수가 많아지므로 장기적으로는 총 교체비용이 커질 가능성이 있다. 그와 반대로 t_p를 너무 크게 설정하면 고장의 발생 빈도가 높아져 수리교체 비용이 많이 들게 되므로 이것도 경제적이지 못하다. 이러한 의미에서 적정 수명 t_p를 구할 필요가 있다.

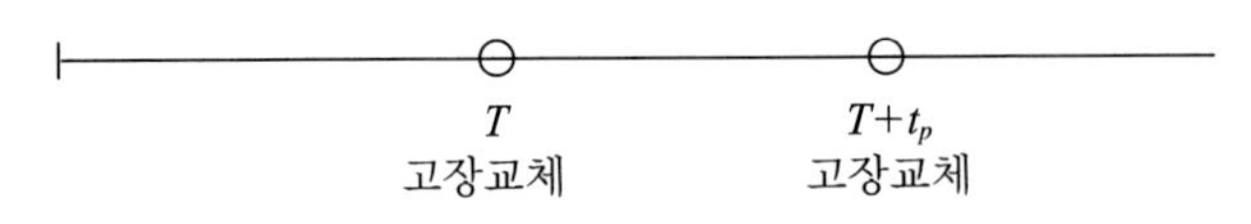

그림 10.10 수명교체

N_f를 상당히 기간 t에 걸친 기대 고장수, N_p를 기대 수명교체수라 하자.

t 동안의 총 비용 $C = C_f N_f + C_p N_p$.

총 교체수 $N = N_f + N_p$.

기대 교체시간(MTBR, mean time between replacement)을 이용하면, $N = \frac{t}{\mathrm{MTBR}}$.

$$\begin{aligned}\mathrm{MTBR} &= \{\text{아이템의 고장시간} \times \text{고장확률}\} + \{\text{계획된 교체 수명주기} \times \text{수명주기 확률}\}\\ &= \int_0^{t_p} t f(t)dt + t_p R(t_p) = -t R(t)]_0^{t_p} + \int_0^{t_p} R(t)dt + t_p R(t_p)\\ &= \int_0^{t_p} R(t)dt \end{aligned} \tag{10.42}$$

따라서 $N = \frac{t}{\int_0^t R(t)dt}$.

$R(t)$는 예방보전에 교체되는 아이템의 수명확률, $F(t)$는 고장확률이라 하면,

$$N = NR(t) + NF(t) = \frac{t(F(t)+R(t))}{\int_0^t R(t)dt}.$$

따라서 총 비용은 $C(t) = \frac{c_f tF(t) + c_p t R(t)}{\int_0^t R(t)dt}$.

단위시간당 총 비용 $c(t) = \frac{C(t)}{t}$에서

$$c(t) = \frac{c_f F(t) + c_p R(t)}{\int_{-\infty}^t R(t)dt}. \tag{10.43}$$

식 (10.45)를 최소화하는 t_p를 구하면,

$$\frac{\partial c(t_p)}{\partial t_p} = \frac{[-c_p f(t_p) + c_f f(t_p)]\int_0^{t_p} R(t)dt - [c_p R(t_p) + c_f F(t_p)]R(t_p)}{\int_0^{t_p} R(t)dt} = 0.$$

이로부터 정리하면,

$$f(t_p^*)[c_f - c_p]\int_0^{t_p^*} R(t)dt = [c_p R(t_p^*) + c_f F(t_p^*)]R(t_p^*)$$

$$\Rightarrow \frac{f(t_p^*)}{R(t_p^*)}\int_0^{t_p^*} R(t)dt = \frac{1}{c_f - c_p}[c_p R(t_p^*) + c_p F(t_p^*) + c_f F(t_p^*) - c_p F(t_p^*)]$$

$$\Rightarrow h(t_p^*)\int_0^{t_p^*} R(t)dt = \frac{c_p}{c_f - c_p}[c_p + (c_f - c_p)F(t_p^*)]$$

$$\Rightarrow h(t_p^*)\int_0^{t_p^*} R(t)dt = \frac{c_p}{c_f - c_p} + F(t_p^*)$$

$$\therefore\ h(t_p^*)\int_0^{t_p^*} R(t)dt - F(t_p^*) = \frac{c_p}{c_f - c_p} \tag{10.44}$$

예제 17

두 모수 η, m의 와이블 분포에 따르는 고장률을 갖는 아이템의 수명주기교체 정책을 분석하라. 단 $c_f = 50\,c_p$이다.

풀이 와이블 분포의 신뢰도 및 고장률 함수

$$R(t) = e^{-(\frac{t}{\eta})^m},\ h(t) = \frac{m}{\eta^m}t^{m-1}$$

으로부터 $\frac{m}{\eta^m}t^{m-1}\int_0^t e^{-(\frac{t}{\eta})^m}dt - 1 + e^{-(\frac{t}{\eta})^m} = \frac{c_p}{c_f - c_p}.$

$t \ll \eta$에 대해 $e^{-(\frac{t}{\eta})^m} \approx 1 - \left(\frac{t}{\eta}\right)^m + \cdots$로 두면,

$$1 - \left(\frac{t}{\eta}\right)^m + \cdots + \frac{m}{\eta}\left(\frac{t}{\eta}\right)^{m-1}\left[t - \frac{1}{m+1}\left(\frac{t}{\eta}\right)^{m+1} + \cdots\right] - 1 \approx \frac{c_p}{c_f}$$

$$=> (m-1)\left(\frac{t}{\eta}\right)^m \approx \frac{c_p}{c_f}$$

$$=> \ t \approx \eta \left[\frac{1}{m-1} \frac{c_p}{c_f} \right]^{\frac{1}{m}}$$

$c_f = 50c_p$, $m = 2, \eta = 100$인 경우, 최적 주기 $t^* = 14.14$.

10.5.3 최소수리에 따른 주기적 교체

최소수리(minimal repair)란 증가하는 고장률을 갖는 아이템의 고장 시 아이템 작동을 위한 최소한의 수리만을 하므로 아이템이 수리되었을 때의 고장률은 수리 전과 동일하다.

블록교체방식은 수리보전 직후 거의 신품을 교체하게 되어 낭비가 된다. 이러한 낭비를 줄이기 위해 고장이 발생했을 때 최소수리라는 응급조치를 취하여 시스템의 동작을 가능케 할 수 있다.

예를 들어 자동차에서 타이어 펑크 시 타이어의 수리 후 자동차의 고장률 변화는 전과 같은 경우가 될 수 있다. 이 모델에서 주된 의사결정변수는 아이템의 교체를 위한 최적 주기이다.

교체주기 t 동안 단위시간당 기대 비용:

$$c(t) = \frac{c_f M(t) + c_r}{t} \tag{10.45}$$

여기서 $M(t)= \int_0^t m(t)dt$는 주기 (0, t] 동안 기대 최소수리 횟수.

c_f: 최소수리 비용

c_r: 아이템 교체 비용, ($c_f \ll c_r$)

시점 t에서 고장이 발생하더라도 고장률은 $h(t)$로 유지되므로 고장발생 밀도함수 $m(t) = h(t)$.

$$c(t) = \frac{c_f \int_0^t h(x)dx + c_r}{t} \tag{10.46}$$

$c(t)$를 최소로 하는 주기 t를 구하기 위해 식 (10.46)의 미분을 0으로 두면,

$$t \cdot h(t) - \int_0^t h(x)dx = \frac{c_r}{c_f}. \tag{10.47}$$

$h(t)$가 연속 단조 증가함수라면, 식 (10.47)의 좌변은 연속 단조증가함수이다. 식 (10.47)을 식 (10.46)에 대입하면

$$c(t^*) = c_f h(t^*).$$

예제 18

아이템의 고장분포함수가 와이블 분포에 따른다고 한다. 최소수리 정책하에서 최적 교체기간을 구하라.

풀이 와이블 분포의 신뢰도 함수: $R(t) = e^{-\alpha t^m}$, 여기서 $\alpha = \frac{1}{\eta^m}$.

고장률 함수: $h(t) = \alpha m t^{m-1}$은 연속 단조 증가함수.

식 (10.47)에 대입하고 t에 대해 풀면

$$\alpha(m-1)t^m = \frac{c_f}{c_r}$$

따라서 최적 시스템 교체주기 $t^* = \left(\frac{c_r}{\alpha(m-1)c_f}\right)^{\frac{1}{m}}$

예제 19

어떤 시스템에서 작동하고 있는 로봇 제어기의 고장률 함수는 $\eta^m = 100{,}000$시간, $m = 1.5$의 와이블 분포에 근사되는 것으로 판명되었다. 이 제어기의 평균수명을 구하고, 이 기기에 최소수리가 수행된다고 할 때, 최적 교체주기를 구하라. 단 $\frac{c_r}{c_f} = \frac{1}{10}$.

풀이 $\eta^m = 100{,}000$시간, $m = 1.5$에서

$$\text{MTTF} = \eta\Gamma\left(1 + \frac{1}{\text{m}}\right) = 100^{\frac{1}{1.5}}\Gamma\left(1 + \frac{1}{1.5}\right) = 19{,}383\text{시간}.$$

$$t^* = \left(\frac{c_r}{\alpha(m-1)c_f}\right)^{\frac{1}{m}} = 736.8 \text{ 시간}$$

10.6 보전활동

고장이 발생하지 않는 제품을 만드는 동시에 고장이 난 제품을 될 수 있는 한 빨리 수리하는 것도 중요한 과제이며 이것은 보전성의 문제이다. 보전성을 높이기 위해 필요한 세 가지 조건은

① 제품 또는 시스템 그 자체에 부여된 점검 용이성, 탐지 용이성, 수리 용이성과 같은 보전설계 요소
② 수리 기술자의 기능 및 기술과 같은 보전에 관계된 보전요원의 요소
③ 예비품의 유무, 수리공구의 완비, 보전조직에 관계된 보전활동 요소

등이 중요한 조건이 된다. 이 절에서는 보전의 종류와 보전에 관계된 여러 활동들에 대해 살펴본다.

10.6.1 보전활동의 종류

아이템의 신뢰성은 피로나 마모 또는 노화와 부식 등 열화현상에 의해 시간의 경과에 따라 저하된다. 마모와 열화현상에 대하여 수리가능 아이템을 사용가능한 상태로 유지시키고 고장이나 결함을 회복시키기 위한 제반 조치 및 활동을 보전(maintenance)활동이라 한다. 보전활동에는 다음 것들이 있다.

① 서비스: 청소, 주유, 유효수명부품의 교체
② 점검 및 검사: 그 규모에 따라 점검, 검사 또는 오버홀(overhaul)로 나눈다.
③ 시정 조치: 조정, 수리, 교환

보전은 크게 고장이 나서 수행되는 사후보전(breakdown maintenance)과 고장을 사전에 탐지해내려고 하는 예방보전(preventive maintenance)으로 나눌 수 있다. 여러 가지 보전활동들을 분류하는 데는 정해진 틀은 없고 다양한 해석으로 분류되고 있다. 그리고 설비의 신뢰성, 보전성, 경제성, 조작성, 안전성 등의 향상을 목적으로 설비의 재질이나 형상을 개량하는 개량보전(CM, corrective maintenance)과 설비가 고장에 민감하지 않거나, 고장이 나더라도 수리하기 쉽고 동시에 사용하기 편리한 설비를 만들기 위한 보전기술을 설계부문에서 이용하는 활동을 하는 것으로 보전예방(MP, maintenance preventive)이 있다.

그리고 보전활동을 통해 기업의 생산성을 높이려는 생산보전(productive maintenance)과 이 생산보전을 더욱 발전시켜 전사적인 보전활동을 통해 실천적 기업혁신활동으로 전개하

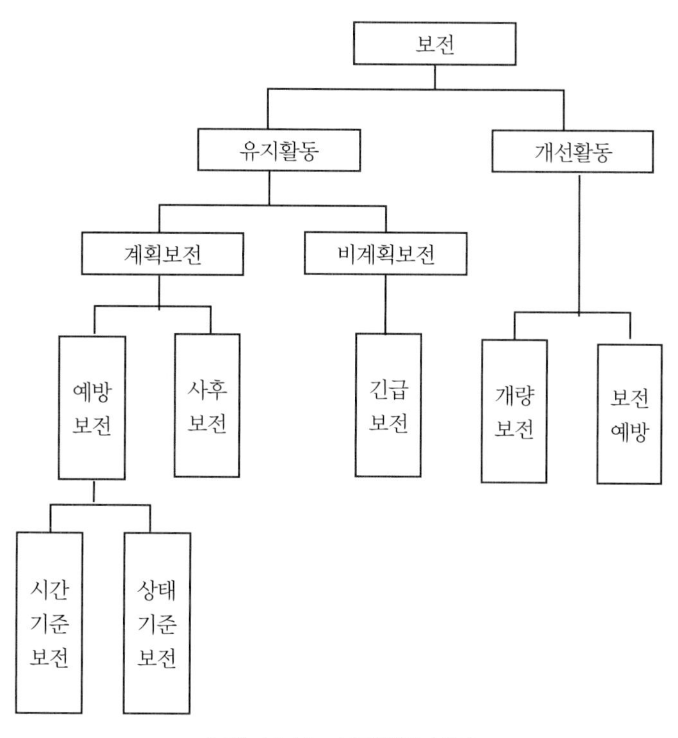

그림 10.11 보전활동 분류

는 전사적 생산보전(TPM, total productive maintenance)이 있다. 그림 10.11은 대표적 보전 활동의 분류를 제시하고 있다. 이들의 내용들에 대해 간략히 살펴본다.

(1) 사후보전

고장정지 또는 유해한 성능저하를 가져온 후에 수리하는 보전방법을 말하는 것으로 몇 십 년 전까지의 보전방법은 고장에 대한 예방개념이 없어서 고장 난 후에 수리를 하는 사후 보전이 일반적인 보전방법이었다. 그러나 고장으로 인한 정지시간이 다른 장치에 미치는 영향이 미비한 경우 경제성 등을 고려하여 사후보전을 적극적으로 실시하는 경우도 있다. 이러한 경우 사후보전은 처음에 설정한 방침에 의거하여 계획적인 보전방식으로 수행되기도 한다.

(2) 예방보전

인간의 몸에 비유하면 정기적으로 실시하는 건강검진에 해당하는 것이 예방보전이라 할 수 있다. 설비의 가동상태를 유지하고 고장이 일어나지 않도록 열화를 방지하기 위한 일상 보전, 열화를 측정하기 위한 정기검사, 또는 설비진단, 열화를 조기에 복원시키기 위한 정비 등을 하는 것이 예방보전이다. 예방보전을 실시하는 일정에 관한 문제는 생산성과 비용에 관련되어 있는 중요한 문제이다. 여기에는

① 시간기준보전(TBM, time based maintenance): 일정한 주기에 예방보전을 하는 시간에 따른 보전
② 상태기준보전(CBM, condition based maintenance): 설비의 상태에 따라 보전하는 방법

등이 있다.

(3) 개량보전

설비의 신뢰성, 보전성, 경제성, 조작성, 안전성 등의 향상을 목적으로 설비의 재질이나 형상을 개량하는 보전방법으로, 고장이 일어나지 않도록 연구를 거듭하는 것이 개량보전이다. 혹자에 따라서 사후보전과 같은 의미로 사용되지만, 단순한 수리가 아니라 개량을 가한 것을 의미한다.

(4) 보전예방

궁극적인 목적은 고장이 나지 않는 설비를 만드는 것이지만 현장의 기술력이나 경제성을 생각하면 현실적인 것은 아니다.

따라서 차세대 설비에 대해 고장이 잘 나지 않거나 고장이 나더라도 수리하기 쉽고 동시에 사용하기 편리한 설비로 만들기 위한 보전기술을 설계부분에 피드백하는 것이 필요하고 그것을 보전예방이라 하며 MP설계라 한다.

10.6.2 기업생산성 향상을 위한 보전 기법들

기업에서 공장활동의 목적은 생산성 향상을 통해 이윤창출이 중요한 요건이다. 더 적은 입력으로 더 많은 출력을 만들어내는 활동, 즉 사람(man), 설비(machine), 원재료(material)를 투입하여 생산량 증대, 품질향상, 비용절감, 높은 안전성 등을 통해 생산성을 향상시키는 활동이 되겠고, 설비 면에서 본다면, 더 적은 설비비용을 통해 많은 출력을 만들어내는 활동이라 할 수 있다.

1950년대 이전의 설비는 사후보전활동이 주된 보전활동이었으나, 그 이후 설비의 자동화, 고급화가 진행되면서 예방보전활동으로 설비의 관리가 진행되었고, 1960년대 이후에는 설비의 계획, 보전, 개량 등을 통해 종합적인 설비의 경제성이 추구되면서 생산보전방식으로 개념이 전환되었다. 1970년대 이후에는 TQC의 성공적인 정착을 토대로 생산부문을 중심으

로 한 TPM 활동이 활발하게 진행되었고, 1980년대 이후부터는 기업 전 부문에 걸친 TPM 활동으로 기업의 경영전략에 이용되었다. 따라서 PM이나 TPM은 설비보전활동을 통해 기업경쟁력을 향상시키고, 기업의 체질을 개선하기 위한 경영전략수법이라 할 수 있다. 다음에 이들 내용에 대해 간략하게 살펴본다.

(1) 생산보전

생산보전(PM, productive maintenance)이란 설비의 생산성을 높이는 가장 경제적인 보전활동을 목표로 하는, 즉 경제성을 추가하여 생산성을 높이는 보전활동을 일컫는다.

설비의 설계 및 제작에서 운전 및 보전에 이르기까지 설비의 수명기간 동안 설비 자체의 비용이나 보전 등의 모든 유지비와 설비 열화에 따른 손실 등의 총 비용을 최소화하여 기업의 생산성을 향상시키려는 데 주된 목적이 있다.

설비의 생산성은 설비에 대한 투입과 설비가 생산하는 산출의 비율로써, 설비의 투입으로는 다음과 같은 주된 다섯 항목이 있고 이들 항목을 종합적으로 그 비용을 최소로 할 필요가 있다.

① 설비비
② 원재료비
③ 동력비
④ 운전 인건비
⑤ 보전비(보전에 관련된 인건비, 재료비)

이에 비해 산물은 그에 따른 매출액으로 매출액을 좌우하는 다음 다섯 항목을 최대화한다.

① 생산계획달성 정도
② 납기엄수의 정도
③ 품질유지 향상의 정도
④ 부가가치의 정도
⑤ 환경보전의 정도

이들 요인들을 좌우하는 근원은 설비의 열화와 고장이다. 따라서 산출을 최대화하기 위해서는

① 설비의 고장횟수 최소화를 위한 신뢰성 향상
② 고장정지시간 최소화를 위한 보전성 향상

③ 설비 열화에 따른 제품품질 저하와 원가증가 방지를 위한 정밀도 유지 및 향상

등을 목표로 한다.

설비의 계획, 설계, 생산단계에서 신뢰성 향상이라는 관점에서 고장이 적고 운전실수를 일으키지 않으며 열화를 방지하기 쉬운 설비의 선택과 보전성 향상의 관점에서 편하고 쉽게 보전수리를 수행할 수 있는 보전예방도 중요한 생산보전의 수단이 된다. 따라서 개량보전, 예방보전, 사후보전에 대한 정보와 지식의 축적이 있어야 비로소 효과적인 생산보전활동이 달성될 수 있다.

(2) TPM

생산보전을 더욱 발전시켜 좋은 보전을 효율적으로 달성하고자 하는 방법이 TPM 활동이다. TPM(total productive maintenance)의 목표를 한마디로 말하면 "사람과 설비의 체질개선으로 기업의 체질개선"이라 할 수 있다. 사람의 체질개선이란 종업원의 사고나 행동을 바꾸는 것으로 설비를 잘 다루는 인재육성에 있다 하겠다. 설비의 체질개선이란 사람의 체질개선으로 설비가 바뀐 것을 체험함으로써 사람이 변하는 상호작용이 동시에 이루어지는 것이 그 근본적인 TPM의 사상이다.

따라서 TPM이란 생산시스템 효율화를 극한으로 추구하는 기업체질 만들기를 그 목표로 삼고, 이를 위해

① 생산시스템의 라이프 사이클 전체를 대상으로 하여 재해제로, 불량제로, 고장제로 등 모든 로스(loss)를 미연에 방지하는 체제를 현장과 현물에서 구축하여
② 생산부문을 비롯한 개발, 영업, 관리 등 모든 부문에 걸쳐
③ 최고 경영자에서 최일선 작업원에 이르기까지 전원이 참가하여
④ 중복 소집단활동을 통하여 로스제로(loss zero)를 달성하는 것이다.

TPM을 통해 문제를 일으키는 근본원인, 즉 잠재된 숨은 원인을 찾아 개선하고 복원하며 이들이 발생하지 않는 예방관리체계를 현물 중심으로 구축해가는 것이다. 이를 통해 제조현장에서 발생하는 각종 로스의 산포의 근본원인을 제거하고 변동인자를 최소화해나가는 것이다. 종업원이 주의함으로써 트러블을 사전에 방지하고, 더욱이 주의하지 않더라도 트러블이 발생하지 않는 설비로 개선하는 사고방식이 기본이 된다.

성공적인 TPM 활동을 위해 제조현장의 시스템적 유지관리수준의 향상, 개별개선, 품질보전 등의 프로젝트 활동을 병행하고, 현장사원 중심의 현물을 대상으로 하는 유지관리체계의 중점을 두고 있으며, 일부 프로젝트의 등록 및 개선활동을 전개한다.

(3) RCM

RCM(reliability centered maintenance, 신뢰성 중심 보전)은 설비의 각 부품단위별로 고장 해석 및 성향분석을 통해 부품의 교체시기를 사전에 판명, 교체함으로써 설비 보전비율의 극소화와 생산성 극대화를 추구하는 기법이다.

기존의 보전 방식인 BDM(breakdown maintenance, 고장 보전)은 고장이 발생해야 설비를 고치는 방식인데 비해 RCM은 사전에 부품단위로 기능고장 해석, 고장모드 영향 해석을 실행하는 것이 특징이다.

산업화가 진행되면서 유지보수 분야에도 많은 변화가 있었다. 설비의 생산성이 극대화되고, 설비가 다양화, 자동화되면서 고장요인도 복잡해지고 있다. 따라서 '미경험 고장'이 증가되어 논리적이고 체계적인 유지보수방식의 도입이 필요하게 되었다. 과거에 설비는 적정수명 기준으로 교체되어야 안전성과 신뢰성을 보장할 수 있다는 획일화된 일정계획 보전(scheduled maintenance) 위주의 보전관리가 이루어졌다.

일정계획 보전은 비용이 과도하게 발생하거나 교체 전 고장 발생으로 손실이 발생하기도 하는 과도한 보전활동으로 간주되고 있다. 따라서 '예방보전'의 제한된 사고에서 벗어나 시스템 관점에서의 유지보수에 대한 새로운 개념의 효율적인 유지보수가 필요하게 되었다.

RCM은 설비점검 및 정비의 효율성을 극대화하기 위한 분석적인 프로세스로써, 설비의 안정성 및 경제성 측면에서 가장 중요한 기기들을 찾아서 새로운 '예방적 유지보수' 방법을 개발하거나, 기존의 예방 유지보수 프로그램을 최적화하고 그에 대한 분석을 신뢰도로 평가하는 체계적인 최적화 기법으로며, RCM 최적화란 설비에 대한 보수나 정비행위 그 자체를 의미하는 것이 아니고 '신뢰도를 향상시키기 위하여 개선된 정비전략을 수립하는 데 유용한 기법'이다.

이 방법의 개략적인 절차는

① 설비의 중요한 계통에 의해서 수행되는 기능이 상실되거나 품질저하를 일으키는 고장 기기들을 찾아내고

② 유효 적절한 예방정비 업무에 의해서 가장 중요한 고장 유형 및 근본 원인을 확인하여 체계적인 분석을 통해 최적 유지보수방식을 선택하고

③ 경험한 고장과 미경험 고장에 대한 고장 영향을 분석하여 파급 사고에 대한 가능성을 분석한다.

이를 통해 과도한 유지보수를 방지하여 유지보수비용을 절감하고, 설비에 대한 종합적 유지보수전략을 수립한다.

신뢰성 중심 보전은 1960년대 초반에 북미 민간 항공산업에서 수행하였다. 그 당시 항공회사들은 유지보수체계들의 대다수가 고비용일 뿐만 아니라 위험을 초래할 수 있다고 인식하기 시작하였고, 이로 인해 항공기를 유지하기 위해 수행했던 모든 사항을 재검사하기 위해 항공기 제조업자, 항공회사들로 구성된 'Maintenance Steering Groups(MSG)'을 발족하게 되었다. 첫 번째 시도로, 1968년 ATA(Air Transport Association)는 MSG 1이라 하는 합리적 유지보수전략을 발표하였으며, 1970년에 MSG 2를 발표하였다. 1970년 중반 미 국방부는 항공 분야의 유지보수 견해에 대한 최신 기술 수준을 파악하고자 항공기 산업계에 보고서를 요구했으며, United Airline의 Stanley Nowlan과 Howard Heap는 'Reliability Centered Maintenance'라 하는 보고서를 작성하였다.

이 보고서는 1978년에 출판되어 물적인 자산관리에 대한 중요한 문서 중의 하나로 간주되고 있다. Nowlan과 Heap의 보고서는 MSG 2보다 상당히 진보적인 개념이 도입되었고, 이 개념은 1980년에 공포된 MSG 3의 기초가 되었다.

그 후 MSG 3는 1988년, 1993년에 개정되어 오늘날까지 새로운 항공기(Boeing 777과 Airbus 330/340)에 대한 보전 프로그램을 개발하는 데 사용되고 있으며, 다양한 군수용 RCM 지침서들과 항공 분야의 지침서 등의 기초가 되고 있다.

우리나라도 1995년부터 RCM 적용체제 구축에 나서 보전효과 및 예측능력 향상에 힘쓰는 등 도입이 확산되고 있다.

부록

A 합성곱(Convolution)

확률적 모델링에서 분석자는 하나 이상의 확률변수의 함수 분포를 구하는 데 부딪치게 된다. 가장 흔히 부딪치는 경우는 확률변수들의 합이다. 예를 들면, 한 여행자가 공항 터미널에 도착하여 비행기를 타는 데까지 걸리는 시간 t를 결정하는 문제를 생각하자. t를 두 부분으로 나눈다. t_1은 터미널에 도착하여 티켓팅과 화물검사 완료까지의 시간이라 하고, t_2는 화물검사 완료 후 비행기를 탑승하기 위해 대기하는 데 보내는 시간이라 하자. 그러면 $t = t_1 + t_2$이다. $g(t_1)$과 $h(t_2)$는 t_1과 t_2의 확률밀도함수이고, $f(t)$는 t의 확률밀도함수라 하면,

$$f(t) = \int_0^t g(t_1)h(t-t_2)\,dt_1$$

이다. t_1과 t_2는 음이 아니고 t를 초과할 수 없기 때문에 확률 적분구간은 0과 t이다. 확률변수 t_1과 t_2는 구간 $(-\infty, \infty)$에 대한 값을 가정한다면, $f(t)$는

$$f(t) = \int_{-\infty}^{\infty} g(t_1)h(t-t_2)\,dt_1$$

으로 표시된다.

$f(t)$는 계산하기 까다로워 변환(transform)을 사용한다.

$F_t(u)$, $F_{t_1}(u)$, $F_{t_2}(u)$가 $f(t)$, $g(t_1)$, $g(t_2)$의 푸리에 변환이라면,

$$F_t(u) = F_{i_1}(u)F_{t_2}(u)$$

이고, $f(t)$는 $F_t^{-1}(u)$로 정의된다.

B 표준 정규분포표

$$P[\Phi \le u] = \int_{-\infty}^{u} \frac{1}{\sqrt{2\pi}} e^{-\frac{t^2}{2}} dt$$

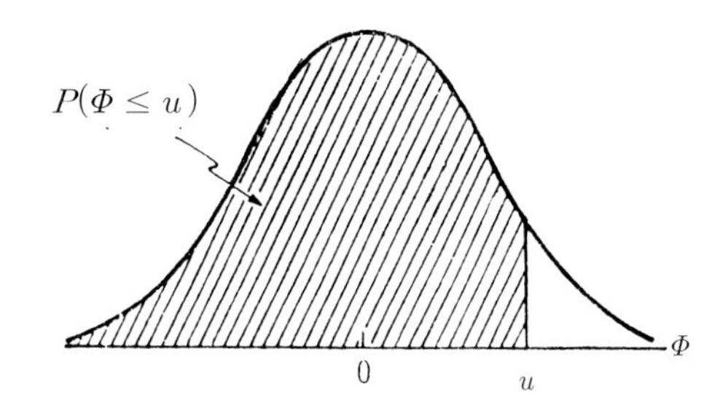

u	.00	.01	.02	.03	.04	.05	.06	.07	.08	.09
.0	.5000	.5040	.5080	.5120	.5160	.5199	.5239	.5279	.5319	.5359
.1	.5398	.5438	.5478	.5517	.5557	.5596	.5636	.5675	.5714	.5753
.2	.5793	.5832	.5871	.5910	.5948	.5987	.6026	.6064	.6103	.6141
.3	.6179	.6217	.6255	.6293	.6331	.6368	.6406	.6443	.6480	.6517
.4	.6554	.6591	.6628	.6664	.6700	.6736	.6772	.6808	.6844	.6879
.5	.6915	.6950	.6985	.7019	.7054	.7088	.7123	.7157	.7190	.7224
.6	.7257	.7291	.7324	.7357	.7389	.7422	.7454	.7486	.7517	.7549
.7	.7580	.7611	.7624	.7673	.7704	.7734	.7764	.7794	.7823	.7852
.8	.7881	.7910	.7939	.7967	.7995	.8023	.8051	.8078	.8106	.8133
.9	.8159	.8186	.8212	.8238	.8264	.8289	.8315	.8340	.8365	.8389
1.0	.8413	.8438	.8461	.8485	.8508	.8531	.8554	.8577	.8599	.8621
1.1	.8643	.8665	.8686	.8708	.8729	.8749	.8770	.8790	.8810	.8830
1.2	.8849	.8869	.8888	.8907	.8925	.8944	.8962	.8980	.8997	.9015
1.3	.9032	.9049	.9066	.9082	.9099	.9115	.9139	.9147	.9162	.9177
1.4	.9192	.9207	.9222	.9236	.9251	.9265	.9279	.9292	.9306	.9319
1.5	.9332	.9345	.9357	.9370	.9382	.9394	.9406	.9418	.9429	.9441
1.6	.9452	.9463	.9479	.9484	.9495	.9505	.9515	.9525	.9535	.9545
1.7	.9554	.9564	.9573	.9582	.9591	.9599	.9608	.9616	.9625	.9633
1.8	.9641	.9649	.9656	.9664	.9671	.9678	.9686	.9693	.9699	.9706
1.9	.9713	.9719	.9726	.9732	.9738	.9744	.9750	.9756	.9761	.9767
2.0	.9772	.9778	.9783	.9788	.9793	.9798	.9803	.9808	.9812	.9817
2.1	.9821	.9826	.9830	.9834	.9838	.9842	.9846	.9850	.9854	.9857
2.2	.9861	.9864	.9868	.9871	.9875	.9878	.9881	.9884	.9887	.9890
2.3	.9893	.9896	.9898	.9901	.9904	.9906	.9909	.9911	.9913	.9916
2.4	.9918	.9920	.9922	.9925	.9927	.9929	.9931	.9932	.9934	.9936
2.5	.9938	.9940	.9941	.9943	.9945	.9946	.9948	.9949	.9951	.9952
2.6	.9953	.9955	.9956	.9957	.9959	.9960	.9961	.9962	.9963	.9964
2.7	.9965	.9966	.9967	.9968	.9969	.9970	.9971	.9972	.9973	.9974
2.8	.9974	.9975	.9976	.9977	.9977	.9978	.9979	.9979	.9980	.9981
2.9	.9981	.9982	.9982	.9983	.9984	.9984	.9985	.9985	.9986	.9986
3.0	.9987	.9987	.9987	.9988	.9988	.9989	.9989	.6989	.9990	.9990
3.1	.9990	.9991	.9991	.9991	.9992	.9992	.9992	.9992	.9993	.9993
3.2	.9993	.9993	.9994	.9994	.9994	.9994	.9994	.9995	.9995	.9995
3.3	.9995	.9995	.9995	.9996	.9996	.9996	.9996	.9996	.9996	.9997
3.4	.9997	.9997	.9997	.9997	.9997	.9997	.9997	.9997	.9997	.9998

C χ^2 분포표

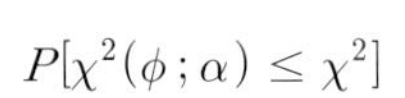

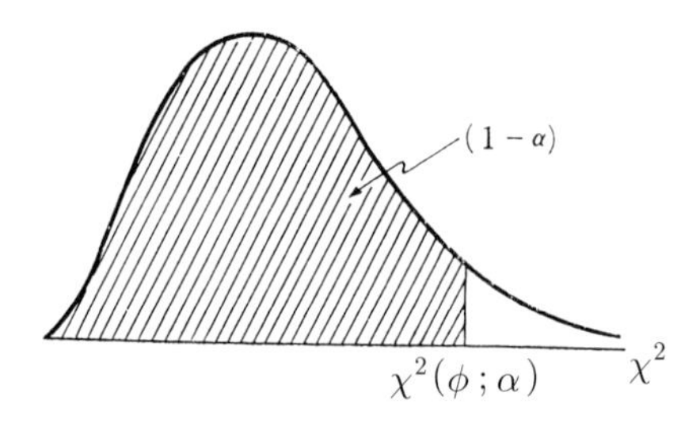

α / ϕ 자유도	0.995	0.990	0.975	0.950	0.900	0.100	0.050	0.025	0.010	0.005
1	0.0^4393	0.0^3157	0.0^3982	0.0^2393	0.0158	2.71	3.84	5.02	6.63	7.88
2	0.0100	0.0201	0.0506	0.103	0.211	4.61	5.99	7.38	9.21	10.60
3	0.072	0.115	0.216	0.352	0.584	6.25	7.81	9.35	11.34	12.84
4	0.207	0.297	0.484	0.711	1.064	7.78	9.49	11.14	13.28	14.86
5	0.412	0.554	0.831	1.145	1.61	9.24	11.07	12.83	15.09	16.75
6	0.676	0.872	1.24	1.64	2.20	10.64	12.59	14.45	16.81	18.55
7	0.989	1.24	1.69	2.17	2.83	12.02	14.07	16.01	18.48	20.28
8	1.34	1.65	2.18	2.73	3.49	13.36	15.51	17.53	20.09	21.96
9	1.73	2.09	2.70	3.33	4.17	14.68	16.92	19.02	21.67	23.59
10	2.16	2.56	3.25	3.94	4.87	15.99	18.31	20.48	23.21	25.19
11	2.60	3.05	3.82	4.57	5.58	17.28	19.68	21.92	24.73	26.76
12	3.07	3.57	4.40	5.23	6.30	18.55	21.03	23.34	26.22	28.30
13	3.57	4.11	5.01	5.89	7.04	19.81	22.36	24.74	27.69	29.82
14	4.07	4.66	5.63	6.57	7.79	21.06	23.68	26.12	29.14	31.32
15	4.60	5.23	6.26	7.26	8.55	22.31	25.00	27.49	30.58	32.80
16	5.14	5.81	6.91	7.96	9.31	23.54	26.30	28.85	32.00	34.27
17	5.70	6.41	7.56	8.67	10.09	24.77	27.59	30.19	33.41	35.72
18	6.26	7.01	8.23	9.39	10.86	25.99	28.87	31.53	34.81	37.16
19	6.84	7.63	8.91	10.12	11.65	27.20	30.14	32.85	36.19	38.58
20	7.43	8.26	9.59	10.85	12.44	28.41	31.41	34.17	37.57	40.00
21	8.03	8.90	10.28	11.59	13.24	29.62	32.67	35.48	38.93	41.40
22	8.64	9.54	10.98	12.34	14.04	30.81	33.92	36.78	40.29	42.80
23	9.26	10.20	11.69	13.09	14.85	32.01	35.17	38.08	41.64	44.18
24	9.89	10.86	12.40	13.85	15.66	33.20	36.42	39.36	42.98	45.56
25	10.52	11.52	13.12	14.61	16.47	34.38	37.65	40.65	44.31	46.93
26	11.16	12.20	13.84	15.38	17.29	35.56	38.89	41.92	45.64	48.29
27	11.81	12.88	14.57	16.15	18.11	36.74	40.11	43.19	46.96	49.64
28	12.46	13.56	15.31	16.93	18.94	37.92	41.34	44.46	48.28	50.99
29	13.12	14.26	16.05	17.71	19.77	39.09	42.56	45.72	49.59	52.34
30	13.79	14.95	16.79	18.49	20.60	40.26	43.77	46.98	50.89	53.67
40	20.71	22.16	24.43	26.51	29.05	51.81	55.76	59.34	63.69	66.77
50	27.99	29.71	32.36	34.76	37.69	63.17	67.50	71.42	76.15	79.49
60	35.53	37.48	49.48	43.19	46.46	74.40	79.08	83.30	88.38	91.95
70	43.28	45.44	48.76	51.74	55.33	85.53	90.53	95.02	100.4	104.2
80	51.17	53.54	57.15	60.39	64.28	96.58	101.9	106.6	112.3	113.6
90	59.20	61.75	65.65	69.13	73.29	107.6	113.1	118.1	124.1	128.3
100	67.33	70.06	74.22	77.93	82.36	118.5	124.3	129.6	153.8	140.2

D $D(n, \alpha)$콜모고로프-스미르노프 검정표

n	$\alpha = 20\%$	$\alpha = 10\%$	$\alpha = 5\%$	$\alpha = 2\%$	$\alpha = 1\%$
	0,	0,	0,	0,	0,
1	900	950	975	990	995
2	684	776	842	900	929
3	555	636	708	785	829
4	493	565	624	689	734
5	447	509	563	627	669
6	410	468	519	577	617
7	381	436	483	538	576
8	359	410	454	507	542
9	339	387	430	480	513
10	323	369	409	457	486
11	308	352	391	437	468
12	296	338	375	419	449
13	285	325	361	404	432
14	275	314	349	390	418
15	266	304	338	377	404
16	258	295	327	366	392
17	250	286	318	355	381
18	244	279	309	346	371
19	237	271	301	337	361
20	232	265	294	329	352
21	226	259	287	321	344
22	221	253	281	314	337
23	216	247	275	307	330
24	212	242	269	301	323
25	208	238	264	295	317
26	204	233	259	290	311
27	200	229	254	284	305
28	197	225	250	279	300
29	193	221	246	275	295
30	190	218	242	270	290
35	177	202	224	251	269
40	165	189	210	235	252
45	156	179	198	222	238
50	148	170	188	211	226
55	142	162	180	201	216
60	136	155	172	193	207
65	131	149	166	185	199
70	126	144	160	179	192
75	122	139	154	173	185
80	118	135	150	167	179
85	114	131	145	162	174
90	111	127	141	158	169
95	108	124	137	154	165
100	106	121	134	150	161
크기 n의 근삿값	$1{,}07/\sqrt{n}$	$1{,}22/\sqrt{n}$	$1{,}36/\sqrt{n}$	$1{,}52/\sqrt{n}$	$1{,}63/\sqrt{n}$

참고문헌

1. "신뢰성 보전성의 기초수리", 공업표준협회, 1992.
2. "신뢰성 분포와 통계", 공업표준협회, 1992.
3. "신뢰성에서의 확률지 사용", 공업표준협회, 1992.
4. 박경수, "신뢰도 및 보전공학", 영지문화사, 1999.
5. 정해성 · 박동호 · 김재주, "신뢰성 분석과 응용", 영지문화사, 1999.
6. Barlow, R. E., "Reliability Engineering", SIAM, 1998.
7. Birolini, A., "Quality and Reliablity of Technical Systems", Springer Verlay, 1994.
8. Cohen, A. C. Jr., "Maximum likelihood estimation in the Weibull distribution based on complete and on censored samples", Technometrics 7, pp.579-588, 1965.
9. Elsaged, E. A., "Reliability Engineering", Addison Wesley, 1996.
10. Gaede, K. W., "Zuverlaessigkeit, Mathematische Modelle", Carl Hanser Verlag, 1977.
11. Grosh, D. L., "A Primer of Reliability Theory", John Wiley, 1988.
12. Lewis, E. E., "Introduction to Reliability Engineering", John Wiley, 1987.
13. Mann, N. R., Schafer, R. E. and Singpurwalla, N. D., "Methods for Statistical Analysis of Reliability and Life Data", John Wiley, 1974.
14. O'Connor, P. D. T., "Pratical Reliability Engineering", John Wiley, 1995.
15. Ramakumar, R., "Reliability Engineering", Prentice Hall, 1993.
16. Shapiro, S. S. and Gross, A. J., "Statistical modeling techniques", Marcel Dekker, NewYork, 1981.

찾아보기

ㄱ

ㅈ

신뢰성공학

2017년 08월 25일 제1판 1쇄 펴냄
지은이 김준홍·정원 | 펴낸이 류원식 | 펴낸곳 청문각출판

편집부장 김경수 | 책임진행 안영선 | 본문편집 오피에스 디자인 | 표지디자인 유선영
제작 김선형 | 홍보 김은주 | 영업 함승형·박현수·이훈섭
주소 (10881) 경기도 파주시 문발로 116(문발동 536-2) | 전화 1644-0965(대표)
팩스 070-8650-0965 | 등록 2015. 01. 08. 제406-2015-000005호
홈페이지 www.cmgpg.co.kr | E-mail cmg@cmgpg.co.kr
ISBN 978-89-6364-333-5 (93530) | 값 21,500원

* 잘못된 책은 바꿔 드립니다. * 저자와의 협의 하에 인지를 생략합니다.